普通高等教育“十一五”国家级规划教材
电气工程、自动化专业规划教材

电器智能化原理及应用

（第3版）

宋政湘　张国钢　编著

電子工業出版社
Publishing House of Electronics Industry
北京・BEIJING

内 容 简 介

本书是一本系统介绍电器智能化原理及应用的教材，全书分为8章。第1章介绍智能电器和电器智能化的基本概念等内容；第2章说明智能电器一次设备的分类、功能和控制方法，分析了其智能控制的条件和原理；第3,4章主要介绍智能电器现场参量的类型、传感原理、测量电路的形式和元件选择，讨论参量的数字化处理方法和相关算法，并分析测量误差；第5章从硬件和软件两方面介绍智能电器监控器设计的基本原理；第6章介绍智能电器电磁兼容性的基本概念和设计原理，给出了相关的测试标准；第7章介绍与电器智能化网络有关的基础知识，分析电器智能化网络的特点和设计方法；第8章给出多种智能电器设计实例，说明智能电器及电器智能化网络的设计过程。

本书适合作为高等院校电气工程、自动化等相关专业本科生和硕士研究生的教材，也可作为电气工程领域各类电器方向研发进修班的培训教材，对从事电器智能化研发的科技人员也有很好的参考价值。

图书在版编目(CIP)数据

电器智能化原理及应用 / 宋政湘，张国钢编著. —3版. —北京：电子工业出版社，2013.5
电气工程、自动化专业规划教材
ISBN 978-7-121-20378-7

Ⅰ. ①电… Ⅱ. ①宋… ②张… Ⅲ. ①电器－智能控制－高等学校－教材 Ⅳ. ①TM5

中国版本图书馆CIP数据核字(2013)第098683号

责任编辑：凌 毅
印 刷：北京虎彩文化传播有限公司
装 订：北京虎彩文化传播有限公司
出版发行：电子工业出版社
北京市海淀区万寿路173信箱 邮编 100036
开 本：787×1 092 1/16 印张：16 字数：400千字
版 次：2003年4月第1版
2013年5月第3版
印 次：2025年1月第11次印刷
定 价：36.00元

凡所购买电子工业出版社图书有缺损问题，请向购买书店调换。若书店售缺，请与本社发行部联系。联系及邮购电话：(010)88254888。

质量投诉请发邮件至 zlts@phei.com.cn，盗版侵权举报请发邮件至dbqq@phei.com.cn。

服务热线：(010)88258888。

前　言

电器是实现电路检测并完成电路接通或分断操作的设备，也是电力系统中最重要的保护设备。随着经济发展和社会进步，特别是目前广泛开展的智能电网建设，对电器运行的经济性、安全性和自动化程度提出了更高的要求，传统电器由于无法感知其运行过程中的故障类型，也不具备思维、判断和基于故障特征的智能操作等功能，因此难以适应现代电器工业发展的要求。智能电器融合了现代电器理论与电子信息技术，是开关电器适应现代电器工业发展的必然趋势。智能电器能够自动适应电网、环境及控制要求的变化，并保证自身与所控制保护的对象处于最佳运行工况。目前，智能电器及相关理论研究已经成为电器学科最重要的发展领域之一。

为了适应电器学科的发展需求，西安交通大学和电子工业出版社合作出版了《电器智能化原理及应用》教材，自 2003 年 6 月出版第 1 版（普通高等教育“十五”国家级规划教材）、2009 年 1 月出版第 2 版（普通高等教育“十一五”国家级规划教材）至今，已历 10 年。本教材的出版和使用，既为我国普通高等学校相关专业提供了一本比较系统、全面地阐述电器智能化理论及研发方法的教材，也为该领域的科技工作者提供了一本有益的参考书，受到了各方面的好评。从第 2 版出版后，随着智能电网建设的全面开展，电器智能化理论与技术得到了快速发展，应用领域更加广泛，设计技术大大提高，对于智能电器定义和功能的认识也发生了很大的变化。通过教材编著者近年来的教学和科研实践，感到第 2 版教材在对电器智能化基本概念的认识方面存在不足，且有些内容已落后于当前的发展，需要进行适当修改，使其更准确地反映电器智能化的概念、理论和技术。为此，在西安交通大学和电子工业出版社的大力推荐和支持下，编著者重新编写了《电器智能化原理及应用（第 3 版）》。

本书对智能电器和电器智能化的基本概念、智能电器的基本结构、软硬件设计原理、电磁兼容设计与电器智能化网络的结构与开发等内容进行了全面、系统的阐述，并给出了多种设计实例，以便读者理解学习。全书共分 8 章。第 1 章“绪论”，讨论了智能电器和电器智能化的基本概念、电器智能化的主要应用、国内外研究的发展现状和趋势，说明了本课程学习的内容和方法。第 2 章“智能电器的一次设备”，说明智能电器一次设备的分类和功能，分别介绍了各类开关元件操作控制方法，分析了实现其操作智能控制的条件和原理。第 3 章“现场参量及其检测”，重点讨论各类智能电器设备运行现场需要检测的工作参量类型和传感原理、常用测量通道的结构、电路形式和元件的选择，分析通道误差及其抑制措施。第 4 章“被测模拟量的信号分析与处理”，介绍了需要检测的各类现场模拟量信号常用的数字处理方法、测量和保护精度的概念及影响精度的主要因素，说明了数字处理方法引起的主要误差及减小误差的基本方法。第 5 章“智能电器监控器的设计”，从硬件和软件两方面介绍智能电器监控器设计的基本原理。硬件部分在讨论其整体结构和模块划分的基础上，分别阐述了中央处理与控制模块、开关量输出模块、通信模块、人机交互模块和电源模块常用电路结构、模块中的 IC 元件及其与处理器件的接口方法；软件部分给出了常用的设计模式及适用场合，重点分析了智能电器中实时多任务调度操作系统基本概念和设计方法。第 6 章“智能电器监控器的电磁兼容性设计”，系统地说明了电磁兼容性的基本概念和电磁干扰的传播机制;从系统级和印制电路板级两个层面讨论智能电器电磁兼容性设计的原理和方法;给出了与智能电器电磁干扰相关的 IEC 标准和测试方法。第 7 章“电器智能化网络”,介绍与电器智能化网络有关的计算机通信网络和数字通信的基本知识,说明电器智能化网络的功能、结构和信息传输特点,并在介绍 IEC61850 协议的基础上着重讨论了电器智能化局域网的组成结构、运行方式和设计原理。第 8 章“智能电器及其应用系统设计实例”,通过低压断路器智能脱扣器、电能质量在线监控器、基于专用集成电路的智能电器监控器和变电站自动化系统的设计实例,说明智能电器及电器智能化网络的设计过程。

本书由西安交通大学电器教研室组织编写,宋政湘负责第 1 章中 1.1 节、第 3 章、第 4 章、第 6 章 6.1 节、第 8 章中 8.1～8.2 节的编写和全书统稿,第 5 章中 5.4～5.6 节、第 7 章和第 8 章中的 8.3～8.4 节由张国钢执笔编写,王汝文负责编写了第 1 章中 1.2 节和 1.3 节、第 2 章、第 5 章中 5.1～5.3 节和第 6 章中 6.2～6.3 节。

需要特别说明的是,本书是在总结西安交通大学电器教研室全体教师多年科研和教学工作的基础上编写完成的,是教研室全体教师辛勤工作的成果。同时,教材编写过程中还吸取了国内在这一领域中研发工作的宝贵经验。编著者也在此对从事电器智能化教学、科研和产品开发的全体同行专家致以崇高的敬意。

编著者还要感谢电子工业出版社对本书出版给予的关注、支持和帮助。

本书虽然是在第 1、2 版基础上改编的,但鉴于编著者对相关领域知识的了解深度和对电器智能化认识仍然存在局限,书中难免有不足和谬误之处,诚挚地希望广大读者给予批评和指正。

编著者

2013 年 5 月

目　录

第1章 绪 论

电器智能化是传统电器学科、现代传感器技术、微机控制技术、现代电子技术、电力电子技术、数字通信及其网络技术等多门类学科交叉和融合的结果,是电器学科的一个新的发展领域。本章阐明电器智能化和智能电器的基本概念,明确了智能电器的基本特征,根据智能电器元件和开关设备的主要特点给出了它们的定义,说明智能电器的基本结构及电器智能化网络的组成;介绍了智能电器在电力系统自动化、工业自动化和楼宇智能化管理中的应用;从智能电器的功能、智能监控器的设计技术、电器元件及其操动机构工作机理的变革以及电器智能化网络几方面,讨论了电器智能化发展的现状和前景;最后介绍了本课程学习的主要内容。

1.1 电器智能化概述

电器是用于完成电路监测,并根据不同的运行状态与要求,实现电路接通或分断操作的设备,如电压、电流互感器和断路器、接触器、各类继电器等开关电器及其成套设备,主要用于电力传输与分配、电力系统继电保护、工业及民用用电设备供电、保护及控制等场合。本书涉及的电器仅指开关电器及其成套设备。

随着现代信息技术的快速发展和应用领域的不断拓展,它所带来的巨大革命性变化越来越让人们认识到信息技术的巨大潜能,目前在电力生产、传输、分配和应用领域中,各种信息技术不断被加以应用,从而推进了电力工业技术的快速发展。电器是电力系统构成中非常重要的组成部分,为了适应电力系统不断发展和进步的需要,同时也是电力设备自身性能提高及现代社会生产生活的要求,现代信息技术与传统电器结合的产物——智能电器已经成为发展的必然。它融合了传统电器与现代传感器技术、计算机与数字控制技术、微电子技术、电力电子技术、计算机网络及数字通信等多个学科,是建设现代化电力系统的基础。

1.1.1 智能电器与电器智能化的基本概念

智能电器与电器智能化的基本概念及它们之间的关系,是学习这门课程首先应解决的问题。

智能电器是以具体产品的形式出现的,它指的是有形的各种开关电器元件或系统,这些产品应能够自动适应电网、环境及控制要求的变化,并始终处于最佳运行工况。由于电力系统及电力设备具有物理过程的复杂性、不确定性和模糊性等特点,难以有精确的数学描述,所以应采用计算机技术,通过感知、学习、记忆和大范围的自适应等手段,及时适应环境和任务的变化,以有效地处理和控制,使电力设备和电力系统达到其最佳的性能指标。智能电器包含3个层次:智能电器元件、智能化成套开关设备和智能化供配电系统。

智能电器元件是采用微机控制技术、现代传感器技术、模拟量数字处理技术及计算机数字通信技术,具有自动监测和识别故障类型及操作命令类型,能根据故障和操作命令类别来控制电器元件操作机构动作的电器元件。这一定义给出了智能电器元件最基本的特征;智能开关设备由一次开关电器元件和智能监控器组成。智能监控器不仅可替代原有开关设备二次系统的测量、保护和控制功能，还应能记录设备各种运行状态的历史数据、各种数据的现场（当地）显示，并通过数字通信网络向系统控制中心传送各类现场参数，接受系统控制中心的远方操作与管理。此外，开关设备的一次开关电器为智能电器元件时，也可由控制中心直接进行远方的智能控制；智能化供配电系统是指以智能电器元件与智能开关设备为基础，通过现场总线等数字化网络技术，对供配电系统的设备、供用电质量等进行全面监控，实现智能化、自动化管理。

在智能电器发展的初期，对智能电器的定义曾有过一个不很确切的认识，即“微机控制＋开关电器”就是智能电器。从智能电器元件和成套设备的硬件结构看，它们确实主要包含这两部分。但把这类产品称为智能电器的实质，则是因为微机控制和现场各类参量的数字处理技术的应用，使这类产品不仅具有自动监测和显示开关电器运行工况的能力，还能自动识别电器元件的运行状态、判别故障及其类型，并根据运行工况控制开关电器的操动机构进行智能操作，以充分提高开关电器的性能。在本书后面的叙述中，若无特别说明，将把智能电器元件和智能开关设备统称为“智能电器”。

相对于智能电器这种有形产品，电器智能化围绕智能电器的设计、开发、应用所产生的一系列理论与方法，是实现智能电器产品的理论基础。电器智能化一方面涉及与智能电器设计相关的各学科的理论知识和技术，如现代传感器技术、数字信号处理技术、微电子和电力电子技术、现代微机控制系统设计、计算机网络与数字通信技术等；另一方面，还关注智能电器的应用，包括如何最充分地发挥智能电器产品的优良性能，如何通过智能电器自身的监测、保护、记录、通信等功能实现对它们的远程管理和控制，如何有效地通过统一的、开放的通信协议把不同的智能电器产品组成适应用户要求的智能化管理和控制网络的方法。因此，可以认为电器智能化是以智能电器这种有形产品为基础建立的相关基础理论及应用技术的系统集成。

1.1.2　智能电器的基本特征

智能电器应当满足现代电力系统发展的基本需要，这就是能够以数字方式全面提供系统中的各种信息、状态，也能够以数字化的方式被加以有效控制。从开关电器自身技术指标的改进与提高而言，智能电器应具有强大的自我诊断能力和自适应的控制能力，同时所有信息可以高度共享。

智能电器应当具备以下 5 方面的特征。

1. 参量获取和处理数字化

智能电器所有功能的实现基于数字化的信息，这是智能电器区别于其他采用电子电路实现控制功能的电器和开关设备最重要的标志，因此必须能够实时获取各种参量并加以数字化，这其中包括电力系统运行和控制中需要获取的各种电参量，以及能够反映设备自身状态的各种电、热、磁、光、位移、速度、振动等物理量。另外，各种参量都以数字化形式提供，信息的后续传播与处理也都以数字化形式进行。各种参量全部采用数字化处理，不仅大大提高了测量和保护的精度，减小了产品保护特性的分散性，而且可以通过软件改变处理算法，不需修改硬件结构设计，就可以实现不同的控制和保护功能。

2. 电器设备的多功能化

以数字化信息为载体，智能电器可以利用软件编制、硬件扩展等多种手段集成用户需要的各种功能，如可实时显示要求的各种运行参数；可以根据工作现场具体情况设置保护类型、保护特性和保护阈值；对运行状态进行分析和判断，并根据结果操作开关电器，实现被监控对象要求的各种保护；真实记录并显示故障过程，以便用户进行事故分析；按用户要求保存运行的历史数据，编制并打印报表等。

3. 自我监测与诊断能力

智能电器具有自我监测与诊断能力，它可以随时监测各种涉及设备状况和安全运行所必需的物理量，包括机械特性、绝缘特性、开关动作次数等，同时对这些物理量进行计算和分析，掌握设备的运行状况以及故障点与发生原因。

4. 自适应控制与操作

传统电力设备一旦安装就位，其功能参数就固化下来。为了保证安全可靠，很多设备的设计参数存在很大冗余。这样的设计固然能够完成基本功能，但往往存在很大的能源与资源浪费，其功能的实现也不是处于最佳状态的。智能电器依靠数字技术，能够根据实际工作的环境与工况对操作过程进行自适应调节，使得所实现的控制过程和状态是最优的，这不但可以进一步提高电力设备自身的指标和性能，还可以在很大程度上节约原材料和运行所消耗的能源。

5. 信息交互能力

智能电器的重要特征之一在于它的信息能够以数字化的方式广泛而便利地进行传播与交互。数字化信息传播的重要方式是网络连接，由于智能电器一般都包括微型计算机系统，因此它完全可以作为数字通信网络中的信息交互节点，获取连接于网络的设备提供的任意参数，这样不仅仅完成了信息传输、实现智能电器设备的分布式管理和设备资源共享，更为重要的是，信息交互为拓展智能电器的功能提供了广阔的空间。目前网络技术正在飞速发展，传播的介质有光纤、电缆、红外和无线方式等，网络的规约不断更新，传播速度不断提升，这些发展与进步也必将不断影响智能电器的发展，甚至包括运行模式、操作方式、管理理念的根本改变。

1.1.3 智能电器的一般组成结构

如上所述，智能电器分为元件、成套电器设备、供配电系统 3 类，其中的元件与成套电器设备是构成供配电的基础，本节主要介绍这两者的基本结构。智能电器元件与成套电器设备都包括一次开关和监控器，其中的监控器是核心，其基本结构如图 1.1 所示。从工作原理上看，智能电器监控器具有相同的模块结构，由输入、中央处理与控制、输出、通信和人机交互 5 大模块组成。

输入模块主要完成对开关元件和被监控对象运行现场的各种状态、参数和特性的在线检测，并将检测结果送入中央处理与控制模块。来自运行现场的输入参量可分为模拟量和开关量两类，分别经过相应的变换器转换成同中央处理与控制模块输入兼容的数字量信号和逻辑

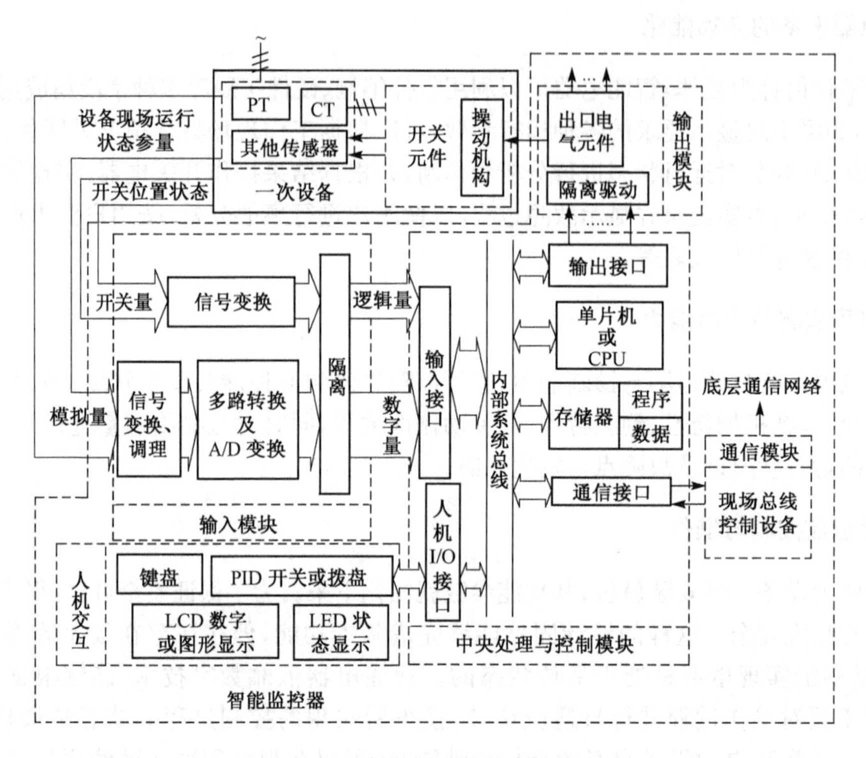

图 1.1　智能电器的基本结构

量信号。为提高中央处理与控制模块的可靠性和抗干扰能力，在变换器输出及中央处理与控制模块的输入接口间必须有可靠的隔离。

中央处理与控制模块基本上是一个以 MCU 或其他可编程数字处理器件为中心的最小系统，完成对一次开关或被保护控制对象的运行状态和运行参数的处理；根据处理结果判断是否有故障，有何种类型的故障；按照判断结果或管理中心经通信网络下达的命令，决定当前是否进行一次开关的合、分操作；输出操作控制信号，并确认操作是否完成。

输出模块接收中央控制模块输出并经隔离放大后的操作控制信号，传送至一次开关的操动机构，使其完成相应的操作。

通信模块把智能电器现场的运行参数、一次开关工作状态等信息通过数字通信网络上传至后台管理系统计算机（上位机），并接收它们发送给现场的有关信息和指令，完成“四遥”功能。

人机交互模块为现场操作人员提供完善的就地操作和显示功能，包括现场运行参数和状态的显示、保护特性和参数的设定、保护功能的投/退以及一次开关的现场控制操作。

尽管智能电器元件和开关设备有基本相同的结构组成，但是无论在实现的主要功能和实际物理结构上，二者仍然存在某些差别。

1. 智能电器元件物理结构及基本功能

从物理结构上看，智能电器元件的监控器总是与一次开关集成为一个整体。例如，当一次开关是断路器时，智能监控器就是附属于它的智能脱扣器，完成传统断路器的脱扣器具有的各种保护和操作控制功能。

智能电器元件不仅能根据监控器发出的指令实现一次开关的简单合、分闸操作，重要的是能根据操作命令发出时一次开关的运行状态，控制其操动机构的运动速度，实现对开关元件的智能操作。在这种情况下，智能监控器的中央处理与控制模块输出的控制信号一般为数字量，输出模块中的执行元件选择取决于一次开关操动机构的工作方式。

根据被控制和保护对象的工作性质，智能电器元件可以独立封闭式使用，也可以作为电器智能化网络中的一个现场设备。

2. 智能化成套电器设备

与智能电器元件的物理结构不同，智能化成套电器设备（以下简称智能电器设备）中的监控器一般安置在设备面板上，空间位置上与一次开关相对独立，在输入、输出端口的设置和处理器完成的功能等方面也有较大的区别。

智能电器设备主要用做电力系统自动化和各种智能化低压配电系统的现场设备，在智能化网络中一般都作为节点设备。为了满足电器设备通用化、标准化以及组成分布式开放系统的要求，智能电器设备的监控器除完成传统成套电器设备中二次电路全部的测量、保护和控制功能外，需要将大量的设备现场记录传至后台管理系统上位机，接收上位机传来的各种操作命令和网络重组命令。因而中央处理与控制模块需要处理、记录和显示的信息量更大。

成套电器设备一次元件应包含设备中所有安装在一次侧电路的电器元件，如电压互感器、电流互感器、变压器、隔离开关、执行电器（断路器、接触器、负荷开关）、接地开关等。监控器通过电压、电流互感器取得设备中一次元件及其被控制和保护对象的运行电参数，从设备内部各开关元件、各种机械联锁开关及相互关联的其他开关设备取得相关的状态信息，作为监控器输入模块的输入。因此，智能电器设备监控器的输入通道数量一般比智能开关元件监控器多。

此外，作为成套电器设备，在内部不同的一次开关元件间，同一系统中不同电器设备的一次开关元件间往往需要互相联锁，因此输出模块不仅要输出本设备开关元件的操作变位信号，还需要输出与其他设备的一次开关间联锁的信号，输出通道数往往不止一条，信号基本是开关量，操作命令执行元件用继电器或电力电子开关器件。

1.1.4 电器智能化网络的结构和特点

智能化供配电系统不仅仅需要各种智能电器元件和成套设备，还需要将这些设备通过数字通信技术，组成网络将它们连接在一起，以便实现全面监控和管理，这种采用现场总线和数字通信网络技术，由系统后台管理设备、现场智能电器和通信介质组成的网络就称为电器智能化网络。

1. 结构

电器智能化网络通常是一个局域网，典型结构如图 1.2 所示。可以看出，网络基本可分为两个层次。

（1）现场设备网络层

这是网络中面向现场设备的子层。各种不同类型、不同生产厂家提供的智能开关元件或成套开关设备作为这层网络的节点，由选定的现场总线连接。在这一层网络中，可以设置一个微机或可编程控制器（Programmable Logic Controller，PLC）作为管理设备。管理设备也是

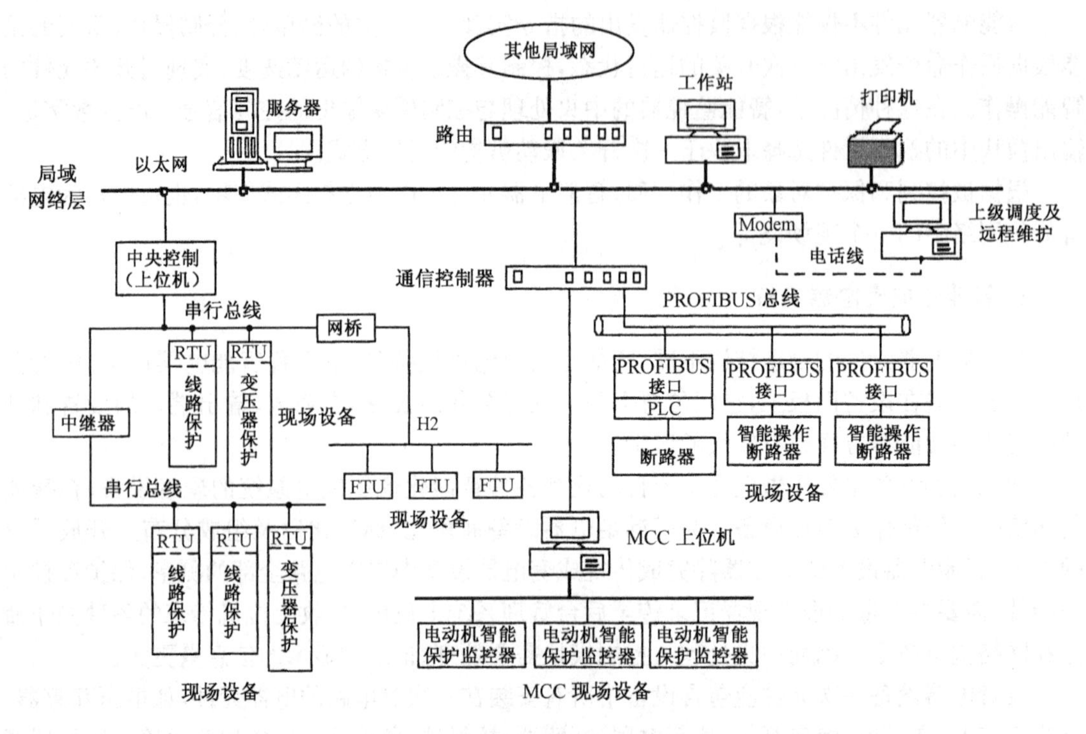

图 1.2　电器智能化网络典型结构

网络的节点，除完成对同一网络中的现场设备和网络管理外，还实现现场层网络与上层局域网之间通信协议的转换。

通过独立的协议转换接口，现场设备可直接接受局域网络层的管理设备管理。现场层网络还可通过中继器、集线器(Hub)、网桥连接，扩大其覆盖范围。

(2) 局域网络层

局域网络层的网络节点包括不同总线协议的现场层网络、具有独立协议转换接口的现场设备和局域网后台管理设备，它们之间一般采用以太网(Ethernet)连接。采用不同现场总线的现场层网络必须通过通信控制器完成协议转换，实现现场设备层与以太网之间的连接。根据局域网的规模，通信控制器可以是一台专用的物理设备，也可以是后台管理设备中的一个软件模块。

多个局域网经路由器连接，可组成更大的网络。通过网络互连技术，可实现各局域网之间的互连与互访。还可通过调制解调器(Modem)用电话网、电力线载波或无线网与远方的高层管理系统连接。

2. 主要特点

从以上分析可以看出，电器智能化网络有下述特点：

① 现场设备具有独立的监控、测量、保护、操作控制功能，并且具有通信能力；

② 网络应允许不同制造商、不同类型的产品之间的互连与互访；

③ 能包容采用不同传输介质、不同通信协议的网段或局域网；

④ 必须保证各类数据在网络中传输的实时性和准确性；

⑤ 通过数字通信和数据库管理系统，智能化网络的后台管理设备能实现对网络中各现场设备运行状态的实时监控和管理，包括对现场设备在网络中地理位置和设备功能的设置，按地理信息显示现场设备运行状态，并进行网络结构形式的构建和重组等；

⑥ 网络运行必须稳定、可靠，以保证现场设备安全运行。

电器智能化网络是实现电力系统变电站综合自动化、调度自动化、配电网自动化以及各种低压配电网智能化等智能化供配电系统的基础，也是智能电器的重要形式。通过电器智能化网络，可以真正实现现场用电设备管理的自动化和无人值守，完成用户用电质量和电力系统供电质量的全面管理，极大地提高供电系统可靠性和用电设备的安全性。

1.2 电器智能化技术的应用

如上所述，电器智能化是实现电力系统自动化、各类低压配电系统智能化的基础，也是提高电力用户用电质量和用电安全性、可靠性的主要方法，近年来得到了越来越广泛的应用。在现代工业设备运行的监控、保护及分布式管理方面，电器智能化也有着广阔的应用前景。本节将从以下几方面讨论电器智能化技术的应用。

1.2.1 电器智能化在电力系统自动化中的应用

电力系统自动化是保证电力发、输、配、供、用各环节安全性和可靠性，提高电网运行效率，降低运行成本，保证供电质量的基本措施。现代化大工业生产与现代社会生活要求电力系统有更完善可靠的自动化管理、保护、控制和供电质量监测，为各类电力用户提供更高质量的电能。

现代电力系统自动化除了传统的发电厂自动化、输配电设备继电保护和自动控制以外，还包含电网调度自动化、电力市场自动化等内容。传统电力系统自动化以电磁式继电器或分立的电子电器作为开关设备的控制和保护元件，设备体积庞大、线路复杂、维护困难，更重要的是它们没有数字处理和通信功能，只能组成单一的封闭式监控系统，无法满足现代电力系统自动化的要求。智能电器集成了对运行现场开关设备各种参量与状态的数字化处理，能够根据处理结果完成保护、自动控制和通信功能；通过数字通信网络，可以把从现场得到的系统各环节的运行信息，发送到电力系统自动化各相关职能的管理中心，再将管理中心对现场信息的处理和分析结果发送回现场，对现场设备进行参数调节和操作控制，从而实现现代电力系统自动化要求的各种功能。

原则上，电器智能化技术可以应用在电力系统发、输、配、供、用各个环节。但是由于使用现场环境等原因，当前主要用于发电厂和各类分布式变电站自动化、低压配电网自动化及其电能质量管理。在输电和高压配电系统中的馈电线路自动化方面，智能电器的应用已经开始，但在国内还不够成熟，需要进一步探索。本节简要介绍电器智能化在分布式变电站自动化、低压配电网自动化及其电能质量监控、电力设备在线监测方面的应用。

1. 分布式变电站自动化中的电器智能化技术

变电站是实现电力系统电能再分配的重要组成部分。根据在电力系统中的地位和功能，变电站电压从高到低大致可分为输电、配电和供电 3 类。输电变电站把发电厂发出的电能升压后输送到输电线路；输电线路传输的电能通过配电变电站分配到下级配电变电站或用户供电变电站；供电变电站经低压配电网把电能分配到各电力用户。传统变电站设备的控制、监测、继电保护、远动等功能采用各种电动式、电磁式继电器和仪表组合完成，所以实时数据处理和一次设备控制的实时性较差，电能质量监控能力不高；二次设备和继电保护装置体积庞大，维护困难。特别是这些设备没有数字处理和通信功能，完全不能达到现代电力系统自动化对变电站工作的要求。

分布式变电站自动化也称变电站综合自动化，采用带有智能 RTU（Remote Terminal Unit）的一次电器设备，组成间隔层微机综合保护与监控装置，配合后台通信处理与数字信息管理设备、微机化的继电保护设备，组成分布式控制与管理系统，对变电站设备的控制、保护、实时数据处理、监测、自动远动等功能进行组合，实现全站的自动监视、测量、控制、保护以及电能质量监测的综合管理。

分布式变电站中的现场智能电器设备按分层、分布式网络结构组成，将设备的保护功能分散到各保护小室或开关设备，现场设备的各种状态只需要通过通信网络与控制室后台管理设备连接。这种设计既减少了控制室中的屏位，减小了占地面积，又大大地减少了传统变电站从现场设备到控制室传送信息电缆的长度和数量，不仅节约了投资，还避免了长电缆对地电容对设备保护可靠性的影响。现场设备的各种运行参数和状态都可以由通信网络发送到控制室后台管理设备，管理设备执行 SCADA（Supervisory Control and Data Acquisition）软件，处理现场 RTU 上传的各种实时和历史数据，把要下达的各种数据、命令等信息通过通信网络发送到现场 RTU。因此，变电站综合自动化系统可以自动实现现场设备的遥控、遥调、遥信和遥测；可自动根据要求按照定时、事件触发、人工召唤 3 种方式打印所需的报表，为运行管理和调度部门提供需要存档的统计记录文件、运行日报表、月报表、年报表、事件顺序记录、开关动作次数累计、负荷率和电压合格率统计等，从而实现下层配电变电站和供电变电站的无人值守，减少区间变电站以上变电站的运行人员，提高了电力系统的运行效率。

图 1.3 所示为一个典型的变电站综合自动化管理网络。可以看出，这实际上就是图 1.2 所示的一种电器智能化网络。

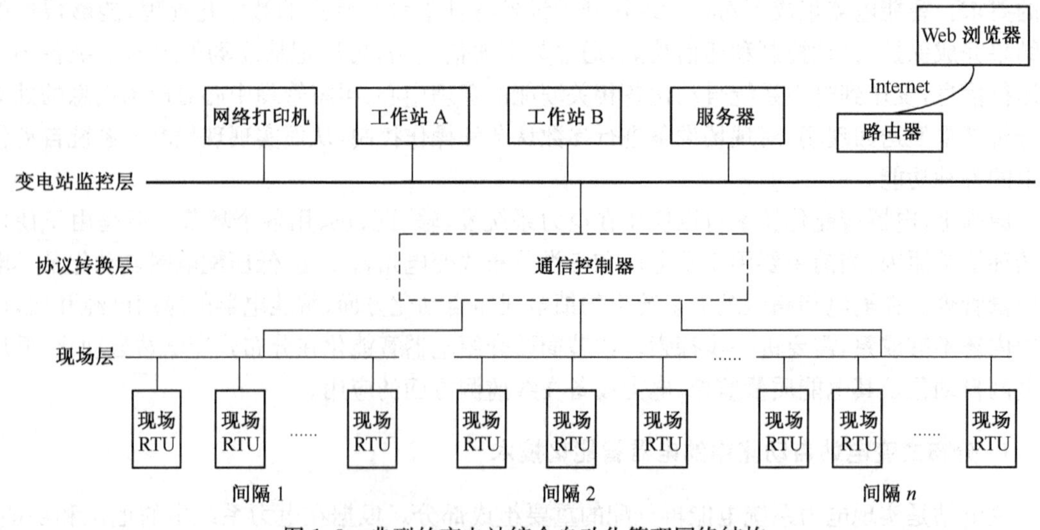

图 1.3　典型的变电站综合自动化管理网络结构

2. 电器智能化在低压配电网自动化中的应用

配电网包含馈电线路和变电站，在电力系统中承担电力分配的任务。根据在系统结构中的物理位置和电压高低，配电网可以分为高压配电网和低压配电网。高压配电网分配输电线路传输的电能，一般不直接面向电力用户。低压配电网是电力系统的供、用电环节，完成电能对电力用户的分配。低压配电网的运行状态直接反映电力系统对用户的供电质量，同时也反映了用电负载对电网的各种影响，其自动化监测与管理是现代电力系统自动化的重要组成部分。但是迄今为止，电力系统中的配电网自动化，仍然基本是指高压配电网。

随着国内工业化程度的不断提高和办公自动化、民用建筑管理智能化的发展，对低压配电网供电质量的要求越来越高。但另一方面，大功率、非线性用电负载容量的持续增加，给低压配电网造成的各种污染，又严重地影响了电网的供电质量。因此，低压配电网必须具有自动化、智能化的管理，才能满足电力用户对供电电网提出的要求，电力部门也才能更有效地监管用电负载，控制负载用电时段，抑制大功率、非线性负载对电网的污染，提高供电质量和电网运行效率。使用传统低压开关设备的低压配电网不能构成分布式的通信管理网络，现场设备不能对运行参量进行数字处理，也就不能完成配电网的自动化管理功能。

为了满足日益增长的低压配电网智能化要求，近年来国内外低压电器行业开发了系列智能化的低压断路器、双电源自动转换器和电能质量管理器。采用各种现场总线或以太网，把完成不同供配电功能的智能电器、电能质量管理器和配电网后台管理设备连接成数字通信网络，组成智能化低压配电网。后台管理设备执行监控与数据管理软件，从网络中的现场智能电器监控器取得电网的各种运行数据，对电网的工作状态进行分析，并根据分析结果完成相应的操作。在供电线路出现故障时，自动切换供电线路或启动备用电源，调整用电负荷，保证重要负载在允许的停电时间内重新得到供电；在供电线路故障排除后，能尽快恢复对所有用电负载的供电。通过低压配电网管理系统，电力部门可以对影响电网运行质量的各类大功率负载，如电弧炉、电力机车、大功率电力电子装置等进行有效的监管，对这类负载采取相应的强制措施，以便抑制对电网的谐波污染、减小供电电网电压波动及电压闪变、提高电网功率因数、降低电网运行成本。当前国内许多新建的工业企业和商用建筑中的低压配电网都采用了智能化配置，不少原有的低压配电网也进行了相应的改造。

3. 电力设备在线监测

电力设备是电力系统发、输、配、供各环节的重要元件，其运行状态直接关系到电力系统自身的安全及对用户供电的质量。为了保证系统各环节的可靠运行，长期以来电力部门都采用所谓“定时检修”的规则，按照管辖的供电区间，把系统划分成若干区段，规定其检修周期。只要工作时间达到检修周期，不管电力设备是否出现故障，必须对该区段线路全面停电，检修区段内包括变压器、开关设备、馈电线路等影响系统运行安全的各种设备。这种方式确实能够在一定程度上预防供电系统的事故发生，保证供电安全。但是在设备无故障时停电检修，不仅使大面积用户的供电停止，对电力设备，特别是开关设备的运行可靠性，将会造成不利的影响。此外，这种方法对两次检修周期中设备可能出现的故障无法预测，又不能了解故障设备的位置和故障原因。如果在检修周期未到时设备发生了故障，需要花费较长的时间对故障设备的位置和原因进行查找分析，从而造成大面积的长时间停电。国外早在 20 世纪 90 年代就利用现代传感器技术和微机检测技术，开发出电力开关设备和变压器的在线监测装置，作为一种现场监控设备接入电器智能化网络，对影响开关设备和变压器可靠性的参量进行实时在线检测。在线监测装置通过智能通信网络将检测结果及时传送到网络后台管理系统，管理系统中相应功能的分析软件对接收到的数据进行处理，根据处理结果对电力设备的状态作出分析和判断，给出有关结果，以便为电力部门的检修计划提供更为科学的依据，对真正需要检修的设备及时检修，实现电力设备的“状态检修”，从而根本上克服了“定时检修”存在的问题。近年来，我国电力设备在线监测技术的研发工作也取得了显著的成果，在电力变压器、12kV 和 35kV 开关柜、气体绝缘开关设备等电力设备中已开始应用。

1.2.2 电器智能化在工业自动化中的应用

在早期自动化工业设备的电气自动控制系统中，采用不同功能的电磁继电器组成控制电路(二次)，断路器、接触器、熔断器及各种机械式电压或功率调节装置等组成主电路(一次)。控制电路接收操作命令，判断设备工作状态，根据判断结果向主电路中相应的元件发出指令，完成对设备电压或功率的自动调节、电源的自动接通或分断、设备工作状态的自动切换等。这种自动控制系统不仅体积庞大、线路复杂，工作噪声大，可靠性低，控制精度差，而且产品一旦制造完成，其功能就无法更改，维护非常困难。此外，由于控制电路不具有通信功能，这类控制系统只能实现单一封闭式的控制模式，完全不能满足现代化大生产的工业自动化系统要求。

随着微机控制技术、电力电子技术和现场总线技术应用的发展，现代工业设备的自动控制系统与工业自动化技术已经发生了根本的变化。以各种嵌入式微处理器为控制核心、电力电子装置为电压或功率控制执行环节的新型控制装置，全面取代了原有的继电器、接触器控制装置，构建了以现场总线为底层网络的工业控制局域网，实现了对现代工业企业生产自动化的全面管理。在工业控制局域网的现场监控设备中，不仅有生产设备的微机控制器，还包含控制设备电源接通/分断操作的低压智能电器监控器。微机控制器监测生产设备的工作流程、电力电子装置的运行状态、设备的工作电压、功率、电动机转速等信息，独立完成对设备工作的自动控制，并经由网络与后台管理设备交换相关信息，根据后台管理系统发出的指令调整生产设备的各种设定参数。智能电器监控器监测生产设备供电线路及设备本身的运行状态，控制供电电源接通/分断操作，一旦出现异常，将根据设定的程序对主电路中的开关电器进行分断操作或发出故障报警信息，实现对生产设备的保护。通过通信网络，智能电器监控器还可以将设备运行过程中与供电电网相关的各种信息上传到网络后台管理系统，记录设备故障信息、用电情况(用电量、功率因数、对电网的各种干扰等)，为企业用电的全面管理提供实时、有效的数据。这种系统的一种典型应用就是电动机控制中心(Motor Control Center，MCC)。

MCC 把需要集中监控的各电动机的控制系统元件和电路分别组装成单元(抽屉)，再集成为一个整体，各单元间由选定的现场总线连接，按分布式管理系统结构，与中心管理设备组成数字通信网络。网络的现场监控装置中，包含各电动机软启动装置或变频调速装置的微机控制器，以及智能低压断路器或接触器的监控器(电动机多功能保护器)，分别独立完成各电动机的自动控制和多功能状态监测与保护，并通过数字通信网络与中心管理设备交换信息，接受中心管理设备的管理。中心管理设备一般为工控微机，执行现场数据监测、处理与网络管理软件，采用轮询方式，接收现场设备发送的各电动机工作信息；对收到的信息进行分析，并根据分析结果进行相应的处理；设置或修改现场电动机的保护特性和运行参数；需要增、减 MCC 系统中电动机数量时，自动调整系统配置。图 1.4 所示为 MCC 智能管理网络的基本结构。

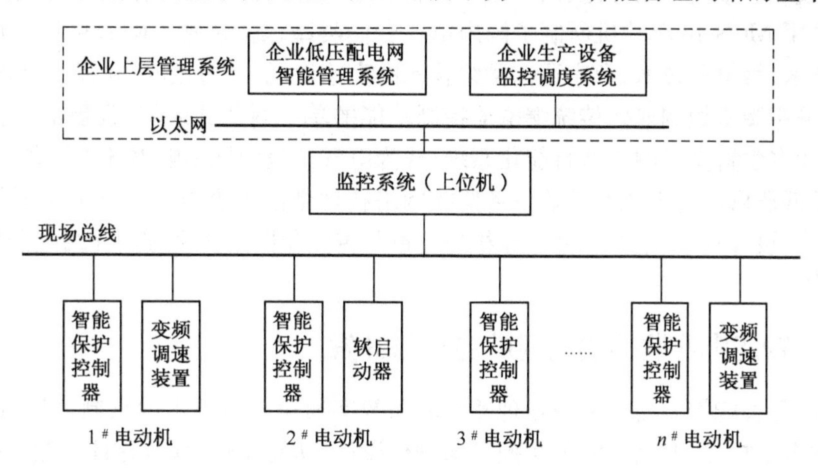

图 1.4　MCC 数字通信网络的基本结构

当前，国内外已经开发了不同的 MCC，并得到了相当广泛的应用。

1.2.3　电器智能化在楼宇智能化管理中的应用

楼宇智能化管理是现代化城市发展的重要标志之一，它包含人们工作、学习、生活所用的各种建筑物的全面管理，用电管理智能化是其中十分关键的环节。楼宇用电管理一般包括供电质量监控、用电费用统计和用电安全保证等方面。利用电器智能化技术构建楼宇智能化低压配电网，电网中的线路开关和用电负载开关全部采用低压智能断路器，可实现对供电电源、配电网的线路与开关设备、用电负载等对象的分布式监控与管理。通过对供电电源的监测，在供电线路发生故障后能及时切换供电线路或启动备用电源，保证重要用户的连续供电；配电网中开关设备的智能监控器实时在线监测线路及用电负载，可以及时发现故障隐患，向管理中心发出预警信息。若故障已经发生，开关设备的智能监控器能够及时切除已经发生的故障，并把故障位置、事故类型通知管理中心，从而防止事故扩大，也能尽快排除故障，提高建筑物供电质量。此外，智能电器监控器可集成智能计量功能，自动统计各用户的用电量，把计量结果由通信网络发送到楼宇管理中心，实现用户用电智能抄表，既节省了人力，还可以对恶意欠费的用户进行有效的监管。

1.3　电器智能化技术的发展

电器智能化技术几乎是与传感器技术、微电子技术、单片微机控制技术和数字通信网络技术同步发展的。早在 20 世纪 70 年代末、80 年代初，世界上第一片 8 位单片机问世起，西欧、日本和美国就开始研究通过超大规模集成电路技术，把单片机及其所需外围电路芯片制成可与电动机供电电器相结合的专用集成电路（Application Specific Integrated Circuit，ASIC）芯片，替代体积庞大的继电器控制电路，完成电动机启动、控制和多种保护功能，出现了最早的智能电器监控器——基于单片机的电动机多功能保护装置（Multi-function Protector for Motor

Based on Single-chip Microcomputer)。日本和美国在20世纪80年代中期成功地将这种装置与接触器集成一体推向市场，开发出了第一代智能电器。在我国，西安交通大学电器教研室也在1987年采用MCS-48单片机研制了国内第一台同类型保护装置。随着单片机功能日益完善，传感器技术、微电子技术、数字通信网络技术的高速发展，在短短的20多年内，智能电器已经从简单地采用微机控制取代传统继电器控制功能的单一封闭式装置，发展成为具有较完整的理论体系和多学科交叉的电器智能化系统，成为电气工程领域中电力开关设备、电力系统继电保护、各类低压供配电系统及工业设备监控网络技术新的发展方向。本节主要从智能电器监控器的功能、设计技术、电器元件工作机理变革与智能化网络4个方面介绍电器智能化技术的现状与发展。

1.3.1 智能电器监控器功能的完善与开发

早期的电器智能控制器受到微处理器性能和数字通信网络技术的限制，只能针对某一特定的对象，如电动机保护与启动、停止控制来进行设计，功能比较简单，并且只能采用封闭式控制模式。随着微电子技术、超大规模集成电路技术和计算机通信网络的发展，各类工业控制用微处理器和单片微机在处理速度、数据位数、指令功能、接口功能和通信功能等方面有了极大的进步；同时适合于这类处理器程序设计的新方法，高级语言（如C语言）及其与汇编语言的接口软件包的开发，嵌入式处理器及嵌入式系统软件操作系统的规范化及操作代码的开放，为开关电器智能控制器功能扩展提供了十分有利的条件。电力系统综合自动化、变电站无人值守、工业、民用供配电系统及工业控制网络的自动化、智能化，对底层（现场）开关电器智能监控器的要求不再是仅仅实现电器元件及其监控对象的保护和接通/分断操作，而是要全面地完成对对象的实时监控与管理。此外，为保证用户在系统配置中有更大的自主权，还需保证不同国家、不同生产厂商产品在网络中可以互连，网络中设备的资源可以共享。因此，目前市场上大多数智能电器监控器基本上都具有以下功能。

（1）现场运行参量的就地/远程监测

现场参量除电压、电流、有功和无功功率、功率因数、电源频率、电能和需要监测的其他非电参量外，还包括开关操作状态、操作次数、各种事件记录等信息。监控器应能对这些参量进行实时在线监测，实现就地数字化显示，并通过通信网络在管理中心远程显示（遥测、遥信）。

（2）保护

根据对现场运行参量的监测结果，判断有无故障及故障类型，在出现故障后独立完成相应的操作，并把故障信息与处理结果由通信网络发送至系统管理中心。

（3）故障诊断

故障诊断包括对监控器主要硬件设备的自诊断、被控对象或一次开关元件自身故障的诊断，就地或经通信网络在管理中心显示诊断结果。

（4）就地/远程调控

通过监控器面板上的键盘、开关，或由通信口接收控制中心操作信息，完成智能电器的功能投/退、保护参数设置、被控开关电器分合等的就地/远程操作（遥控、遥调）。

（5）一次开关元件运行状态及现场运行工况的记录

按用户要求实时记录现场运行的电压、电流、功率、功率因数，开关电器的工作位置和分合闸操作回路的状态，线路中各电器设备的连接和工作状态，故障时电压、电流、波形及开关电器分合闸操作次数等历史数据，经通信口上传至管理中心，或就地生成图形或报表，以便打印和显示。

(6) 通信

通信是智能监控器最重要的功能之一，也是智能电器元件和开关设备组成分布式电器智能化网络的基础。有了通信功能才能保证系统管理中心与远方运行现场间各类信息的自动交换，实现对整个系统中各现场设备的综合监控和管理；采用统一的通信协议或协议转换技术，还可保证系统的开放性。

(7) 一次开关元件和开关设备的状态在线监测

记录与开关元件工作寿命及可靠性相关的数据，如开关元件机械特性、元件或开关设备内部主要部件温升、绝缘强度等，并定期上传至系统管理中心。中心的专家系统根据这些结果对开关元件或设备进行可靠性分析，决定是否需要维护或更换，必要时还可将结果回传至智能监控器。在线监测将成为智能电器监控器功能开发的一个重要内容。

随着智能电器应用领域的扩大，用户对监控功能的要求更加完善，上述各种功能包含的内容需要不断更新，对监控器的设计技术也提出了更高的要求。

1.3.2 监控器设计技术的现状与发展

1. 智能电器监控器的硬件设计

监控器硬件是智能电器完成各种功能的物理设备，其主要元件的选择、电路的设计等，直接影响到产品的功能、可靠性、通用性与网络的开放性等综合指标。

早期智能监控器的设计基本上按照图 1.1 所示的结构，针对内部不同功能的模块选用相应的集成电路或功能器件，制成不同的印制电路插件卡，通过处理器总线连接成一个完整的装置。这种结构各模块间连线多，电路元件多，印制电路板布线复杂，可靠性差，电磁敏感性(ElectroMagnetic Susceptibility, EMS)很高，极易受干扰。近年来，随着嵌入式处理器、单片微机等处理器件自身硬件和外围电路集成规模及功能扩大，驱动能力提高，特别是具有工控功能的数字信号处理器(Digital Signal Processor, DSP)的开发和应用，不仅大大简化了中央处理模块的硬件设计，输入模块、输出模块的电路也更加简单。针对不同应用场合的智能监控器采用不同的处理器件，不仅可以满足数据处理的速度和精度要求，而且可以进一步减小监控器的体积，提高其性价比。这是当前国内智能电器监控器设计中最常用的技术之一。

多处理器技术是监控器设计的一种新的模式，多用于要求处理数据多、速度高、功能较复杂的数字继电保护设备和高压开关设备监控器，当前国内常见的典型结构有两种。一种是由 DSP 与 8 位单片机组成的双处理器中央控制模块，分别完成数据处理、I/O 管理功能与通信和监控器管理功能，组成两个相对独立的子模块，采用双端口 RAM 实现并行通信。另一种是把人机交互模块从监控器中剥离出来，形成独立的子功能单元，内部自带处理器，完成复杂的键盘管理和 LCD 显示功能，通过串行通信与监控器中央控制模块交换信息，便于用户根据应用环境选配。随着各类传感器的数字化和智能化，将现场参量的变换和处理功能及开关量 I/O 功能从中央控制模块分离；采用多处理器技术，使监控器的其他各种功能形成独立和完善的功能模块；采用现场总线技术，把各智能模块连接成一种积木式结构，组成以中央控制模块为核心，功能高度分散，管理高度集中的新型智能监控器，将是智能电器监控器硬件设计的发展方向之一。

专用集成电路的开发与推广应用，是智能电器监控器硬件结构发展的最佳也是最具应用价值的途径之一。使用专用芯片，所有的数字处理功能全部通过硬件实现，处理速度极大地提高，许多要求实时性非常高，用软件无法实现的处理可很容易地完成。监控器中的中央处理模块（包括各种 I/O 接口电路）、输入模块、通信模块、输出模块等全部集成为一块芯片，不仅线路简单、体积小、价格低，而且有很强的抗干扰能力。目前，国外各大智能电器生产厂商均已将自己的这类芯片推向市场。我国也正在进行自己的专用芯片研究与开发，一种用于智能接触器的监控器芯片已经由西安交通大学与陕西工业研究院开发完成，不久将投入市场。

2. 监控器软件设计

早期的智能电器控制器功能比较简单，通用性、开放性要求较低，因此软件设计多按传统的进程程序模式进行，这种方法编制程序对硬件配置的依赖性强。当设备要完成的功能较复杂时，这种编制方法得到的程序结构各部分相互耦合，不仅编写代码十分困难、软件不易维护、程序可靠性很低、开发周期长，而且很难甚至无法满足某些重要功能的实时性要求，用户也无法进行二次开发。

随着智能电器在电力系统自动化、供电系统和工业与建筑物配电系统智能化等领域中应用的发展，监控器的硬件已基本标准化、通用化，为智能电器的嵌入式设计奠定了基础。为适应这种变化，近年来智能监控器软件设计方法也发生了根本的变化。

（1）模块化、层次化设计

为了使应用软件的设计与开发不依赖监控器的硬件配置，必须采用层次化的结构设计方法。软件从下向上分为硬件驱动层、软件管理层和应用程序层，各层次软件根据监控器完成的功能划分成不同的模块，每个模块对应一种功能，或者说每个程序模块完成一种指定的工作任务。图 1.5 所示为这种软件的层次结构。采用这种模块化的设计方法，不仅使程序结构清晰，易于同时由多个程序编制人员独立编制，缩短程序开发周期，而且在监控器硬件需要改变时，只需要增删相应的硬件驱动层模块，不用改变软件的整体结构，维护非常方便。

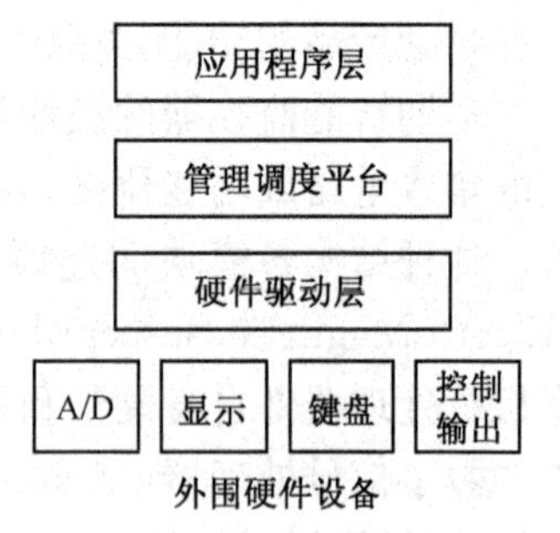

图 1.5　智能监控器软件的层次化结构

（2）嵌入式系统软件设计方法的应用

嵌入式系统软件设计不仅需要层次化、模块化，而且必须采用一种类似 PC 中的多任务管理平台——实时多任务操作系统（Real Time Multi-tasking Operation System，RTOS）作为软件管理层，按程序模块的实时性、重要性，对各任务模块进行调度和管理。这种方法特别适合要求功能多、实时性要求高的微机控制软件设计，国内外绝大多数智能电器监控器软件基本都采用了这种设计方法。2000 年以来，国外已经开发出嵌入式系统通用的操作系统平台，并且开放了相应的软件代码，这将使智能电器监控器的软件设计更加规范。

有关实时任务调度与软件设计的基本方法，第 5 章将做进一步的讨论。

（3）采用 C 语言与汇编语言混合编程

早期的微处理器和微控制器只支持汇编语言编程，这种语言编程的最大优点是代码效率高、程序占有的内存少、程序执行速度快、实时性好。但是不同生产厂商开发的处理器件指令的机器代码不同，相应的汇编语言编程用的指令助记符也不相同。程序设计时，设计者必须了解所用处理器件的全部指令功能及其助记符，程序的编写和阅读都十分困难。此外，智能电器开发商采用不同处理器件开发的装置，即使功能完全相同，程序也必须分别开发，效率非常低。为了提高微机控制装置软件设计的效率，近年来，各处理器件生产厂商开发的各类处理器件均能支持C语言编程和C语言与汇编语言混合编程，为微机控制装置的软件设计提供了更加有效的途径。

当前，智能电器监控器的软件设计大多采用C语言与汇编语言混合编程。在程序设计中，所有应用层和管理层的通用程序模块均采用C语言编写，与硬件关系密切、实时性要求高的硬件驱动程序模块采用汇编语言编写，不仅可以提高复杂的应用和管理程序模块的编写速度和程序的可读性，而且使这类程序模块具有可移植性。这样，完成相同功能的应用和管理程序模块就可以用于不同处理器件开发的智能电器监控器中，从而大大提高了监控器软件开发的效率。

为了使用户的二次开发更加简单、方便，软件的用户接口除与C语言兼容以外，近年来国内外智能电器领域的开发商正尝试采用PLC编程思想和蓝牙技术，开发出更适合用户使用的二次开发平台。

3. 现场参量的测量和保护信息的处理技术

作为电力系统发、输、配、供各环节和工业控制系统主要设备的开关电器，其智能监控器不仅要完成电器元件分、合操作的控制，而且必须完成对现场运行参量的检测，并根据结果判断系统的运行状态。现代电力系统各环节对测量和保护精度都有严格的要求，为保证测量和保护精度，需要精确控制监控器测量通道中每个环节的精度。

（1）新原理传感器的开发与应用

传感器用于把现场高电压、大电流的电参量或非电参量变为与监控器采样通道兼容的电量，目前应用的传感器很多都存在测量范围、精度、适用性等方面的问题，需要开发高精度、大量程、适用性好的各类新型电量、非电量传感器。如传统的电流互感器，由于铁心的饱和，电路中故障电流与正常运行电流的比值非常大，无法同时满足测量和保护的要求。为此，近年来采用光电原理已开发了同时满足保护和测量精度要求的新型电流传感器；很多非电量信号的测量如温度、位移、加速度等，由于被测部位带有高电位，不能采用传统的接触式传感器直接测量；因此，现在或是在设计中采用隔离手段进行测量，或是研发新型的非接触式传感器；非电量传感器特性大多数为非线性，用外部电路补偿十分困难。因此开发商开发了把传感器、信号变换、非线性补偿电路等集成为一体的信号变送器，按有效值或平均值输出可供直接采样的模拟电平信号，简化了模拟量变换与非线性补偿电路的设计。

传感器未来的发展方向是数字化、智能化、网络化。被测模拟参量对应的数字量直接通过现场总线输入处理器件，不仅保证了同一类型参数变换的线性度和精度，也极大地简化了监控器输入模块的设计和调试，是实现智能电器监控器积木化设计的重要基础之一。

（2）A/D转换器与处理器或传感器的集成

A/D转换器变换的线性度、输出数字量的位数和中央控制器处理周期内的采样点数都直接影响到被测参量的最终测量结果。现在市场提供的A/D转换器，已有16位数字量输出、线性度0.01%、采样周期可达纳秒数量级的器件，完全可以满足智能电器的使用要求。为进一步简化电路设计，减小电路中附加元件（如多路转换开关）和分布参数的影响，嵌入式微处理器和单片微机大多集成了 10 位以上多通道 A/D 转换器，基本保证了各通道采样精度的一致性和与处理器速度的同步。未来的智能传感器将把传感器、变换电路与 A/D 转换器集成为一体，直接数字量输出，使处理器件能够处理更加复杂的监控功能。

(3) 提高监控器处理数据的位数和速度

处理器件直接处理数据的位数越多、处理速度越高，就可以增加采样点数，采用更加精确的数据处理算法，以提高测量和保护的精度。当前市场流行的智能电器监控器的处理器件大多是 16 位，用于高压输、配电系统继电保护的监控器，则基本采用 32 位的数字信号处理器。一些要求功能比较简单的低压断路器监控器，为了降低成本，在保证性能要求的前提下，仍然采用高性能的 8 位单片机。如前所述，采用多处理器技术，把用于数据处理的处理器与完成其他功能的处理器分开，用通信方法进行数据交换，实现整机的协调和管理，可以大大提高监控器的测量和保护精度。

(4) 合理选择数据的采样点数和处理算法

智能电器监控器完成测量、保护和控制是通过对运行参量采样结果的处理来实现的。在采样点相同的情况下，采用的处理算法不同，处理时间和引起的误差也不同。当智能电器正常运行时，显示的实时数据是现场各种电量的有效值或非电量的平均值。在故障发生时，由于电流波形畸变，应根据系统要求，计算实际波形的真有效值或基波有效值，根据计算结果决定采用的保护方式（速断或延时）。处理电参量有效值一般采用复化梯形算法，这种算法是复化求积算法中最简单的一种，程序设计简单、规范，但其截断误差较大。增加采样点数（减小计算步长），或在相同计算步长条件下采用其他复化求积算法，如复化辛普森算法，可减小截断误差。当前较多使用提高 A/D 转换速率和处理器速度，减小复化梯形算法计算步长的方法。

在编制算法程序时，可以采用定点运算和浮点运算。定点运算比较简单，程序执行时间较短，但在处理器件数据位数相同时，处理精度较浮点运算低。浮点运算精度高，但处理程序执行时间长，采用一般处理器件处理智能电器数据时很难完成。有些处理器件，如 DSP 和具有工控功能的 DSP 芯片中，厂商一般都提供浮点运算子程序，可供直接调用。

为处理高压线路故障电流和实现电能质量（Power Quality，PQ）监控，须对采样到的电流信号进行谐波分析。快速傅里叶变换（Fast Fourier Transform，FFT）和离散傅里叶变换（Discrete Fourier Transform，DFT）是处理这类问题最常用的方法。这两种算法成熟，而且是 DSP 器件基本运算工具的功能之一，现在的智能电器监控器中，几乎无例外地用来处理频谱分析和谐波问题。近年来，小波变换（Wavelet Transform，WT）在信号处理领域受到越来越多的关注。与傅里叶变换相比，WT 具有时域和频域都能表征信号局部特征的特性，因此在检测信号的瞬态或奇异点方面有特殊的优越性。由于电力系统故障电流是瞬态过程，而影响电力系统运行质量的负载，如大功率电力电子装置、电弧炉等，使电压、电流产生的畸变常常表现为瞬态且具有奇异点，所以采用小波变换处理故障电流，进行 PQ 监控有更好的应用前景。

当前，中、低电压等级的智能电器测量和保护算法已基本成熟，但在超高电压等级的智能电器中，因故障过渡过程快，要求判断准确度高，其保护算法还存在许多有待解决的问题。

4. 人工智能技术的应用

人工智能(Artificial Intelligence, AI)是根据人类智能活动的规律,构造具有一定智能的人工系统,让计算机完成需要人的智力才能胜任的工作。人工智能研究的内容包括应用计算机的软、硬件来模拟人类某些智能行为的基本理论、方法和技术等,是计算机学科的一个独立分支。从实用观点来看,人工智能是一门知识工程学,即以知识为对象,研究知识的获取、知识的表示方法和知识的使用。在电器智能化应用中,人工智能技术主要体现在模糊控制、神经网络和专家系统等方面。

模糊控制(Fuzzy Control)是 20 世纪 90 年代初期兴起的一种计算机控制方法,是一种基于规则的控制。其最大的特点是不需要对控制对象的控制过程建立精确的数学模型,而是应用人的思维和逻辑推理方法,直接采用语言型控制规则进行"直观"的控制。这些规则来自现场操作人员的控制经验或相关专家的知识,因而控制机理和策略易于接受与理解,设计简单,采用当前流行的 MPU 和 MCU,就可以方便地进行模糊控制器的设计。对于那些数学模型难以获取、动态特性不易掌握或变化非常显著的被控对象,模糊控制技术具有特殊的优越性。模糊控制算法的实现以启发性的知识及语言为决策规则,很适于模拟人工控制,有利于提高控制系统的适应能力,并使之具有一定的智能水平。但是,应用单纯模糊控制的控制器,自身无法对模糊变量的论域划分和控制规则的选用进行优化,难以适应不同的运行状态,在许多应用中,直接影响了控制效果。为了提高模糊控制系统的智能水平与适应能力,人们把模糊控制与专家系统或神经网络结合起来,提出了专家模糊控制和基于神经网络的模糊控制。前者利用专家系统具有的能够表达和利用控制复杂对象所需的启发性知识,更重视知识的多层次和分类需要的特点,弥补了模糊控制器结构过于简单、规则比较单一的缺陷,有效地提高了模糊控制的智能水平,使系统拥有对复杂对象控制的知识,并能在各种情况下对这些知识加以有效利用。后者根据神经网络能够实现局部或全部的模糊逻辑控制的性能,利用神经网络的学习机制作为模型辨识或直接用于模糊控制器,构建出自适应神经网络模糊控制系统。这些技术已在各种控制应用中取得了显著的成效。

如前所述,智能电器是一种根据被监控的电力设备、线路或负荷的实际工作状态,控制其操动机构的运动速度,实现智能操作的电器元件。在确定分、合闸速度时,需要了解操动机构接到操作命令时被控对象的电压、电流、功率、功率因数等运行参量及其相互间的关系,而由于对象的复杂性和运行状态的多样性,在分、合闸速度与这些参量之间,很难找到严格的数学和逻辑关系。因此,智能电器领域的科技工作者运用神经网络和模糊推理方法,建立了智能电器操动机构的模糊控制模型及相应的模糊控制器,并将其运用到超高压 SF_6 断路器的智能操作控制器,取得了很好的效果。在电力系统中应用的各种智能开关设备监控器中,也开展了模糊控制的研究。对于电力开关设备的在线监测,采用专家模糊控制将具有更大的优越性。

5. 监控器的电磁兼容性技术

作为在电力系统各环节和工业自动化中运行的电子产品,智能电器监控器工作在高电压、大电流的现场环境中,其内部采用了高速数字电路芯片,因此会受到不同能量、不同频率的电磁干扰,所以电磁兼容性(ElectroMagnetic Compatibility, EMC)设计是保证智能电器监控器可靠工作的关键问题之一。EMC 包括电磁敏感性(ElectroMagnetic Susceptibility, EMS)和电磁干扰(ElectroMagnetic Interference, EMI)两方面的内容。在智能电器监控器的设计中,最关心的则是如何降低EMS,提高其抗外部环境电磁干扰的能力。

目前有关电子产品,特别是与电力系统和工业设备相关的各类电子产品的EMC设计,已经成为产品研发与生产过程中必须给予高度重视的问题。国际电气工程师学会(IEC)和国内有关部门都制订了严格的标准。为此,科技工作者已提出了许多措施,使开发出的产品能符合标准,保证产品的开发适应产业化要求。目前采用的降低智能电器监控器EMS的主要措施有以下几点。

① 科学地布置印制电路板线路,减少因布线不合理、通过电路分布参数耦合产生的干扰。

② 合理选择和配置线路滤波器,是抑制电磁干扰最有效的措施之一。由于滤波器元件选择和布置不合理会影响干扰抑制效果,甚至带来不可预见的附加干扰,专业生产厂商已开发出专用的线路滤波器模块,监控器设计时,可以根据现场情况选用。

③ 采取合理的接地措施,通过接地线旁路经电路引入的干扰。

④ 设计可靠的电磁屏蔽,避免空间电磁场对监控器的干扰。此外,在监控器本身的物理结构设计中,也必须考虑把中央控制模块与电源模块、继电器输出模块等可能产生电磁干扰的部分分别安装,并加装电磁屏蔽。

⑤ 在软件中设计可靠的自检程序模块,采用软件冗余技术,对重要数据设置备份,配置把关定时器(Watchdog)等,提高监控器软件的抗干扰能力。

采用积木式结构或专用芯片,简化监控器结构设计,进一步减少电路元件和连线,是智能电器监控器结构的发展趋势,也能更有效地提高智能电器监控器的电磁兼容性。

为了提高设计效率,近年来提出了智能电器电磁兼容性能的系统化设计方法,从设计的初始阶段便根据产品的电磁兼容性能分配设计指标,在局部性能优化的基础上进行总体合成,使得EMC问题的定位与解决有明确的目标。该方法依赖数学建模和仿真,不制作实体样机,可以缩短研发周期,降低成本。

有关监控器的EMC分析与设计,将在第6章进行详细讨论。

1.3.3 电器元件工作机理的变革

电器元件在工作机理、结构设计和控制方法等方面的变化,是智能电器给开关电器领域带来的最大影响之一。

1. 控制电器无触点化、数字化、网络化

传统电器领域中的控制(二次)电路,是由各种不同控制功能的开关电器元件构成的,它们都带有物理上可接通和分断的电气接点,接点的通断由机械驱动的(如主令电器)或电磁驱动的(如各种电磁式继电器)操动机构来控制。在智能电器开关设备中,全部的控制功能是由监控器的中央处理与控制模块对模拟量和开关量输入信号的分析和处理来完成的。传统控制电路中的接点输出状态,也由中央处理与控制模块按相应的逻辑量(0, 1)输出,经过电力电子开关或继电器放大后,对被控的一次开关电器进行操作。在这里,传统控制电器的工作机理和结构已发生了根本的变化,没有了物理意义上的操动机构和电气接点。随着现场总线和数字通信网络应用的深入,在未来的智能监控器中,输入和输出模块都将逐步变成具有独立控制和通信功能的智能元件,成为智能监控器网络中的一个节点。

2. 新型开关电器操动机构及控制方法的开发

如前所述，智能电器元件不仅是开关电器元件与智能监控器的简单组合。通过对开关电器元件运行状态的在线监测，监控器必须能够分辨不同的运行状态，输出不同的操作控制命令，使开关电器的操动机构能按最佳的分、合闸特性进行操作，即实现所谓智能操作。

开关电器元件的智能操作，是智能电器元件最重要的特性。原则上，任何能够采用电动方式控制其操作的开关元件，都可以实现智能操作。但对于传统断路器这类开关电器，由于操动机构的机械结构十分复杂，机构的动作不仅时间长、分散性大，而且随运行时间、操作次数增加而变化。为了完成智能操作功能，除了开发新的控制原理及控制电路的设计方法外，在操动机构设计思想上进行变革，也是非常重要的手段。20 世纪末期出现的真空断路器永磁操动机构，首先打破了中、低电压等级断路器操动机构的传统设计方法，即采用弹簧储能、机械扣锁和解扣的结构。永磁操动机构结构简单，动作一致性、稳定性好，机构动作速度易于控制，已成为当前智能化中、低压断路器的一种较理想的操动机构。对于无法采用永磁操动机构的超高压断路器的液压操动机构、传统接触器的电磁操动机构的智能操作控制方法和控制器的研究与开发，国内早在 20 世纪 90 年代后期已经开始，并取得了明显结果，相信在不久的将来有望投入实际应用。

1.3.4 电器智能化网络设计的现状与发展

1. 网络结构形式

电器智能化网络的结构取决于系统的规模和功能，当前最普遍的结构形式有两类。

(1) 现场总线(Field bus)结构

采用选定的现场总线，需要监管的现场开关元件、开关设备和网络管理设备作为总线上的节点，组成规模较小、功能较简单的网络。现场总线可采用自定义的串行现场总线，也可采用当前流行的现场总线，如 PROFIBUS、CAN-bus 等。这种结构的网络主要用于 MCC、无人值守的小型供、配电变电站综合自动化系统、配电网开闭所自动化管理系统等。这种结构的网络只能完成系统内部的封闭式管理，除非通过协议转换与功能更强的局域网连接，否则无法实现与其他网络间的信息共享。

(2) 现场总线-局域网(Field bus-LAN)结构

由现场总线和工业以太网组成的局域网，把系统监管的各类现场开关设备按地域或功能分类，组成若干现场总线结构的现场层网络。现场层网络可以包含独立的后台管理设备，也可以只有现场设备智能监控器。通过通信控制器或协议转换接口，现场层网络作为以太网上的节点，组成覆盖规模更大、实现功能更多的局域网，最典型的应用是变电站综合自动化管理系统。这种系统中，现场层按变电站的间隔划分，根据间隔内的电力设备监控器采用的通信协议，采用对应的现场总线组成现场层网络。各间隔网络经协议转换后，通过以太网与变电站后台管理设备连接，进行信息交换，接受管理设备的监控与管理。

2. 网络通信与管理方式

当前使用的电器智能化网络，除高压配电网自动化系统外，无论 Field bus 还是 Field bus-

LAN 结构，网络通信与管理基本上都采用主-从方式。各现场设备监控器（下位机）在网络中为从设备，完成现场设备监控和网络管理的后台设备（上位机）在网络中为主设备。主设备采用轮询方式向从设备发出召唤，只有被召唤的从设备可与主设备交换信息。这种管理方式下，任何时刻通信网络中都只有一个节点设备可以发送信息，网络管理简单，数据传送较慢。在当前使用的电器智能化网络中，由于传送的信息一般都是短帧，只要主设备本身处理速度足够快，轮询时间设计合理，这种方式基本上可以满足要求。

早期的电器智能化局域网也是独立的封闭式管理，不同网络中的信息资源不能共享，而且同一网络中的各种现场设备必须由同一个开发商提供，用户不能进行最优化配置。

现代电力系统调度自动化管理，要求对不同地区电网的电能进行统一管理和调度，各地区电网电能质量能进行集中监控，同时希望各地区电网的某些资源，如可以公用的管理系统软件、某些事故发生前运行参数变化的历史数据、对事故分析处理的措施等可以共享，这些都要求电器智能化网络更加开放，功能更加完善。随着计算机网络软、硬件技术的日臻完善，局域网不仅可以互连成覆盖范围很大的广域网，而且近年来已将网络互连技术引入电器智能化网络，不同类型的现场网络的互连问题也得到了根本解决。采用面向对象的软件设计模式来设计网络的系统软件，大大提高了网络的开放性、灵活性和可靠性。

1.4 本课程学习内容

本课程学习的内容涉及了智能电器元件、智能开关设备和电器智能化网络设计、开发的相关知识，主要内容包括：

（1）智能电器的一次开关元件分类、设备的工作机理与控制要求。

（2）智能电器完成监控功能所需的各种现场参量的测量方法及其使用的传感器，智能电器监控器输入模块硬件结构的分类、常用电路元件及典型电路设计方法，模拟量输入电路引起的测量误差。

（3）被测参量信号处理的数字算法和误差分析，包括正常运行参数的测量和各类故障参量的信号调理、保护算法及故障类型的识别与处理对策。

（4）从两方面学习智能电器监控器的基本设计方法：①硬件电路结构及功能模块的划分，各模块电路结构设计和电路元件的选用原则；②监控器常用的软件设计方法，软件的层次结构和模块（任务）划分，实时多任务调度操作系统（RTOS）的基本概念与设计原理，软件数据区分类及结构。

（5）在了解主要干扰源的基础上，从印制电路板（Printed Circuit Board，PCB）、整机设计、系统化设计方法等方面讨论监控器的电磁兼容性（EMC）设计以及提高抗干扰能力的主要措施。

（6）根据电器智能化网络传送信息的特点，讨论网络的基本类型、结构和设计原则，重点介绍 MODBUS、CAN、PROFIBUS 等常用的现场总线和网络通信规约 IEC61850 标准及其在电器智能化网络中的使用方法。

（7）通过对智能脱扣器、电能质量在线监测器、智能电器监控器和变电站综合自动化系统等典型设计实例的分析，加深对以上所学知识的认识，初步建立起智能监控器和电器智能化网络设计的概念。

结合本课程学习，设计了从环节到系统的系列实验，以便进一步理解和掌握课堂学习的内容。

本章小结

电器智能化和智能电器是传统电器学科与现代电子技术、微机控制技术、现代传感器技术、数字通信及计算机通信网络技术相互融合的产物，是传统电器学科一个新的发展方向。它不仅改变了传统电力开关设备的系统运行方式，而且影响到传统开关电器的工作机理和设计方法。本章根据智能电器的主要特点给出了初步的定义，并说明其基本结构组成；介绍了智能电器的主要应用；分别从智能电器的功能、监控器的设计技术、电器元件工作机理和操动机构的变革及电器智能化网络等方面，讨论了智能电器的现状及发展趋势；最后介绍了本课程学习的主要内容。

习题与思考题 1

1.1 什么是智能电器？有几种形式？

1.2 简述智能电器元件与智能开关设备的结构组成。

1.3 智能电器元件与智能开关设备在结构和工作原理上有何区别？

1.4 智能电器的主要特征是什么？

1.5 智能电器在电力系统自动化中的作用是什么？主要应用在哪些方面？

1.6 试述智能电器监控器在硬件和软件设计方面的发展趋势。

1.7 什么是电器智能化网络？电器智能化网络有哪些基本类型？

1.8 为什么说电器元件的智能化将会影响其工作机理和设计思想的变革？

第2章　智能电器的一次设备

智能电器由智能监控器和一次设备组成。作为一类电器设备，一次设备是它的本体，监控器为一次设备要完成的功能服务。但当智能电器作为电力系统和用电负荷的监控与保护设备，完成智能控制时，监控器则是智能电器采集和分析现场信息，作出控制决策的核心，一次设备接收监控器发出的操作控制指令，执行接通或分断操作，是完成最后操作功能的执行元件，也是监控器监测与控制的对象之一。不同类一次设备操动机构的工作原理不同，同一类一次设备使用场合不同，对监控器的功能要求都会有很大的差异。因此，了解一次设备的分类、操动机构的工作原理、应用场合对操作控制的要求，是完成智能监控器设计开发的基础。本章在介绍当前智能电器常用一次设备的功能、分类及应用的基础上，分别说明其操作特点、监控要求及实现智能控制的可行性。

2.1　智能电器一次设备的功能及分类

2.1.1　一次设备的基本功能

如前所述，智能电器的一次设备只包括开关元件及成套电器设备，接在电力系统发、输、配、供、用各环节的一次电路中，通过对电路的接通和分断操作，完成电能传输、分配与供给，并对电力系统及各类用电负载的运行进行保护与控制。但是对于不同应用目的的开关元件和开关设备，具体要求完成的功能是不同的。例如，输电线路中的一次开关元件及设备主要用于电能传输和线路保护；在配、供电系统中，开关设备的基本功能是把上级电网输送的电能分配给下级电网或用户，在完成线路与电力设备保护的同时，还要根据电网运行状态，在出现故障时，切断故障电路供电，并及时调整供电电源和用电负载，保证非故障电路和重要负载的连续供电；用于各类电力用户的开关元件及设备，其主要功能就是根据负载工作的控制要求接通或切断其供电电源，并在负载发生故障时按故障类型规定的保护特性切断电源，避免因供电系统的上级开关动作而使停电区范围扩大。

此外，在同一电网系统中，接在不同位置上的一次开关元件或开关设备完成的功能不同，要求的控制和保护特性参数也不相同，在进行智能化设计时，必须保证监控器能满足要求的功能。相关内容将在本章以下各节中分别讨论。

2.1.2　一次设备的分类

如前所述，智能电器的一次设备分为开关元件和成套电器，无论是开关元件还是成套电器都有不同的分类方法。开关元件按使用的电压等级，分为高压和低压元件；按其在电路中的功能分为断路器、接触器、负荷开关、隔离开关和接地开关等。此外，还可按照操动机构的工作原理、灭弧室的工作原理、绝缘介质等分类。按电压等级分类，智能电器常见的一次开关元件及其主要性能与使用场合如表2.1所示。

表 2.1　常用的智能电器一次开关元件

电压等级		电　压	元件名称	操动机构工作原理	绝缘介质	主要应用
高压	特高压	550kV 以上	断路器	液压	六氟化硫(SF_6)	输电网的线路和变电站开关设备
			负荷开关、隔离开关、接地开关	手动、电动		
	高压	550～72.5kV	断路器	液压、弹簧	六氟化硫(SF_6)、真空	配电网馈电线路和变电站开关设备
			负荷开关、隔离开关、接地开关	手动、电动		
	中压	72.5～1.0kV	断路器	弹簧、永磁	六氟化硫(SF_6)、真空	配电网馈电线路和变电站开关设备、供电线路及变电站开关设备
			负荷开关、隔离开关、接地开关	手动、电动		
			接触器	电磁	空气、真空	高压电动机、电容器柜操作
低压		380/220～1000V	框架式断路器	弹簧、手动、永磁	真空、空气	低压配电网线路开关设备、用电设备开关
			塑壳式断路器	手动合/分、电磁分	空气	
			接触器	电磁合/分	真空、空气	工业设备自动控制系统

电器成套技术把变电站或成套组合电器(以下统称成套电器)作为一个整体,既考虑了电网在系统上对开关设备的要求,又兼顾了开关及其他电器元件之间的相互配合。成套电器可作为电力系统的一个子系统,其适应性更强、结构上更科学、使用更可靠。使用成套电器设备可大大缩短系统安装、调试时间,减少元器件在安装调试过程中可能出现的失误,具有更高的技术含量。现代城市乃至乡镇的供电系统,给设备提出了占地少、投入运行快、可靠性高、抗污染、低噪声、不可燃等要求。为此,国内外相继开发了多种成套电器设备。按其内部所用的绝缘介质,可以分为空气绝缘和其他气体(如 SF_6)绝缘;按设备外形结构分为柜式、罐式和其他形式;按设备应用场合有计量柜、进/出线柜、联络柜等;按成套电器内部是否配置变压器,有预装式变电站(HV/LV Prefabricated Substation)和成套开关设备(Switchgear)。成套开关设备内部主要的开关元件一般是断路器,有些用于变电站的开关柜,内部除断路器外还配有接地开关。表 2.2 所示为常用的智能电器成套组合电器及其基本结构和应用。

表 2.2　常用的智能电器成套组合电器

设备类型	内部结构与设备配置	应用特点
环网开关柜	一般包括电缆进线间隔、出线间隔和变压器回路间隔各一个;电缆进/出线间隔通常配置负荷开关,变压器回路间隔配置断路器或负荷开关＋熔断器	用于环路结构的配电网中,与出口断路器配合,隔离故障线路段,保证任何一段干线故障检修不影响其余用户正常供电
预装式(箱式)变电站	集高压开关、变压器、低压配电室一体的户内外紧凑式配电设备,高压室、变压器室、低压室三部分一般呈“目”字形或“品”字形布置。变压器容量通常为 100～1250kVA,最常用的是 315～630kVA;高压开关一般为熔断器＋负荷开关;低压配电室按用户要求配置低压断路器	可用于荒郊野外或用电负荷中心,安装方式有地面式、半埋式、地下式和柱上简易式。高压侧架空进线,接线方式有环网二回线 Π 接、双回线接线及终端变电站式接线;低压侧用电缆出线,与负载分别连接

（续表）

设备类型	内部结构与设备配置	应用特点
气体绝缘开关设备(GIS)	按功能单元组合，各单元包含完成一种功能的主回路和辅助回路元件，占用一个间隔。高压部分封闭于充有绝缘气体的接地金属外壳中，辅助回路集中在单元控制柜内	结构紧凑，安装方便，可靠性高，工作寿命长，维护工作少，对环境不利影响小。适于负载集中、用地紧张的城市中心变电所，施工困难的山区水电站
气体绝缘开关柜(C—GIS)	成套开关设备中各部件作为一个整体装在同一个箱形结构的密封开关柜中，柜中可以按部件分隔成不同间隔，如母线室、接线室、断路器室等，根据部件工作条件充入不同压力的SF_6气体；也可以不分间隔整体充气，减少密封隔离舱的数量，便于合理布置元件，充分利用箱体空间。断路器可使用SF_6或真空断路器	柜内充气压力较GIS低，大量使用在中等电压的电力系统中。与传统开关柜相比，体积更小、重量更轻、不易受环境条件的影响，在高湿、高海拔、重盐雾地区使用尤为合适。操动控制部分的有些部件可置于大气中，便于维护
金属封闭式开关柜	采用空气为主绝缘，将开关元件、互感器、避雷器、内部连接件、绝缘支持件及相应的二次元件和线路等安装在金属外壳内。可用真空或SF_6断路器，或熔断器＋负荷开关；主柜内可有隔离开关、接地开关，构成组合开关柜。以断路器为主开关的开关柜可分为固定式和移开式（手车柜）；根据断路器手车在柜内的位置，有中置式和落地式之分	主要用于40.5kV以下中、低电压配电网和变电站间隔，作为线路、变压器、电容器柜、变电站高压电动机等的监控与保护设备。同一种开关柜用在不同场合，有不同的监控和保护要求。设备占地面积小，安装方便
抽出式开关柜	一个开关柜内部分隔成多个可抽出单元，每个单元包含有一次开关、电流互感器、一次连接线及相应的二次装置，完成一种独立的功能，由主电路插件与柜内主母线连接	作为低压配电网终端设备，主要用于供电连续性高的低压配电系统、电动机控制中心。相同功能的单元能互换，单元插、拔时主电路不能带电

2.1.3 一次设备实现智能化的基本要求

本书主要讨论的两种智能电器产品，包括电器元件和开关设备，这两种一次设备对智能化的要求既有相同点，同时也有不同之处。

相同点主要包括：①需要完成测量、保护与控制功能；②需要具有信息交互能力，以便完成电器智能化网络组成；③都需要具有自我检测与诊断的能力，实现对自身状态的监测，以适应电力系统从定期维修向状态检修的转变。

不同点主要包括以下几个方面。

① 成套电器设备需要测量的电量信号远多于电器元件。电器元件一般只检测自身回路相关的电气参量，模拟型电量和开关信号型电量比较少，而成套电器设备一般需要承担多条回路的控制与保护，因此需要检测多回路的电量和状态。

② 分合操作的决定权不同。电器元件一般根据被监测的线路或设备的运行状态自我决定是否进行分/合操作；成套电器设备中开关元件的分/合操作不仅取决于设备本身监控对象的运行状态，还受到电力系统继电保护规定的各种联锁和闭锁要求的制约。电力系统中的实

际应用场合不同，继电保护的功能要求不完全相同，相应地，成套电器设备的配置以及各设备间的联锁要求也不同。

③ 电器开关元件有智能操作的要求。为了提高电器开关元件的工作特性，需要根据具体的运行工况，智能地调节操动机构，实现开关元件的智能操作，目前在接触器、中高压断路器已经开展了大量的工作，也有实际产品推出。成套电器设备一般是不需要考虑智能操作的，它只是发出命令，让其中的一次元件按照指令完成/分合动作即可。

2.2 断路器及其智能控制

断路器是一种可以分断短路电流并实现两种以上保护功能的开关元件，例如当配置了热脱扣器、失压脱扣器时，断路器除短路保护外，还可以实现过载(热)和失压保护。另一方面，由于操动机构十分复杂，断路器不允许频繁地进行合、分闸操作。因此，断路器大多使用在要求短路保护而又不需要频繁合、分闸的应用场合，主要用于电力系统，包括高压输、配电到低压对终端用户供、配电的各环节。

断路器智能化的目标包括两个方面：一方面通过智能化的检测、保护和控制方法，全面提高断路器本身的控制和保护特性；另一方面如前面介绍，是通过其操作的智能控制提高断路器自身的机械、电气寿命，从而全面改善工作性能。

当前实现断路器智能化包括两方面的内容：对断路器的被保护对象进行实时监测与处理，根据其工作状态完成相应的控制操作，这是目前断路器智能化方面开展得最多的内容；根据被监控对象的运行状态动态地控制断路器分/合闸操作过程，使其与被监控对象的工作状态达到最佳匹配，控制断路器分/合闸的相位，减小触头因电弧造成的烧蚀。

2.2.1 传统断路器操动机构的工作特点和控制要求

根据高、低压电器课程的知识可知，断路器有不同工作原理的操动机构(参见表 2.1)。传统的断路器操动机构都带有机械扣锁，一旦完成合闸操作，机构即被锁定，使断路器保持在闭合位置，分断时采用脱扣器解扣，其操作可用手动或用电磁装置控制。根据工作要求，断路器可以配置不同功能的电磁操作脱扣器，实现多种功能保护。断路器操动机构都带有短路脱扣器，脱扣器线圈由保护用电流互感器二次线圈供电，在工作电路发生短路时动作，完成分断操作。根据断路器分断容量及工作电路的实际条件，短路脱扣器的动作电流可以整定。大多数断路器的操动机构都带有电磁合闸与电磁分闸(即分励脱扣)的装置(其线圈俗称合、分闸线圈)，以实现合、分闸操作的自动远动控制。对于操动机构采用电磁装置控制的断路器，在设计操作控制电路时有两点必须注意：一是合、分闸操作线圈不能同时接通电源，其控制电路间必须有相应的电气联锁；二是合、分闸操作线圈都是短时供电，断路器关合、分断操作一旦完成，相应的操作线圈应立即停止供电。

如果断路器在合、分闸操作时，能自动识别与判断被监控对象的工作状态，并根据结果调整操动机构的运动速度，即改变作用于操动机构的力，使断路器的合、分闸操作与被监控对象工作状态有最佳的匹配，就可以提升断路器性能和工作寿命，实现真正意义上的智能操作。断路器操动机构的工作原理不同，实现其操作智能控制的方法及其监控器的设计也不相同。例如，采用液压操动的特、超高压断路器，通过调节液压回路中的电磁阀工作位置，改变作用于操动机构上的液体压力，从而达到对机构运动速度的控制；对于弹簧操动机构断路器，智能操作要通过调节加在操动机构上的弹簧压力来实现。液压操动断路器的智能控制监控器的研发工作已经开展，并取得了一定成果，弹簧操动机构智能控制的方法研究也正在进行。近年来，针对真空断路器的负载特性开发了一种新型永磁保持的电磁操动机构（简称永磁操动机构），具有更好的智能控制性能，已开始在中、低压真空断路器中应用。

2.2.2 永磁操动机构的基本工作原理及其控制

与SF_6和空气断路器相比，真空断路器具有电气寿命和机械寿命长、灭弧室工作可靠性高等优点。长期以来，真空断路器一直采用弹簧操动机构，但弹簧操动机构的出力特性与真空断路器的负载特性之间匹配不够理想，使其优越性得不到充分的发挥。图 2.1 所示为真空断路器的负载特性与弹簧操动机构、永磁操动机构的出力特性曲线。可以看出，永磁操动机构的出力特性能够更好地匹配真空断路器的负载特性。

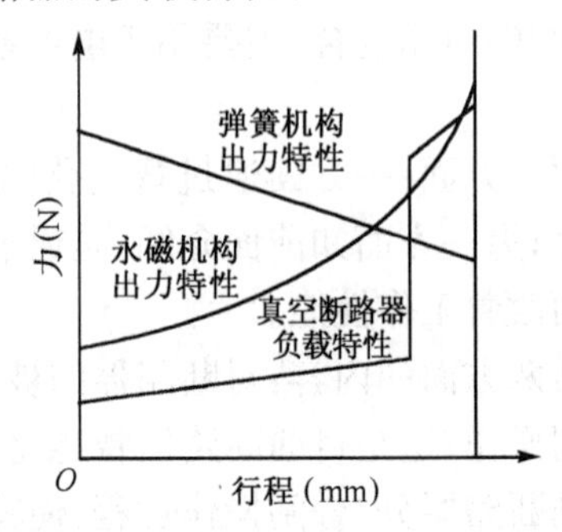

图 2.1　真空断路器负载特性与弹簧机构和永磁机构出力特性曲线

1. 永磁操动机构的特点及分类

与传统断路器操动机构的原理不同，永磁操动机构综合利用电磁铁与永磁铁产生的磁力实现断路器的合、分闸操作及闭合、断开的状态保持。电磁铁与永磁铁共同产生使断路器合、分闸操作的能量，而断路器的闭合或断开状态则由永磁铁产生的磁力保持。因而这种机构不需要弹簧操动机构中的机械扣锁与解扣装置，大大减少了断路器操动机构的零部件，简化了机械结构，使其机械动作的可靠性明显提高，为真空断路器真正实现免维护创造了条件。通过调节电磁铁线圈电压，可以方便地改变机械部分的出力特性和运动速度，以适应断路器合、分闸过程的特性要求，更便于实现断路器操作的智能控制。

当前已经形成产品的永磁操动机构大体可以分为双线圈、单线圈和分离磁路式 3 类，3 种机构的结构简图示于图 2.2 中。以下分别简述它们的工作原理及特点。

（1）双线圈永磁操动机构

这种操动机构的电磁铁有一个合闸线圈和一个分闸线圈，分别位于机构的两端，为断路器提供合、分闸操作的电磁力。永磁铁位于机构中部，其磁力使断路器保持在闭合或断开的位置。由于关合操作不需要为分断操作储能，所以合闸线圈需要提供的能量较小，供电电流小，使用的线圈线径较细。另一方面，永磁铁为断路器在闭合位置提供的保持力只需要克服触头弹簧的反力，不需要克服分断操作弹簧的力，因而保持力小，永磁铁体积较小。但是，断路器在分断操作时，既要克服维持闭合状态的永磁力，还要保证断路器较高的刚分速度，因此必须给

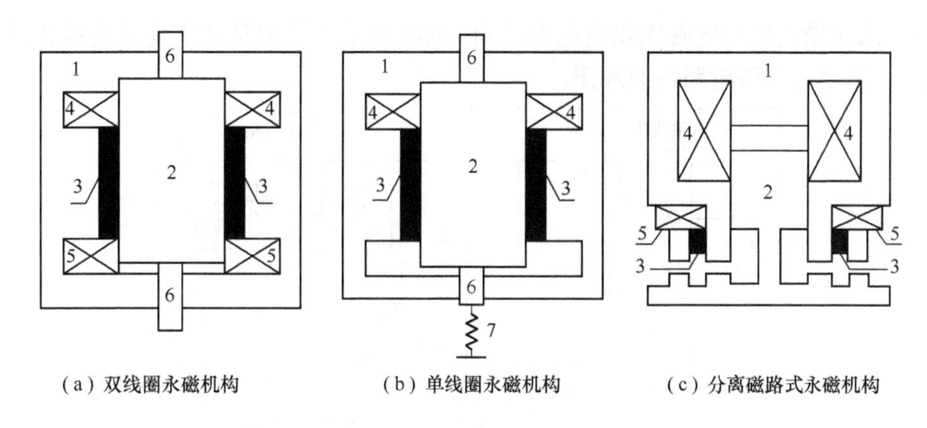

图 2.2　主要永磁机构产品的结构简图

分闸线圈提供较大的电流。在分断过程中，随着分闸线圈一侧的工作气隙减小，动铁心受到的电磁铁与永磁铁合成磁场的磁力增大，运动速度加快，在分断行程终了时造成动触头很大的冲击。此外，由于机构没有分断操作弹簧，故在紧急情况下手动分断时，不像弹簧操动机构能立即分断。

双线圈永磁操动机构最大的特点是便于实现断路器操作的智能控制。通过对电磁铁合、分闸线圈供电电压的控制，可以方便地调节操动机构的出力特性，使其更好地满足真空断路器的负载特性。

(2) 单线圈永磁操动机构

单线圈永磁操动机构也采用永磁铁保持断路器的闭合与断开状态，但电磁铁只有一个线圈，一般位于断路器关合位置一侧，主要用于提供断路器合闸的能量。如图 2.2(b)所示，这种结构的永磁机构有分闸弹簧，为断路器分闸操作提供能量。通过调整分闸弹簧的反力，可以调整机构的分闸过程特性，以适应断路器对分闸速度的要求。与双线圈结构相比，电磁铁减少了一个线圈，所以体积较小，供电电路及其控制器也更简单，较适合户外封闭式箱体内安装；在断路器合闸时，电磁铁提供合闸能量的同时，还需要为分闸弹簧储能，因此电磁铁线圈电流较大；采用了分闸弹簧，可以手动立即分闸，但是分闸过程不能通过供电电路进行调节，难以实现操作的智能控制。

这种结构的操动机构比较适用于开断容量较小的真空断路器。

(3) 分离磁路式永磁操动机构

分离磁路式操动机构的电磁铁也有合闸操作和分闸操作两个线圈，但与双线圈结构不同。由图 2.2(c)可以看出，在这种机构中，开关的操作磁路和状态保持磁路是分开的，永磁铁只用于保持开关的闭合状态，断开状态的保持依靠分闸弹簧的预压力。由于结构复杂，加工装配难度较大，且难于实现分闸操作的智能控制，所以实际使用的产品很少。

2. 永磁操动机构的操作控制

当前投入市场的各种永磁操动机构的分、合闸电磁铁均采用直流电源供电，最常见的是采用 AC/DC 变换器配合大容量电解电容器提供所需的直流电能，由电力电子开关器件接通或切断分、合闸线圈的电源。永磁操动机构的工作原理不同，供电主电路的结构形式就不同；采用的电力电子开关器件不同，控制电路的工作原理及电路也不同。下面以一种最常见的双线圈、双稳态永磁操动机构电磁铁供电电路为例，说明其工作原理及其实现智能操作的控制方法。图 2.3 所示为这种电路的原理图。

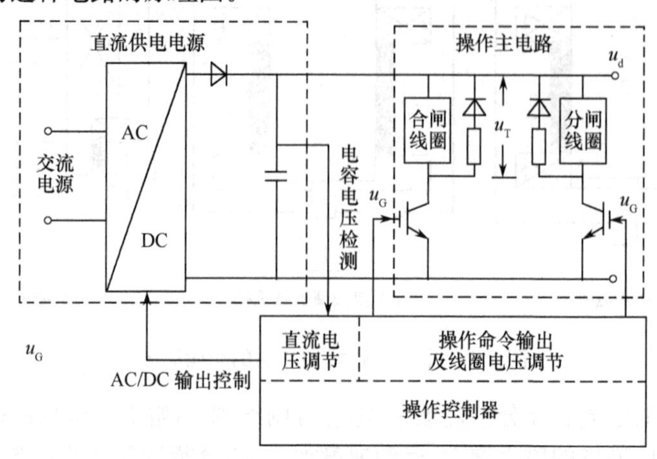

图 2.3 一种双线圈、双稳态永磁操动机构电磁铁供电电路原理图

如图 2.3 所示，供电电路由直流电源、操动机构操作主电路和控制器 3 部分组成。直流电源包括一个由功率二极管组成的 AC/DC 变换器和大容量的电解电容器，电容器在断路器状态保持期间存储的能量，必须能够保证断路器完成一次分-合分(Open-Close Open, O-CO)操作循环。操作主电路由合、分闸线圈及接通或切断其供电电源的电力电子开关器件组成，开关器件可以选用晶闸管、IGBT 和功率 MOSFET。由于晶闸管关断不可控，在直流电路中使用，必须另设辅助关断电路。MOSFET 的电压、电流承受能力相对 IGBT 较低，所以当前操作主电路中使用最多的是 IGBT。

控制器完成的功能应根据断路器操作要求确定，基本功能就是监测和分析工作现场状态及操作人员指令，根据分析结果发出合、分闸操作指令，按断路器实际工作要求接通合、分闸操作电磁铁线圈。如前所述，在双线圈、双稳态永磁操动机构中，永久磁铁提供断路器状态保持所需的能量，控制器应能保证电磁铁线圈在断路器完成操作后即停止供电。除需要通过改变合、分闸电磁力的比例来调节操动机构出力特性的应用场合外，合、分闸操作线圈一般不同时接通电源。对于需要智能控制的断路器，在电磁线圈接通期间，控制器需要合理地调节线圈电压，以得到要求的操动机构出力特性。当操作主电路中采用 IGBT、MOSFET 等全控型电力电子开关器件时，可以在断路器进行合、分闸操作期间，使开关器件以较高频率接通与分断，控制器根据出力特性要求控制其通、断频率(或通、断频率不变，控制开关器件的通、断占空比)，即可方便地调节电磁铁线圈的工作电压。图 2.3 所示电路的工作原理示意图如图 2.4 所示。

2.2.3 断路器的选相分/合闸操作

断路器用于完成电能控制和系统保护，是电力系统中最重要的开关元件之一，在实际应用中经常需要进行正常的分、合闸操作。理论研究和实践表明，在操作过程中，由于被控制对象中电磁能量的变化，总是伴随着电压或电流的浪涌，造成所谓操作过电压或过电流，严重地影响电力系统各环节包括断路器自身的安全运行。

一般来说，合闸操作过程和分闸操作过程中出现暂态现象的机理不相同。合闸时的暂态过程是由线路中的电磁能量转换引起的，往往表现为振荡的浪涌电压或电流；分断时则由于弧

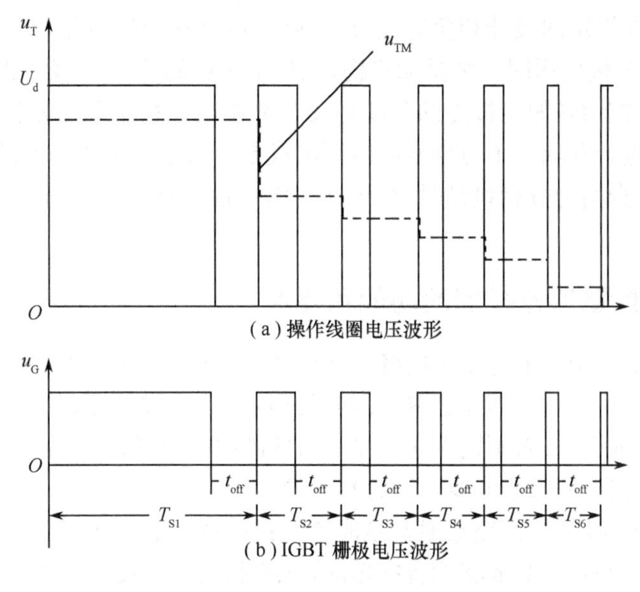

图 2.4 图 2.3 所示电路的工作原理示意图

隙的复燃或重击穿而产生过电压。操作中出现的暂态现象不仅与被控制对象的负载性质(电路参数)、应用场合、断路器分合闸操作时主接点的动作速度有关,还与主接点实际分断、关合时刻的电源相位有关。在断路器的应用场合、被控制对象的负载性质及操动机构确定后,选择合适的分、合闸相角,可以有效地抑制由于操作过程出现的电压、电流浪涌,保证整个系统的安全运行,同时,还可提高断路器的电气寿命。选相分、合闸操作是实现上述目标的主要方法,也是当前断路器智能控制的重要内容之一。

由于断路器的合、分闸相位对操作过程中暂态现象的影响与许多因素有关,包括被控制对象的负载性质(感性或容性)、工作状态(空载、负载或故障)、断路器工作线路的电压等级、操作过程对系统或被控对象影响最严重的是过电压还是过电流等,相同的合、分闸相角在不同的应用场合下,有完全不同的效果。例如断路器在电压相角 0°时空载关合长距离输电线路时,可以有效地降低操作过电压,而空载关合变压器,相角一般应选择 90°;在高压电网中投切并联补偿电容时主要考虑抑制过电压,断路器关合相角应选择 0°,但在低压配电网中的电容投切一般要求抑制电流浪涌,关合相角应选 90°。

当前,实现断路器合、分闸相位的智能控制有选相操作和定相操作两种方法。具有选相操作功能的智能监控器,必须允许后台管理系统或现场操作人员根据实际系统要求设置分合闸相角。监控器根据设定的相角计算出对应的延时时间,在收到操作控制信号并检测到电压过零点后启动延时,延时到即通过开关量输出模块发出相应的操作命令。这种方法设计的智能监控器可以配置到不同应用场合的断路器,有较好的通用性。实现定相操作的智能监控器发出合、分闸操作命令的过程与选相操作的监控器基本相同,只是合、分闸相角是确定的,不需要通过后台管理系统或操作人员现场设置,因此只能配置到针对特定应用的断路器。必须指出,由于断路器操动机构有一定的动作时间,为了保证主接点在设定的相角下关合或分断,在计算延时时间时,必须考虑机构的动作时间。

三相交流断路器实现相角可控的合、分闸操作的另一个问题是操动机构的结构形式。对于分相操作的高压断路器,由于断路器的 3 个极有各自独立的操动机构,智能监控器可以方便地控制各相主接点在设定的最佳相角完成分、合闸。但是在中压以下电压等级采用弹簧操动机构的断路器中，3个极公用同一个操动机构，三相主接点的分断、关合同时进行，不可能有相同的相位，监控器要控制各相主接点的分断与关合都在最佳相角是非常困难的。这方面的研究与开发工作正在进行并取得了可望实际应用的成果。对于采用永磁操动机构的各种真空断路器，当操动机构本身均为分相设计时，由于其动作一致性好，所以比较容易实现相角可控的合、分闸操作。

2.2.4 智能断路器监控器的功能和要求

断路器被广泛地应用在电力系统的各个环节，完成电力传输、分配和各种电力设备及电力用户的电能控制与保护。监控器是智能断路器的核心，是完成检测、控制、保护及智能操作的关键部件，不同电压等级、针对不同保护控制对象的断路器，其智能化需求不太一样，有的甚至完全不同，因此其监控器的功能和要求也存在差异。

在中压电力系统应用中，断路器通常是成套电器设备中的一个元件，因此，智能监控器完成的功能和监控目标都是针对成套设备提出的，其控制功能和要求根据设备不同也不完全相同。但是馈电线路自动化中的重合器是一个例外，其监控器的监控目标就是一台断路器的操作功能。作为一般断路器元件的智能化要求而言，监控器很重要的一个功能是实现操作的智能控制和定相分、合闸，但是迄今为止，这一目标仍然处于研究阶段。在低压电器领域中，针对不同断路器的使用功能，开发出了可与断路器本体集成在一起的智能监控器。这类智能断路器的监控器具有自身一次断路器在应用中所需要的全部功能，包括对断路器控制对象的运行状态监测及保护。对于结构和应用场合不同的低压断路器，智能监控器具有的功能及监控目标不同，在设计上会有很大的区别。例如，在低压配电网自动化中，用于供、配电的框架式断路器与用于接通、分断和保护用电负载的塑壳断路器，监控器完成的功能、外形、结构及内部电路完全不同。下面以重合器、一种低压框架式断路器和一种小容量塑壳断路器为例，说明使用环境要求对智能断路器监控器功能和设计目标的影响。

1. 馈电线路中的重合器

重合器是交流高压自动线路重合器(A. C. H. V. Automatic Circuit Recloser)的简称，是一种自具控制及保护功能的高压开关设备。所谓“自具”(Self Contained)功能是指它本身具备故障电流(包括过流及接地电流)检测、操作顺序控制和执行操作的功能，而且不需要附加操作电源，适合于户外和野外安装。它能够按照预先设定的开断和重合程序，在交流线路发生故障时，自动进行多次开断和重合操作，并在完成程序规定的操作后自动复位。因此，重合器包括一次元件及相应的控制器。一次元件当前基本采用 SF_6 或真空断路器，在其使用期间一般不需保养和检修。控制器有液压式、电子式和微机控制式3种，在作为馈线自动化智能网络的节点设备时，控制器必须使用微机控制式智能监控器。

在采用智能控制时，重合器的监控器除具有数据采集、软件实现过载保护时间-电流曲线、网络通信等一般智能电器监控器的基本功能外，针对重合器的具体使用要求，还应具有对分断、重合的次数计数，记忆每次开断、重合操作后的时间，在全部操作完成后使重合器闭锁在断开位置，并将程序复位到原始设置的状态等功能。当重合器并未完成全部开断、重合操作，而前次重合闸操作后的时间已超过预设时间，仍未出现分断操作信号，则说明故障区已被切除或前次出现的线路故障是瞬时故障。在这种情况下，监控器要保证自动将程序复位到初始状态。此外，还应能根据设置选择相间和接地跳闸程序，选择闭锁操作程序；可以设定相间和接地最小电流值；设置一次开断-重合操作的时间，重合后到下次开断操作的时间，并完成定时功能；设置重合和开断操作的次数并计数；记忆和清除（复位）已经完成的工作状态。

重合器一般安装在户外架空电力线的柱上，为了把监控器和一次断路器集成为一体，监控器必须具有完善的电磁兼容性能。监控器设计不仅要考虑重合器操作、运行状态显示、参数及功能设定、网络通信等功能及良好的抗电磁干扰能力，还必须便于户外柱上的安装和维护，保证户外环境下的安全可靠运行。

2. 智能低压配电网用框架式断路器

在低压电器中，框架式低压断路器的开断容量和工作电流大，多用于大容量低压配电网及大功率工业负载的供电操作及保护。在电力系统低压配电环节中，框架式断路器是最重要的开关电器之一，承担的主要任务有：供、配电控制，供、配电设备和线路的保护，故障发生时切断故障区线路，保证非故障负载连续、安全供电。作为现代智能低压配电网的一种现场设备，智能框架式断路器的监控器既要具有断路器在这类应用环境中要求的测量、多种保护、设定运行参数和保护定值、断路器操作控制等功能，同时还应有智能电器的测试、监控、数字或图形显示、事件记录、通信等功能，监控器硬件电路和软件设计必须满足上述所有要求。同时，在结构和外形设计中，应充分考虑监控器在断路器中的安装空间和运行时的操作方便。

在大功率工业负载的供电电路中使用的智能框架式断路器，由于监控目标、保护项目、保护特性、控制功能等都不同于配电网用断路器，所以其智能监控器在设计上会有区别。

3. 小容量低压智能塑壳断路器

低压塑壳断路器的开断容量和工作电流一般小于框架式断路器，按照其开断容量和额定工作电流范围，塑壳断路器的种类很多，它们的使用场合也不同。大容量塑壳断路器可作为大容量低压配电网中下级电网的配电开关，在小功率低压配电网中，可以替代框架式断路器的功能。此外，中等容量以上的较大工业负载也使用大容量塑壳断路器作为接通、分断供电电源的操作，并实现线路和负载的短路保护。

小容量塑壳断路器主要用于各种较小容量用电设备的供电控制和保护，基本采用一对一的封闭监控模式，不作为智能通信网络的现场设备。由于断路器自身体积小，其智能监控器占用空间也很小，所以，不能设置复杂的显示和操作面板。因此监控器完成的功能较简单，没有运行参量的测量，不设置通信和复杂的人机交互功能，保护功能一般也只设置过载和短路保护。对于这类断路器的智能监控器，设计的重点是在满足所需功能的同时，应尽可能简化硬件电路和监控器的面板设计，以保证符合安装尺寸的要求。

2.3 接触器及其智能控制

2.3.1 接触器的特点及应用

接触器是一种常用的低压一次开关元件，广泛应用于电力系统、工业、农业、交通等行业的各类自动控制系统的电能控制，可分为交流和直流两种。与断路器不同，无论交流还是直流接触器，其操动机构都没有复杂的机械扣锁与脱扣解锁装置，只要接通操作电磁铁线圈（简称操作线圈）电压，衔铁吸合，就可使接点接通；操作线圈持续通电，则接点的闭合状态保持。切断操作线圈电压，衔铁释放，接点即可分断，只要不再接通线圈电压，接点将保持断开状态。因此，在接触器的操作控制电路中，只需控制操作线圈电压的接通与分断，就可控制接触器接点的合、分操作，并实现其状态的保持。由于操作上的这种特性，接触器可以频繁地接通和分断，这也就决定了接触器与断路器不同的应用环境。例如在工业控制领域，各种工业设备需要频繁地改变工作状态，以满足设备的生产工艺，这就要求驱动设备运行的电动机必须频繁地启动、制动、正转或反转，即电动机供电电压需要频繁地接通、分断、改变相序（交流）或极性（直流）。断路器显然无法适应这种工作条件，因此，必须采用接触器。此外，在中压以下电力系统中投切电容器无功补偿装置、电气化铁路及城市轻轨机车的自动化控制以及各类船舶驱动装置的自动控制中，通常也要采用接触器。

接触器的工作电压范围比断路器小得多，一般在6kV以下，且以500V以下低压接触器为主。更重要的是，接触器绝对不能开断短路电流，自身也不能配置其他保护，因而在实际应用中，必须由其他具有保护功能的电器来完成被控设备所需的保护，接触器本身只用于对设备工作的频繁操作与控制。图2.5所示为两种典型的接触器应用一次电路原理图。在图2.5(a)中，带热脱扣器的断路器QF用于接触器一次电路与供电电源间的连接或分断，并实现对电动机M和一次电路的短路与过载保护。若断路器内部未配置热脱扣器，则需要在接触器主接点与负载间设置热继电器作为过载保护元件，短路故障仍由断路器切除。在图2.5(b)中，开关SN用于在接触器主接点断开时接通与分断一次电路的电源，相当于隔离开关；熔断器FU完成短路保护，热继电器KH实现对电动机M的过载保护。这两种典型电路中的接触器只用来接通和分断电动机电压，保证电动机频繁启动、制动等控制要求。

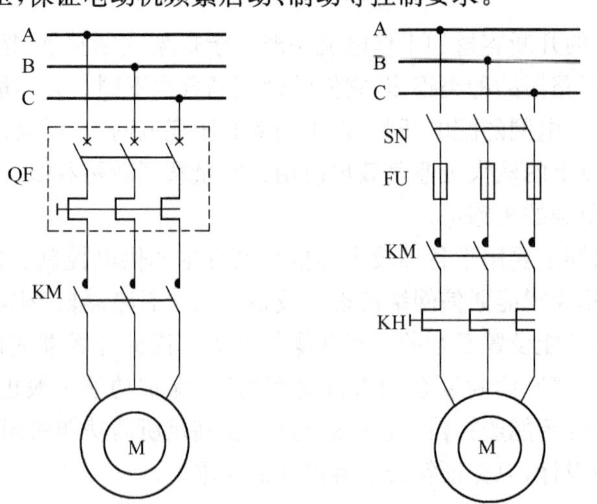

(a) 接触器配合带有热脱扣器的断路器　(b) 接触器配合熔断器和热继电器

图2.5　两种典型的接触器应用一次电路的原理图

2.3.2 接触器智能控制的目标及基本方法

接触器在操作控制上与断路器完全不同，智能控制的具体目标和实现方法也有所不同。但是作为开关电器元件，智能化的目的同样是希望通过对操作的智能控制提高其整体性能。

根据接触器工作的特点，智能控制的目标主要有3个方面。

其一，通过对接通过程中操作线圈电压的动态控制，实现对接通过程电磁力的动态调节，以减小接点接通时的弹跳，并提高其电寿命和机械寿命。

接触器动作中的一个重要现象是运动部分的弹跳。当线圈通电以后，在电磁力的作用下，动触头快速运动与静触头接触并发生碰撞，引起多次弹跳，每次弹跳触头都将形成通断并产生电弧。电弧会产生触头材料的侵蚀，特别在接通大负荷时，大电流下的多次弹跳会加大侵蚀量，造成较大的电磨损。

其二，在接点接通后，减小操作线圈供电电压，降低线圈损耗，节省电能，减小铁心的交流噪声。由于接触器线圈表现为电感性负载，因此接触器吸持需要消耗一定的有功功率和较大的感性无功功率，感性无功功率会降低负载的功率因数，增加对电源容量的额外要求。虽然单台的有功功率和感性无功功率都不是很大，但是接触器的使用量巨大，因此降低单台的功耗可以节约大量的能源。

其三，减小电压波动对接触器工作特性的影响，以提高接触器的寿命和可靠性。由于实际工作环境下线圈供电电压会出现较大范围的波动，因此为保证在不同电压下的可靠吸合，在设计接触器电磁吸力特性时需要保证在75%的额定电压下能可靠动作。这样在额定或过电压运行时，电磁吸力增加，触头速度与碰撞能量的增加，触头弹跳与侵蚀加剧，导致机械部件磨损和触头电寿命减少。而电压下降到75%以下时，也会因吸力的不足引起触头的颤抖，导致触头的熔焊损坏接触器。

接触器的接通操作是由对线圈通电带动触头动作完成的，通过动态地调节接触器操作线圈的电压，可实现对接通过程电磁力的动态调节，并降低其保持吸合状态的电压。最有效的也是当前智能接触器中基本使用的方法是：采用全控电力电子开关器件，以高频调制的方式对操作线圈供电，通过改变调制周期中开关器件的通、断时间比（占空比），调整操作线圈的供电电压。在智能接触器供电开始时，首先采集输入电压，并根据电压大小选择适当的吸力特性（即占空比的变化参数），如果电压高于或低于规定电压值，将不再进行吸合动作，避免电压过高或过低对接触器造成损坏。在接通的开始阶段，输出大占空比，将输入电压几乎全部加在线圈上，以产生较大的吸力；随着时间的推移，逐渐减小输入电压脉冲的占空比，使线圈中的电流逐渐减小，并通过检测铁心和触头位置，确定铁心的运动速度以及是否已经闭合；在铁心闭合以后，调节输入电压脉冲占空比，使电流维持在保持电流的水平。图2.6为智能接触器线圈电压与电流波形图。图2.7为智能接触器的整体结构示意图，图中接触器控制专用芯片是智能接触器的核心，负责完成信号检测、控制电力电子器件通断等功能。从图2.6可以看出，交流电源输入后首先经过了整流，也就是说，实际接触器线圈上承受的是直流电压，这样就可以大大减少接触器的交流噪声，同时也可以去掉交流线圈中的分磁环，简化接触器结构，降低成本。

经过实际测试，这样的接触器不仅可以减少吸合过程的弹跳，提高电气寿命和机械寿命，

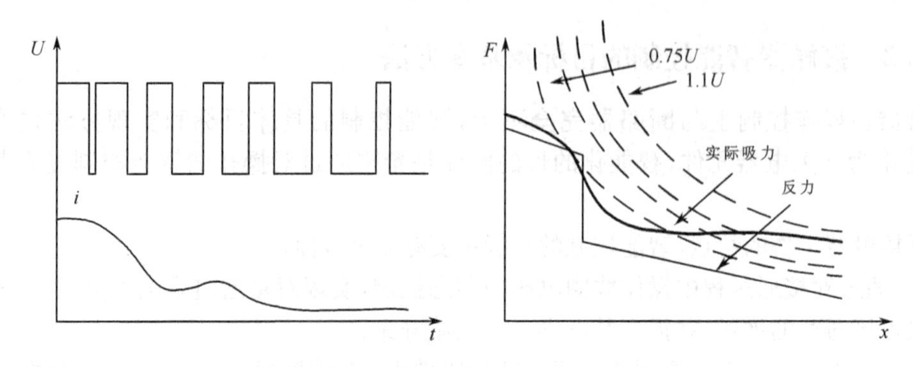

图 2.6 智能接触器线圈电压、线圈电流波形

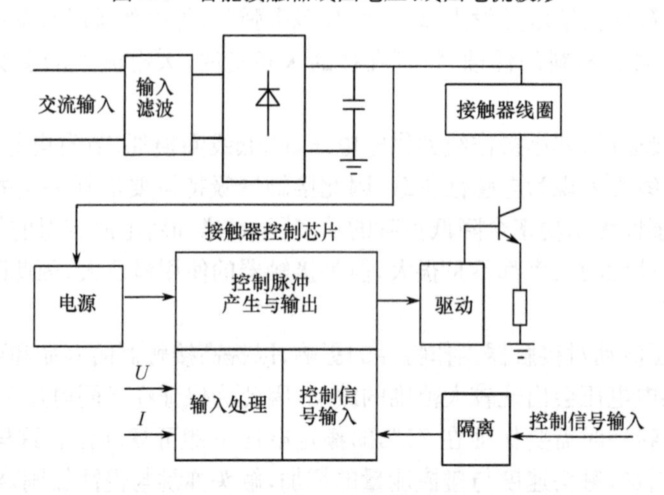

图 2.7 智能接触器的整体结构示意图

还可以大大降低吸持阶段的电能消耗和噪声，符合节能环保的要求，同时将交流工作方式改为直流工作模式，减少了接触器电磁系统的材料使用量，降低了接触器成本。

接触器智能化除以上介绍的内容外，国内外研究人员还研究了减小主接点在接通、分断操作过程中的电弧能量的原理和相应的解决方案，并完成了相应的设计样机。以下分别简单介绍几种典型样机的工作原理。

(1) 组合式智能交流接触器

接触器本体由一台单极和一台双极接触器组成。在进行分断操作时，其智能监控器先在单极元件主接点电流过零前恰当的时刻切断其操作线圈电压，使主接点在该相电流过零时分断，然后通过延时或线电流过零检测控制，切断双极元件操作线圈电压，使其主接点在线电流过零时分断，从而实现了三相交流接触器的小电弧能量分断。

(2) 基于磁保持继电器的智能交流接触器

由 3 台独立的磁保持继电器组成三相交流接触器本体。在分断过程中，其智能监控器分别监测三相主电路电流，执行相应的控制程序，在合适的时刻发出命令切断各磁保持继电器控制线圈电压，使它们的主接点均在电流过零时分断，达到微电弧能量分断操作的目标。

在吸合过程中，通过智能监控器对主电路三相电压的监测，这种接触器还可以完成接点的零电压吸合操作，减小因接点弹跳引起的电弧。由于磁保持继电器的吸合状态不需要外加电能，因此可以实现无能耗、无噪声的吸合保持运行。

(3) 永磁机构交流接触器

接触器触头有直动式，也有转动(拍合)式，直动式结构可以利用永磁机构实现接触器的分合动作。永磁机构交流接触器就是应用了永磁机构，利用永磁保持、电子控制方式实现传统接触器的电磁系统。与断路器的永磁机构类似，永磁交流接触器也有单稳态、双稳态、分离磁路多种结构。永磁机构交流接触器具有节能、结构简单、分合操作特性可控(双稳态)等优点，目前 ABB、富士电机和国内一些企业已经推出实际产品，进入了应用阶段。

(4) 混合式智能交流接触器

混合式智能交流接触器的本体是在三相交流接触器的主接点上分别并联一个晶闸管构成的，其主电路结构如图 2.8 所示。在接触器吸合操作时，智能监控器在接通接触器操作线圈电压前，首先根据负载的功率因数选定晶闸管的触发相角，分别向 3 只晶闸管发出门极脉冲，使晶闸管导通并保证负载电流为正弦。监控器监测 3 只晶闸管的工作状态，选择合适的时刻接通接触器操作线圈，使其主接点在 3 只晶闸管均处于导通状态时接通，实现零电流、零电压下吸合，从而避免了因接点的弹跳产生电弧。在接点可靠闭合后，负载电流由晶闸管转移到接触器主接点，监控器停止晶闸管的触发脉冲，晶闸管关断。分断操作时，监控器按照与吸合操作时相同的触发相角分别向 3 只晶闸管发出门极脉冲，然后在合适的时刻切断接触器操作线圈电压，使主接点分断时刻 3 只晶闸管能同时导通，主接点将在零电压条件下分断，使负载电流从接触器主接点转移到晶闸管。监控器确定分断操作完成后，停止向晶闸管输出触发脉冲，晶闸管将在承受反向电压时自动关断。

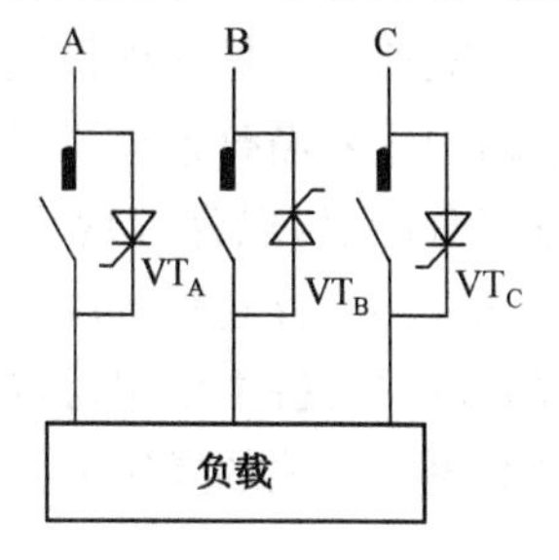

图 2.8 混合式智能交流接触器的主电路结构

结合采用前述低压直流保持吸合状态的技术，混合式智能交流接触器不仅可以实现接触器的无弧接通和分断，大大提高其电气寿命，而且可以减小铁心体积，降低运行过程中的电能损耗，实现无噪声运行。

在实际应用中，智能接触器与传统接触器的二次控制电路结构不完全相同。传统接触器接通和分断操作完全接受负载控制系统的操作和保护指令控制，而智能接触器的线圈电压接通与否，除接收负载控制系统的指令外，还受到其监控器输出指令的控制，因此二次电路必须保证负载控制系统给出关合指令时，监控器工作电源已经达到稳态。

2.4 其他一次开关元件

除断路器、接触器外，智能电器中可能涉及的一次开关元件还有负荷开关、隔离开关和接地开关。这 3 种开关元件通常作为中、高压成套开关设备中的一个部件，完成不同的功能。

2.4.1 负荷开关

负荷开关的操动机构具有与断路器类似的机械锁扣和解锁脱扣装置，但是没有短路脱扣器，也不能在元件中配置其他功能的脱扣器，自身不具有保护功能。负荷开关可以承载、关合及开断正常工作电流，也能在一定时间内承载短路电流，它可以关合但不能开断短路电流。线路自动分段设备中常采用负荷开关作为一次开关元件，接在配电变压器高压侧或配电线路中，作为变压器或某些用电设备投切的控制设备。当它与高压限流熔断器配合使用时,可代替断路器功能,完成对线路和电力设备的控制与保护。

如果负荷开关的操动机构能够采用电能控制,那么在成套电器设备中使用时,其智能化控制就可以与成套设备智能化统一考虑。智能监控器的功能按成套设备的使用要求设计,负荷开关接收监控器指令实现关合或开断。由于不能开断短路电流,在监控对象发生短路时,监控器必须保证其在熔断器切断短路电流后才能开断。

2.4.2 隔离开关

隔离开关是一种只能在微小电流或空载状态下关合与开断电路的开关元件。这种开关在电路中用来隔离带电线路与需检修或分段的线路与设备,为被检修或分段的线路提供可见的电路分断点,以保证现场运行人员的人身安全。隔离开关还可对双母线进行带电分、合或转换,也能分、合套管、母线、不长的电缆等的充电电流。隔离开关一般采用手动操作,在智能化成套开关设备中使用时,如果要求自动、远动控制其操作,则操动机构必须能够电能控制,监控器对隔离开关的操作也必须保证成套设备确实工作在空载状态或微小电流状态。

2.4.3 接地开关

接地开关能承载规定时间内的异常电流,但不要求承载电路的正常工作电流,主要用于为电路检修的安全提供可靠接地,可制成独立的设备,也可与其他高压开关等组合使用。接地开关按使用特性分为一般与快速(又称接地短路器),按操作方式分为钩棒操作与操动机构操作,按安装方式分为户内与户外。一般接地开关通常配用手动操作机构,快速接地开关可以自动合闸。在封闭式成套开关设备中使用时,采用户内式接地开关,并且要求能够关合短路电流。在智能化设备中要求接地开关能够接收监控器指令,实现操作的自动、远动控制时,其操动机构必须用电能操作,监控器还应保证接地开关操作的安全。

有关开关设备中隔离开关、接地开关的安全操作程序将在2.5.2节中讨论。

2.5 成套开关设备

2.5.1 成套开关设备概述

成套开关设备是一种将一次开关元件按一定主接线形式连在一起,并与控制、测量、保护和调整等二次装置以及电气连接、辅件、外壳等组装为一体构成的电器设备,主要用于电力系统发、输、配、供各环节及电能转换系统。一次线路接线方案是成套开关设备的功能标志,必须按电力系统主接线要求,针对使用环境与控制对象,结合主要电器元件特点来确定。由于使用场合不同、功能不同,同一种类或同一型号的设备都有许多种一次接线方案。智能化成套开关设备中的智能监控器替代原开关设备的二次装置,完成设备要求的各种监测、控制、保护、运行参数调整等功能,同时必须具有通信功能,以便与其上位管理系统进行数据和各种信息的交换,实现电力系统继电保护与自动化管理。智能监控器的功能必须能够满足成套开关设备工作现场的具体要求,因此对不同类型、不同应用的成套开关设备,其智能监控器的设计要求是不同的。

成套开关设备中的一次开关元件可以包含 2.3 节和 2.4 节中讨论的任何一种或几种，现场运行中，这些开关元件必须严格按照规定程序进行操作，任何误操作都将给现场工作人员和电力设备带来严重的危害。为此，成套开关设备各组成部件之间必须设置可靠的联锁和闭锁，常用的联锁包括机械、电气和程序。一般成套设备中都会设置机械联锁，但当需要联锁的元件不在同一设备中，或者联锁程序很复杂时，应该采用电气和程序联锁。成套开关设备一般应在以下 5 个环节设置联锁。

① 主开关（断路器、负荷开关等）与控制室模拟盘之间：防止主开关误分合。

② 主开关与隔离开关或隔离触头间：只有主开关分断时才能操作隔离开关或隔离触头；在隔离开关或隔离触头操作时，不允许操作主开关。

③ 接地开关与隔离开关或一次导电回路间：只有隔离开关断开，且接地开关所在一次回路未与带电母线连接时，接地开关才能关合操作；接地开关在闭合位置时，不能操作隔离开关。

④ 接地开关或一次导电回路与柜门间：只有当接地开关闭合，一次导电回路未与带电母线接通，才能打开柜门；只有在柜门关闭并锁定，且接地开关断开后，一次回路才能送电。

⑤ 手车柜二次插头与主开关间：只有在二次插头插合，二次电路接通时，主开关可以关合，主开关在关合状态时，不能拔下二次插头。

联锁是智能化成套开关设备监控器必须完成的功能之一。在监控器设计时，必须根据设备的内部配置及使用场合要求，采用相应的硬件与软件来完成。

2.5.2 常用成套开关设备及其智能控制

1. 金属封闭开关柜（高压成套开关设备）

金属封闭开关柜简称开关柜，是一种由封闭与接地金属外壳内的主开关、隔离开关或隔离触头、互感器、避雷器、母线等一次元件及测量、保护、控制等二次装置组成的成套开关设备。主要用于电力系统中电能的接收与分配，有多种一次接线方案以满足电力系统不同接线的要求。开关柜的种类及分类方式较多，请参考相关资料，这里不再讨论。

作为高压成套开关设备，金属封闭开关柜可分为固定式和移开式。固定式开关柜的内部主开关和其他某些一次元件在金属外壳内固定安装；而在移开式开关柜（移开式开关柜又称手车柜）中，这些元件安装在可移动的手车上，与内部固定安装的电气元件通过隔离触头插入静触头来实现电气连接。

智能化高压开关柜的智能监控器通常安装在金属外壳正面，一般要配置操作和显示面板，替代传统开关柜的二次装置实现监测、控制和保护及联锁、闭锁功能。不同使用场合的开关柜要求的功能不同，智能监控器设计可以有通用和专用两种方式。通用式监控器可以安装在所有开关柜上，具有各种使用场合下的全部功能，使用时，通过面板操作进行功能选择与参数设置，使之符合开关柜运行现场要求。采用这种设计，生产厂商对所有开关柜只需要开发一种监控器。但是监控器硬件和软件非常复杂，开发成本高，可靠性比较低，调试、操作和维护困难，近年来已经基本不再使用。专用式智能监控器是针对某一类完成相同功能的开关柜而设计的，不同功能的开关柜需要配置不同的智能监控器。但是如果采用模块化的硬、软件设计方法，将监控器硬件和软件按功能划分，设计成通用的功能模块，在不同的监控器设计中只需按要求配置不同功能的模块，就能大大简化专用监控器的开发。此外，由于这种监控器的功能相对简单，且采用模块设计，所以开发成本降低，可靠性提高，调试、操作和维护也更方便。

当前对开关柜的绝缘、温度、主开关运行状态的在线监测也成为开关柜智能化的重要内容，已经开发出相应的监测装置。国内目前还处于试运行阶段，在线监测装置与智能监控器相互独立，而在国外，相当多的智能开关柜产品中，监控器已经具备了在线监测功能。

2. 预装式(箱式)变电站

预装式变电站是一种集高压开关、变压器、低压配电于一体的户内外紧凑式配电设备，安装方式有地面式、半埋式、地下式、柱上简易式。其外壳材料有金属、混凝土、玻璃纤维或陶瓷等，高压侧接线有环网二回线Π接、双回线接线及终端变电站式接线。箱式变电站可装在人行道旁、绿化区、交叉口、生活小区、生产场地、高层建筑，或用直升飞机吊装于高山峡谷的弹丸之地，既可用于荒郊野外，也可伸入负荷中心。预装式变电站具有外形美观、搬迁容易、极易与周围环境协调之优点，还可以大大节省土建与征地费。

在结构上，高压室、变压器室、低压室三部分一般呈“目”字形或“品”字形布置，后者可扩大低压出线单元。对于一个设计合理的城市电网用箱式变电站，它必须处理好隔热、通风与防尘、除湿的矛盾，因而一般都配有温度和湿度自动调节装置。变压器容量通常在100～1250kVA的范围内，最常用的是315～630kVA。短路保护采用熔断器，以方便高压架空进线，低压侧用电缆出线。

预装式变电站的智能化设计必须整体考虑现场运行对高压开关、变压器和低压配电开关的智能监控要求，针对各部分所需的测量、保护和开关操作控制功能，采取相应的监控器设计方案。智能监控器可以整体设计，也可以分布式设计。

整体设计把各部分功能集中于一套装置中，监控器要完成各部分的测量，保护变电站内部变压器和高、低压部分的线路，在发生故障时给高压或低压开关发出相应的操作命令，在清除故障的同时保证变电站尽快恢复正常工作。由于预装式变电站的运行参量、保护功能、开关操作控制功能比一般开关设备复杂得多，所以在智能监控器采用整体设计时，对处理器性能、存储器容量、模拟量通道的采样速率等要求非常高，软件设计中还必须保证所有工作能够得到及时处理。这些将使监控器的硬件和软件设计非常困难，即使设计完成，也很难保证其安全可靠地运行。

分布式设计的智能监控器是一种智能化的数字通信网络。把预装式变电站的监控功能按变电站内部功能单元分解，为每个功能单元设计独立的监控器，作为监控网络中的一个节点，完成本单元的保护控制功能。监控网络设置一个网络管理器，与各单元的监控器通过总线连接，采用数字通信的方法与单元监控器交换信息，完成预装式变电站的运行状态显示、运行参数设置与修改、与上级管理系统的通信及监控网络的管理。采用这种设计方法，各单元监控器中功能相同的软、硬件模块可以互换共享，设计规范，所以该方法是使智能化预装式变电站监控装置设计更为有效合理的方法。

3. 气体绝缘金属封闭开关设备

气体绝缘金属封闭开关设备(Gas Insulated Switchgear, GIS)是指采用或部分采用高于大气压的气体介质作为绝缘介质的金属封闭开关设备，其外形多为圆形或罐状结构，当前GIS

中的气体介质几乎都是 SF_6 气体。GIS 的内部由断路器、隔离开关、电压互感器、避雷器、母线、电缆终端盒、出线套管等按主接线要求组合。GIS 按完成的功能分若干个单元，每个功能单元包含共同完成一种功能的主回路和辅助回路的元件，每个功能单元占用一个间隔。GIS 高压部分密封于充有 SF_6 气体的接地金属外壳内，辅助回路分别配置在各主元件或(和)单元的控制柜内。在使用上，GIS 占地面积和占用空间很小，运行安全、可靠性高，运输和现场安装方便，运行期内的寿命长且维护工作量很少，受不良环境的影响小。因此，GIS 常用于用地紧张、负载相对集中的城市中心变电站，施工困难的山区水电站，环境污染严重、地震多发及高海拔地区等特别场合，便于对变电站升压与扩建，特别适用在超高压和特高压等级的电力系统中使用。

为了把 GIS 在结构和使用上的特点引入中等电压的电力开关设备，开发了气体绝缘金属封闭开关柜(Cubic Gas Insulated Switchgear, C-GIS)。与 GIS 不同的是，C-GIS 充入的 SF_6 气体压力较低(多为 0.02～0.05MPa)，各功能单元作为一个整体装在同一个箱形结构的密封开关柜中，柜中可以按单元分隔成不同间隔，如母线室、断路器室、进(出)线室等，并根据单元的工作条件，充入不同压力的气体；也可以不分间隔整体充气，减少密封隔离舱的数量，便于合理布置元件，充分利用箱体空间。与传统开关柜相比，C-GIS 体积更小、重量更轻、不易受环境条件的影响，小动物及其他异物不可能进入柜内，在高湿、高海拔、重盐雾地区使用尤为合适。操动控制部分的有些部件可置于大气中，便于维护。断路器一般用 SF_6 或真空断路器。

GIS 和 C-GIS 的智能化目标集中在在线监测和智能控制两方面。在线监测是指对影响设备安全可靠运行的内部参数，如 SF_6 气体的密度与水分含量、设备局部放电及其定位、断路器的机械特性与电气寿命、避雷器泄漏电流、内部各一次开关元件的工作状态等，在设备运行状态下进行实时在线监测，为设备的预防性检修提供依据。智能控制是对设备运行的现场参量及状态进行实时监测，实现要求的测量、保护与控制功能。当前 GIS 和 C-GIS 的智能化有两种模式：一种是在线监测与智能控制各用一套装置，独立完成各自的功能并与上级监管系统通信，国内 GIS 智能化目前基本采用这种模式。另一种是把二者的功能结合为一体，公用一套智能监控器，尽管监控器功能增加，装置设计、开发的难度相对较高，但原来两套装置中的硬件和软件资源可以充分共享，因而设备智能化程度提高，上级监管也更加合理。当前国外的智能 GIS 多采用这种模式，这也是 GIS 智能化的发展方向。

4. 熔断器-接触器组合开关柜(F-C 回路开关柜)

带熔断器(Fuse)和接触器(Contactor)的回路简称 F-C 回路。熔断器为高压限流式熔断器，接触器通常为高压真空接触器或高压 SF_6 接触器。F-C 回路开关柜适合于控制 2000kW 以下的高压电动机、保护 600kVA 以下的变压器及开合补偿电容器等需要频繁操作的场合。由于用限流式熔断器做短路保护，对短路电流有限制作用，动作时间短，通过短路回路的焦耳积分能量小，因而对被保护设备及选用小截面供电电缆极为有利。与使用配断路器的开关柜比较，设备及电缆投资可减小 30%～40%，占地面积可节省 30%，控制性能合理、保护特性更好，有显著的经济效益。这种开关柜一般在一个柜中安装两个回路，结构形式较多，有单层双列布置的，有公用母线室的，也有各回路母线室分开的。

这种组合开关柜的智能监控主要考虑被控制和保护对象的监控要求及接触器关合与开断操作控制。智能监控器要完成的保护功能主要是热保护，即反时限保护。保护对象不同，要求也不完全相同，监控器应允许根据实际的控制保护对象选择反时限的时间-电流(t-i)保护特性曲线。此外，这种开关柜对控制保护对象的短路保护采用熔断器。由于接触器不能分断短路电流，所以在监控器设计中，应使设备保护的时间-电流(t-i)曲线的低电流段为反时限动作曲线，大电流段为熔断器的弧前 t-i 特性曲线，并保证二者交点处对应的电流值小于接触器的最大开断电流值一定的裕度，这样，即使熔断器不动作，接触器也能安全开断。

F-C 回路开关柜可靠运行的关键在于熔断器的质量及对熔断器的选择。

5. 低压成套开关设备及其智能化

低压成套开关设备主要用于接通和分断额定交流电压 1000V 及以下、直流 1500V 及以下的电器设备。它主要用在电力系统末端，实现低压用电设备的开关、控制、监视、保护和隔离。低压成套开关设备内部一般都有多个独立工作的功能单元，每个单元有自己的主开关、其他一次回路元件和相应的保护控制电路。功能单元在成套设备外壳中有固定安装和抽出式两种安装方法。电器智能化中常用的低压成套开关设备有封闭式动力配电柜和抽出式成套开关设备。动力配电柜中功能单元为平面多回路布置，单元间可以相互隔离，也可以不隔离。抽出式成套开关设备中每个单元都是一个相互隔离的可抽出部件，这种开关设备最典型的应用就是电动机控制中心。

智能化低压成套开关设备中的主开关大多数采用智能低压断路器，监控功能与断路器的智能监控器合一。当设备内部有不止一个开关元件时，每个开关的智能监控器行使自己的保护和监测功能，同时通过网络直接与上级管理系统通信，开关设备的运行参数和状态将在上级管理系统显示，并接收管理系统的指令，实现开关操作、参数调整等功能。

本 章 小 结

在电器智能化系统中，一次设备是智能电器监控器监测与控制的对象之一，也是完成最后操作功能的执行元件。一次设备分开关元件和成套电器设备两大类。由于一次开关元件操动机构的工作机理不同，同一类开关元件和成套电器设备的使用场合也不同，所以对监控器的功能要求会有很大的差异。了解一次设备结构原理、应用场合及其对智能控制的要求，是完成智能监控器设计开发的基础。本章讨论了智能电器常用一次开关元件的分类、操动机构的工作特点、智能控制的可行性及实现方法。在分析可智能化的成套开关设备的结构组成、功能及应用的基础上，分别说明了设备应用场合对监控和保护的要求及实现智能化的可行性。

习题及思考题 2

2.1　说明智能电器中一次设备的功能。

2.2　智能电器常用的一次开关元件有哪些？它们实现操作智能控制的条件是什么？

2.3　断路器有哪几种操动机构？试分析各种操动机构实现智能控制的可行性。

2.4　断路器和接触器在操动机构的结构上有何不同？各用于什么场合？

2.5　智能断路器和智能接触器的监控器在功能上有何不同？

2.6　为了实现交流接触器合闸操作的智能控制和闭合状态下的节电工作，其操作线圈电压有哪两种控制方式？哪一种更合理？为什么？

2.7　智能开关设备常用的一次成套电器设备有哪些？各使用在什么场合？

2.8　智能化金属封闭开关柜的监控器有哪两种设计方案？各有什么特点？

2.9　在预装式变电站的智能化设计中，集中式设计的监控器和分布式设计的监控器在结构上有何区别？试分析分布式设计的合理性。

2.10　试述智能化 GIS 和 C-GIS 的监控目标及监控器的设计方案。

2.11　什么是 F-C 回路开关柜？这种开关柜智能化设计的要点是什么？

2.12　常用低压开关柜有哪两种结构？如何实现其智能化设计？

第3章　现场参量及其检测

智能电器监控器需要对运行现场中不同类型、不同物理属性的参量进行测量和分析，并根据分析结果对开关电器进行操作控制，完成对现场设备和开关电器自身的控制和保护。因此，现场参量的输入和数据采集是智能电器监控器设计中一个十分重要的环节。可以说，没有对现场参量的检测，智能电器的功能便不能实现。本章讨论的内容主要涉及与智能电器相关的各种模拟量（电量、非电量）和开关量的检测方法及其输入通道的设计，介绍常用传感器、信号调理电路、信号变换器及其与处理器的接口技术和常用电路芯片，并分析输入通道各环节对测量精度的影响。

3.1　智能电器现场参量类型及数字化测量方法

智能电器的核心是监控器，完成现场参量的转换、调理和采集是监控器的主要任务之一。图3.1所示为从现场参量输入到转换为中央处理与控制模块可直接处理的信号所用的电路通道结构图。

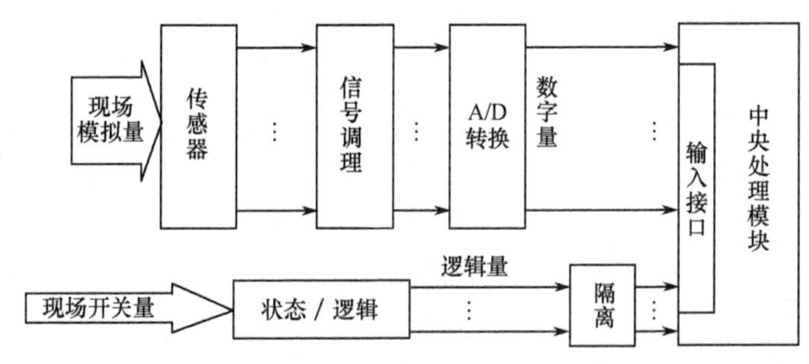

图3.1　智能电器现场参量采集、调理和转换的电路通道结构图

由图3.1可以看出，智能电器监控器所要采集的现场参量可以分为两个大类：模拟型现场参量和开关型现场参量。

1. 模拟型现场参量

这类参量是指随时间连续变化的信号，如电压、电流、温度、压力、速度等。这些信号需要专门的传感器将其变换成为可与后级电路输入端兼容的电量信号，以便进行调理和A/D转换。

模拟型现场参量又可以分为电量和非电量两种信号。

（1）电量信号

这种信号指原始信号，就是电量形式的信号，主要是智能电器运行现场的电压、电流，其他如频率、有功功率、无功功率、功率因数、电能等都可以通过这两个基本参量计算出来。

(2) 非电量信号

非电量信号指原始信号不是电量形式的物理信号，主要包括运行现场需要检测的温度、湿度、压力、位置、速度、加速度等，需要通过与被测物理量相对应的传感器将其变换为电量信号。

2. 开关型现场参量

这种参量本身只存在两种状态，如断路器接点的分与合，继电器的开与闭、脉冲式电度表的输出脉冲有和无等。这些信号需要通过信号的变换、隔离，转换成为逻辑变量，才能经 I/O 接口输入所用的处理器件处理。

一般说来，运行现场的各种参量都不能直接送入监控器。如前所述，测量直接取自运行现场的各种被测参量时，它们或在物理属性上，或在电量的幅值上不能与智能监控器的输入端兼容。此外，运行现场的各种干扰信号不经处理，还将直接影响中央处理模块的处理结果，造成测量不准确，甚至使开关电器误操作。因此，如图 3.1 所示的现场模拟参量在经过传感器变换为相应的电量信号后送入被测量输入通道，在输入通道中信号必须经过信号调理电路等环节，进行进一步的信号类别、幅值调整和滤波处理，才能送至 A/D 转换器变为中央处理与控制模块能接收并处理的数字量，以保证测量和处理结果的准确性。由于现场开关量信号只是电气触点的分、合或脉冲信号的有、无状态，对它们的调理是把这些状态变为对应的、可被中央处理与控制模块处理的逻辑信号。

为提高监控器的抗干扰能力，经信号调理和变换后的数字量和逻辑量与中央处理与控制模块之间还应当具有良好的电隔离。以下分别讨论智能电器监控器需检测的各种现场参量常用的传感器技术、信号调理技术及其与处理器件的接口方法。

3.2 电量信号检测方法

在被保护和监控的对象中，运行时的各种电参数是智能电器需要监控的一类主要现场参量，包括供电电压和线路电流的有效值、有功功率、无功功率、视在功率、功率因数等。这些电参数中只有电压和电流能被直接采样，其他参数则是通过特定算法，由中央处理与控制模块中的处理器件根据电压和电流的采样结果计算得到。本节将介绍监控器检测电压和电流时常用的传感器。

按照传感器的工作原理，主要分为以下几类。

① 以法拉第电磁感应定律为基础的互感器，包括铁心电磁式电压、电流互感器和空心电流互感器。

② 按霍尔效应原理工作的互感器，主要包括霍尔电流传感器和霍尔电压传感器。

③ 基于磁光效应和光电效应的互感器，主要有光学电流互感器和光学电压互感器。

下面将分别介绍各种用于电量测量的互感器。

3.2.1 基于电磁感应定律的电压、电流互感器

铁心电压互感器和电流互感器是目前最常见也是最主要的电压和电流测量用传感器，二者原理基本相同。

1. 电压互感器

常见的电压互感器有电磁式和电容式两种。

(1) 电磁式电压互感器

目前，电力系统中应用最多的是电磁式电压互感器，其工作原理如图 3.2(a)所示。可以看出，它的工作原理与一般的变压器基本相同，仅在结构形式、所用材料、容量、误差范围等方面有所差别。

电压互感器正常运行时，二次侧负载基本不变，且电流很小，接近于空载状态，这与空载变压器十分相似。

当变压器二次侧开路时，它的一次电流全部变为激磁电流 $\dot{I}_0$，对应的激磁磁势和交变磁通分别为 $\dot{F}_0=\dot{I}_0W_1$(W_1为其一次绕组匝数)和 $\dot{\Phi}$，二次绕组两端产生的感应电压即空载电压 $\dot{U}_2$。图 3.2(b)所示为空载变压器电压、电流相量图。图中 $\dot{I}_{oy}$和 $\dot{I}_{ow}$分别为 $\dot{I}_0$的有功分量(即铁心损耗电流分量)和无功分量(即产生磁通的磁化电流分量)，$\dot{I}_{oy}+\dot{I}_{ow}=\dot{I}_0$。磁化电流 $\dot{I}_{ow}$与主磁通 $\dot{\Phi}$ 同相位，铁心损耗电流 $\dot{I}_{oy}$与一次绕组自感电势 $\dot{E}_1$反相，因此 $\dot{I}_{oy}$比 $\dot{I}_{ow}$超前 90°。

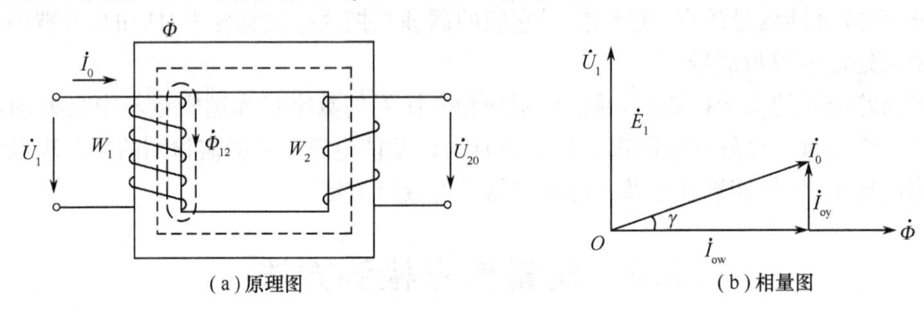

(a)原理图　　(b)相量图

图 3.2　变压器原理及相量图

由于变压器空载时的二次电压 U_2为

$$U_2=E_2=4.44fW_2\times\Phi \tag{3.1}$$

式中，W_2为二次绕组匝数，f 为一次侧输入电压频率。而 $U_1=4.44fW_1\times\Phi$，故

$$\frac{U_1}{U_2}\approx\frac{E_1}{E_2}=\frac{W_1}{W_2}=K_u \tag{3.2}$$

K_u 即为变压器变比，它是变压器一次与二次绕组的匝数比，近似等于一次电压与二次空载电压之比。

如上所述，电压互感器基本上是一个空载变压器，其电压变比就是电压互感器一次与二次绕组的匝数之比。特别需要注意的是，电压互感器在接线时，二次侧不能短路。

(2) 电容式电压互感器

电容式电压互感器简称 RYH，英语简称 CPT 或 CVT，已广泛应用于 110kV 及以上的超高压电力系统中。

RYH 的原理接线如图 3.3 所示，其中 C_1为高压电容器(或称主电容器)，C_2为中压电容器(或称分压电容器)，ZYH 为中间电压互感器，L 为调谐电抗器，P_1和 P_2为过电压火花放电间隙，J 为载波通信或高频保护用的结合滤波器。由于结合滤波器 J 对 RYH 的工作状况几乎没有影响，因此分析 RYH 工作特性时可以忽略。中间电压互感器实质上就是一台中等电压的电磁式电压互感器，它的一次侧接在中压电容器 C_2 上；二次侧通常有两个绕组，一个是用于测量的绕组(a-x)，额定电压为 $100/\sqrt{3}$V，使用时按三相星形连接；另一个是用于继电保护的绕组(a_f-x_f)，在线路中接成开口三角形。正常运行时，开口端电压应为零(实际上总存有不大于10V 的不平衡电压)，当输电线路发生不对称短路时，开口端输出电压为 100V。

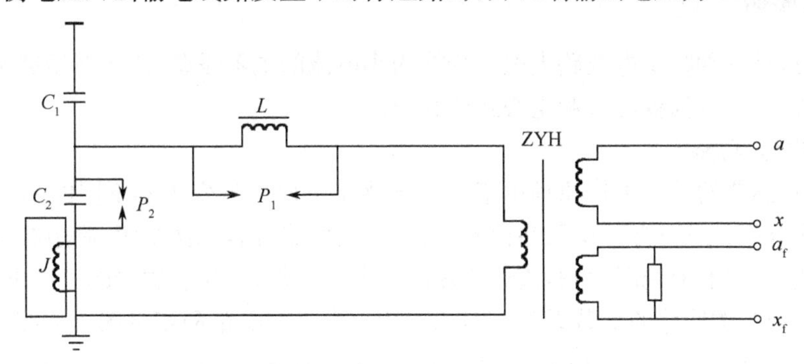

图 3.3　RYH 原理接线图

从 RYH 的原理图可以看出，电容分压器是电容式电压互感器的主要组成部分，它由 C_1 和 C_2 两个电容器串联而成。根据电容串联定理，在电路中的串联电容在充放电过程中，每个电容器上的电量 Q 相同，而每个电容器两端电压 $U = Q/C$。所以在 RYH 中有

$$U_x = U_{C_1} + U_{C_2} = Q/C_1 + \frac{Q}{C_2} \tag{3.3}$$

式中，U_x 为电源的相电压。令 $C_0 = \frac{C_1 \cdot C_2}{C_1 + C_2}$ 为 C_1 与 C_2 串联的等值电容，从而可得

$$Q/C_0 = Q/C_1 + Q/C_2 \tag{3.4}$$

又因 $C_0 U_x = C_1 U_{C_1} = C_2 U_{C_2} = Q$，所以

$$U_{C_2} = \frac{C_0}{C_2} U_x = \frac{C_1}{C_1 + C_2} U_x = K_{fy} U_x \tag{3.5}$$

式中，K_{fy} 为空载分压比。根据式(3.5)可知

$$K_{fy} = \frac{U_{C_2}}{U_x} = \frac{C_1}{C_1 + C_2} \tag{3.6}$$

因此，适当调整电容器 C_1 和 C_2 的电容量，即可得到所需分压比 K_{fy}。必须注意，每个电容器均有规定的额定电压值，经过分压后加在各个电容器上的电压不能超过其额定值，否则会造成电容击穿，导致事故的发生。

电容式电压互感器有以下优点。

① 绝缘可靠性高：RYH 的电容分压器多由数个瓷件堆叠而成，每个瓷件内装有若干个串联电容元件，而且瓷件内充满绝缘油，因此其耐压高，故障少。

② 价格低：线路电压等级愈高，应用 RYH 的经济效果愈明显。

③ 可以兼作载波通信或线路高频保护的耦合电容。

从式(3.5)还可以看出，稳态时，RYH 的电压传输特性与电磁式电压互感器基本相同，也能满足正常的技术要求。但是由于 RYH 采用了电容器分压，它的动态响应特性不如铁心电压互感器好。当系统发生短路等故障而使电压突变时，由于电容上的电压不能立即随之变化，

使得 RYH 的暂态过程要比电磁式电压互感器长得多。例如，在 RYH 安装处发生金属性短路、一次电压突降为零时，如果没有相应的抑制措施，则二次电压约需 20ms 才能降至额定电压的 5%以下。这对动作时间只有 20～40ms 的快速继电保护来说，会带来很大影响，甚至导致继电保护不能正确动作，因此必须采取有效措施予以解决。

2. 电流互感器

电流互感器是一种将供电线路大电流变换为小电流的电器设备，用于对线路和供、用电设备的测量与保护。可分为铁心式和空心式两大类。

(1) 铁心电流互感器

铁心电流互感器的基本工作原理也基于电磁感应定律。与变压器不同的是，电流互感器工作时，其一次绕组(原边绕组)串联在被测电路(一次回路)内，二次绕组(副边绕组)则与测量仪表和保护继电器的电流线圈串联，接近于短路状态。此外，电流互感器的一次电流取决于被测电路的负载，与二次回路的负载无关。图 3.4 所示为等效电路和相量图。从图 3.4(b)相量图可以看出，由于激磁电流 $\dot{I}_0$的影响，一次电流 $\dot{I}_1$和二次绕组折算到一次绕组的电流 $\dot{I}_2'$在数值和相位上都不相同，一、二次电流之间不仅存在数量上的转换误差，还存在相位误差。

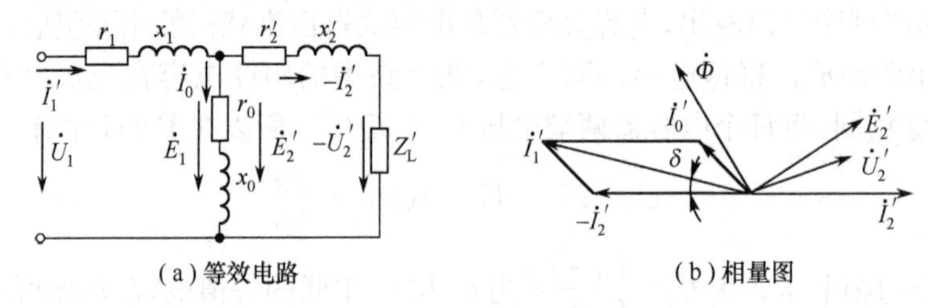

图 3.4 电流互感器的等效电路及相量图

电流互感器在正常运行时，可认为一次和二次的磁势基本平衡，即

$$I_1W_1=I_2W_2 \tag{3.7}$$

由此可得电流互感器原、副边电流比

$$K_I=\frac{I_2}{I_1}=\frac{W_1}{W_2} \tag{3.8}$$

通用电流互感器一次工作电流 I_1一般都较大，绕组匝数 W_1很少，甚至只有 1 匝。在额定工作条件下，二次电流 I_2仅为 5A，所以绕组的匝数 W_2较多。额定工作状态下，一、二次电流之比定义为额定电流比。

使用电流互感器时必须注意的是，副边绕组在任何情况都不能开路。根据式(3.7)，二次绕组磁势对一次绕组的磁势起去磁作用，二者大小相等、方向相反，即 $\dot{F}_2=-\dot{F}_1$，其合成磁势为零，互感器铁心中的磁通密度和二次绕组的感应电势都很低。但是当副边开路时，一次磁势全部用于励磁，铁心深度饱和，二次绕组将出现很高的尖峰过电压，导致电流互感器的绕组绝缘击穿，危及互感器的安全运行。

目前电力系统使用的铁心电流互感器都是上述标准互感器，二次侧不能接入高阻负载，因此无论二次额定电流是 1A 或 5A，都不能直接进入监控器，变换成 A/D 采样所需的电压，必须增加一级专用的二次电流互感器。专用电流互感器的一次绕组作为负载连接在通用互感器二次绕组中，将电流变换为毫安数量级的电流。专用电流互感器最大的特点是二次绕组可接较高阻值的电阻，直接把二次电流变换成电压。在选择电阻时，除了考虑满足监控器模拟量输入端的电压要求，还需注意电阻元件功率的选择，保证电阻承受的功率 $W_R = I_2^2 R$ 小于电阻的额定功率。

(2) 空心电流互感器(Rogowski 线圈)

迄今为止，铁心电流互感器一直是电力系统主要的电流检测工具，在继电保护应用中占有主导地位，但是它本身有着难以克服的缺点。首先，这类互感器的体积、重量随电流等级升高而增加，价格上升也很快。其次，在高压输电线路中使用的铁心电流互感器中必须充油，防爆困难，安全系数下降。再次，在传统电器设备的二次测量和保护电路中，采用了各种电磁式或电动式仪表及电磁式继电器，它们的线圈都需要从互感器中汲取能量，所以铁心电流互感器都必须有相应的负载能力。但对于智能电器而言，其二次电路已全部由智能监控器取代，监控器本身所需要的功率比传统设备大大降低，不再需要互感器输出较高的功率。此外，互感器铁心的磁化曲线(B-H 曲线)线性范围有限，在智能电器应用的环境下，被监控的电流变化范围往往很大，当原边电流很大时，铁心会饱和，这将使二次电流不能线性地跟随一次电流变化，使测量和保护精度受到严重影响。在有些场合，如低压框架式断路器，电流测量范围可从几安培到短路时的几千安培。要在这样大的范围内进行检测，用传统的铁心电流互感器显然无法实现。

基于 Rogowski 线圈的空心电流互感器具有结构简单、输入电流变化范围宽、线性度好、性能价格比好等特点，是目前在低压智能电器中应用比较多的一种电流传感器。下面详细讨论 Rogowski 线圈的原理和特点。

Rogowski 线圈基于电磁感应原理实现电流的测量，其工作原理如图 3.5 所示。

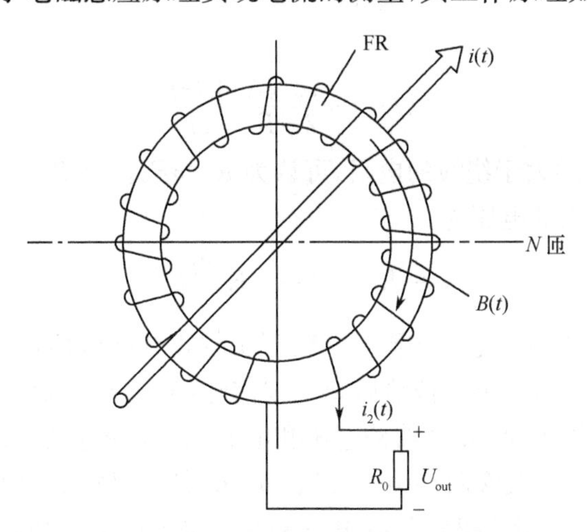

图 3.5　Rogowski 线圈测量电流原理图

设线圈的匝数为 N，绕制在横截面积为 A 的非磁性材料骨架 FR 上，磁通密度为 $B(t)$。根据电磁感应原理，线圈两端的感应电势

$$e(t) = -\frac{\mathrm{d}\Phi}{\mathrm{d}t} = -NA\frac{\mathrm{d}B(t)}{\mathrm{d}t} \tag{3.9}$$

因此，在绕组两端接上合适的电阻 R_0 就可测量电流。由于绕组本身与主电流回路完全通过磁场耦合，没有直接的电联系，所以与主回路有良好的电气隔离。

式(3.9)中,$B(t)$由被测电流 $i(t)$产生。若设线圈的平均半径为 r,则有

$$B(t)=\frac{\mu_0 i(t)}{2\pi r} \tag{3.10}$$

式中,$\mu_0=4\pi\times10^{-7}$(H/m),为真空磁导率。

合并式(3.9)与式(3.10)可得

$$e(t)=-NA\frac{\mathrm{d}B(t)}{\mathrm{d}t}=-\frac{\mu_0 NA}{2\pi}\frac{\mathrm{d}i(t)}{\mathrm{d}t} \tag{3.11}$$

图 3.6 给出了图 3.5 所示测量回路的等效电路。在线圈骨架的横截面均匀时,由等效电路可得

$$e(t)=L\frac{\mathrm{d}i_2(t)}{\mathrm{d}t}+R_h i_2(t) \tag{3.12}$$

式中,$i_2(t)$为流过线圈的电流,$R_h=R_0+R_L$。

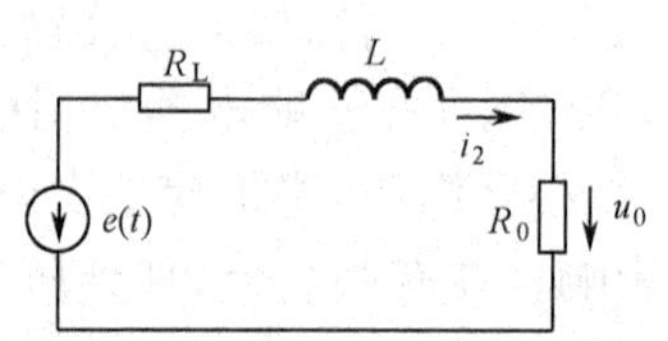

图 3.6　测量回路的等效电路图

L—线圈自感;R_L—线圈导线电阻;R_0—取样电阻

由于 Rogowski 线圈的绕线框架为非铁磁材料,自感量 L 很小。当 $L\mathrm{d}i_2(t)/\mathrm{d}t\ll R_h i_2(t)$ 或 $\omega L\ll R_h$ 时,可得

$$i_2(t)=e(t)/R_h$$

从而有

$$i_2(t)=-\frac{\mu_0 NA}{2\pi r R_h}\frac{\mathrm{d}i(t)}{\mathrm{d}t} \tag{3.13}$$

一般地,采样电阻都远大于绕线的电阻,可认为 $R_h\approx R_0$。令 $K=\mu_0 NA/2\pi r$,由式(3.13)可得从采样电组 R_0上输出的电压为

$$u_0=R_0 i_2(t)=-K\frac{\mathrm{d}i(t)}{\mathrm{d}t} \tag{3.14}$$

可见,输出电压正比于被测电流的微分。对于工频正弦交流而言,输出电压 u_0 的有效值与被测电流 i 的有效值成正比,但相位滞后 90°。若直接用 u_0 作为被测电流信号,智能监控器中的数字处理器件将无法根据测得的线路电压和电流正确计算其他电参量。为此,在实际使用中,通常需要在 Rogowski 线圈回路中加入积分环节,使 u_0 与 i 的相位达到一致。

积分环节的实现主要有 RC 积分电路、电压频率变换器(VFC)和数字积分器。

采用 RC 积分电路后的等效电路如图 3.7 所示,测量回路由 Rogowski 线圈绕组、取样电阻和 RC 积分电路三部分组成。可以证明,经过 RC 积分环节后,测量回路输出电压 $U_C(t)$与被测电流 $i(t)$在相位上基本一致,且具有较好的线性关系。但是由于电容器的损耗和泄漏、电阻、电容元件参数随温度的变化等因素,都会引起积分误差,从而影响测量精度。

用电压频率变换器(VFC)实现积分的基本原理,是通过电压频率变换器将模拟电压转换成与中央处理与控制模块逻辑电平一致的输出脉冲列,并保证脉冲列的频率与输入模拟电压

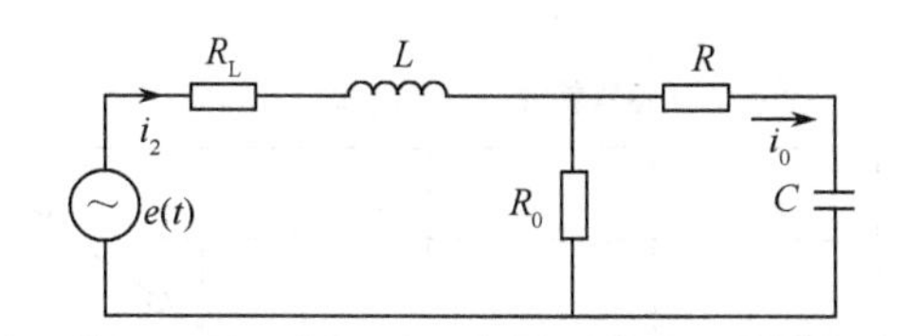

图 3.7 加入 RC 积分电路后的等效电路

成精确的线性关系。这样,VFC 的输出频率将直接跟随输入的信号变化。如果用 VFC 输出的脉冲列作为计数器的输入时钟信号,在给定的采样时间周期内计量计数输入脉冲的个数,即可得到在采样时间周期内输入模拟量的平均数字量,也就是输入模拟量在采样时间周期内的积分平均值,相当于在 VFC 输入与计数器输出间加入了一个硬件数字积分环节。显然,采样时间周期越短,测量精度就越高。

常用的数字积分的方法有数字积分算法和采用数字积分器 IC 芯片。前者是由可编程数字处理器件执行相应算法程序,对被测量采样结果进行数字积分运算得到。这种方法会不仅增加监控器中处理器件的负担,而且当要求的测量精度很高时,必须提高 A/D 转换器和处理器件的速度和精度,这将会提高监控器硬件和软件的开发成本。后者通过一个数字积分 IC 芯片,即可得到与被测电流相位一致,大小成比例的数字量输出,直接由监控器处理器件接收并使用,电路简单,还可以通过光纤实现高、低压间安全可靠的数字传输。已用于 Rogowski 线圈测量的数字积分 IC 有 ADE7759,关于该芯片的性能、技术参数和使用方法,请参阅相关的产品资料和参考文献。

图 3.8 和图 3.9 是某型号铁心电流互感器和空心电流互感器的输入/输出特性曲线。可以看出,铁心电流互感器在铁心磁化曲线的线性段内工作时,输入/输出的线性度很好,而一旦工作状态偏离线性区,就不能保证输出信号跟随输入电流的变化。由于其线性区相对空心电流互感器要小得多,因此空心电流互感器具有更宽的线性测量范围。

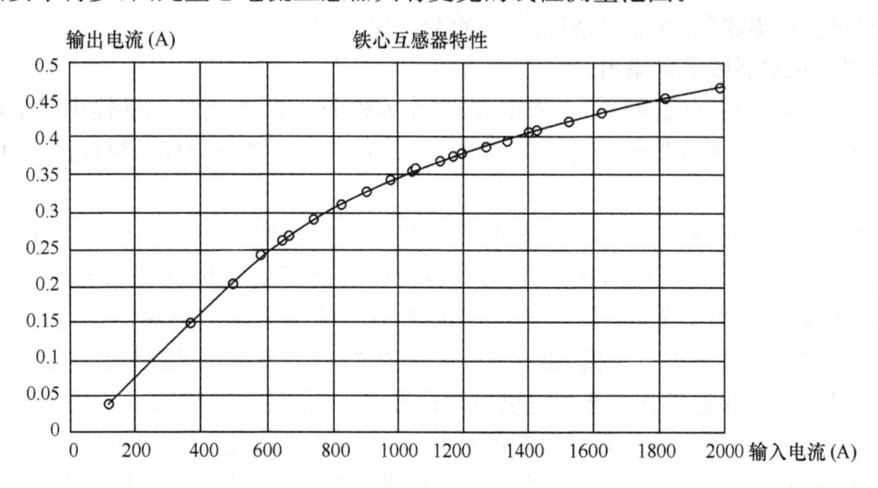

图 3.8 铁心电流互感器的输入/输出特性

分析和实验结果表明,与传统铁心电流互感器相比,以 Rogowski 线圈为基础的空心电流互感器具有以下优点:

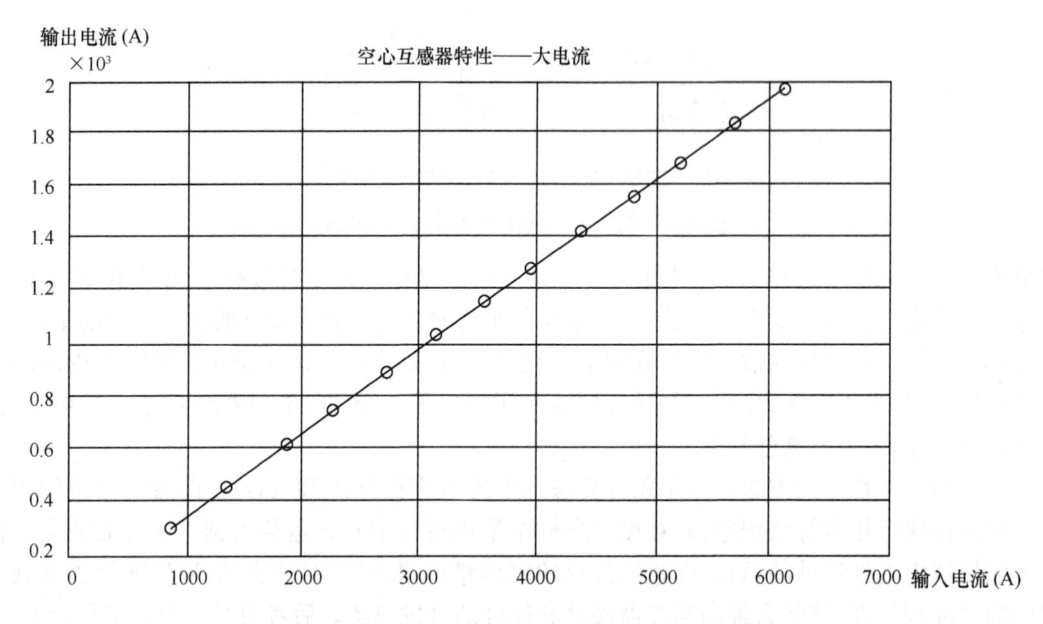

图 3.9　空心电流互感器在大电流时的输入/输出特性

① 测量范围宽、线性精度高。同一互感器的被测电流范围可从数十安培到数万安培，设计精度可达 0.2%。在智能电器设备监控器中，高精度测量和继电保护所需电流信号可从同一个空心电流互感器得到；采用铁心电流互感器，则需要用两个互感器分别从两个输入通道取得所需的电流信号。

② 因为不用铁心进行磁耦合，从而消除了磁饱和、铁磁谐振现象，使其运行稳定性好，保证系统运行的可靠性。

③ 频率响应范围宽。一般可设计到 0～1MHz。

④ 重量轻、成本较低、性能价格比高，更符合环保要求。

⑤ 易实现互感器数字化输出。

如上所述，Rogowski 线圈回路中采用 VFC 作为积分环节时，互感器的输出就是表征被测电流的方波频率信号，无须信号调理和 A/D 转换，即可与中央处理与控制模块接口，可以简化监控器输入模块的设计。

目前在高压和超高压系统中，为了解决传统电流互感器带来的问题，开始采用 Rogowski 线圈实现高压系统的电流测量，图 3.10 为 Rogowski 高压电流传感器结构图。图中利用 Rogowski线圈将被测高压线路中的电流进行转换，送入采集器中。采集器也安装在高压侧，主要完成积分、模数转换、电光转换，将电流信号变成光脉冲，并通过光纤将数字信号从高压侧传送到合并器中。采集器工作电源的提供有两种方式，一种是利用特殊设计的电磁式互感器从线路电流获取能量，另一种是采集器自带光电池，由合并器通过光纤传输能量。合并器将光纤传输的信号还原为数字信号，同步采集多路传感器的信号，并将之处理成标准的协议格式，通过通信网络发送给其他单元使用，以便完成测量、保护和控制功能。目前根据国际电工委员会(IEC)的相关标准，合并器必须遵从 IEC61850 的相关协议标准。

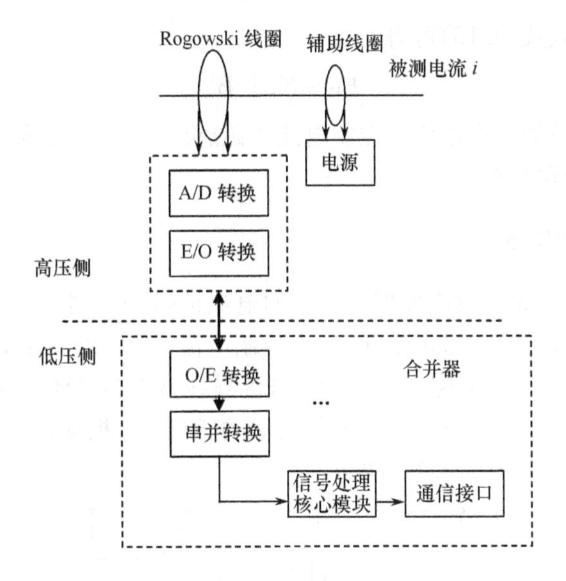

图 3.10　Rogowski 高压电流传感器结构图

3.2.2　霍尔电流、电压传感器

霍尔电流传感器利用霍尔效应，可实现电流/电压变换和被测电路与控制电路间的电气隔离。它的核心元件是霍尔元件，这是一种对磁场敏感的元件，利用磁场作为介质可以实现多种物理量，如位置、速度、加速度、流量、电流、电功率等的非接触式测量。本节在说明霍尔效应基本原理的基础上，介绍利用霍尔元件构成霍尔电流传感器的主要方法。

1. 霍尔效应的基本原理

霍尔元件是由一种具有霍尔效应的半导体材料制成的薄片，是一种磁电转换器件，可把磁场信号转换为电压信号。霍尔效应的基本原理如图 3.11 所示。对于垂直置于磁感应强度为 B 的磁场中的霍尔元件 H，当按图 3.11 所示方向输入一控制电流 I_C 时，将产生一个极性如图 3.11所示的电位差，这个电位差就称为霍尔电势 E_H，其大小由下式确定

$$E_H = R_H I_C B/d \tag{3.15}$$

式中，R_H 为所用材料的霍尔常数，也称霍尔电阻[单位为 V·m/(A·T)]，d 为薄片厚度(m)，I_C 为控制电流(A)，B 为磁感应强度(T)。

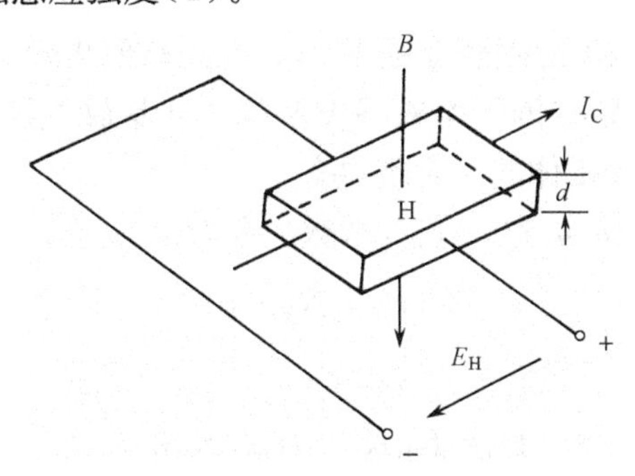

图 3.11　霍尔效应原理图

令 $K_H = R_H/d$，代入式(3.15)可得

$$E_H = K_H I_C B \tag{3.16}$$

由此可见，霍尔电势的大小正比于控制电流和磁感应强度。K_H 称为霍尔元件的灵敏度，它与材料的性质和几何尺寸有关。

2. 基本霍尔电流传感器

霍尔电流传感器是以霍尔效应原理为基础的电流信号变换器，工作原理如图 3.12 所示。传感器由带有气隙的环形铁心、霍尔元件、产生控制电流 I_C 的电源组成。霍尔元件安放在铁心的气隙中，控制电流 I_C 方向如图 3.12 所示，被测导线直接穿过环形铁心。当被测导线中有电流 I_1 流过时，在铁心中产生垂直于霍尔元件表面的磁场 B。根据霍尔效应原理，霍尔元件将产生霍尔电势，电势的大小由式(3.16)决定。

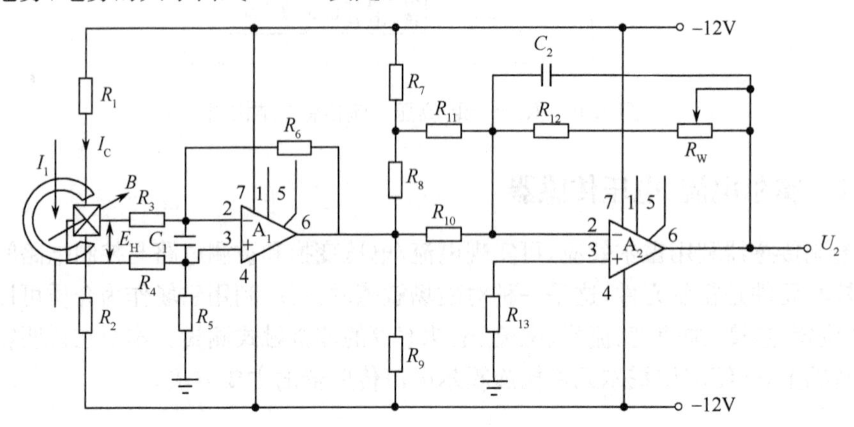

图 3.12　霍尔电流传感器工作原理图

根据安培环路定律和磁路基尔霍夫第二定律，由图 3.12 可得

$$I_1 N_1 = \oint_1 H\mathrm{d}l = \left(\frac{Bl}{\mu_r} + \frac{B\delta}{\mu_0}\right) \times 10^2 \tag{3.17}$$

或写为

$$B = \frac{I_1 N_1}{\dfrac{l}{\mu_r} + \dfrac{\delta}{\mu_0}} \times 10^{-2}(\mathrm{T}) \tag{3.18}$$

式中，B 是被测电流产生的磁场的磁感应强度(T)；I_1 是被测电流(A)；N_1 是被测电流绕组匝数，母线贯通时，$N_1=1$；l 是导磁体平均磁路长度(m)；δ 是放置霍尔器件的导磁体气隙长度(m)；μ_0 是空气导磁率；μ_r 是导磁体的相对磁导率。

当传感器制作完毕后，l、δ、μ_0 和 μ_r 均为常数。令 $l/\mu_r + \delta/\mu_0 = 1/K_G$，式(3.18)可改写为

$$B = K_G I_1 N_1 \times 10^{-2} \tag{3.19}$$

代入式(3.16)，得

$$E_H = K_H K_G I_C I_1 N_1 \times 10^{-2} \tag{3.20}$$

根据给出的传感器工作原理可知，霍尔元件输出的霍尔电势经图 3.12 中的差分放大、滞

后频率补偿、可调零的相放大与超前频率补偿等环节调理后，可得到符合智能电器监控器输入要求的输出电压为

$$U_2 = KI_1 \tag{3.21}$$

式中，K 为图 3.12 中各环节电压传输率 K_U 与 $K_H K_G$ 的乘积。对选定的传感器，K 为常数。可见，输出电压 U_2 正比于被测电流。

3. 零磁通霍尔电流传感器

零磁通霍尔电流传感器的铁心上绕有一个匝数为 N_S 的补偿（二次）绕组。霍尔元件输出经功率放大后得到的输出电压向补偿绕组供电，产生补偿电流 I_S 及相应的补偿磁势 H_S。由 H_S 产生的磁通 Φ_S 与被测电流 I_1 产生的磁通 Φ_1 方向相反，在电流传感器中 Φ_S 与 Φ_1 大小相等时，霍尔元件将在零磁通的条件下工作。图 3.13 示出了这种传感器的组成环节和工作原理。当补偿电流 I_S 产生的磁通 Φ_S 小于被测电流 I_1 产生的磁通 Φ_1 时，磁场中出现与 Φ_1 方向相同的磁通，使传感器输出电压增加，补偿电流 I_S 及其产生磁通 Φ_S 也增加，直至 $\Phi_S = \Phi_1$。而当补偿电流 I_S 产生的磁通 Φ_S 大于被测电流 I_1 产生的磁通 Φ_1 时，磁场中出现的磁通与 Φ_S 方向一致，传感器输出电压会减小，相应地，磁通 Φ_S 也减小，直至 $\Phi_S = \Phi_1$。从图 3.13 电路可以看出，这种电流传感器实际就是以霍尔元件的输出电压为被调量，放大器和补偿绕组作为反馈环节的简单闭环控制系统，因此也称为闭环电流传感器。这就保证了零磁通电流传感器二次补偿绕组电流 I_S 产生的安匝数在任何时刻都与一次被测电流 I_1 产生的安匝数相等，即

$$N_1 I_1 = N_S I_S \tag{3.22}$$

式中，N_1 为流过被测电流的导线匝数，N_S 为补偿绕组匝数。式(3.22)表明，零磁通电流传感器补偿绕组电流与被测电流成正比。因此，测量出图 3.13 电路中 R_S 两端的电压，即可求得被测电流。

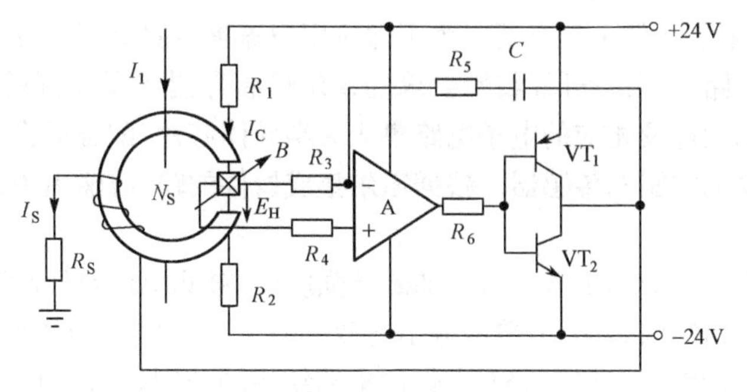

图 3.13　零磁通霍尔电流传感器原理图

零磁通霍尔电流传感器铁心在接近零磁通条件下工作，线性度很高，大大提高了测量的精度和测量范围。

霍尔电流传感器的特点如下：

① 工作频率范围宽，可从 DC 到数百千赫兹，可用于直流、交流、脉冲及其他复杂波形的电流测量；

② 抗干扰能力强；

③ 构造简单、坚固、耐冲击、体积小等；

④ 没有因充油等因素而产生的易燃、易爆等危险。

由于零磁通霍尔电流传感器本身需要磁环以便获得通过电流导线产生的磁场，磁环的尺寸限制了其应用。目前还有另一种利用霍尔效应测量电流的方法，该方法是将传感器排列成围绕导体的阵列模式，构成磁阵列型电流传感器。通过测量阵列，测得空间磁场分布，进而推算获得电流分布状况。这类传感器具有很多优点，由于进行非接触测量，可以自然解决绝缘隔离问题；传感器布局比较自由，安装灵活。但是这种方法的实际应用还有赖于磁传感器本身的研究与发展，例如磁场-电流逆问题的唯一解问题、磁传感器的微型化问题、无源化问题、信号无线传播问题等。

4. 霍尔电压传感器

由于电压本身不能直接产生磁场，必须将其转换为通过导线或绕组的电流，才有相应的磁场。为采用霍尔效应制成霍尔电压传感器，首先应将被测电压变换成电流，以产生霍尔元件所需的磁场。霍尔电压传感器也分为基本型和零磁通型。

基本型电压传感器的环形铁心上的绕组约有 5000 匝，与一个大的限流电阻串联后接至被测电压，得到 10～20mA 的电流，形成励磁安匝，产生磁场，通过置于环形铁心中的霍尔元件和相应配置的放大器或霍尔集成器件即可测得电压。零磁通型基本原理类似于零磁通电流传感器。

目前的霍尔电压传感器受体积限制，市场提供的产品一般只能做到 6000V，因此，在电力系统中应用不如霍尔电流传感器广泛。

5. 霍尔集成器件

当前市场提供了多种系列的霍尔电流/电压传感器，用户可根据测量要求直接选用。但在智能电器监控器的设计中，市场销售的传感器产品有时不能满足要求，往往需要自行开发。这种情况下，正确选择霍尔元件十分重要。为了适应用户需求，霍尔元件生产厂商已开发出了一系列所谓霍尔集成电路，为自行开发特殊要求的霍尔传感器提供了良好的元件支持。这类器件把不同特性的霍尔元件及相应的电子电路集成为半导体芯片，配合适当的铁心和线圈，就可以方便地开发满足要求的霍尔传感器。根据霍尔集成器件的输入/输出关系，器件分为线性型和开关型。

线性型霍尔集成器件的输出电压与外加磁场强度（即被测电流）呈线性关系。线性型器件按照其电路输出环节的结构，可分为单端输出与双端输出（差动输出）两种。这两种器件的代表型号为 UGN-3501T 和 UGN-3501M，它们的电路结构图分别如图 3.14 和图 3.15 所示。如图 3.16所示为 UGN-3501T 的特性曲线。单端输出线性集成器件 UGN-3501T 是一种塑料扁平封装的三端器件。双端输出线性器件 UGN-3501M 采用 8 脚 DIP（双列直插）封装。①、⑧两脚为输出，⑤、⑥、⑦三脚之间接电位器，对不等位电势 E_0进行补偿。

线性型霍尔集成电路可以测量被测电流产生的磁场强度，用于霍尔电流传感器，可替代前面讨论的霍尔元件及放大电路。

开关型霍尔集成电路分为单稳和双稳两种。它将电流源、霍尔元件、带温度补偿的差动放大器、施密特触发器等电路集成在一起，为用户提供一个使用方便、精度较高的集成器件，用户只要提供工作电源电压就可保证器件正常工作。由于采用内部温度补偿，减小了霍尔元件的温度效应。内部的施密特触发器可保证其输出脉冲电压前后沿只有几十纳秒的过渡时间。霍

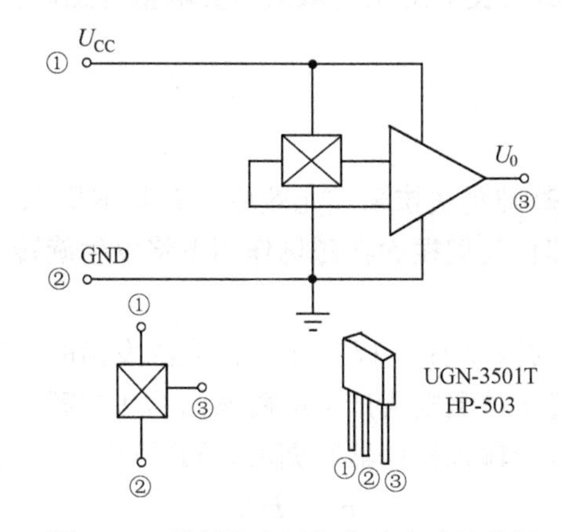

图 3.14　单端输出霍尔集成电路结构图

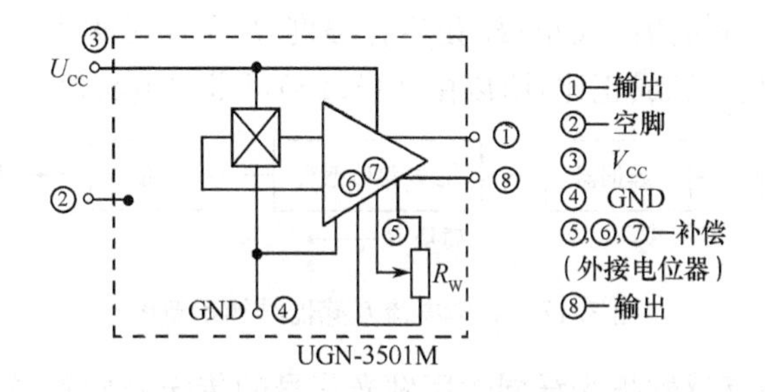

图 3.15　双端输出霍尔集成器件电路结构图

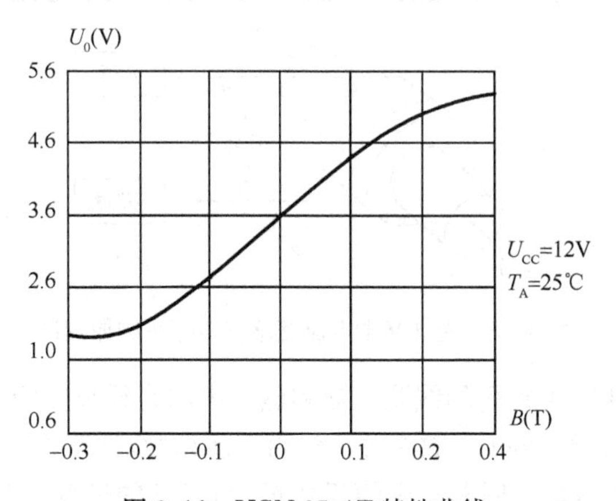

图 3.16　UGN-3501T 特性曲线

尔开关器件 UGN3020 就是其中的一种。把它置于磁感应强度为 0.022～0.035T 的磁场中时，输出端开关器件导通；当磁感应强度下降到 0.005～0.0165T 时，输出端开关器件关断。导通和截止之间的磁感应强度差值是由磁滞效应造成的，这大大提高了开关电路的抗干扰能力。开关型霍尔集成电路可测量空间某点是否存在磁场，适合测量位置、速度等机械参数。

3.2.3　光学电流、电压互感器

光学电压互感器(Optical Potential Transformer，OPT)和光学电流互感器(Optical Current Transformer，OCT)是具有良好应用前景的一类电量传感器。本节将介绍它们的基本原理和应用。

1. **光学电流互感器**

光学电流互感器的理论基础是法拉第磁光效应。其基本概念是，当光波通过置于被测电流产生的磁场内的磁光材料时，其偏振面在磁场作用下将发生旋转，通过测量旋转的角度即可确定被测电流的大小。

光学电流互感器的基本结构如图 3.17 所示。由光源发出的一束单色光，经过光纤传送到起偏器，变成偏振光。经过置于被测电流产生的磁场内的法拉第传感头(即磁光材料)，偏振光将被磁光调制；调制后的偏振光输入检偏器解调后，得到可由式(3.23)计算的偏转角。

$$\theta=VHL \tag{3.23}$$

式中，V 是光纤材料的 Verdet 常数，是指把磁光材料置于单位电流产生的磁场内，光波在其中通过单位长度时引起的旋转角的大小；H 是磁化强度；L 是通过磁光材料的偏振光光程长度。由于磁化强度 H 与被测电流成正比，所以由式(3.23)可求得电流值。

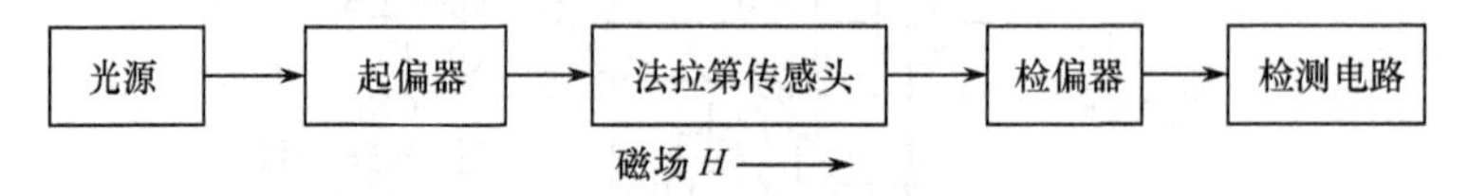

图 3.17　光学电流互感器结构示意图

目前一般光学电流互感器把光纤同时用做光信号的传输介质和磁光变换材料，使传输和传感集成为一体，可提高可靠性，降低成本。图 3.18 为光纤光学电流互感器传感头的原理图。

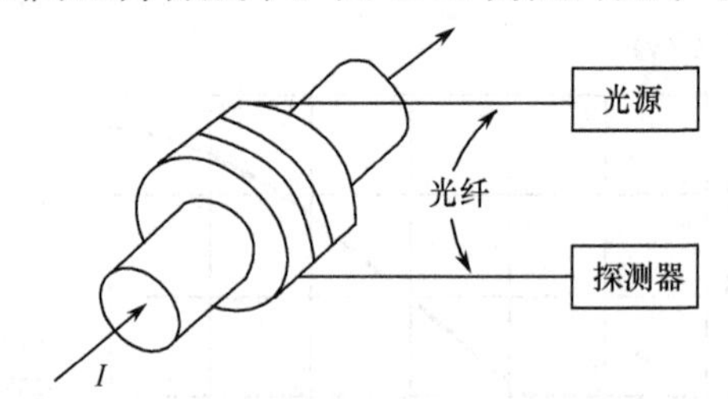

图 3.18　光纤光学电流互感器传感头的原理图

由式(3.23)可知，在产生磁场的线圈匝数和磁场内的光纤长度确定后，传感器输出的偏转角 θ 与被测电流和光纤的 Verdet 常数有关。但由于所谓“线性双折射现象”的影响，光学电流互感器中的等效 Verdet 常数实际是一个随机变量，与光纤的形变、内部应力、光源光波长、环境温度、弯曲、扭转、振动等许多因素有关。受到这些量的影响，输出补偿相当困难。

由于器件结构简单、被测电路(一次)与检测设备间用光纤连接，具有极好的电气隔离，光学电流互感器在电力系统中具有非常良好的应用前景。当前，光学电流互感器已经从纯粹的理论研究开始进入实际应用的开发研究，并出现了以光纤为敏感元件的全光纤电流传感器；以光学玻璃作为敏感元件的光学玻璃电流传感器；使用光电混合装置的混合式光纤电流传感器；利用磁致伸缩效应的磁场型光学电流传感器。这些传感器各有特点，部分解决了温度、应力等参数变化对测量精度的影响和长期运行的稳定性等问题，当前，已经有产品在 110、330kV 输电线路挂网运行。

2. 光学电压互感器

光学电压互感器利用光电子技术和电光调制原理来实现电压测量。它是利用光而不是电作为敏感信息的载体,用光纤而不是金属导线来传递敏感的信息,光信号经光电变换之后用电子线路和计算机来处理。

某些透明的光学介质如 BGO[锗酸铋($Bi_4Ge_3O_{12}$)]晶体,具有电光效应。在电场的作用下会使其输入光的折射率随外加电场改变而线性改变,这就是 Pockels 效应,也称为线性电光效应。理论分析表明,该类物质在无外电场作用时是各向同性的单轴晶,而在外电场的作用下会变为双轴晶。当输入光传播方向与电场方向垂直时,电场所引起的双折射最大,使晶体中射出的两束线偏振光产生相位差,其最大相位差 φ 为

$$\varphi=\frac{2\pi}{\lambda}n_0^3\gamma_{41}El \tag{3.24}$$

式中,E 为外施电场强度;l 是通过晶体的光长度,等于晶体长度;λ 为光波波长,n_0 为晶体未加电场时的折射率,γ_{41} 为 BGO 晶体的线性电光系数。当在电场强度方向上施加被测电压 U 时,则有

$$\varphi=\frac{2\pi}{\lambda}n_0^3\gamma_{41}\frac{l}{d}U=\pi\frac{U}{U_\pi} \tag{3.25}$$

式中,$U_\pi=\dfrac{\lambda d}{2\gamma_{41}n_0^3 l}$,定义为半波电压,是使晶体中两光束产生 180°相位差时外加电场的电压,只与晶体的电光性能和几何尺寸有关;d 为晶体的厚度。

以上分析表明,测出晶体输出的两束偏振光间的相位差 φ,就可以根据式(3.25)计算被测电压。在这里,由于光的传播方向与电场 E 互相垂直,称之为横向电光效应。这也是研制横向调制型光学电压传感器的理论依据。

当光传播方向平行于电场 E 时,称为纵向电光效应。光经过晶体后在出射面上产生的相位差为

$$\varphi=\frac{2\pi}{\lambda}n_0^3\gamma_{41}El=\frac{2\pi}{\lambda}n_0^3\gamma_{41}U=\pi\frac{U}{U_\pi} \tag{3.26}$$

这里 $U_\pi=\dfrac{\lambda}{2\gamma_{41}n_0^3}$ 仍定义为半波电压。与横向调制的情况不同,该值仅取决于晶体的光学性能,与晶体的几何尺寸无关。

图 3.19 示出了横向和纵向光电效应示意图。

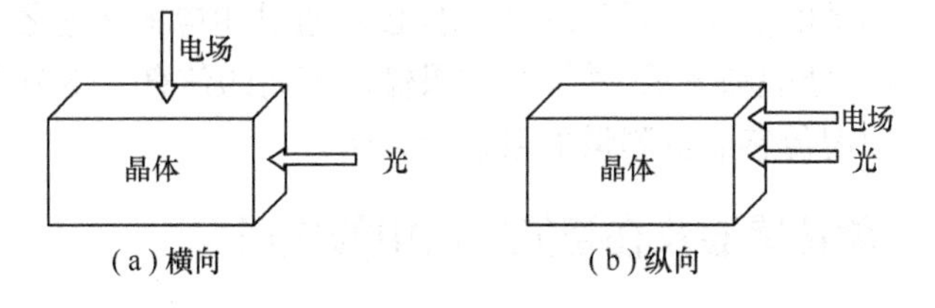

图 3.19　横向和纵向电光效应示意图

由以上分析可知,具有 Pockels 效应的晶体产生电光效应的大小,是以相位差 φ 来衡量的。在现有的技术条件下,要精确地直接测量光的相位变化几乎是不可能的,而光强度的测量

技术却非常成熟。因此一般都采用干涉的方法，先将晶体输出的相位调制光变成振幅调制光，通过检测光强来间接达到相位检测的目的。加入干涉装置后的电光转换如图 3.20 所示。

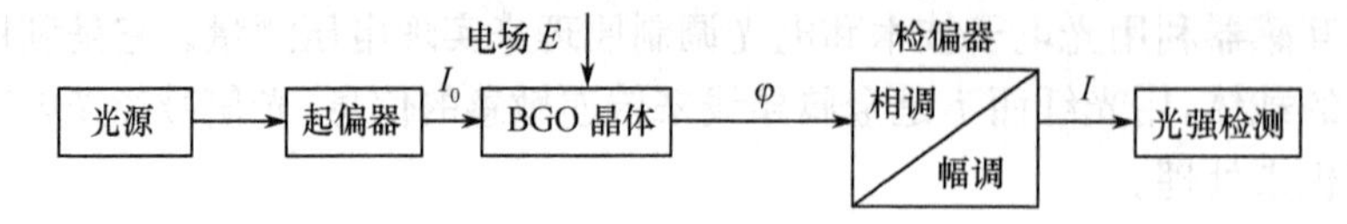

图 3.20　偏振光干涉装置示意图

入射光经过起偏器和 BGO 晶体，分解相位差为 φ 的两束光，经过检偏器加入干涉，输出的干涉光强为

$$I=I_0\sin^2\frac{\varphi}{2} \tag{3.27}$$

式中，I_0是入射光经过起偏器后输出的线偏振光的光强。

式(3.27)表明干涉光强与相位差的关系是非线性的。为了获得线性响应，通常在晶体和检偏器之间增加一个 $\lambda/4$ 波片，使两束线偏振光之间的相位差增加 $\pi/2$。可以证明，当 φ 很小时，输出的干涉光强与被测电压 U 之间的关系可近似表达为

$$I=\frac{1}{2}I_0(1+\varphi)=\frac{1}{2}I_0\left(1+\pi\frac{U}{U_\pi}\right) \tag{3.28}$$

即被测电压与传感器输出的干涉光强间近似为线性关系，通过测量干涉光强就可方便地求得被测电压值。

现在很多国家已研制出可用于测量高达 500kV 电压的系列光学电压互感器，但其稳定性与可靠性还存在着相当大的问题。一个重要原因是运行环境温度对光学电压互感器采用的光学晶体、光路结构、绝缘结构和光源的影响还没有能够解决，还需要经过大量的研究、实践，光学电压互感器才能真正投入使用。

3.3　非电量信号检测方法

智能电器及开关设备工作时不仅需要监测被控制和保护的线路及用电设备运行时的电参数，而且需要对某些非电参数(如线路、变压器绕组、电机绕组的绝缘，变压器和电机温升，变压器内部气体压力等)以及电器及开关设备本身工作的环境和状态进行监测。这就要求智能电器的监控器同时具有监测各种相关非电量，如温度、湿度、压力、速度、加速度、绝缘强度等的功能。这些参数本身都不是电信号，不能直接检测，必须通过相应的传感器，将它们变成电压信号，才能输入监控器进行处理和显示，并根据结果输出不同的信息。本节主要介绍温度、湿度、压力、速度、加速度检测用传感器及测量电路设计方法。

3.3.1　温度检测传感器及在智能电器中的应用

在输配电设备的运行中，变压器、开关柜、母线、电机等因发热引起的故障是相当多的，所以温度是智能电器及开关设备工作时需要监测的一个重要参数。测量温度的传感器和方法很多，下面分别介绍几种智能电器监控器常用的方法。

1. 热敏电阻温度传感器

电阻式温度传感器利用热敏元件材料本身电阻随环境温度变化而改变的特性制成。根据热敏元件所用材料分为两个大类：一类是利用金属导体铜、镍、铂制成的测温电阻称为热电阻；另一类是把金属氧化物陶瓷半导体材料或是碳化硅材料，经过成形、烧结等工艺制成的测温元件，称为热敏电阻。这里主要讨论热敏电阻。

(1) 热敏电阻的特性

热敏电阻有两类：电阻温度系数为正的称为 PTC(Positive Temperature Coefficient)热敏电阻，电阻温度系数为负的称为 NTC(Negative Temperature Coefficient)热敏电阻。一般地，NTC 热敏电阻测量范围比较宽，主要用于温度测量；而 PTC 的温度范围相对较窄。在智能电器中多使用 NTC 型热敏电阻。

典型的 NTC 热敏电阻的特性曲线及典型的 PTC 热敏电阻的特性曲线如图 3.21 所示。

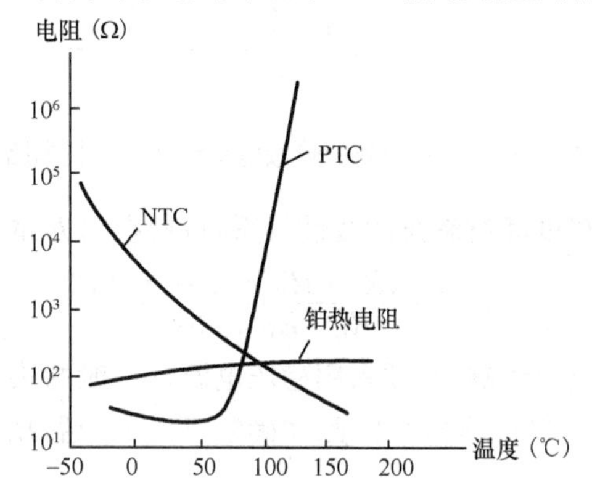

图 3.21 热敏电阻的特性曲线

NTC 热敏电阻的电阻值 R 与温度 T 的关系为

$$R=R_0\mathrm{e}^{B(1/T-1/T_0)} \tag{3.29}$$

式中，R_0是环境温度为 T_0时的电阻值；B 为常数，一般为 3000～5000K。

由式(3.29)可以看出，电阻与温度的关系是指数曲线。如果将温度特性中的电阻值换算成它的变化率，在室温附近，单位温度变化引起的电阻变化率约为一般铂电阻的 10 倍，灵敏度很高。

一般 NTC 热敏电阻测温范围为 －50℃ ～ ＋300℃，某些高温热敏电阻最高可测到 ＋700℃，而一些低温热敏电阻可测到－250℃。

热敏电阻有下述优点：电阻温度系数绝对值大，灵敏度高；测量线路简单；体积重量小，因而热惯性比较小；寿命长，价格低；本身电阻值大，适于远距离测量；其缺点主要是非线性大，需要在电路上进行线性化补偿；稳定性稍差；特性一致性差，互换时需挑选。

一般说来，热敏电阻不适于高精度温度测量，但在测温范围较小时，也可获得较好的精度。在智能电器应用中，适合于检测电器设备的工作温度，但不太适合用来测量母线等处的温度。

(2) 测量电路

由于热敏电阻具有较大的非线性特性，需要在测量电路中进行线性化处理，以保证输出电压与温度关系基本上为线性。用于热敏电阻特性线性化处理的电路有多种，图 3.22 所示是一种简单的线性化测量电路，在温度测量范围不大的场合，可获得较满意的结果。电路中，热敏电阻 R_T 和电阻 R,R_A,R_B 可组成一个电桥，在工作温度下，调整 R_B 使电桥平衡，差动放大器输出电压为 U_0，根据 U_0与桥臂电阻的关系，即可求得改变后的 R_T 值，从而得到 U_0与被测温度的关系。从特性曲线中获得或实测得到。

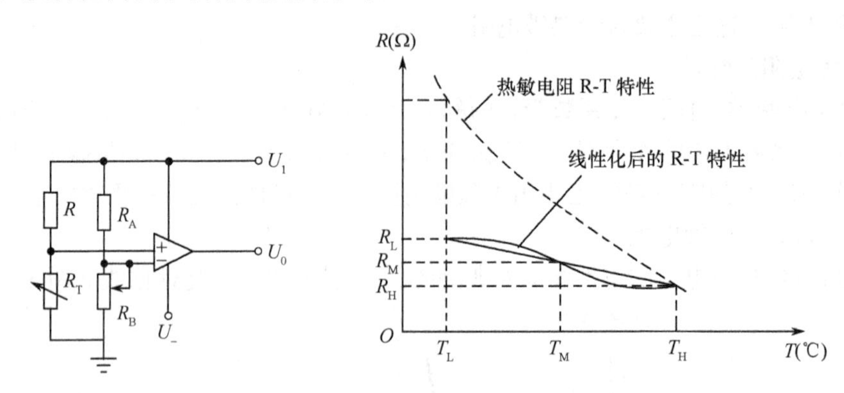

图 3.22　一种简单的热敏电阻线性化测量电路

为使输出电压与被测温度间有满意的线性关系，桥臂电阻 R 的最佳值应为

$$R=\frac{R_M(R_L+R_H)-2R_L\cdot R_H}{R_L+R_H-2R_M} \tag{3.30}$$

电源电压的变动对输出有影响，必须采用稳压电源。一般的热敏电阻参数中仅提供 25℃时的标称电阻值(有 5%～10%的误差)，因此在确定 T_L、T_H 后，R_L、R_M、R_H 用实测的方法取得较为精确。

随着热敏电阻材料和制造工艺的不断改进，当前市场供应的元件性能，如测量精度、输入/输出变换的线性度、工作稳定性等已经大大提高，元件特性的分散性也明显降低。这些改进扩大了热敏电阻元件在智能电器温度测量的应用范围。

热敏电阻需要贴装在被测物体表面，且对其供电以测量电阻值，这样在高压带电部件上是不能直接使用热敏电阻进行温度测量的，这会导致高压侧与低压侧出现短接，造成设备损坏和人身伤害。为了在高压部件上使用热敏电阻进行温度测量，可以利用隔离的信号传输技术实现，图 3.23 为利用热敏电阻测试高压导电部件的测试电路结构示意图。图中将热敏电阻贴在高压导电部件上，通过单独的电流互感器获取能量，提供电源给测量装置，并将测量装置的地线浮在高压带电部件，避免了电位差导致的设备损害等问题。采用无线通信模块，将测量的温度结果传送出去，并实现了高压侧和低压侧(上位机)之间的电气隔离。

2. 热电偶

同一金属材料上不同空间位置的两点间温度不同时，这两点间将会出现电位差，这一现象就称为热电效应。不同金属材料在相同的温差下热电势不同。因此，把两根不同材料的金属丝 A 和 B 绞在一起，一端直接相连，就构成了热电偶，金属丝 A 和 B 就是热电极。使用时，热电极直接连在一起的那一端贴在被测物体表面，称为热端；另一端按照图 3.24 所示与测量仪表连接，这一端称为冷端。由于两根热电极热电效应不同，当被测物体温度变化时，它们的冷

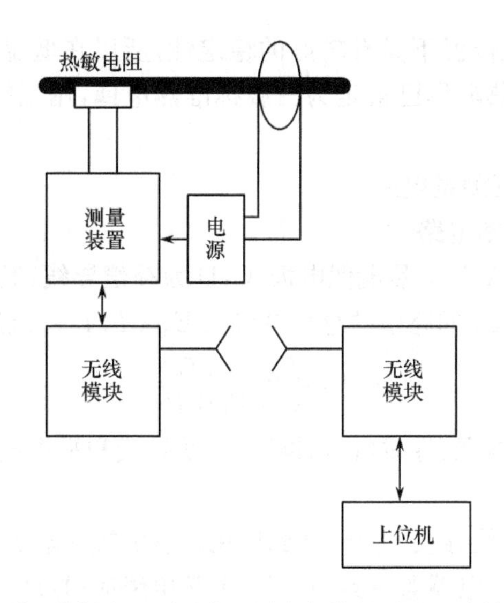

图 3.23　利用热敏电阻测试高压导电部件的测试电路结构示意图

端之间就会出现电位差,这个电位差就是热电势。在热电极材料选定后,其大小取决于热端和冷端间的温度差。热电势极性为正的一端是热电偶的正极,热电势极性为负的一端是热电偶的负极。可见,采用热电偶是把被测物体与现场环境间的温度差转变为热电势,因此,热电偶测量的是被测物体表面的温升,只有在冷端被置于 0℃环境时,由热电势测得的才是温度。

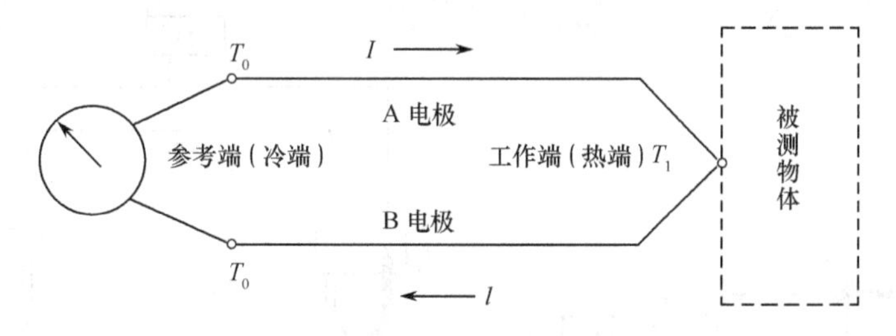

图 3.24　热电效应原理图

(1) 电器温度测量中常用的热电偶及性能

在电器产品中,被检测部位的短时最高温度一般都不超过 300℃,而且热电偶通常只用于电器产品执行有关的标准试验,在智能电器在线监测和环境温度测量中一般都不使用,所以下面仅介绍在电器产品试验中使用较多的铜-康铜热电偶。

铜-康铜热电偶是非标准分度热电偶中应用较多的一种,尤其在低温下使用更为普遍。铜-康铜热电偶一般多用于实验和科研中,温度的测量范围在−200℃～+200℃内。

低温测量中,当工作端的温度低于自由端时,输出的热电势正负极会发生变化。在测量 0℃以上温度时,铜为正极,康铜为负极;测量 0℃以下温度时相反。

由于制造康铜电极的热电特性重复性差,不同的铜-康铜热电偶的热电势很难一致。铜-康铜热电偶的热电势与温度的关系可由式(3.31)近似决定

$$E_t = a + bt \tag{3.31}$$

式中,E_t 为自由端温度为 0℃时的热电势;a, b 为常数,与标准铂电阻温度计在不同温度下比较求得。常用的铜-康铜热电偶在测量负温度时,可以近似地认为 $a=-39.5$,$b=-0.05$。

由于铜-康铜热电偶在低温下具有较好的稳定性，所以在低温测量中应用较多。目前在0～100℃范围内，铜-康铜热电偶已被定为三级标准热电偶，用以检定低温测量仪表的精度。它的误差不超过±0.1℃。

(2) 实用的热电偶温度测量电路

① 单点温度测量的基本电路

如图3.25所示，图中A，B为热电偶电极，C，D为补偿导线，T_0为冷端温度，L为铜导线，M为测量用毫伏计。图3.25回路中的总热电势为$E_{AB}(T,T_0)$，流过测温毫伏计的电流为

$$I=\frac{E_{AB}(T,T_0)}{R_Z+R_C+R_M} \tag{3.32}$$

式中，R_Z、R_C、R_M分别为热电偶、导线(包括铜线、补偿导线和平衡电阻)和仪表的内阻(包含负载电阻R_L)。

实际使用中，也可把补偿导线一直连接到所用仪表的接线端子，这时冷端温度为仪表接线端子处的环境温度。在智能电器监控器中，产生的热电势应通过信号调理环节处理后，输入至A/D转换器，再由所采用的数字处理器件采样和处理，得到被测温度。

② 两点间温差的测量电路

图3.26所示为测量两点温度T_1和T_2之差的一种实用电路。电路中两对热电偶同型号，电极A和B分别配用相同材料的补偿导线C、D，并按各自产生的热电势相互抵消的要求连接。可以证明，图3.26所示电路的输出电势即反映了T_1和T_2的温度之差。

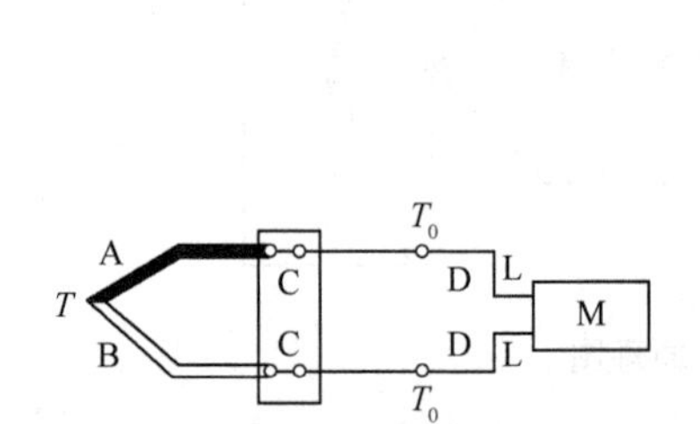

图3.25　单点温度测量线路

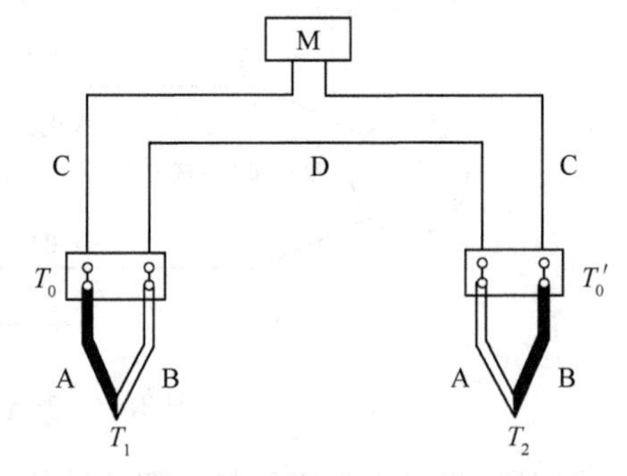

图3.26　测量温差的线路

图3.26中回路内的总电势为

$$E_T=e_{AB}(T_1)+e_{BD}(T_0)+e_{DB}(T_0')+e_{BA}(T_2)+e_{AC}(T_0')+e_{CA}(T_0) \tag{3.33}$$

因为补偿导线C、D材料分别与A、B材料相同，A和C、B和D的热电性也分别相同，而同一材料的两条金属线之间不会产生热电势，故式(3.33)中$e_{BD}(T_0)$，$e_{DB}(T_0')$，$e_{AC}(T_0')$，$e_{CA}(T_0)$各项为0，代入式(3.33)得

$$E_T=e_{AB}(T_1)+e_{BA}(T_2)=e_{AB}(T_1)-e_{AB}(T_2) \tag{3.34}$$

如果连接导线用普通铜导线，则必须保证两热电偶的冷端温度相等，否则测量结果是不正确的。

3. 红外温度传感器

在智能电器和开关设备自身及其控制和保护的对象中，往往带有高电压和大电流部件，这

些部件更容易发热。当它们的温度超过允许范围时，会导致各种问题。因此，不仅需要随时检测电器和开关设备运行环境的温度，还需要对易发热的高电压、大电流部件进行温度监测。如开关柜内部母线的连接处会因电磨损、机械操作和短路电动力引起的机械振动，使接触条件恶化，接触电阻增加，引起接触点的温度升高，加剧接触表面的氧化，导致局部熔焊或接触松动处产生电弧放电，最终造成电气设备的损坏等重大事故。由于采用热敏电阻型和热电偶型温度传感器测量温度是接触式测量，用于对这类特殊部件的温度测量时，必须对传感器输出信号进行调制，通过无线电波或光纤将测量结果传送给监控器。对高电压、大电流条件下工作的部件，采用非接触式温度测量更加简单，成本也相对较低。因此，近年来红外测温技术在智能电器在线监测中得到了广泛的应用。

红外测温技术是一种非接触、被动式的设备诊断技术，智能电器可用它在不停电的状态下，对高、低电压电气设备中不能采用接触式测温的部件进行实时、非接触式温度检测，以便进行设备的在线诊断，比传统的停电预防性试验能更有效地检查出设备缺陷。同时，由于红外测温是被动地接收物体发出的红外线，无须对设备外加红外光源，测温线路设计简单。

(1) 红外测温的原理

任何一个物体只要其温度高于绝对零度，就会以电磁波的形式向外辐射能量，能量的大小主要决定于物体的温度。那些对波长可以无选择性地吸收和发射的物体称为“黑体”。对黑体而言，辐射的光谱完全取决于该物体的温度，在每一个波长下，辐射强度与温度间的函数是确定的，因此通过测定辐射强度即可确定物体的温度。

根据 Stefan-Boltzmann 定律，物体红外辐射的能量与它自身的热力学温度 T 的四次方成正比，并与比辐射率 ε 成正比，可表示为

$$E=\sigma\varepsilon T^4 \tag{3.35}$$

式中，E 是某物体在温度 T 时单位面积和单位时间的红外辐射总能量；σ 是 Stefan-Boltzmann 常数[$\sigma=5.6697\times10^{-12}\,\mathrm{W/(cm^2\cdot K^4)}$]；$\varepsilon$ 是比辐射率，即物体表面辐射本领与黑体辐射本领之比值，黑体的 $\varepsilon=1$；T 是物体的绝对温度。

式(3.35)说明，物体温度越高，其表面所辐射的能量就越大。

表 3.1 给出了几种较常见的材料的比辐射率。

表 3.1　几种常见材料的比辐射率 ε 值

材料名称		温　度(℃)	ε 值
铅板	抛光	100	0.05
	阳极氧化	100	0.55
铜	抛光	100	0.05
	严重氧化	20	0.78
铁	抛光	40	0.21
	氧化	100	0.89
钢	抛光	100	0.07
	氧化	200	0.79

从表 3.1 可以看出，金属物质的比辐射率相对较低，而且由于不同程度的加工和氧化，表面状态千变万化，因此要确定其比辐射率较困难。尤其对于抛光的金属表面，因其是良好的反

射体，这就意味着传感器接收到的辐射能量更多地受抛光表面反射环境温度的影响，而不是金属本体温度的体现。在实际应用中，被测金属物体必须经表面涂黑，或表面生成氧化物，才可用红外测温，否则将会严重影响测量精度。

(2) 红外温度传感器

红外温度传感器是一种非接触式温度传感器，用红外光作为介质来传递温度。由于任何物体在发热时均会辐射出红外光，而接收红外光辐射的物体又会发热。根据这种特性，把具有热电效应的材料做成探测器来接收被测物体辐射的红外光，就可以通过测量探测器输出的电量，间接地测量被测物体的温度。用于红外测温的探测器可以分为热探测器和光子传感器两大类。热探测器包括热电堆探测器、热敏电阻探测器、气体探测器和热释电探测器。光子探测器包括光电子发射器(PE 器件)、光电导探测器(PC 器件)、光生伏打器(PV 器件)和光电磁探测器(PEM 器件)等。

热电堆探测器利用塞贝克效应，采用热电堆为探测元件，其测量准确。热敏电阻探测器是根据物体受热后电阻会发生变化的性质而制成的探测器。它可以响应从 X 射线到微波波段的整个范围，可在室温下正常工作，但由于其时间常数大，只适用于响应速度要求不高的场合。气体探测器的原理是：气室内的吸收膜吸收红外辐射升温，加热工作气体，由气体膨胀给出电信号，如高莱管和气动变容探测器。热释电探测器是利用热释电效应工作的探测器，其响应速度虽不如光子型，但由于它可在室温下使用，光谱响应宽，工作频率宽，灵敏度与波长无关，容易使用，因此其应用领域较广。常用的热释电探测器有硫酸三甘肽(TGS)探测器、铌酸锶钡(SBN)探测器、钽酸锂 ($LiTaO_3$)探测器、锆钛酸铅(PZT)探测器等。

红外光子探测器是利用光子效应制成的红外探测器。常用的光子探测器有：PE 器件，如光电二极管、光电倍增管等；PC 器件，如 PbS、PbSe、InSb、HgCdTe、PbSn 等；PV 器件，如光敏二极管、InSb、InAs、HgCdTe 等；PEM 器件，如 InSb 光电磁探测器。红外光子探测器的主要缺点是需要制冷，以抑制会导致噪声的自由载流子的产生。

在智能电器中应用最多的是热电堆探测器，其核心是热电堆传感器。热电堆传感器实际上是一个热端与一个红外接收器相连的热电偶，如图 3.27 所示。红外接收器接收到被测物体辐射的红外光，使其温度改变，热电偶将温度差转换为电势信号输出。为了提高测量的灵敏度和输出电势，需要将多个热电偶串接在一起。热电偶材料一般选用铋和锑，因为它们能输出的热电势较大。由于传感器的输出电势通常只有微伏数量级，在任何应用场合都必须经高性能放大器放大。影响输出电势 E_{OUT} 的关键因素是被测物体的温度和传感器本身的温度。它们之间的关系可表示为

$$E_{OUT}=K(\varepsilon T_{ob}^4-T_{sen}^4) \tag{3.36}$$

式中，T_{ob} 是被测物体的温度；T_{sen} 是传感器温度；ε 是被测物体材料的比辐射率；K 是设备常数，它通过测量同一物体在不同温度下的电压输出得到。

式(3.36)需满足的条件是被测物体在红外温度传感器的视角内，即中间无障碍物。在这个视角内，热电堆输出电势与被测物体的远近没有关系。

从式(3.36)可以看出，采用热电堆探测器的红外测温，只能测得被测物体和传感器间的温差。要得到被测物体的温度，必须进行温度补偿。热电堆传感器自带热敏电阻实现对热电堆传感器的输出进行补偿，并与放大电路集成为一个采集模块。这样的模块不仅便于使用，而且可以尽量减少各种噪声干扰。于是，模块的输出电压为

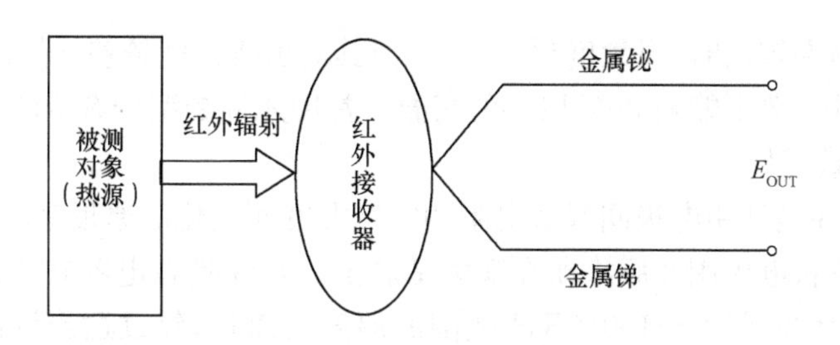

图 3.27　热电堆传感器结构示意图

$$U_{OUT}=K\varepsilon T_{ob}^{4} \tag{3.37}$$

智能电器监控器对输出电压 U_{OUT} 进行调理、变换和数值计算，即可获得被测对象的温度。

3.3.2　湿度检测传感器及应用

各类开关电器设备都必须在其产品规定的相对湿度环境中运行。当环境湿度超过规定指标，一旦环境温度降低，就会出现凝露。对那些产品结构十分紧凑，工作电压又高的设备，凝露是非常危险的，它会导致不同相间设备爬电、放电甚至短路，所以智能电器监控器常常需要检测环境湿度。湿度是指空气中水蒸气的含量，可用绝对湿度、相对湿度和露点温度来表示，但大多数的湿度测量显示都采用相对湿度。智能电器对环境湿度的检测，必须用湿度传感器取得对应的电信号，才能调理成监控器中央处理模块可处理的电压。

常用的湿度传感器有以下几种。

1. Licl 湿敏元件

这种传感器利用潮解性盐类在受潮时电阻发生改变的特点，它对湿度变化的敏感主要表现在其电阻值的变化上。由于为离子导电型元件组成，所以供电电源应用交流电，以免直流供电引起极化。

Licl 湿敏传感器滞后误差小，不受测试环境风速的影响，不影响和破坏被测环境。测量误差一般可达±5%RH(相对湿度)以下。

但由于 Licl 湿敏元件是利用盐潮解感湿的特性，所以在有高湿和结露环境中使用，往往会造成电解质潮解后流失，损坏元件。另外，这种传感器怕污染。常用的元件有 DWS-P。

2. 高分子湿度传感器

电阻或湿敏元件是利用高分子材料制成的湿敏元件，主要是利用它的吸湿性和膨润性。常用的元件有电容式和电阻式两类。

(1) 电容式湿敏元件

电容式湿敏元件是由上、下两个电极构成的，底电极由覆盖着湿敏聚合物膜的基底构成。它的电容量取决于膜的厚度或电极间距和极板面积。

当空气中的水蒸气吸附到湿敏高分子薄膜上时，使得介电常数增大，从而电容量增大，电容量将与相对湿度成正比。由于高分子薄膜可以做得极薄，所以元件可以很快地吸湿和脱湿，这就决定了其滞后误差小和响应速度快的特点，且宜于实现小型化和轻量化。

电容式湿敏元件的输出线性情况与所使用的电源频率有关，如在 1.5MHz 时有较好的线性输出，而当电源频率较低时，灵敏度尽管增高，但其输出线性度较差。另外，在含有机溶剂的环境中不宜使用，且一般不能耐 80℃以上的高温。常用元件的型号有 RHS 和 MC-2。

(2) 电阻式湿敏元件

电阻式湿敏元件是利用电极间湿敏电阻随空气湿度而变化的原理制成的。它的吸湿膜覆盖在梳状电极上，梳状电极用厚膜涂印在陶瓷基底上。它除具备电容式测湿元件的诸多优点外，还可以用单个元件测量 0～100%RH 范围的湿度。而且，经过适当调配的高分子材料感湿膜，在30%RH～90%RH 的范围内，有 3.6～6.6kΩ 左右的电阻值，这个数据范围对电路的设计和测量较为方便。

3. 金属氧化物湿敏元件

许多金属氧化物有较强的吸水、脱水性能，利用它们的烧结膜或涂布薄膜已研制出多种湿敏元件，如 Fe_3O_4胶体膜湿敏元件、低湿高温用 Fe_2O_3烧结膜湿敏元件、多孔氧化铝膜湿敏元件等。另外，金属氧化物陶瓷湿敏元件还可以用加热法清洗，也具有较好的特性，目前已得到较为广泛的应用。常用元件的型号包括 BTS-208、UD-08 等。

当前市场提供了不同类型的湿度传感器模块。模块中集成了选定的湿敏元件、非线性补偿电路和放大电路，直接输出与被测对象湿度成比例的直流电压或电流信号，供智能监控器采样、处理，大大简化了开发工序。当被测对象与监控器间距离较远，需要长线传送信号时，应尽量选用输出为电流的传感器。

3.3.3 电器操动机构机械特性测量

开关电器的合闸与分闸是由操动机构完成的。随着分合闸次数的增加，电器操动机构的机械特性会发生变化，到一定程度时会引起电器操动机构操作力下降，导致触头的分断速度和开断能力降低，严重时出现拒分或拒合故障等诸多问题。根据国际范围的调查、统计、分析，断路器的主要故障是机械故障，而其中大多数故障是操动机构的问题，所以电器操动机构机械特性的在线监测是智能电器元件监控器设计的一项重要内容。除了测量主要部分的温度外，还应包括对触头和其他运动部件的位移、压力、运动速度和加速度的测量和分析。对于高、中电压的开关电器来说，直接对触头测量是不现实的，通常是选择操动机构中某一个最能反映机构本身特性的机械运动部件，检测有关位移、压力、速度和加速度等参量，这就需要相应的传感器把被测量变换成与监控器输入兼容的电量。下面将简要介绍位移、压力和加速度的测量方法。

1. 位移测量传感器及其工作原理

断路器动触头位移曲线中包含操动机构的很多状态参量，断路器的固有分(合)闸时间、触头行程及刚分(合)速度等都可以从中获取，动触头位移曲线可以通过位移传感器捕获。在使用位移测量传感器时，必须考虑对原有结构的影响，不能影响原有的机械特性和绝缘性能，同时又要真实地反映触头行程随时间的变化。此外，传感器还要便于安装，这要求选用的传感器体积不能太大，并且线性度和灵敏度要尽可能高。

位移传感器包括直线位移传感器和角位移传感器两种。如果需要对开关进行在线监测，位移传感器需要贴装在动触头表面，此时动触头处于高电位，这要求传感器必须考虑高低电位间的电气隔离，隔离的实现非常困难，因此直接测量动触头的行程曲线不易实现。考虑到断路器的操动机构中存在轴向运动，因此在分/合闸过程中，动触头的行程与主轴转动角度之间有一定的对应关系，可以测量主轴的角位移曲线，以便间接得到动触头的位移曲线。

目前在开关的在线监测中，多采用角位移传感器。角位移传感器有很多种，包括电阻式角位移传感器、光电式角位移传感器、磁敏型角位移传感器等。其中电阻式成本低，安装方便；光电式精度高，后处理电路比较复杂；磁敏型重复性好，体积小，但是测量角度范围稍小。在智能电器中，电阻式角位移传感器是应用比较多的一种。

电阻式角位移传感器利用轴芯转动时导致电阻变化这一特征实现对角度测量，旋转式的电位器即可完成这一测量要求。但是传统的旋转式电位器的结构复杂，精度较低，不能用于高精度角度测量，在开关的状态监测中几乎很少应用，目前应用较多的电阻式角位移传感器采用了精密导电塑料作为电阻元件。导电塑料是 20 世纪 70 年代在实验室被发现的，它既具有普通塑料的优点，同时具有类似金属材料的导电性能，可以作为电阻材料，将其制成薄膜电阻器，并利用电刷臂将转角转换成电阻的变化，以测量角位移。与老式的电位器式角位移传感器相比，其结构大为精简，输出精度大大提高。

2. 压力测量传感器及其工作原理

最常用的压力传感器是压阻式传感器，它利用单晶硅压阻效应，在单晶硅的基片上用扩散工艺(或离子注入工艺及溅射工艺)制成一定形状的应变元件。当受到压力作用时，其电阻发生变化，采用适当的电路，可以把电阻变化转化成输出电压的变化。

为提高测量灵敏度，大多数压阻式压力传感器的结构都是在硅膜片上做 4 个常压下电阻值相等的应变元件连接成惠斯通电桥。元件不受压力时，电桥平衡，一旦受到压力，电桥 4 个桥臂元件中，两个电阻值增加，两个电阻值减少，将破坏电桥平衡。压阻式压力传感器在使用压力时，4 个桥臂电阻阻值相等且均为 R，电桥输出电压为 0。受到压力作用后，2 个桥臂电阻阻值增加 ΔR，另外 2 个桥臂电阻阻值减小 ΔR，电桥输出端将产生电压。此外，每个电阻阻值会随温度变化，设变化量为 ΔR_T。由图 3.28 所示电路可知，电桥的输出电压为

$$U_o = U\frac{\Delta R}{R+\Delta R_T} \tag{3.38}$$

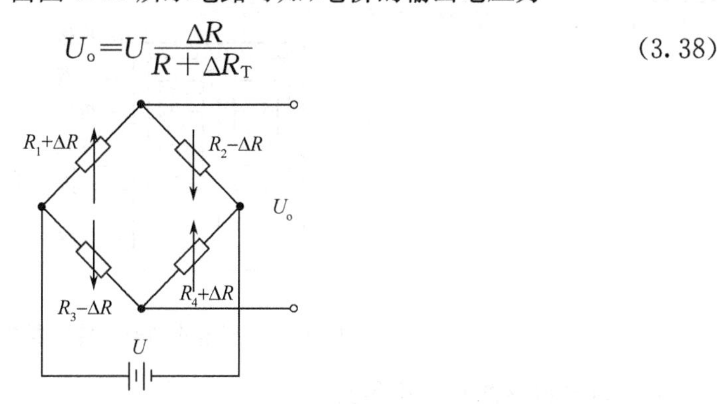

图 3.28　压阻式压力传感器工作原理图

若在恒温环境下工作，$\Delta R_T=0$，则有

$$U_o = U\frac{\Delta R}{R} \tag{3.39}$$

式(3.39)说明，只有在环境温度保持不变时，电桥的输出电压才能与 $\Delta R/R$ 和电源电压 U 成正比。但在实际工作环境中，$\Delta R_{T}\neq 0$，传感器输出电压存在非线性温度误差。

压阻式压力传感器易于微型化、集成化，测量灵敏度高、范围宽、精度高，频率响应快。此外，这种传感器工作可靠，寿命也较长。

如上所述，这类传感器输出电压受环境温度影响，特别是硅压阻式压力传感器对温度很敏感，如不采用温度补偿，测量误差会比较大。现在实用的传感器已与温度补偿电路集成一体，并采用激光技术进行电阻修整，具有较高的温度稳定性(温度系数小于±0.3%量程)，零压力下的电压输出极小(小于±1mV)。

3. 加速度测量用传感器

(1) 压电式加速度传感器原理

断路器分/合闸动作时产生的机械振动信号是一个丰富的信息载体，包含大量的设备状态信息。开关机架、外壳上的振动是开关内部多种现象激励的响应，通过对振动事件产生的振动信号在时域、频域的分析可以判断断路器的工作状态，因此振动的监测是断路器机械特性在线监测的重要内容。振动信号的监测主要利用了加速度传感器，目前多为压电式加速度传感器，它是以某些物质(如石英、压电陶瓷材料锆钛酸铅等)的压电效应为基础做成的。这些物质在机械力作用下发生变形时，内部产生极化现象，上、下表面产生符号相反的电荷，撤除外力，电荷立即消失。利用具有这种特性的物质制做的压电式加速度传感器的典型结构如图 3.29 所示。两块表面镀银的压电片(石英晶体或压电陶瓷)间夹一片金属薄片，并引出输出电压引线。在压电片上置一质量块，并用硬弹簧对压电元件施加预压缩载荷。静态预载荷的大小应远大于传感器在振动、冲击测试中可能承受的最大动应力。由图 3.29 可知，当传感器向上运动时，质量块产生的惯性力使压电元件上的压应力增加，输出增加；反之，当传感器向下运动时，压电元件的压应力减小，输出减小。压电元件上压应力的改变是由质量块运动引起的，在质量块质量给定时，只要输出的电信号与压应力成比例，输出的电压信号即与加速度成比例。

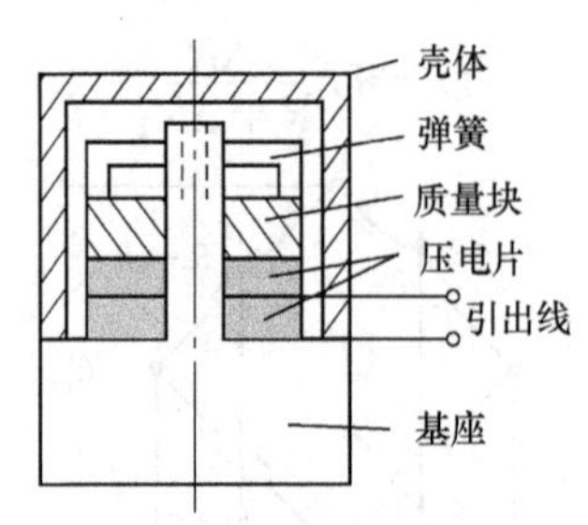

图 3.29　压电式加速度传感器结构

(2) 压电传感器的特性参数

① 灵敏度。压电式加速度传感器的输出可以看做是一个电压源，也可以看做是一个电荷源，其灵敏度可以分别用电压灵敏度和电荷灵敏度表示。

电荷灵敏度 K_{Q} 是指单位加速度所产生的电荷输出量，其表达式为

$$K_Q=\frac{Q}{a}=\frac{d\cdot F}{F/m}=9.81d\cdot m(\mathrm{C\cdot s^2/m}) \tag{3.40}$$

式中，m 为质量块质量(kg)；Q 为电荷量(C)；d 为压电系数(C/N)；F 为使质量块产生加速度的压力(N)。

电压灵敏度 K_U 是指单位加速度所产生的输出电压值大小，可表达为

$$K_U=\frac{U}{a}=\frac{Q}{C}\cdot\frac{1}{a}=\frac{1}{C}K_Q=9.81\frac{dm}{C}(\mathrm{V\cdot s^2/m}) \tag{3.41}$$

式中，C 为传感器及电缆等的电容，其余参数同式(3.40)。

式(3.40)和式(3.41)说明，传感器的灵敏度不仅与材料的压电系数 d 有关，而且与质量块质量 m 有关。增加 m 可提高灵敏度，但随着 m 增大，传感器的固有频率会下降，影响可测频带宽度。另外，式(3.39)还表明，电荷灵敏度与导线的分布电容无关，因此灵敏度不受连接导线的长度和安装位置的影响，但输出必须采用电荷放大器，并将其转换为电流或电压。

② 横向灵敏度。所谓横向灵敏度，是指垂直于传感器主轴平面的灵敏度，一般用灵敏度的百分数表示。横向灵敏度是引起测量误差的主要原因之一，要求越小越好，一般为2%～6%，选用时应当注意。

3.4 被测量输入通道设计原理

智能电器及开关设备运行时需要监测各种现场模拟参量、一次开关元件工作状态及各种闭锁信号等开关量。如3.1节所述，需测量的现场模拟参量类型很多，通过不同的传感器变换后输出的电信号种类不同，有电压、电流，甚至是电荷。信号大小也不同，而且这些信号仍然是模拟量。此外，被测的现场开关量通常都由一次元件或系统中其他开关电器接点通、断的状态给出，所有这些信号中央处理与控制模块都无法接收和处理。因此，在智能监控器中，必须设置被测量的输入通道，把传感器输出的大小不同、种类不同的模拟量电信号变成数字信号，或者把接点的状态变成与中央控制单元输入电平兼容的逻辑信号，以便监控器中的处理器件接收和处理。本节主要讨论被测量输入通道的基本结构、各部分设计原理及常用的典型电路元件。

3.4.1 输入通道的基本结构

根据智能电器及开关设备要检测的现场参量类型，监控器的输入通道分为模拟量和开关量两类。实现这两类信号的转换，需要用不同的转换器件和不同的电路形式。下面分别讨论这两类通道的电路结构及设计方法。

1. 模拟量输入通道的结构

模拟量输入通道有单通道和多通道之分。

(1) 单模拟量输入通道的结构组成

单模拟量输入通道电路包括传感器、调理电路、采样(含采样保持器S/H和A/D转换器)

和隔离环节，其电路结构如图 3.30 所示。这种模拟量输入通道适用于只需要监测一个模拟参量的场合，在实际应用中，通常用来组成多通道结构的输入通道。

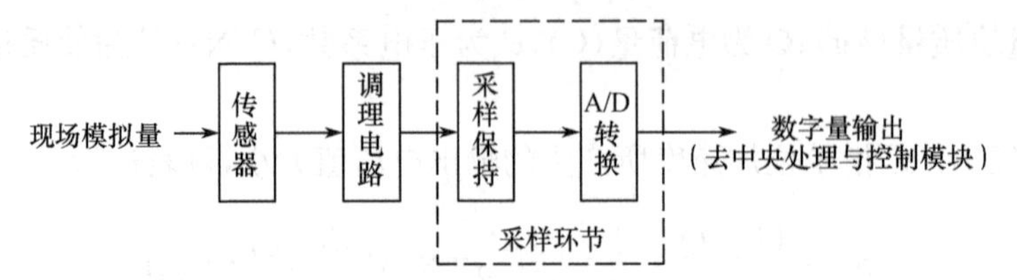

图 3.30 单模拟量输入通道结构图

（2）多模拟量输入通道电路及其结构组成

多模拟量输入通道的电路结构有以下两种结构。

① 多个单通道组成的多通道结构。在这种结构的电路中包含多个独立的通道，每个通道都是一个完整的单模拟量输入通道，电路结构如图 3.31 所示。由于各通道完全独立，所有通道可以同时进行 A/D 转换，各通道数据同步性好。但每个通道必须有采样保持器和 A/D 转换器，这种电路结构的模拟量输入通道价格较高，与中央处理和控制模块接口的电路比较复杂，主要用于高速数据采集或各通道数据同步要求严格的场合。

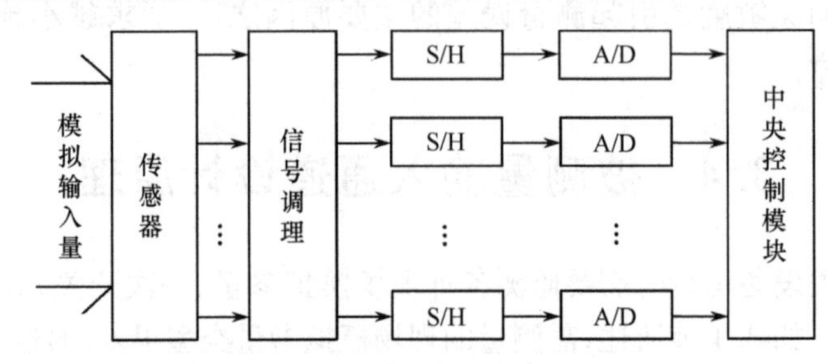

图 3.31 独立单通道组成的多模拟量输入通道结构

② 多路模拟信号公用 S/H 和 A/D 的多通道结构。在这种结构的电路中，各模拟量信号有独立的传感器和调理电路，但使用同一采样环节，其电路结构如图 3.32 所示。经过调理后的所有模拟信号被分别送到多路选择开关的各输入端，多路开关的公共输出端接至公用的 S/H。多路开关的接通和切换由中央处理与控制模块控制，每次接通其中的一个开关，选中一路模拟量输入信号，使其得到采样和处理。与图 3.31 所示的结构相比，由于公用采样环节，电路元件减少，结构简化，价格也较低。但是多路模拟量只能轮流采样，各通道数据不能同步，采样一次的时间较长。这种结构适合于 A/D 转换速率高，处理器件处理速度快，各通道数据同步要求不是非常严格的场合。

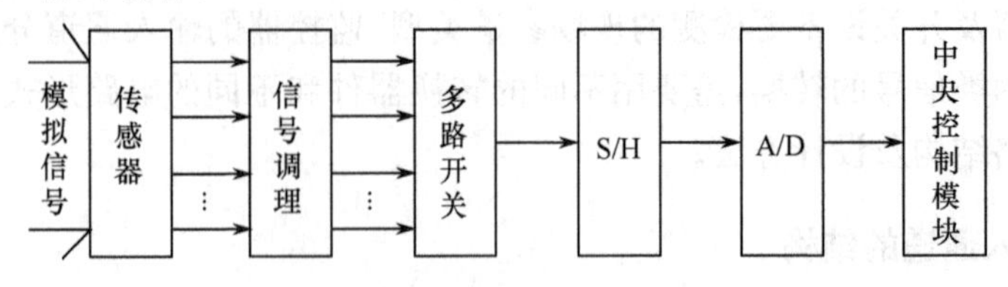

图 3.32 多模拟信号共享采样通道的结构

需要说明的是，对于直流或者变化非常缓慢的模拟信号，虽然可以不用采样保持器，但其幅值的最大变化率应有一定的限制。

2. 开关量输入电路的结构

在智能电器中，开关量信号一般指自身一次开关的接通/分断状态、实际现场要求的各种联锁和闭锁等信号，用于监测操作命令执行的正确性和可靠性。这些信号来自现场系统中有关的一次开关接点的位置状态，需要变成能被处理器件接收和处理的逻辑信号。此外，这些接点一般都处在高电压、大电流引起的强电磁干扰环境中，必须在接点与监控器间提供可靠的电气隔离，以抑制现场环境的电磁干扰。图 3.33 所示为最常用的开关量输入电路，该电路不仅完成了接点状态到逻辑信号的变换，而且通过光电耦合器(Light Electric Coupler, LEC)实现了现场与监控器中央处理与控制模块间的电气隔离。

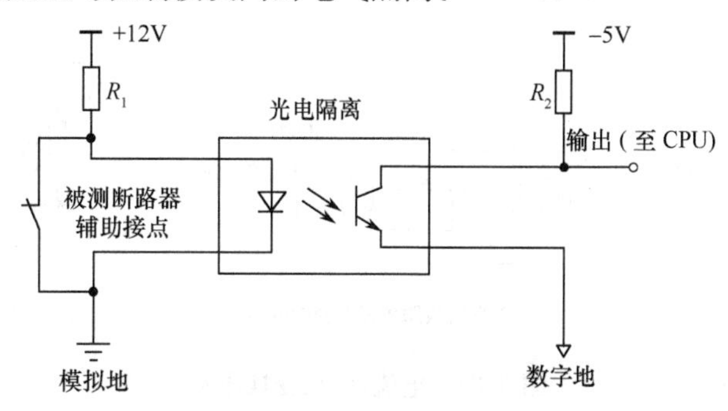

图 3.33　开关量输入电路的结构示意图

在图 3.33 中，LEC 一次(发光元件)侧电路电压可根据被测接点的位置和监控器供电电源整体设计确定，但必须正确选择串联电阻 R_1 的值，以保证提供使 LEC 可靠、安全工作所需的发光元件电流。为使输出满足监控器处理器件 I/O 端口要求的逻辑电平，二次侧(受光元件侧)电压应与处理器件工作电压一致。R_2 的阻值应保证在受光元件饱和导通时，其集电极电流不超过允许的最大电流。

需要说明的是，经过图 3.33 处理后的开关量可以直接与中央处理和控制模块中的处理器件输入接口。但当监控器输入的开关量数较多，且处理器件的输入端口数量不够时，必须在中央处理和控制模块设计时为开关量扩展输入接口电路。

3.4.2　模拟量输入通道中信号调理电路原理及常用芯片

现场各种模拟量传感器输出的电信号类型、大小和极性都可能不同，而监控器模拟量输入通道中的 A/D 转换器只能接收规定极性、幅值在一定范围内变化的电压信号。此外，传感器的输出信号在传送的过程中，会受到工作环境干扰。因此，在模拟量信号传送通道中必须设置信号调理电路，把传感器输出的电信号变成幅值变化范围和极性与 A/D 转换器输入端兼容的电压信号，并滤除干扰，以便处理器件采样处理。

1. 信号类型和幅值的调理

所谓信号类型和幅值调理就是采用集成运算放大器组成的电路，把传感器输出的不同类别、不同大小的电信号变成幅值和极性符合 A/D 转换器要求的电压信号。

集成运算放大器是一种线性放大器件。通过不同的电路设计，可改变模拟信号幅值、极性,可以把电流、电荷输入变成电压输出。集成运算放大器还有体积小、功耗小、电路设计简单等优点。因此,集成运算放大器是模拟信号类型和幅值调理的最合适、最常用的器件。

下面介绍几种智能电器监控器中常用的模拟信号类型和幅值调理电路。

(1) 电流/电压变换电路

智能电器运行现场的被测参量传感器通常都与监控器有一定的距离。为了减小传输导线上的电压损耗,传感器生产厂商针对各种类型的物理参量提供了电流输出的传感器。但是A/D转换器的模拟量输入端只接收规定幅值的电压,在使用电流输出的传感器做现场参量的信号变换器时,必须经过电流/电压(I/V)变换电路变成与电流成比例的电压。图 3.34 所示为几种简单的电流/电压变换电路。

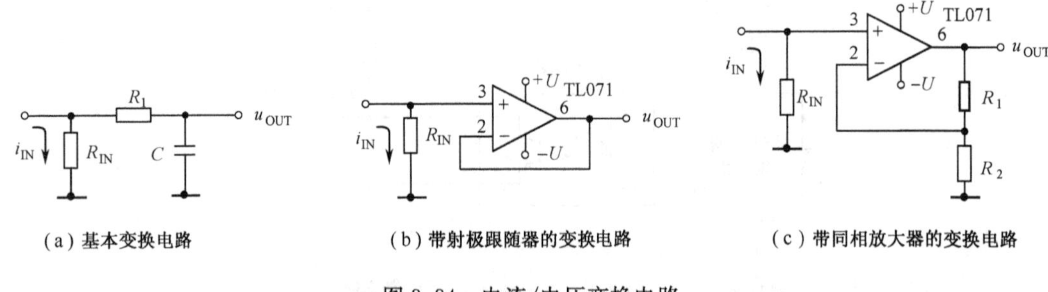

(a) 基本变换电路　(b) 带射极跟随器的变换电路　(c) 带同相放大器的变换电路

图 3.34　电流/电压变换电路

图 3.34(a)电路采用无源电阻元件,传感器输出的电流 i_{IN}直接流过电阻 R_{IN},输出电压即为电阻两端的电压,$u_{OUT}=i_{IN}\cdot R_{IN}$。这种电路非常简单,但是实际应用中存在一些问题。如有些 A/D 转换器模拟量输入端对输入电阻有严格要求,不允许高于规定值,这种情况下,直接采样这种变换电路,电阻的阻值将很难与 A/D 转换器输入电阻匹配。

为解决上述问题,可以采用图 3.34(b)所示的电路。它由图 3.34(a)所示的电路和一个射极跟随器组成。射极跟随器最大的特点是其输入阻抗非常高,理论上为无限大,而其输出阻抗非常低,理论上近似为 0。因此,这个电路具有非常良好的负载匹配能力。此外,由于射极跟随器的电压放大倍数为 1,所以电路的输出电压仍为 $u_{OUT}=i_{IN}\cdot R_{IN}$。这两种电路中电阻的阻值应根据电流 i_{IN}的幅值和 A/D 转换器模拟输入端允许的最大电压选取。当电流较大时,必须考虑电阻的功率。

当输入电流很小时,可使用图 3.34(c)所示的变换电路。与图 3.34(b)所示电路不同,它由图 3.34(a)电路与一个同相输入的比例放大器级联,其输出电压为

$$u_{OUT}=i_{IN}\cdot R_{IN}\cdot\frac{R_1+R_2}{R_2}\tag{3.42}$$

图 3.35 是两种采用有源器件构成的电流/电压变换电路。图 3.35(a)为基本变换电路,由一个带有负反馈电阻 R_{IN} 的集成运算放大器组成。电流 i_{IN} 通过反馈电阻,输出 $u_{OUT}=-i_{IN}\cdot R_{IN}$。这种电路输入端的电流经反馈电阻后全部经输出端流入运算放大器,因而所用的现场参量传感器输出电流最大值不能超过电路中运算放大器输出端允许注入的电流。

这种电路中电阻 R_{IN}的值太小时,输出电压值会受电路板布线电阻的影响;太大时,又容易受到噪声干扰。因此,当 i_{IN} 非常小,R_{IN}的值必须很大才能满足输出电压要求时,可采用图 3.35(b)所示的电路。在这种电路中,若输出级电压放大器放大倍数为 A,在相同的输入输出条件下,电阻 R_{IN}的阻值只需图 3.35(a)电路中 R_{IN}的阻值的 $1/A$。

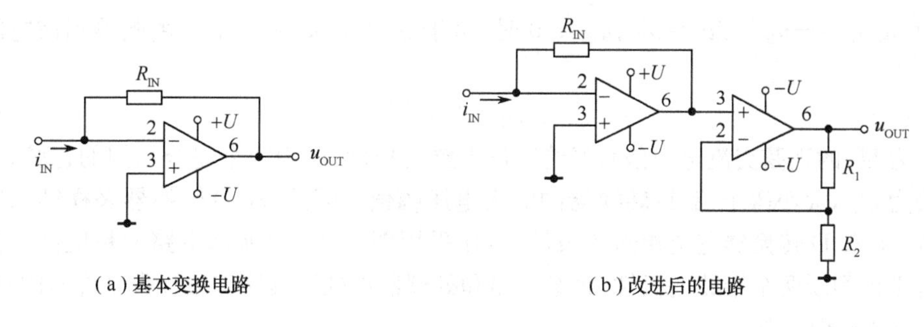

图 3.35　小信号电流电压变换电路

(2) 被测参量极性变换电路

智能电器监控器对运行现场的电压、电流采用交流采样，电压、电流传感器也输出交流信号。但目前大量使用的 A/D 转换器模拟量输入端只允许正极性的电压，在这种情况下，必须把电压、电流传感器输出的双极性电信号变换成正极性的电压。图 3.36 所示为智能电器监控器中最常用的两种极性变换电路。

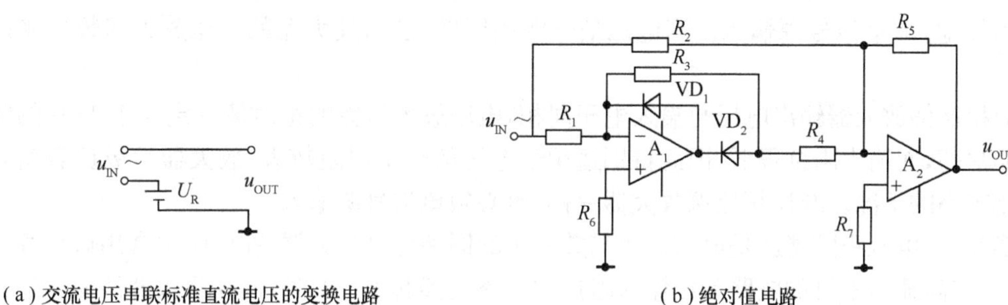

图 3.36　常用极性变换电路

在图 3.36(a)所示电路中，双极性电压与一个标准直流正电压串联。为了保证输入 A/D 转换器的电压不超过允许值，交流电压和标准直流电压的幅值都应为 A/D 转换器允许输入电压幅值 U_M 的 1/2。这样，电路就把交流电压信号变成了在 $0\sim U_M$ 之间变化的单极性电压信号，原始信号的零点位移到 $+U_M/2$。当处理器件通过 A/D 转换器采样并进行有效值和功率计算时，必须根据采样结果判断被测电压、电流的正负。这实际上使得 A/D 转换器输出数字量的有效数据减少了一位，将会影响到对被测量的处理精度。

图 3.36(b)所示为绝对值电路。该电路包括两部分：由运算放大器 A_1 为核心的精密检波器和 A_2 组成的反相加法器。当输入电压 $u_{IN}>0$ 时，二极管 VD_1 反向关断，VD_2 导通，检波器输出电压为

$$u_1=-\frac{R_3}{R_1}u_{IN} \tag{3.43}$$

当 $u_{IN}<0$ 时，VD_1 导通，VD_2 关断，检波器输出电压 $u_1=0$。

对于由 A_2 组成的反相加法器来说，其输出电压为

$$u_{OUT}=-\left(\frac{R_5}{R_2}u_{IN}+\frac{R_5}{R_4}u_1\right) \tag{3.44}$$

正确选择电路中的电阻值，使 $R_1=R_3$，$R_2=R_5=2R_4$，代入式(3.43)和式(3.44)可得，

$u_{IN}>0$ 时，$u_{OUT}=-u_{IN}+2u_1=u_{IN}$；$u_{IN}<0$ 时，由于 $u_1=0$，$u_{OUT}=u_{IN}$。由此得到该电路输出电压

$$u_{OUT}=|u_{IN}| \tag{3.45}$$

峰值为 U_M 的正弦交流电压信号经绝对值电路变换后，成为两个完全相同的正弦正半波，其峰值仍为 U_M，大小等于 A/D 转换器的输入电压幅值。因此，A/D 转换器采样结果中不含有符号位，在 A/D 转换器完全相同的条件下，比采用图 3.36(a)所示电路的精度高。但在计算功率时必须判断两个半波的极性，将给电路和处理器件处理程序的设计带来许多困难。

(3) 幅值调理电路

在模拟量测量输入通道中，幅值调理电路就是各种电压放大器，最基本也是最常用的有反相比例放大器、同相比例放大器和差动放大器。有关这几种放大器的电路结构和基本工作原理在各种模拟电路教科书中都有详细分析，这里不加讨论。下面仅对这几种放大器的工作特点做简单说明。

反相放大器输出电压与输入电压反相，电压放大倍数的绝对值可以大于 1，也可以小于 1；其输入阻抗比较小(就是反向输入端的外接电阻)，而输出电阻相对比较大；它的输入信号源一端必须接地，即单信号源输入。当电压信号源内阻较大时，放大器的电压放大倍数要受内阻影响。

同相比例放大器输出电压与输入电压同相，电压放大倍数的绝对值一定大于 1；它的输入阻抗非常高，而输出阻抗很低，因此特别适用于电压信号源内阻较大，放大器后级负载输入阻抗又比较小的情况。与反相比例放大器一样，也必须单信号源输入。

实际上，电压跟随器就是电压放大倍数为 1 的同相比例放大器，在电路中常用做缓冲放大器，把具有高输出阻抗的电路和低输入阻抗的电路连接起来。此外，同相放大器两输入端的信号是共模信号，因此所用的运算放大器必须要能承受共模输入信号。

差动放大器用来放大同相输入端和反相输入端信号的差，输出电压与两输入端电压之差成正比，具有较强的抗共模干扰的能力。但它的输入阻抗不够高(为两输入端外接电阻之和)。

2. 信号波形调理——滤波

智能电器监控器通常与一次元件或开关柜集成在一起，设备的现场参量从传感器输出到监控器一般都有一定的距离，模拟信号的传送导线就在一次电流和开关电器操作产生的强干扰环境下工作。信号达到监控器输入端口时往往由于干扰出现失真，对检测精度带来严重的影响。因此，在对模拟信号进行类型和幅值调制的同时，必须进行波形的调制，即通过滤波器去除干扰，使进入监控器中央控制模块入口的信号尽可能保持被测量的原始波形。

常用滤波器有无源和有源两种。无源滤波器由无源的电路元件，如电阻、电感和电容组成。在智能电器监控器中，无源滤波器基本采用电阻电容(RC)一阶滤波器。这种滤波器电路简单，但频率特性差，在干扰信号频率接近被测参量频率时，滤波效果不是很好。此外，输出电压相对输入电压有滞后的相位移，在监控器采用被测电压和电流来计算功率和功率因数时，若电压、电流输入通道中有这种滤波器，会给计算结果带来很大的误差。因此，RC 滤波器通常只用来消除由高频干扰叠加在被测参量信号上的“尖峰”。在这种场合下，电阻和电容的值都很小，不会使输出产生可以影响计算精度的相位移。

用于信号滤波的有源滤波器由运算放大器和无源电路元件组成，这种滤波器最大的优点

就是对不同的滤波要求的，可以有不同的电路设计。正确选择电路中无源元件的参数，在满足滤波要求的情况下，可以保持输出电压的幅值和相位与输入电压基本相同。

根据频率特性，有源滤波器可以分为低通、高通和带通3种。低通滤波器用来滤除高于被测信号频率的干扰；高通滤波器用来滤除低于被测信号频率的干扰；带通滤波器通常用在信号频带很宽，只需要传送中间某一频带内的频率分量的信号传输系统中。在智能电器监控器中，用得最多的是低通滤波器，下面以最基本的一阶低通滤波器为例分析其传递函数和频率特性。

图3.37给出了两种简单的一阶低通有源滤波器电路。在运算放大器为理想器件时，如图3.37(a)所示电路的传递函数为

$$\frac{U_{\mathrm{OUT}}}{U_{\mathrm{IN}}}=-\frac{R_2}{R_1}\frac{\frac{1}{R_2C}}{s+\frac{1}{R_2C}}=-\frac{R_2}{R_1}\frac{\omega_{\mathrm{C}}}{s+\omega_{\mathrm{C}}} \tag{3.46}$$

式中，$\omega_{\mathrm{C}}=1/R_2C$ 称为截止角频率。用 $\mathrm{j}\omega$ 代替式(3.46)中的 s，得到该电路的频率特性为

$$\frac{U_{\mathrm{OUT}}}{U_{\mathrm{IN}}}=-\frac{R_2}{R_1}\frac{1}{1+\mathrm{j}\omega R_2C}=-\frac{R_2}{R_1}\frac{1}{1+\mathrm{j}\frac{f}{f_{\mathrm{C}}}} \tag{3.47}$$

式中，f 为被测信号频率；$f_{\mathrm{C}}=1/(2\pi R_2C)$，定义为滤波器的截止频率。由式(3.47)可以看出，选择电阻 R_2 和电容器 C 的值，使 f_{C} 远大于被测信号频率，则可以使 $U_{\mathrm{OUT}}/U_{\mathrm{IN}}\approx-(R_2/R_1)$，改变电阻 R_1 的值，即可改变输出电压的大小。在这种条件下，输出相对输入的相位移近似为零。图3.37(c)示出了图3.37(a)电路的频率特性伯德图。

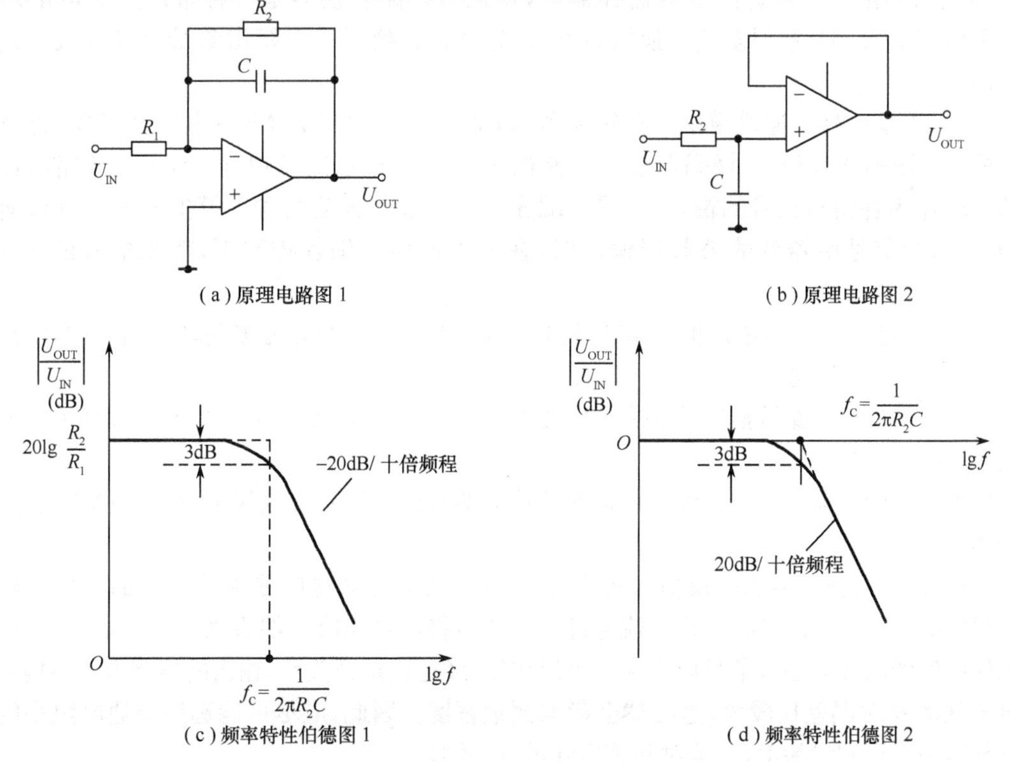

图3.37　一阶低通有源滤波器电路原理图和频率特性伯德图

同理可得到图 3.37(b)电路的频率特性为

$$\frac{U_{OUT}}{U_{IN}}=\frac{1}{1+j\frac{f}{f_C}} \tag{3.48}$$

截止频率 $f_C=1/(2\pi R_2C)$，若选择电阻 R_2 和电容器 C 的值，使 f_C 远大于被测信号频率，由式(3.48)可知，滤波器输出电压近似等于输入电压。这种条件下，输出相对输入的相位移也近似为零。图 3.37(d)示出了它的频率特性伯德图。这个电路最大的特点是放大器被接成射极跟随器，比图 3.37(a)所示电路能更好地与信号源和后级电路配合。

为了改善滤波效果，可以采用二阶低通滤波器。有关这种滤波器和高通、带通滤波器的电路和特性，请参考有关教科书和专著，本书不再赘述。

目前的运算放大器芯片种类非常多，在进行智能电器监控器的设计时，可以根据信号的频率、幅度等特征进行选择，本书不再介绍。

3.4.3 多路模拟参量信号与 A/D 转换器的接口

当被测现场模拟量的数量大于监控器中 A/D 转换器的模拟输入通道数时，可以有两种接口方法。一是增加 A/D 转换器芯片数量来满足被测模拟信号的数量。这种方法在增加 A/D 转换器的同时，要增加采样保持器的数量，使监控器硬件成本提高，适合于采样数据同步要求严格、采样速率要求很高的场合。在模拟信号频率相对于采样频率较低、采样数据同步要求不很严格时，一般采用模拟量多路转换器(也称多选一模拟开关)来实现多模拟量输入与 A/D 转换器的接口。在智能电器监控器中，模拟量多路转换器是一种常用的集成电路元件。下面以 CC405X 系列多路转换器为例，讨论多路转换器在多模拟参量信号输入通道中的应用。

CC4051 是一种 8 通道模拟多路转换器，内部由 DTL/TTL-CMOS 电平转换器、带有禁止端的 3-8 译码器，以及由译码器输出控制的 8 个 CMOS 双向模拟开关组成。8 路模拟开关的一端作为各模拟信号的输入端，另一端连接在一起作为公共端。模拟开关具有双向传输的能力，当信号由器件的公共端输出时，在译码器输入编程控制下，实现信号的 8 选 1 功能。

CC4052 是双路、4 通道模拟多路转换器，CC4053 是三组、2 通道多路转换器，其余多路转换器均与 CC4051 相同。

属于这类模拟多路转换器的还有 AD 公司的 AD7501，RCA 公司的 CD4051，Motorola 公司的 MC14051 等。

各类多路转换器芯片的详细使用资料及技术参数请参看有关教科书及产品说明，这里不再赘述。

特别要注意的是，多选一模拟开关中 CMOS 开关的导通电阻是模拟开关的主要性能指标，当被选中的开关导通时，工作电流通过导通电阻将产生压降。如果输入信号电压较低，开关工作产生的压降与输入信号电压大小可以比较，经过模拟开关后，输出的信号电压与输入信号电压间的相对误差比较大，这必然会影响测量精度。因此，应尽可能选用导通电阻小的器件；否则，为保证测量精度，必须对开关压降进行补偿。

3.4.4 模拟量采样环节设计原理及常用电路芯片

智能电器的所有现场参量信号在进入监控器后，都将由数字处理器件进行处理。因此现场的模拟量在经过传感器、调理电路处理后，必须进行 A/D 转换。

A/D 转换器的转换过程和处理器件执行采样控制程序都需要时间，如果被测模拟量信号变化非常快，从处理器发出转换指令开始到转换结束读取到采样结果，被测模拟信号的值已经不是转换指令发出时刻的值，这会给测量带来很大的误差，必须在设计模拟量采样环节时加入采样保持器。可用的方法有以下两种。

● 使用处理器件内置的采样环节

当前智能电器监控器常用的 MCU 和 DSP 等处理器件都有多路模拟量输入端口，内部带有模拟量多路转换器、采样保持器和 A/D 转换器组成的完整采样环节，可以直接与多模拟量信号接口。这种方法最大的优点是监控器输入模块电路简单，使用元件少，电路成本低。但是采样速率和转换精度受处理器件内部采样环节元件的限制。

● 设计独立的外部采样环节

这种方法使用独立于处理器件的 A/D 转换器，在其模拟输入端前加外部采样/保持器。如果被测模拟信号为多通道，还要在 S/H 输入端设置多路转换器，实现多模拟量输入信号与 S/H 的连接。这种方法适用于处理器件内部 A/D 转换器转换速率和精度不够或无内部采样环节的监控器。

为了评价采样环节的性能，必须了解采样保持器和 A/D 转换器的性能和参数。

1. 采样保持器

采样保持器(Sampling/Holder, S/H)的原理电路如图 3.38 所示，它具有保持和采样两个状态，状态的切换受保持控制信号的控制。在采样状态下，其输出始终跟随输入的模拟信号；保持状态下，电路的输出将保持在采样控制信号发出时刻输入的模拟量信号的值。因此，在实际应用中，快速变化的模拟量信号需要通过它与 A/D 转换器输入端接口，处理器件在发出启动 A/D 转换指令的同时，也向 S/H 发出保持控制信号。A/D 转换结束时，使保持控制信号复位，S/H 即回到采样状态。这样，A/D 转换的结果，就是转换指令发出时刻输入模拟量对应的数字量。采样保持器的另一功能是提高输入模拟量信号的频率带宽。

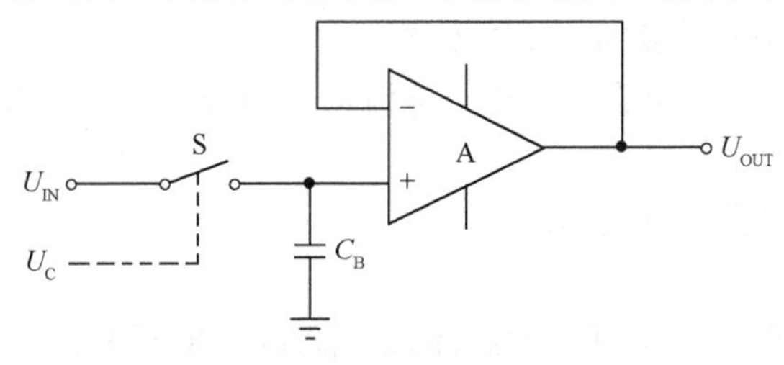

图 3.38 采样保持器原理电路图

对于一个确定的 A/D 转换器，允许的最大输入模拟量变化频率是确定的，超过这个频率，转换结果就会有不能允许的误差。当 A/D 转换精度限制在±1/2 LSB 以内时，对分辨率为 n 位，转换时间为 t_C 的 A/D 转换器，其输入信号所允许的最大频率为

$$f_{max}=\frac{1}{2^{n+1}\cdot\pi\cdot t_C}\tag{3.49}$$

式(3.49)说明，在转换时间相同的条件下，A/D转换器分辨率越高，允许输入的信号频率范围就越低，频带也越窄。但是，当被测模拟量输入信号通过采样保持器与A/D转换器接口时，输入信号频率最高可达

$$f_{max}=\frac{1}{2(t_{AC}+t_C)}\tag{3.50}$$

式中，t_{AC}为采样保持器的捕捉时间，t_C为A/D转换器的转换时间。

例如，对于一个捕捉时间$t_{AC}=5\mu s$的S/H与ADC0804 A/D转换器组成的模拟量采样通道，已知ADC0804的转换时间$t_C=100\mu s$，根据式(3.48)可求得输入该环节的被采样信号的最高频率分量为

$$f_{max}=\frac{1}{2(t_{AC}+t_C)}=\frac{1}{2\times(5\times10^{-6}+100\times10^{-6})}\approx4.8(\text{kHz})$$

采样保持器主要参数有：

① 孔径时间t_{AP}：保持命令发出后，至开关完全断开所需的时间称为孔径时间。因此，采集到的数据是保持命令发出后，经过t_{AP}延时后的输入电压U_{IN}。

② 孔径时间不确定性T_{AP}：孔径时间的变化范围。孔径时间可以通过提前发出保持命令加以克服，但T_{AP}是随机的，所以它是影响采样精度的主要因素之一。

③ 捕捉时间t_{AC}：从采样命令发出，使采样保持器处于保持模式开始，到采样保持器的输出值达到当前输入信号值所需的时间。t_{AC}包括开关动作时间、达到稳定值的建立时间、保持值到终值的跟踪时间。它与所选用的保持电容容量有关，电容容量越大，捕捉时间越长。它是影响采样频率的主要因素，但不影响转换精度。

④ 保持电压下降率：在保持模式时，由于电容的漏电使保持电压值下降，下降值随保持时间增大而增加，通常用保持电压下降率表示，即

$$\frac{\Delta V}{\Delta T}=\frac{I(\text{pA})}{C_H(\text{pF})}(\text{V/s})\tag{3.51}$$

式中，I为保持电容的漏电流，C_H为保持电容的容量。

⑤ 馈送：在保持模式时，输入信号通过寄生电容耦合到保持电容器上所引起的输出电压微小变化。这也是影响采样精度的主要因素之一。

⑥ 采样保持电流比：保持电容器的充电电流与保持模式时电容漏电流之间的比值，是采样保持器主要的质量标志。

下面介绍两种典型的采样保持器芯片。

(1) AD582

AD582是由一个高性能的运算放大器、低漏电阻的模拟开关和一个由结型场效应晶体管集成的放大器组成的。全部电路集成在一个芯片上，外接保持电容器。

AD582有以下特点：

① 捕捉时间t_{AC}比较短，当保持电容容量$C_H=100\text{pF}$时，$t_{AC}\leqslant6\mu s$；

② 采样保持电流比可达10^7；

③ 芯片内部寄生电容小，由寄生电容耦合引起的输出误差也小；

④ 在采样和保持模式时有较高的输入阻抗，约 30MΩ；

⑤ 输入信号可以单端或差动输入。

(2) LF398 反馈型采样保持放大器

LF398 是一种反馈型采样保持放大器，也是目前较为流行的通用型采样保持放大器。与 LF398 结构相同的还有 LF198、LF298 等，其内部电路都是由场效应晶体管构成。与 AD582 一样，保持电容必须外接。它具有输入漂移低、采样速率高、保持电压下降慢和精度高等特点；可与 TTL、PMOS、CMOS 电平兼容；双电源供电，电源范围较宽。

有关采样保持器的详细技术参数和使用方法，请参考有关的产品说明书，本书不做进一步的讨论。

2. A/D 转换器

在模拟量信号输入通道中，A/D 转换器是完成模拟量转换为数字量的核心元件。根据转换器工作原理、数字量输出的位数、芯片的电路结构、转换速度、启动方式等，A/D 转换器可有多种不同的分类方法。其中最通用的是按数字量输出的位数分类，有 8 位、10 位、12 位和 14 位等。在智能电器监控器的应用中，选择 A/D 转换器的原则主要有以下几点。

(1) 测量和保护的速度与精度

现场参量的测量是智能电器监控器最重要的功能，它是电器设备能够实现智能控制的基础，测量的速度与精度直接关系到监控和保护的可靠性。在影响监控器测量速度与精度的各种因素中，A/D 转换器的性能是重要因素之一。为了保证监控器可靠地完成监控和保护，在选择 A/D 转换器时，主要应考虑器件的以下一些性能。

① 转换器的转换时间与速率。转换时间是指 A/D 转换器完成一次转换所需要的时间，转换速率通常就是转换时间的倒数，它与器件工作原理及工作方式有关。一般来说，逐次逼近型器件的转换速率高于双积分型器件；器件采用多模拟输入量并行处理的工作方式，其转换时间比采用内部多路转换开关逐路处理的工作方式短；数字量并行输出的器件比串行输出的器件转换速率高，最快可达 20～50ns。转换器的转换时间是决定在一个被测量周期中采样点数的主要因素之一，直接影响到测量过程的速度和数据处理时的截断误差。

② 转换器的分辨率。A/D 转换器的分辨率由其输出数字量的位数决定，数字量位数越多，分辨率越高，通常用其输出数字量位数的倒数来表示。A/D 转换器的分辨率决定了测量通道的量化误差。量化误差是由于有限数字量对模拟量的值进行离散取值而引起的误差。因此，转换器输出数字量位数越多，分辨率越高，量化误差就越小。

③ 转换线性度。A/D 转换器的线性度反映了它在输出数字量与输入模拟量之间按比例转换的范围，它影响到在要求的测量范围内监控器是否都能够达到规定的测量精度。转换器的线性度越高，越能满足要求。

(2) 与监控器中处理器件的接口方法

在监控器中处理器件内部在片的 A/D 转换器性能可以满足测量精度与速度要求时，被测模拟量信号可直接或经线性隔离后与处理器件的模拟量输入连接，不必考虑它们之间的接口问题。但是，只要电路设计采用了独立于处理器件的片外 A/D 转换器，它们之间的接口就是监控器设计的一个重要内容。影响接口设计的主要因素有以下几方面。

① 转换器的启动方式。目前市场销售的 A/D 转换器启动方式有两种：启动信号的上升

沿触发和启动信号的电平触发。采用上升沿触发的器件，中央处理器在每次采样启动 A/D 转换时，都要使器件启动信号的逻辑状态有一次从 0 到 1(或从 1 到 0)的变化，而与信号电平持续时间无关。这意味着启动输入端的信号必须在下一个采样周期开始前结束，通常可由处理器件的“写”信号来给出。对于电平触发的器件，启动信号必须在整个转换过程中保持，通常都需要占用 I/O 接口电路的一个输出引脚，由处理器通过软件来给出启动信号。

② 转换器数字量输出端是否有内部三态缓冲功能。一般说来，若转换器具有这种功能，其数字量输出可以直接或经隔离后与处理器件的数据总线接口。在这种情况下，A/D 转换器本身就是处理器的一个 I/O 接口，必须与电路中的其他接口一起进行编址，处理器件通过接口的“写”操作启动转换，转换结束后通过接口的“读”操作取得转换结果。如果所用的 A/D 转换器不具有这种功能，其数字量输出就必须通过其他I/O接口电路或片外缓冲器与处理器件接口，处理器件对转换器的操作变成对所用的接口电路或片外缓冲器的操作。

③ 转换器输出数字量的位数。当转换器输出数字量的位数大于处理器件的数据总线宽度时，必须采用外部具有锁存功能的三态缓冲器，将转换器的转换结果分成宽度与处理器数据总线兼容的低位字节和高位字节，才能与处理器接口。

此外，转换器的时序、工作频率也会影响模拟量采样通道的工作效率，选择器件时也需仔细考虑。

(3) 常用的 A/D 转换器

MAX125 是由 MAXIM 公司生产的内部带同步采样保持器的高速多通道 14 位数据采集芯片，也是目前智能电器使用较多的一种 A/D 转换器件。芯片内部包含一个 14bit、转换时间为 3μs 的逐次逼近型模拟数字转换器，一个 2.5V 的内部电压基准，一个经过缓冲的电压基准输入端，一组可以同时对 4 路输入信号进行同步采样的采样/保持电路，芯片的结构如图 3.39 所示。

MAX125 的并行接口与大部分数字信号处理器及 16bit/32bit 微控制器的数据总线时序兼容，故 MAX125 可以与这些处理器件直接相连而无须等待状态。MAX125 的同步采样特性使 MAX125 可以很方便地用于智能电器的各种应用。

3.4.5 隔离概念及其措施

由于智能电器工作在高电压、大电流环境下，干扰强度大，而监控器工作电压低，容易受到外界的干扰，因此在输入通道的设计中必须考虑干扰抑制问题，解决的一个主要手段就是隔离。隔离就是通过在系统中加入各种隔离元器件或电路以切断干扰路径，达到抑制干扰的效果。在监控器的输入通道设计中，需要考虑的隔离主要包括现场信号与监控器的隔离和监控器内部的隔离两个部分，这两个部分考虑的侧重点不同，采取的隔离方法也有所差异。

1. 通道入口与现场间的隔离

监控器输入模块有模拟量输入通道和开关量输入通道，与工作现场的隔离时，它们使用的方法和元件也不相同。

(1) 模拟量输入通道的隔离

智能电器的被测现场参量大多是模拟量。对来自一次电路的电压、电流等电参量，3.2 节

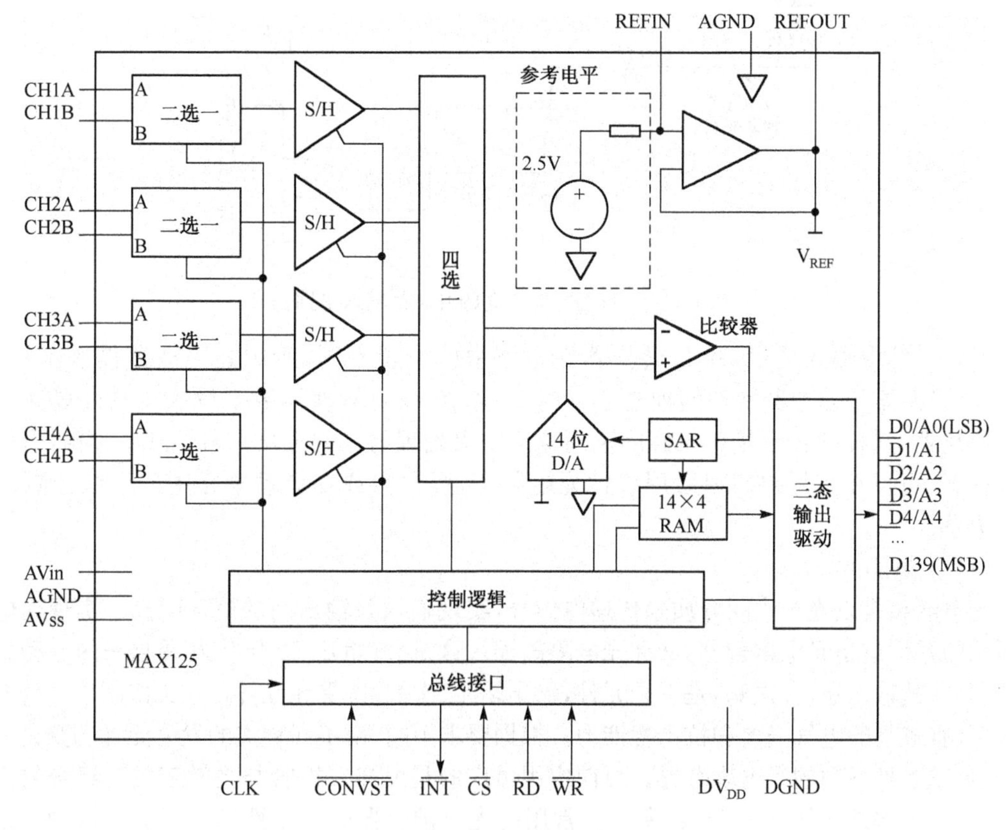

图 3.39　MAX125 模数转换器结构图

讨论的各类电压、电流传感器就是最常用也是最有效的隔离元件。对非电模拟参量，只要传感器不与一次电路工作部分直接接触，其输出信号就可直接与监控器输入通道的调理电路连接。如果传感器必须与一次电路工作部分接触，可使输入通道与监控器本体分离，并采用 2.2 节介绍的各种方法隔离后输入监控器采样环节；或者采用光传输的方法，将传感器输出与监控器隔离。

(2) 被测量为开关量时的隔离

当被测的现场参量为开关量时，除采用图 3.33 所示的光电隔离电路外，在开关量信号为现场某些一次开关电器的接点状态，而它们又远离监控器时，可用图 3.40 所示的继电器隔离电路。这个电路包括两级隔离。第一级为控制继电器，实现一次环境与监控器间的隔离；第二级是 LEC，完成输入通道与中央处理与控制模块间的隔离。

2. 输入通道与中央处理和控制模块间的隔离

智能电器输入通道与中央处理和控制模块隔离的目的主要有两点：一是把输入模块的电源与中央处理和控制模块电源分开，使其电源地"全浮空"，提高处理器件工作时的抗干扰能力；二是把智能电器自身的一次元件与监控器输入电路分开，以保证监控器的安全运行。这种隔离通常是监控器输入通道的一个环节，要求使用的隔离器件体积小，电路简单，最常用的就是光电耦合器 LEC 或集成隔离运算放大器。

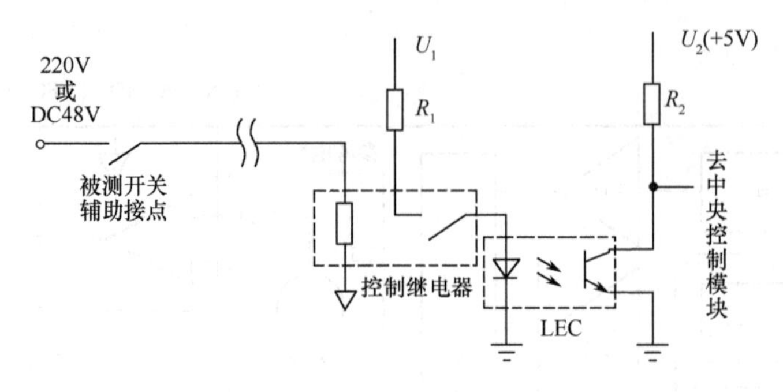

图 3.40 带继电器隔离的开关量输入电路

对于模拟量输入通道,A/D 转换器在电路中的位置不同,所用的隔离器件也不相同。当 A/D 转换器是处理器件外的独立芯片时,一般在 A/D 转换器数字量输出端设置开关型光电隔离器,采样的数字量结果经隔离后输入中央处理与控制模块。若 A/D 转换器为处理器件内置,可以在信号被调理后用线性光电隔离器隔离,或在调理电路中采用线性隔离运算放大器。

(1) 光电隔离

光电隔离是以光为中间介质来传递电信号,实现输入与输出间的电气隔离。实现光电隔离所用的器件就是光电耦合器,又称光电隔离器。这是 20 世纪 70 年代发展起来的一种新型电子器件,其输入端(一次侧)是发光元件,输出端(二次侧)是受光元件,一、二次间以光为介质耦合,具有较高的电气隔离和抗干扰能力。根据要求不同,由不同种类的发光元件和受光元件组合,形成多种系列的光电耦合器。目前应用最广的是发光二极管与光敏三极管组合的光电耦合器,其内部结构如图 3.41(a)所示。常用的光电耦合器分为线性型和开关型两种。线性型是指输出电流与输入电流的大小成正比;开关型的输出为受光元件的导通与关断的状态,只反映输入电流是否超过其阈值。

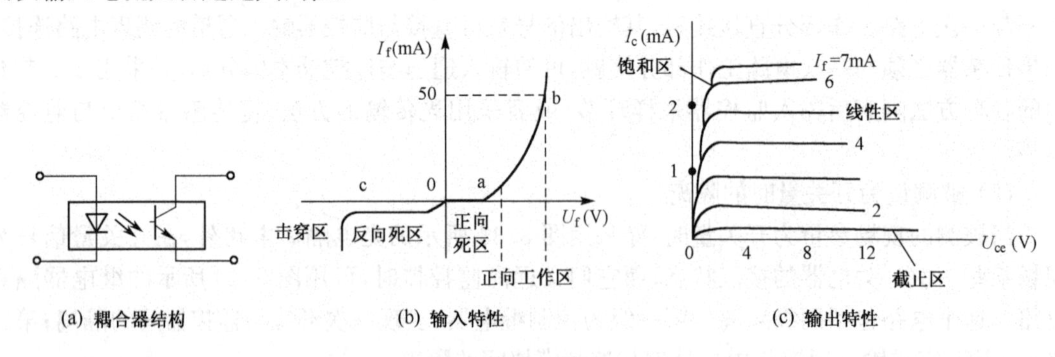

图 3.41 典型光电耦合器的结构与特性

光电耦合器的工作特性包括输入特性、输出特性和传输特性。

① 输入特性。对受光器是发光二极管的光电耦合器,它的输入特性可用发光二极管的伏安特性来表示,如图 3.41(b)所示。它与普通晶体二极管的伏安特性基本上一样,但是正向管压降大,而且输入电流阈值较大。此外,发光二极管反向击穿电压很小,一般只有 6V 左右。因此,在使用时要特别注意,如果输入端电压为双极性,其反向电压不能大于二极管的反向击穿电压。

② 输出特性。对输出端是光敏三极管的光电耦合器，其输出特性如图 3.41(c)所示。它实际上就是光敏三极管的伏安特性，也分饱和、线性和截止 3 个区域。不同之处就是它的参变量是发光二极管的注入电流 I_f，而不是普通晶体三极管的基极电流。

③ 传输特性。将光电耦合器一次电流 I_f 对二次电流 I_c 的控制关系，定义为电流传输比 g，常用百分数来表示，即

$$g=\frac{I_c}{I_f}\times 100\% \tag{3.52}$$

该值反映了光电耦合器的信号传输能力。

目前市场销售的绝大多数光电耦合器对数字量信号和逻辑信号都可实现彻底隔离，但因其传输特性非线性，不能用于模拟量信号的隔离。在必须用光电耦合器进行模拟量信号的隔离时，应选购线性光电耦合器。这种光电耦合器品种少，价格高，且线性传输的范围很小，使用十分不方便。在测量精度要求不是非常高时，图 3.42 所示的光电隔离电路是实现模拟量信号隔离的有效方法。

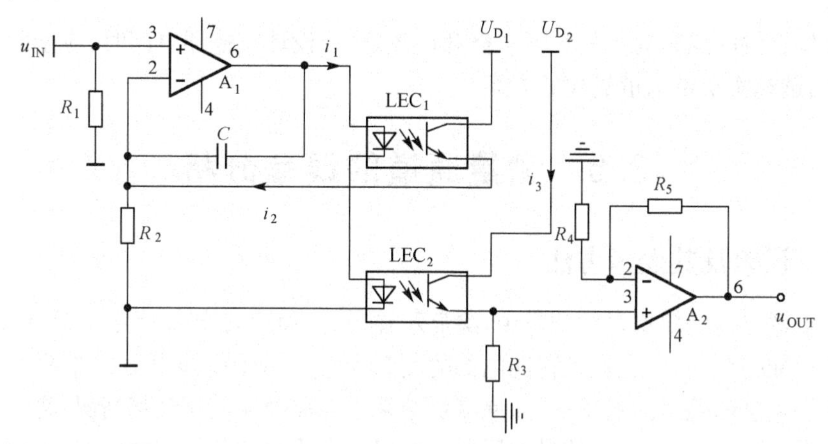

图 3.42 一种用开关型光电耦合器组成的线性隔离放大器

隔离电路由运算放大器 A_1 及光电耦合器 LEC_1、LEC_2 组成。LEC_1、LEC_2 的一次侧二极管串联，由运算放大器 A_1 的输出提供电流 i_1，LEC_1 等效为 A_1 的负反馈电路，LEC_2 和电阻 R_3 为运算放大器 A_2 提供输入电压。设 LEC_1 和 LEC_2 的非线形传输系数分别为 g_1 和 g_2，它们的二次输出电流分别是 $i_2=g_1 i_1$，$i_3=g_2 i_1$。

由于运算放大器可近似为理想器件，其开环增益和输入电阻无穷大，可认为输入电压 $u_{IN}=i_2 R_2$。电路的输出电压为

$$u_{OUT}=i_3 R_3\left(1+\frac{R_5}{R_4}\right)$$

由此可得该电路的电压传输比为

$$\frac{u_{OUT}}{u_{IN}}=\frac{i_3 R_3\left(1+\dfrac{R_5}{R_4}\right)}{i_2 R_2}=\frac{g_2 R_3\left(1+\dfrac{R_5}{R_4}\right)}{g_1 R_2}=k\frac{g_2}{g_1} \tag{3.53}$$

式中，$k=R_3/\left[\left(1+\dfrac{R_5}{R_4}\right)/R_2\right]$。

如果 LEC_1 和 LEC_2 是同一型号并封装在同一芯片中的双光电耦合器，可认为 g_1 和 g_2 相

等，输出 u_{OUT} 与输入 u_{IN} 成正比。由此可见，利用光电耦合器 LEC_1 和 LEC_2 传输特性的一致性，一个作为输出，一个作为反馈，即可补偿它们的非线性。为保证电路工作的精度和稳定性，运算放大器应选用高精度、低温度漂移的器件，光电耦合器也应选用高速器件。

(2) 隔离运算放大器

在模拟量输入通道中必须采用模拟量隔离，且测量精度要求非常高的场合，可以选用隔离运算放大器。

隔离运算放大器常用于高共模干扰环境下的信号测量，防止共模噪声进入智能监控器，以提高智能电器工作的可靠性。

隔离放大器主要包括高性能输入运算放大器、调制解调器、耦合器和输出运算放大器等。按照耦合器的不同，隔离运算放大器分为光电耦合、电容耦合和变压器耦合 3 种。

变压器耦合的器件有 AD 公司的 AD210、AD215，BB 公司的 ISO212 等；电容耦合的器件有 BB 公司的 ISO103、ISO120 等；光电耦合的器件有 BB 公司的 ISO100、HP 公司的 HC-PL7800 等。

当前市场提供的隔离运算放大器价格都比较高，在设计监控器电路时，应全面考虑其性能价格比，仔细选择实现模拟量隔离的方案。

3.5 测量通道的误差分析

3.5.1 误差及其表示方法

在智能电器对现场模拟量的测量中，除显示输出外，每个环节都存在误差，使测量结果与实际的值不可能完全一致，这就是智能电器的测量误差。由于智能电器的监控和保护功能是以对各种现场参量的检测为基础的，如果测量结果不能准确地反映现场情况，将会造成智能电器的判断失误，给用户造成不可估量的后果。所以认真研究和分析智能电器的误差，并尽可能减小误差，是智能电器监控器设计中的一个重要课题。

监控器允许的测量误差与实际现场环境和被测参量的类型有关。分析误差的目的是要找出产生误差的原因，以便从硬件设计和处理器对被测量的处理程序上采取措施，尽量减小误差。衡量误差一般有 3 种方法，即绝对误差、相对误差和引用误差。

1. 绝对误差

绝对误差(绝对真误差)Δx 是被测量的读出值 x 与真值 A_0 之差，即 $\Delta x = x - A_0$。实际情况中，被测量的真值一般是标准计量仪器对被测量测量的结果。

绝对误差不能科学地描述测量结果的准确程度，对于不同量程范围的测量，无法比较其结果的精确程度，实际上基本不使用。

2. 相对误差

常用的相对误差有相对真误差 γ_A 和示值相对误差 γ_x。相对真误差 γ_A 是绝对误差 Δx 与被测量真值 A_0 之比，通常用百分数来表示，即 $\gamma_A = (\Delta x / A_0) \times 100\%$。实际应用中常用被测量在仪表上的读出值(示值)代替真值，就得到示值相对误差 $\gamma_x = (\Delta x / x) \times 100\%$。由于示值本身有误差，而且同一测量仪器或仪表在整个测量范围内，不同示值下的误差不一定相同，所以这种表示方法也不能真正衡量仪器、仪表的准确程度。

3. 引用误差

引用误差 γ_n 是一种简化、实用的相对误差表示方法，定义为绝对误差与仪表量程 x_m 之比的百分数，$\gamma_n=(\Delta x/x_m)\times100\%$。

由于在仪器、仪表的量程范围内，各示值的绝对误差会有差别。因此在确定仪器、仪表准确度等级时，通常用其量程内出现的最大绝对误差 Δx_m 与量程 x_m 比值的百分数来表示引用误差，称为最大引用误差 $\gamma_{n,m}$，即 $\gamma_{n,m}=(\Delta x_m/x_m)\times100\%$。

国家标准 GB776—76《电测量指示仪表通用技术条件》规定，电测仪表按准确度分为 0.1，0.2，0.5，1.0，1.5，2.5，5.0 等 7 级。它们的基本误差以最大引用误差计，分别不超过 ±0.1%，±0.2%，±0.5%，±1.0%，±1.5%，±2.5%，±5.0%。

在实验室研发阶段分析智能电器的测量误差时，通常采用相对误差。被测量的真值用测量精度高于监控器测量精度的仪表取得。为了判断监控器的测量精度，应当求出测量范围内不同点上的相对误差，若所有点上的误差均小于给定值，可认为监控器测量精度达到要求。

影响智能电器测量误差的因素包括监控器的硬件和软件两方面。本章只分析监控器的硬件误差，有关处理软件引起的误差将在第 4 章中讨论。

3.5.2 智能电器监控器被测模拟量输入通道产生的误差

监控器被测模拟量通道产生的误差就是硬件误差，由通道中各环节使用的元件性能引起，为各环节误差之和。

1. 传感器的误差

监控器中使用的传感器主要是专用二次电流、电压互感器和非电量传感器，它们的变换精度和线性度都会使变换结果产生一定的误差，误差大小一般都由“传感器产品使用手册”给出。在设计智能电器监控器时，应当注意选择使用的器件，控制由传感器环节引起的误差，以保证整个系统的测量精度。

2. 调理电路的误差

调理电路的误差由使用的运算放大器和无源电路元件引起。运算放大器的温度漂移、失调电压、失调电流和共模干扰都会引起输出电压的误差。调理电路中使用许多电阻、电容等无源电路元件，这些元件参数标称值与实际值之间存在误差，并且随着环境和工作温度的变化而变化，所有这些都直接影响比例放大器的放大倍数、滤波器的截止频率等与变换精度有关的指标。为了减小这部分误差，必须选用低漂移、高温度稳定性的运算放大器，无源元件采用精密电阻和漏电电流小、温度稳定性高的电容。此外，电路中所有的元器件都应当经过老化处理。

3. 采样误差

采样误差包括多路转换器、采样保持器和 A/D 转换器的误差。采样保持器引起的误差主要是由器件的孔径时间、孔径时间不确定性和保持电容漏电引起的。因此，选用孔径时间和孔径时间不确定性小的器件，用钽电容等漏电小的电容作为外接保持电容，可以减小误差。通道中采用多路转换器时，必须选择其通态压降远低于输入模拟量信号最小值的器件，以免影响测量范围低端的精度。

A/D 转换器引起的误差主要有量化误差和非线性误差。

(1) 量化误差

A/D 转换包括采样和量化两个过程。采样是把时域上的连续变化信号变成时域上的离散信号，而量化则是把连续变化的模拟量的值转换为规定位数的数字量，即用有限位的数字量替代实际模拟量的值。但由于模拟量的实际值往往不是转换器量化单位的整数倍，所以量化过程不可避免地存在误差，这就是量化误差。一个数字量位数 n 的 A/D 转换器，它的量化单位定义为 $1\text{LSB} = 1/2^n$，即最低位数字量对应的单位模拟量，量化误差则定义为 LSB/2。显然，选用输出数字量位数多的器件，可以有效地减小量化误差。

(2) 非线性误差

由 A/D 转换器转换特性非线性导致的误差就是非线性误差。这种误差与器件工作原理有关，对测量精度有较大的影响。例如一个 12 位的 A/D 转换器，输入模拟量最大为 5V，量化单位是 $1/2^{12}$。在输入电压 2.5V 时，输出为 800H。由于转换特性的非线性，输入电压4.8V 时，输出已经达到 FFFH，几乎已是输入电压最大值对应的数字量。为了减小非线性误差，应尽可能选用线性度高的器件。A/D 转换器的转换线性度是它的一个重要性能指标，可从“器件手册”中查出。

影响 A/D 转换精度的因素还有器件的偏移误差、满量程误差、参考电压精度等因素，可以参阅有关参考资料，这里不再讨论。

本 章 小 结

智能电器现场参量的数据是监控器完成测量和保护的基础，数据采集的准确度直接影响到处理器件的处理精度。因此，被测参量的变换和输入通道的性能是保证监控器准确可靠工作的重要环节。正确选择现场参量传感器，了解模拟量和开关量输入通道的设计方法，对监控器输入模块的设计非常重要。本章针对智能电器运行现场需要监测的各种参量，讨论了相关的传感器及其输出信号的调理；采样环节中多路模拟量开关、采样保持器(S/H)和 A/D 转换器的选用方法；为提高输入模块的抗干扰能力采用的滤波和隔离措施，被测参量信号输入通道的设计及常用元、器件。结合对监控器测量精度的分析，介绍了常用的误差表示方法，说明了模拟量输入通道中各环节误差的来源及减小误差的措施。

习题与思考题 3

3.1　智能电器监控器主要检测哪些运行现场的参量？根据工作原理，用于电量检测的传感器可以分为几大类？

3.2　电磁式电压、电流互感器使用时必须注意哪些问题？如果使用同一个铁心电磁式电流互感器取得测量和保护数据，会出现什么情况？

3.3　与电磁式电压、电流互感器相比，霍尔电压、电流传感器有什么特点？一般霍尔电流传感器为何采用零磁通工作方式？试述零磁通霍尔电流传感器的工作原理。

3.4　简述热电偶测量温度的工作原理。如何使热电偶输出与A/D转换器的模拟输入要求兼容？

3.5　红外温度传感器是接触式还是非接触式传感器？说明其工作原理及测量温度的方法。

3.6　常用的多通道模拟量输入通道有几种结构？如果希望使用中央处理器内部的A/D转换器采集被测量的数据，输入通道如何设计？

3.7　模拟量输入通道与中央处理器之间要求电隔离的原因是什么？常用的方法有哪些？

3.8　试述智能电器运行现场开关量输入通道的结构。现场与通道和通道与中央处理器之间为什么要隔离？隔离的措施有哪些？

3.9　简述采样保持器的工作原理及其在数据采集中的功能。

3.10　测量误差分为几种？在智能电器监控器中，常用何种误差来度量测量精度？

3.11　模拟输入通道产生的误差包括哪几部分？如何减小各部分的误差？

第4章　被测模拟量的信号分析与处理

被测模拟量的采样数据是智能电器完成各种功能的基础。采样数据的处理直接影响到智能电器的测量和保护精度,也关系到一次开关电器操作的准确性,是保证智能电器自身及其监控和保护对象安全、可靠运行的重要因素。因此,正确选择被测模拟量的采样方法和采样频率,确定对采样结果的处理及实现测量和保护功能的算法,是智能电器监控器设计的重要内容。本章从信号的角度说明智能电器被测模拟量的分类,讨论了与被测参量信号处理有关的采样和数字滤波知识,从原理上介绍了几种常用的测量和保护算法,并分析了智能电器监控器软件处理引起的误差及减小误差的基本措施。

4.1　被测模拟量的信号分类

智能电器通过输入通道获得的各种现场参量数据,是监控器需要的各种信息的载体。在被测的现场参量中,模拟量则是智能电器完成其功能要求的基本依据。

根据是否能用确定的函数形式描述其波形,模拟量信号可分为确定性信号和非确定性信号(非规律信号)两类。确定性信号能用明确的函数关系来表达,否则就是非确定性信号。确定性信号又分为周期性和非周期性两种,非确定性信号则有平稳和非平稳两种。平稳的非确定性信号指那些变化趋势明确但不能用确定的函数形式描述其信号波形的模拟量,而非平稳的非确定性信号就是随机信号。一个理想的、稳定的确定性信号进行反复测量,总能得到一致的结果。对智能电器工作现场的被测模拟量分析表明,在经过输入通道变换后的电量信号都是时间 t 的连续函数,但并不是所有信号都有确定的函数表达式。在智能电器应用系统正常工作时,由电压、电流得到的信号是典型的周期性确定性信号,而短路故障电流则是典型的非周期性确定性信号,它们都有相应的数字处理算法。对于工作现场的环境温度、湿度和开关电器机械特性的改变等,它们随时间连续缓慢变化,但无法用确定的函数描述,属于平稳的非确定性信号,也没有相应的通用数字处理算法,监控器对它们的处理需要采用特殊的硬件或软件措施。随机信号指那些偶然发生的,无法预知其出现时刻的信号,如由于干扰叠加在电压、电流波形上的各种扰动信号等,在完成测量和保护功能时是必须去除的。按这种方式对智能电器被测模拟量信号分类的示意图如图4.1所示。

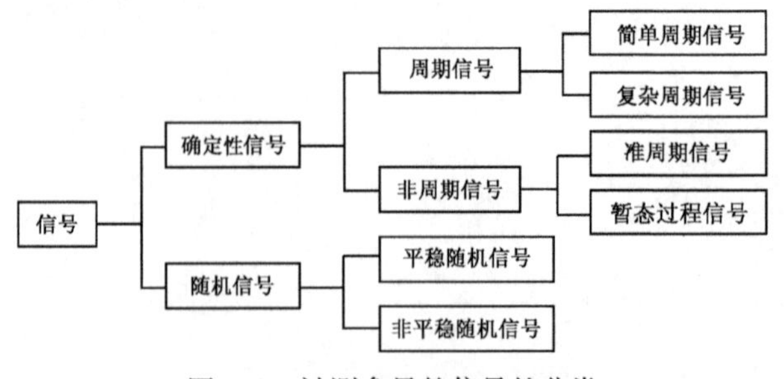

图4.1　被测参量的信号的分类

在影响智能电器完成要求功能的诸多因素中，对被测模拟量信号的采样和对采样结果的处理是非常重要的。监控器对被测模拟量的采样方法、选择的采样速率、完成测量和保护功能时，对采样结果的处理和使用的算法，不仅关系到智能电器工作的安全性和可靠性，而且影响到监控器的硬件和软件的设计成本。本章以下各节将针对上述内容分别进行讨论。

4.2　被测模拟量的采样及采样速率的确定

根据第 3 章讨论的内容可知，智能电器运行现场的被测模拟量有电压、电流、温度、湿度、变压器内气体压力、一次开关电器机械特性等与测量和保护密切相关的电量和非电量。经过传感器和调理电路后，它们均被变换成能被采样环节采样的模拟电压信号。一般来说，正常运行和过载时的电压、电流可认为是角频率为电网角频率的正弦周期函数，短路电流则是非正弦、非周期函数。这两种信号在被采样后，都有相应的数值算法对采样结果进行处理。温度、湿度和气体压力这类非电量对时间的变化非常慢，且与现场空间大小、环境温度等因素有关，很难用精确的函数表达式来描述，对它们采样时采用的方法、速率与电参量不同，采样结果的处理算法也不同。

现场设备正常运行时，通过电压、电流信号的采样值来计算电压、电流的有效值、有功和无功功率、功率因数和计量电能。过载时的电流采样值用来计算电流过载倍数，并根据计算结果决定输出开关分断指令的延迟时间。短路时电压、电流的采样值不仅用来分析短路故障波形，以便对保护作出正确的判断，还要用来记录故障波形，供管理人员进行事故分析。

4.2.1　采样速率对测量结果的影响分析

智能电器监控器对被测模拟量信号的处理，是通过对它们的采样结果进行数字处理实现的。采用这种方法，确定被处理的模拟量信号的采样速率非常重要。采样速率高，对被测量的处理精度高，但 A/D 器件的转换速度要求快，数据存储容量增大，处理器件的性能也必须相应提高，从而导致监控器成本增加。采样速率太低，将导致采样结果无法复现原始的模拟信号，造成测量结果出现错误，所以必须正确选择采样速率，以获得最佳的性能价格比。

所谓采样，就是用一个离散时间变量替代原始的连续时间变量(模拟量)，条件是这个离散时间变量必须包含原始模拟量的基本信息。假定 $x(t)$ 为被测的模拟量信号，按周期 T_S 对其采样，r 为采样持续时间，可以得到采样结果 $y(t)$。图 4.2 所示为采样的示意图。

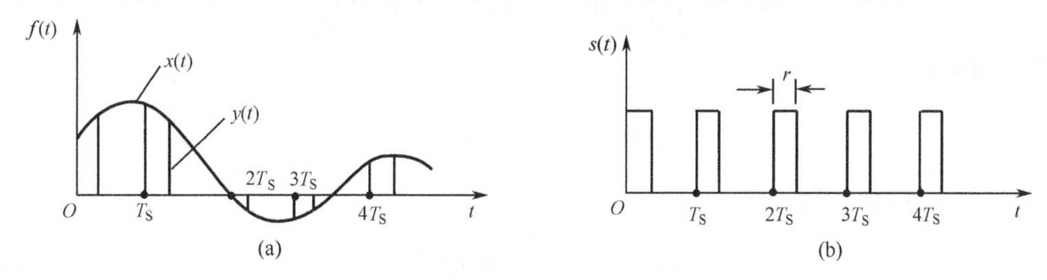

图 4.2　对模拟量信号 $x(t)$ 采样的示意图

由图 4.2 可以看出，采样结果为

$$y(t)=x(t)s(t) \tag{4.1}$$

式中，$s(t)$是采样函数，当 $nT_S \leqslant t \leqslant nT_S + r$ 时，$s(t)=1$；当 $nT_S + r \leqslant t \leqslant (n+1)T_S$时，$s(t)=0$；$n=0,1,2,\cdots$。

一般来说，采样持续时间 r 与采样周期 T_S相比可以忽略不计，即 $r\approx 0$，采样函数 $s(t)$变为幅值为 1 的冲激函数序列，得

$$s(t) = \sum_{n=-\infty}^{+\infty} \delta(t - nT_S) \quad (n = 0,1,2,\cdots) \tag{4.2}$$

式中，当 $t=nT_S$时，$\delta=1$；当 $t\neq nT_S$时，$\delta=0$。因此，式(4.1)可改写为

$$y(t) = x(t)s(t) = x(t)\sum_{n=-\infty}^{\infty} \delta(t - nT_S) \tag{4.3}$$

式(4.3)就是对原始的模拟量信号采样后对应的离散时间函数。

下面以一个模拟信号 $x(t)$及其采样结果为例，进一步分析式(4.3)表示的离散时间函数能原样恢复原始模拟量信号的条件。

被测模拟量信号 $x(t)$的傅里叶变换像函数 $F_x(\omega)$如图 4.3(a)所示。

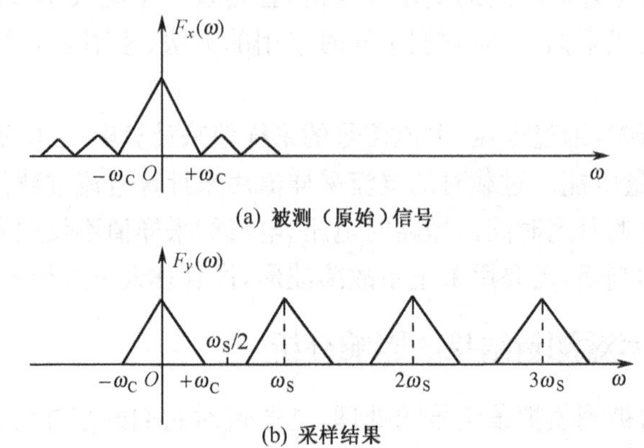

图 4.3　被测信号及其采样结果的傅里叶变换像函数

由于采样序列 $s(t)$是周期为 T_S的 δ 函数序列，其傅里叶级数表达式为

$$s(t) = \sum_{n=-\infty}^{\infty} C_n e^{j\frac{2n\pi t}{T_S}} \tag{4.4}$$

其中

$$C_n = \frac{1}{T_S}\int_{-\frac{T_S}{2}}^{\frac{T_S}{2}} \delta(t - nT_S)e^{-j\frac{2n\pi t}{T_S}}\,dt = \frac{1}{T_S}$$

代入式(4.4)得

$$s(t) = \sum_{n=-\infty}^{\infty} \frac{1}{T}e^{jn\omega_s t} \tag{4.5}$$

将式(4.5)代入式(4.1)得

$$y(t) = \frac{1}{T}\sum_{n=-\infty}^{\infty} x(t)e^{jn\omega_s t} \tag{4.6}$$

式(4.6)的傅里叶变换像函数为

$$F_y(j\omega) = \int_{-\infty}^{\infty} y(t)e^{-j\omega t}\,dt$$

$$
= \int_{-\infty}^{\infty} \frac{1}{T} \sum_{n=-\infty}^{\infty} x(t) e^{jn\omega_s t} e^{-j\omega t} dt
$$

$$
= \frac{1}{T} \sum_{n=-\infty}^{\infty} \int_{-\infty}^{\infty} x(t) e^{-j(\omega - n\omega_s)t} dt \tag{4.7}
$$

式中，ω 和 ω_S分别为初始函数（被测量）和采样序列函数的角频率。

由傅里叶变换频移特性可得

$$
F_y(\omega) = \frac{1}{T} \sum_{n=-\infty}^{\infty} F_x(\omega - n\omega_S) \tag{4.8}
$$

图 4.3(b)所示为采样结果 $y(t)$的傅里叶变换像函数 $F_y(\omega)$。可见，被测信号 $x(t)$经过采样后，其傅里叶变换像函数是一个角频率为 ω_S的周期函数，且每个周期重复区间$[-\omega_C, +\omega_C]$内的原始信号像函数。ω_C定义为被测信号的截止频率，其取值必须保证不影响原函数的基本特征。

可以证明，当采样频率 $\omega_S \leqslant 2\omega_C$时，采样结果的傅里叶变换像函数将分别如图 4.4(a)、(b)所示。可以看出，如果 $\omega_S < 2\omega_C$，采样结果的傅里叶变换像函数中相邻周期的信号出现重叠，即产生所谓的“混叠效应”。在这种情况下，采样结果就失去了原始函数的基本特征，将无法复现原始信号。

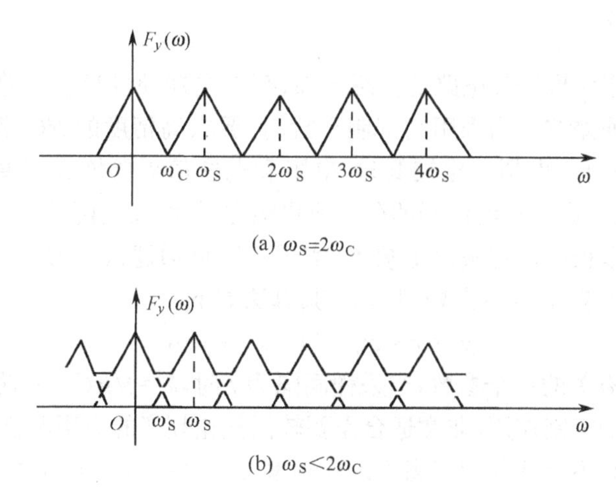

图 4.4 $\omega_S \leqslant 2\omega_C$时，采样结果的傅里叶变换像函数

可见，采样频率 ω_S是采样结果能使原始信号复现的重要参数，也是影响数字测量准确度的重要因素之一。

4.2.2 采样频率的选择

香农(C. E. Shannon)采样定理指出：只有采样频率大于原始信号频谱中最高频率的两倍，采样结果才能复现原始信号的特征。因此在选择智能电器被测模拟量信号的采样频率时，首先应对被测信号进行分析，确定信号中的最高次谐波频率，再根据采样定量确定采样频率。

但在实际应用采样定理时，通常是确定一个截止频率 ω_C替代最高次谐波频率。ω_C的选择应保证在忽略高于其上的所有谐波后，仍能保持原始模拟量信号的基本特征。因此香农采样定理的表达式就是 $\omega_S \geqslant 2\omega_C$。

以上分析表明，被测模拟量信号截止频率的选择是确定其采样频率的依据。通常智能电器工作现场的电参量都含有高次谐波，在发生短路等故障时，电流、电压发生畸变，含有的谐波频谱更宽。因此，在确定智能电器被测电量信号的采样频率时，必须要正确选择截止频率 ω_C，使被测信号在除去大于 ω_C 的高次谐波后，不会造成影响测量精度的畸变。显然，ω_C 越高，越能真实地反映被测模拟量的原貌，测量精度也越高。但这必须提高采样频率，相应地，监控器中 A/D 转换器的转换速率、处理器件的性能都必须提高，内存容量要加大，处理采样结果的软件负担加重，造成成本增加。因此，被测电量信号的截止频率必须根据最佳性能价格比来选择。

4.3 数字滤波

一般来说，智能电器工作现场的被测模拟量在经过输入通道滤波处理后，大多数通过线路引入的干扰基本被滤除，但是由于监控器内部电磁场耦合造成的噪声干扰仍会进入中央控制模块，对测量结果和保护准确性带来影响。这类噪声干扰基本是随机干扰，为此，在设计智能电器监控器软件的模拟量计算程序时，可以先对采样结果进行数字滤波处理，再采用相应的数值计算方法求得被测模拟量的结果。下面介绍几种智能电器中常用的数字滤波算法。

1. 一阶滞后滤波法

由 3.4.2 节中关于波形调理电路的介绍可知，智能电器硬件滤波电路中最常用的无源滤波电路是一阶阻容低通滤波。当采用它抑制干扰时，要求高精度的 RC 常数以便获得准确的通带截止频率，特别是当截止频率比较低时，电阻和电容值需要增大以便获得较高的 RC 常数，但是电阻和电容增大会导致滤波器的漏电流也随之增大，反而降低了滤波效果。

数字滤波算法可以很好地克服以上缺点，实现一阶低通滤波。假设 x_n 为本次采样结果，y_{n-1} 为上一次的处理结果，y_n 为本次处理结果，其算法如下

$$y_n = k * x_n + (1-k) * y_{n-1} \tag{4.9}$$

式中，k 为与 RC 常数有关的一个参数，当采样间隔为 t 时，$k=t/RC$。一阶惯性滤波算法对于周期型干扰具有良好的抑制作用，非常适合需要较低截止频率的应用场合，但是会导致相位滞后，同时根据采样定律，不能滤除频率高于采样频率二分之一的干扰信号。

2. 程序判断滤波法

程序判断滤波法的基本思路如式(4.10)所示。

$$Y_k = \begin{cases} Y_k & |Y_k - Y_{k-1}| \leqslant \Delta Y \\ Y_{k-1} & |Y_k - Y_{k-1}| > \Delta Y \end{cases} \tag{4.10}$$

式中，Y_k 为本次采样值；Y_{k-1} 是前次采样值；ΔY 是根据经验确定的被测信号连续两次采样值可能出现的最大偏差，大小取决于采样周期 T_S 及模拟信号 Y 的变化规律。

当 Y_k 和 Y_{k-1} 的偏差绝对值超过 ΔY 时，表明输入信号受到干扰，本次采样结果 Y_k 不能使用，用上次采样值 Y_{k-1} 作为本次采样值；若偏差小于 ΔY，则保留本次采样值。

这种数字滤波方法一般适用于变化比较缓慢的参量，如智能电器工作环境温度、湿度、变压器内部气体压力等参量的检测。使用时的关键问题是最大允许偏差阈值 ΔY 的选取，ΔY 选得太大，稍小的干扰信号无法滤除；ΔY 选得太小，将会使某些有用信号也被滤除。因此，阈值

ΔY 的选取必须慎重考虑，甚至需要经过反复调整，才能得到比较满意的值。

3. 平均值滤波算法

常用的平均值滤波算法有算术平均滤波、滑动平均滤波、防干扰平均滤波和加权平均滤波等。这里仅介绍智能电器监控器中常用的前三种。

(1) 算术平均滤波

对采样结果求算术平均值滤波，每次采样都需要连续采样 N 个数据，然后求这 N 个数据 $x_i(i=1,2,\cdots,N)$ 的算术平均值 Y 作为本次采样点值，即

$$Y=\frac{1}{N}\sum_{i=1}^{N}x_i \tag{4.11}$$

算术平均值滤波适用于对一般的具有随机干扰信号的滤波，比较适合于采样速率远大于信号变化速率的场合。由式(4.11)可知，在每次采样过程时间相同的条件下，算术平均值法对信号的平滑滤波程度完全取决于 N 值。当 N 值较大时，平滑度高，但监控器软、硬件成本相应提高。

(2) 滑动平均滤波

算术平均值法必须连续采样 N 个数据后才能计算一次数据，数据占用内存多，处理程序负担较重，处理实时性不够高。滑动平均值算法是在这种算法基础上形成的，对那些变化十分缓慢的模拟量，可得到较理想的滤波效果，又能减轻处理器件和内存的负担。

设置一个长度为 N 的数据队列，依次存放 N 个数据，队尾的数据始终是队列中前 $N-1$ 个数据与本次采样的结果的算术平均值。每进行一次新的采样，先把原来队列中的数据依次前移，除去原来队首的数据，然后重新计算队列中数据与本次采样值的算术平均值，存入队尾作为本次采样结果。这样，每进行一次新的采样，就可以计算一次新的算术平均值，得到新的采样结果。这种算法不需要对每次采样连续采集 N 个数据，但是每两次采样之间信号点变化必须很小。在采样周期确定后，这种方法的实时性仅取决于数据队列的长度 N。从工作原理分析可知，滑动平均滤波不宜处理智能电器工作现场的电参量信号采样值。

(3) 防干扰平均滤波

在输电线路中，由于大功率开关电器操作、各种大容量负载的投切，特别是大功率电力电子设备的运行，使得智能电器的被测电压、电流出现尖脉冲干扰。这种干扰通常只影响个别采样点的数据，而且与其他采样点的数据相差比较大。如果采用上述两种平均值滤波方法，干扰将被“平均”到计算结果中去，造成测量误差，而且两种滤波方法都不宜用于电参量电信号的滤波。为此，可对上述算术平均值滤波算法进行修正。修正的方法是从一次采样的连续 N 个采样数据中去掉一个最大值和一个最小值，再计算余下的 $N-2$ 个采样点数据的算术平均值，作为本次采样结果。这种方法既可以滤去正极性的脉冲干扰，又可滤去负极性的脉冲干扰，对一些随机干扰，也有较好的滤波效果。

采用这种滤波算法，原则上 N 可取任意值。但为了加快测量计算速度，N 不能太大，通常取为 4，从 4 个采样点数据中取 2 个中间值的平均值。它具有计算方便、速度快、数据存储量小等特点，因此在智能电器监控器对电参量信号的处理中得到了广泛应用。

4. 中值滤波法

所谓中值滤波，也需要对被测模拟信号的每次采样连续采样 N 个数据(一般取 N 为奇

数)，把各个采样数据从小到大或从大到小排序，取中间值作为本次采样值。一般来说，N 值越大，滤波效果越好。但获得一次采样结果的时间长，处理排序工作的程序执行时间也增加，所以 N 值不能太大，一般可取 5～9。

4.4 非线性传感器测量结果的数字化处理

在智能电器监控器设计中，如果现场模拟参量传感器的变换特性是线性的，经调理和采样后得到的数字量结果与被测参量成正比，这将使处理器件的处理程序大为简化。但是，在实际应用中，电量传感器在其规定的输入范围内可认为是基本线性的，而相当多的非电量传感器特性都是非线性的，必须采用特殊的处理方法，才能由被测模拟量信号的采样结果求得其实际的值。可用的方法有硬件补偿和软件处理两种方法。硬件处理是在被测模拟量的输入通道中加入非线性补偿环节，使得进入采样环节的电压信号与被测模拟量成正比。软件处理可用直接计算法、查表法、插值法等，本节只讨论软件处理的几种方法。

4.4.1 直接计算法

用直接计算法进行非线性补偿时，传感器的输出量与输入量之间必须有确定的数学表达式。这种情况下，可以编制一段实现其数学表达式的计算程序，直接对被测模拟量信号的采样数据进行计算，即可得到被测参量的当前值。

例如，NTC 热敏电阻的电阻值 R 与温度 T 的关系为

$$R=R_0\mathrm{e}^{B(1/T-1/T_0)} \tag{4.12}$$

式中，R 为当前温度值对应的电阻值；R_0 为环境温度下的电阻值；B 为与传感器材料有关的系数；T 为当前温度；T_0 为环境温度。

由于输入和输出间的非线性关系有确切的数学表达式，所以可以直接用计算的方法求得测量结果。

假定当前温度对应的传感器输出电阻值为 R，经调理后得到与之成正比的电压 $U=KR$ 作为采样信号。由式(4.12)可得当前被测温度与电压 U 之间的关系为

$$T=B\left(\frac{B}{T_0}+\ln\frac{R}{R_0}\right)^{-1}=B\left(\frac{B}{T_0}+\ln\frac{U}{KR_0}\right)^{-1} \tag{4.13}$$

编制一段完成式(4.13)计算的程序，就可以得到被测的当前温度。

但是非线性的函数表达式一般都十分复杂，监控器中的处理器件要在完成其他要求功能的同时，直接用表达式实时地计算结果几乎是不可能的。

4.4.2 查表法

当非线性传感器的输出与输入关系不能用一个便于得到解析结果的数学表达式来描述时，可用查表法。采用查表法需要在监控器内存中建立表格，存入被测模拟量的实际值与其采样结果之间的对应关系。建立表格的基本原则，是把存放表格的内存单元地址与数组中各数字量(采样结果)的值相关联，对应的被测量实际值作为存储单元中存放的数据。这样，监控器取得被测参量采样的采样结果后，求出相应的地址，即可得到实际的测量结果。

1. 建立表格的方法

(1) 离线求得被测参量与其采样结果的对应关系

把监控器中 A/D 转换器的数字量输出范围等分成若干等分段，其长度按内存允许的容量、处理精度和 A/D 转换器数字量的位数 n 确定，一般为 2 的整数幂个量化单位，即段长 $=2^k$(LSB)($k=0,1,2,\cdots$)，可得到一个数字量数组，长度为 $m=2^{n-k}$，其中的数字量为 D_j($j=1,2,\cdots,m$)。用计算机编程，按数字量由小到大的顺序，离线计算出数组中各数字量所对应的被测量实际值，就得到了实际的被测值与其采样结果间的对应关系。如果被测参量的传感器变换特性不能用数学表达式描述，则用实验方法取得。

(2) 在监控器内存中建立表格

首先，在监控器内存的 ROM 区划定一块存储空间，设首地址为 XXXXH，并计算存储空间的容量 $V=$数组长度 $m\times$被测参量值需占内存的字节数 2^i($i=0,1,2,\cdots$)；把离线计算时所用的数字量右移 k 位，再左移 i 位，然后与首地址相加，即得到表格中存储单元的地址；最后将根据数字量计算或实测得到的被测参量结果存入相应的存储单元。当被测参量值为多字节数据时，按先低位字节后高位字节的原则存放。

2. 查表过程

监控器每次取得采样结果后，根据上述求表格存储单元地址的方法求出与采样结果对应的地址，即可直接读取对应的测量结果。

这种方法程序简单，执行过程快，处理器件的处理负担轻。当根据监控器取得的采样结果求得的地址就是表格中的地址时，从表格中查找到的结果就是被测参量的实际测量结果；若求得的地址在表格中相邻两个地址之间，意味着实际测量结果在这两个地址存放的数据之间。为了查表，必须根据四舍五入的原则，使求得的地址与表格地址相等。但这样查到的结果必然会产生误差。减小这种误差有两种方法：一种是增加表格密度，相邻地址最好为 1LSB。但是在 A/D 转换器数字量位数多，模拟量测量精度要求又高，数据字节数多的情况下，表格需要占用大量内存；另一种方法就是采用插值法进行修正。

4.4.3 插值法

插值法是对查表法的一种修正和补充，是智能电器监控器用程序处理传感器非线性使用较多的一种方法。

设某传感器的非线性输出/输入特性示意图如图 4.5 所示。Y 为被测参量，X 为对应的采样结果。首先，把监控器所用的 A/D 转换器数字量输出 X 分为 N 段，用实验或计算的方法得到各段中初始点的采样值(x_k)对应的测量结果(y_k)($k=1,2,\cdots,N$)。按照列表法的步骤，在内存 ROM 中建立相应的表格。当采样结果对应的表格地址(即 x)在相邻两个单元地址(x_{k-1},x_k)之间时，就意味着实际测量结果(y)在这两个单元存放的数据(y_{k-1},y_k)之间。插值法就是用一段可用简单函数描述的曲线，近似

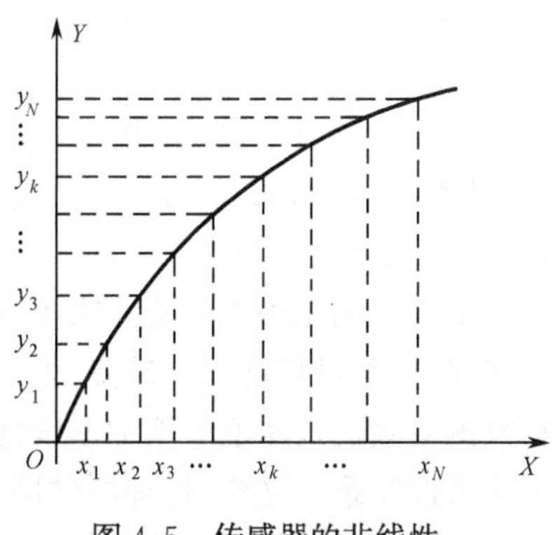

图 4.5 传感器的非线性输出/输入特性示意

替代这段区间$(x_{k-1},y_{k-1};x_k,y_k)$内的被测参量波形，再由简单函数的表达式计算出 x 对应的测量结果 y。根据所选用的简单函数曲线不同，插值法可有多种，比较常用的有线性插值法和二次插值法。

线性插值法是用(x_{k-1},y_{k-1})和(x_k,y_k)两点间的直线近似代替这两点间被测参量的波形。计算公式为

$$y=y_{k-1}+\frac{y_k-y_{k-1}}{x_k-x_{k-1}}(x-x_{k-1}) \tag{4.14}$$

其算法流程如图 4.6 所示。

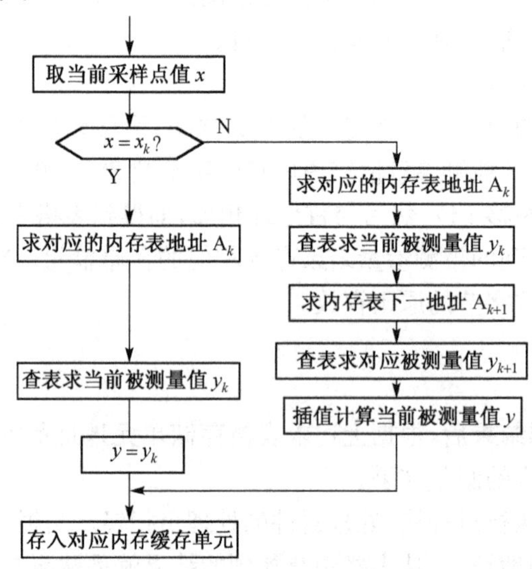

图 4.6　线性插值算法的计算流程图

利用线性插值法，本次测量点必须位于前后两次测量点的之间。在内存容量受到限制，使 A/D 数字量分段较少，表格密度比较稀疏，而波形弯度又大的情况下，计算精度仍然很难满足要求。为此可以采用多次插值法，可在不增加分段数的条件下提高测量精度。基本思想是利用二次或高次曲线替代被测参量与采样结果之间的关系。曲线次数越高，测量精度越高，但计算量也相应增加。在实时计算中，一般最多采用二次插值。其计算公式为

$$y=\frac{(x-x_k)(x-x_{k+1})}{(x_{k-1}-x_j)(x_{k-1}-x_{k+1})}y_{k-1}+\frac{(x-x_{k-1})(x-x_{k+1})}{(x_k-x_{k-1})(x_k-x_{k+1})}y_k+\frac{(x-x_{j-1})(x-x_j)}{(x_{k+1}-x_{k-1})(x_{k+1}-x_k)}y_{k+1} \tag{4.15}$$

由式(4.15)可知，采用二次插值法计算时，必须找到表格中与当前测量点(x,y)最靠近的 3 个点的采样值(x_{k-1},x_k,x_{k+1})及相应的测量结果(y_{k-1},y_k,y_{k+1})，并且使(x,y)界于$(x_{k-1},y_{k-1};x_k,y_k)$或$(x_k,y_k;x_{k+1},y_{k+1})$之间。

不论采用哪种插值算法来提高非线性传感器的补偿精度，都要增加内存容量，占用程序运行时间，且测量精度要求越高，处理器件负担越重。因此，在实时性要求非常高的场合中，最好在被测参量输入通道中增加非线性补偿电路，使补偿后输入采样环节的电压信号与被测参量间为线性关系。这样，处理器件即可按照线性传感器测量的方法来计算测量结果，从而大大提高测量的实时性和准确性。但是这种方法不仅会增加输入通道电路的复杂性和模块体积，其调试工作的难度也比较大。

当前各传感器生产厂商已向市场提供了各类非电量传感器模块，将传感器、非线性补偿电路和运算放大器集成为一体，输出最大值为直流＋5V 电压或 1mA 电流，可方便地与监控器采样环节接口。选用这种传感器模块，可以非常有效地解决传感器非线性的补偿问题。

4.5 被测电参量的测量和保护算法

被监控和保护对象的各种电参数，如电压、电流、功率、功率因数、电能计量等，是智能电器监测的主要运行参数，也是监控器实现保护功能的主要依据。由于只有电压和电流信号能被监控器采样环节直接采样，所以被测电压有效值、电流有效值、有功和无功功率及功率因数，计量电能的测量显示和故障处理，需要处理器件采用不同的数值计算方法对电压、电流采样结果进行处理。一般来说，运行现场的电压、电流是与供电电网同频率的周期函数(在不考虑各类干扰造成的畸变时，应该是正弦波)，短路故障电流却是一个非周期函数。因此，处理器在处理上将有很大的区别。

4.5.1 电压和电流信号的采样方法

对智能电器工作现场的电压和电流的采样，有交流和直流两种方法。早期的电力系统继电保护中基本采用直流采样，而在采用可编程数字处理器件为核心的智能电器监控器中，都用交流采样。电压、电流互感器的输出信号经过调理后，变成可与采样环节接口的交流电压信号，相应的采样结果就是处理器件完成测量和保护计算所需的实时数据。

从 4.2.3 节中已知，对模拟量信号采样必须满足采样定理，而选择采样频率的关键是确定被测信号中的截止频率。由于电力传输线工作于强电磁干扰环境，特别是电网中越来越多的大功率非线性负载投入运行，其谐波干扰造成了电网电压和电流波形不能忽略的畸变，所以在确定被测信号截止频率时，必须考虑保持实际电压、电流的非正弦特征，否则会产生测量的误差。此外，非周期、非正弦的短路电流具有更宽的信号频带，选择它们的截止频率时，需要更严格的分析，以保证保护操作的准确性。

当前比较一致的看法是，在中、低电压等级电网中，6 次以上的谐波不影响电参量的测量精度，因此截止频率一般定为 6 倍基波频率(300Hz)，采样频率至少应为 600Hz，即每个电源周期采样 12 个点。这个数字通常也可以满足中、低电压等级电网对保护的要求。这种选择可以节省监控器硬件和软件两方面的开销，降低产品的成本。但是当电网中有大功率非线性负载运行，实际电流、电压波形为非正弦时，应当选择更高的截止频率和采样频率。此外，在高压和超高压电力系统中，由于电力传输线的长度远大于中、低压电网，系统中的电感、电容等参数影响更大，使得因开关操作、短路故障等原因引起的电流、电压暂态过程波形更加复杂，而且对其测量和保护精度的要求也远远大于中、低电压等级的电网。因此在高压智能电器监控器中，必须提高截止频率和采样频率。当前使用较多的是每个电源周期采样 32 个点或 64 个点。

4.5.2 常用的电量测量算法

智能电器对电量的测量是采样被测电压、电流信号，根据采样结果实时地计算并显示出被测量的当前值，包括监控和保护对象的电压、电流有效值、有功和无功功率及功率因数等。

1. 电压、电流的有效值计算

电压、电流的有效值就是其方均根(Root Mean Square,RMS)值。根据连续周期函数有效值的定义,任意周期函数 $f(x)$的方均根值为

$$F=\left[\frac{1}{T}\int_{0}^{T}f^{2}(x)\mathrm{d}x\right]^{\frac{1}{2}} \tag{4.16}$$

式中,T 为函数 $f(x)$的周期(s)。

对连续函数的积分就是对其离散的采样结果求和。因此,监控器根据采样结果计算电压、电流有效值计算的表达式分别为

$$U=\sqrt{\frac{1}{N}\sum_{k=1}^{N}u_{k}^{2}} \tag{4.17}$$

$$I=\sqrt{\frac{1}{N}\sum_{k=1}^{N}i_{k}^{2}} \tag{4.18}$$

式中,N 为每个电源周期的采样点数;u_k、i_k为电压、电流在第 k 点的采样值,$k=1,2,\cdots,N$。

式(4.17)和式(4.18)就是计算电流和电压有效值的复化梯形求积公式。为防止 A/D 转换器输入电压信号中的随机干扰,可先采用 4.3 节讨论的数字滤波方法对采样点上的数据进行处理。

复化梯形求积算法是根据采样结果直接计算周期函数有效值,而且与函数波形无关,得到的结果是函数的真有效值。在中、低压电网中,由于受到各种大功率非线性负载影响,实际电压、电流往往不是正弦;另一方面,在低压电网中处理故障,都是在故障电流的真有效值与额定电流之比超过设定阈值时进行,监控器采用这种方法计算可以快速得到结果。

在高压和超高压电网中,处理短路电流的依据是短路时电流的基波有效值与额定电流比是否超过设定阈值。因此总要对电流、电压的采样结果进行快速傅里叶分析或离散傅里叶分析,以便计算电流基波和各次谐波有效值。在这种情况下,也可以根据已经得到的基波和各次谐波有效值直接求得电流、电压的有效值。

$$I=\sqrt{I_{1}^{2}+\sum I_{n}^{2}} \tag{4.19}$$

$$U=\sqrt{U_{1}^{2}+\sum U_{n}^{2}} \tag{4.20}$$

式中,I_n和 U_n分别为被测电流和电压第 n 次谐波的有效值,n 最大值由测量精度确定。

2. 有功功率、无功功率与功率因数计算

电网中有功功率的测量有三瓦计法和两瓦计法。对应三瓦计法测量的表达式为

$$P=\frac{1}{T}\left[\int_{0}^{T}(u_{\mathrm{A}}\times i_{\mathrm{A}})\mathrm{d}t+\int_{0}^{T}(u_{\mathrm{B}}\times i_{\mathrm{B}})\mathrm{d}t+\int_{0}^{T}(u_{\mathrm{C}}\times i_{\mathrm{C}})\mathrm{d}t\right] \tag{4.21}$$

式中,u_{A}、u_{B}、u_{C}分别为 A、B、C 三相电压瞬时值;i_{A}、i_{B}、i_{C}分别为 A、B、C 三相电流瞬时值;T 为被测交流电量的周期。

两瓦计法测量的表达式为

$$P=\frac{1}{T}\int_{0}^{T}(u_{\mathrm{AB}}\times i_{\mathrm{A}})\mathrm{d}t+\frac{1}{T}\int_{0}^{T}(u_{\mathrm{CB}}\times i_{\mathrm{C}})\mathrm{d}t \tag{4.22}$$

式中，u_{AB}、u_{CB}分别为 AB 和 CB 线电压瞬时值，i_A、i_C分别是 A、C 相电流瞬时值。

采用电流、电压采样值计算时，与式(4.21)和式(4.22)对应的计算公式分别为

$$P=\frac{1}{N}\sum_{k=1}^{N}(u_{Ak}\times i_{Ak}+u_{Bk}\times i_{Bk}+u_{Ck}\times i_{Ck})=P_A+P_B+P_C \tag{4.23}$$

$$\begin{aligned}P&=\frac{1}{N}\sum_{k=1}^{N}u_{ABk}\times i_{Ak}+\frac{1}{N}\sum_{k=1}^{N}u_{CBk}\times i_{Ck}\\&=\left[\frac{1}{N}\sum_{k=1}^{N}(u_{Ak}-u_{Bk})\times i_{Ak}+\frac{1}{N}\sum_{k=1}^{N}(u_{Ck}-u_{Bk})\times i_{Ck}\right]\\&=P_1+P_2\end{aligned} \tag{4.24}$$

根据无功功率和功率因数的定义，用三瓦计法测量无功功率的计算公式是

$$Q=\sqrt{S_A^2-P_A^2}+\sqrt{S_B^2-P_B^2}+\sqrt{S_C^2-P_C^2} \tag{4.25}$$

式中，S_A、S_B、S_C分别为 A、B、C 三相的视在功率，直接由各相已经求得的电压、电流有效值计算，即 $S_A=U_A\times I_A$，$S_B=U_B\times I_B$，$S_C=U_C\times I_C$，则三相总视在功率为

$$S=U_A\times I_A+U_B\times I_B+U_C\times I_C \tag{4.26}$$

由此可求得监控和保护对象的功率因数为

$$\mathrm{PF}=P/S \tag{4.27}$$

若按两瓦计法测量原理计算，三相总视在功率为

$$S=U_{AB}\times I_A+U_{CB}\times I_C=S_1+S_2 \tag{4.28}$$

三相无功功率

$$Q=Q_1+Q_2=\sqrt{S_1^2-P_1^2}+\sqrt{S_2^2-P_2^2} \tag{4.29}$$

在由式(4.24)和式(4.28)求得总的有功功率和视在功率后，即可根据式(4.27)得到用两瓦计法测量原理计算的功率因数。必须指出，根据式(4.25)和式(4.29)计算无功功率，只有在电流、电压波形为同频率的正弦时才是正确的，当电流或电压非正弦时，计算结果有较大误差。功率因数的超前、滞后可由电压、电流之间的相角判断。

4.5.3　基本保护算法

智能电器被监控和保护对象及其运行现场的电压等级不同，对故障的判断方法和要求的保护功能都不同。因此，需要采用不同的算法实现故障的判断和保护。以下的内容仅讨论在中、低电压等级电网中工作的智能电器实现短路、差动和过载(反时限)保护的算法。其他如欠电压、三相电压不平衡等故障，有多种不同的检测和判断方法，这里不一一介绍。有关高电压范畴的智能电器在保护方面有更为精确的算法要求，而且所用的算法还在不断完善和探讨之中，本书也不予讨论。

1. 短路保护

短路是供电线路的严重故障之一。出现短路时，线路中的电流异常增大，而且因为线路的分布电感、电容等参数影响，使故障出现时的瞬态电流中含有衰减的非周期分量和高次谐波，造成波形严重畸变。一旦发生短路，智能电器的一次开关元件必须在规定的时间内分断，切断故障段，避免造成大面积停电事故。由于短路电流波形是非周期、非正弦的，所以在算法上与有效值计算完全不同。

在中、高压电网中，开关电器的短路保护动作值是用基波电流有效值与额定电流之比超过设定阈值来整定的。因此，监控器必须快速地从非正弦的短路电流中提取出基波分量，并求出其有效值与额定电流的比值，决定一次开关电器是否应该进行分断操作。当前采用最多的提取短路电流的基波分量的方法，是基于快速傅里叶变换 FFT 的傅里叶滤波算法，它能分解并滤除其中的非周期衰减分量和高次谐波。

根据傅里叶级数的分解公式，在任意角频率为 ω 的连续周期函数 $x(\omega t)$ 中，第 n 次谐波的余弦分量幅值(实部模值) X_{R_n} 和正弦分量幅值(虚部模值) X_{I_n} 分别为

$$X_{R_n}=\frac{1}{\pi}\int_{-\frac{\pi}{2}}^{\frac{\pi}{2}}x(t)\cos n\omega t\,\mathrm{d}\omega t \tag{4.30}$$

$$X_{I_n}=\frac{1}{\pi}\int_{-\frac{\pi}{2}}^{\frac{\pi}{2}}x(t)\sin n\omega t\,\mathrm{d}\omega t \tag{4.31}$$

在采用离散的采样结果计算时，对应于式(4.30)和式(4.31)的计算公式分别为

$$X_{R_n}=\frac{2}{N}\sum_{k=1}^{N}x_k\cos nk\,\frac{2\pi}{N} \tag{4.32}$$

$$X_{I_n}=\frac{2}{N}\sum_{k=1}^{N}x_k\sin nk\,\frac{2\pi}{N} \tag{4.33}$$

式中，N 为 $x(\omega t)$ 一个周期内的采样点数。

智能电器监控器处理时，将短路时一个周期内的采样点数和电流各采样点的值代入式(4.32)和式(4.33)并取 $n=1$，即可分别求得短路电流基波幅值的余弦和正弦分量，从而求出其基波有效值为

$$X_1=\frac{1}{\sqrt{2}}\sqrt{X_{R_1}^2+X_{I_1}^2} \tag{4.34}$$

以一个电源周期采样 12 点，求短路电流基波有效值为例，把 $N=12$ 代入式(4.32)和式(4.33)，根据采样点间的相位关系将其展开，得到电流基波幅值的实部和虚部分别为

$$I_{R_1}=\frac{1}{6}\sum_{k=1}^{12}i_k\cos\frac{k\pi}{6}=\frac{1}{12}[2(i_{12}-i_6)+(i_2-i_8-i_4+i_{10})+\sqrt{3}(i_1-i_7-i_5+i_{11})] \tag{4.35}$$

$$I_{I_1}=\frac{1}{6}\sum_{k=1}^{12}i_k\sin\frac{k\pi}{6}=\frac{1}{12}[2(i_3-i_9)+(i_1-i_7-i_{11}+i_5)+\sqrt{3}(i_2-i_8-i_{10}+i_4)] \tag{4.36}$$

短路电流基波分量的有效值为

$$I_1=\frac{1}{\sqrt{2}}\sqrt{I_{R_1}^2+I_{I_1}^2} \tag{4.37}$$

2. 过载保护

供电线路或负载发生过载时，都要求按所谓反时限保护特性进行保护，也就是从发生过载到一次开关元件切断故障电流有一定的延时，过载电流与额定电流比值越小，延时时间越长。智能电器监控器处理过载故障时，可以有两种方法。

(1) 按实际电流有效值计算

监控器中的处理器件采用 4.5.2 节中讨论的方法，在每个电源周期求出被监控对象的电流有效值及其与额定电流有效值的比值，得到过载电流倍数。根据被监控对象使用的反时限保护特性找出对应的延时时间，由处理器件完成延时，并在时间到后向一次元件发出分断命令。

这种方法必须计算电流有效值，对于不要求测量功能的智能电器来说，加重了处理器件的数据处理负担。另一方面，当被监控对象的工作电流因某种原因产生波动，使当前电流增加，处理器件将按照过载情况作出相应的延时处理。当处理器件判断出实际上并没有过载发生时，必须撤销延时处理。因此这种处理方法在实际操作上存在一些困难。此外，如果保护特性上有瞬动保护的要求，单纯使用这种方法，瞬动保护处理的实时性也很难保证。因此，在低压断路器特别是塑壳式断路器的智能脱扣器中，基本不采用这种方法。

(2) 累计热效应判断

电网中线路和用电负载过载反时限保护的依据是发热(温升)超过极限值。一般可以认为，在考虑热保护装置的散热条件下，温升与其热元件中的电流及通电时间的关系为

$$\tau \propto I^2 t = \int i^2 \, \mathrm{d}t \tag{4.38}$$

式中，i 为通过元件的电流瞬时值，t 为通电时间。反时限保护特性示意图如图 4.7 所示。

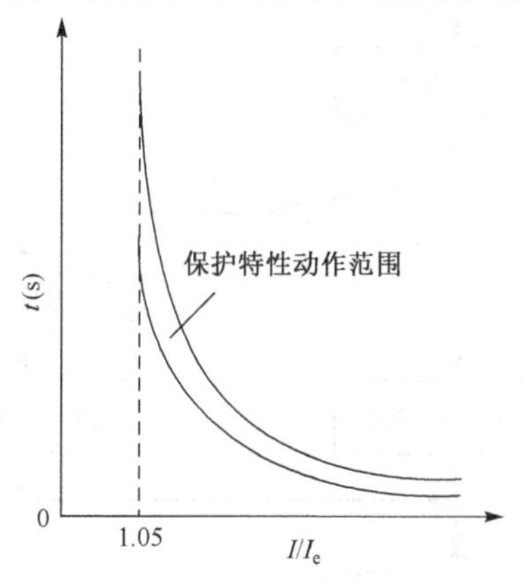

图 4.7 过载反时限保护特性示意图

过载反时限保护特性上每一点的电流平方与对应时间的乘积，就是保护动作的阈值，并且可以认为特性曲线上每一点的值相同。因此，保护特性上任意一点对应的保护动作阈值都可以用作被保护对象的温升是否超过极限的判断依据，即

$$\int_0^{t_D} i^2 \mathrm{d}t = K \times I_e^2 \times t_D \tag{4.39}$$

式中，K 为对应于保护特性曲线上某点的电流过载倍数；t_D 为动作时间；I_e 为被保护对象的额定电流。式(4.39)对应的离散化计算式为

$$\sum_{k=1}^{N} i_k^2 = K \times I_e^2 \times t_D \tag{4.40}$$

式中，i_k 为电流第 k 点的采样值，N 为一个电源周期中的采样点数，其余参数同式(4.39)。通常选择反时限特性上电流最大，时间最短那一点的 I^2t 作为动作判断阈值。

考虑到电流可能发生波动，在计算热量累加值时，应当先判断当前周期(假定为 n)电流有效值是否达到过载电流。如果是，把该周期的 $\sum i_{k_n}^2$ 计算结果累加到总的 $\sum i_k^2$ 中；如果不是，则不累加。若前面已经进行了累加，而后并未发现过载，则应清除前面的累加值。清除累加值的判据与被保护对象的性质有关。这种算法对电流波动的处理比较灵活，处理器件的处理速度也比直接有效值判断方法快。图 4.8 所示为这种处理算法的流程。

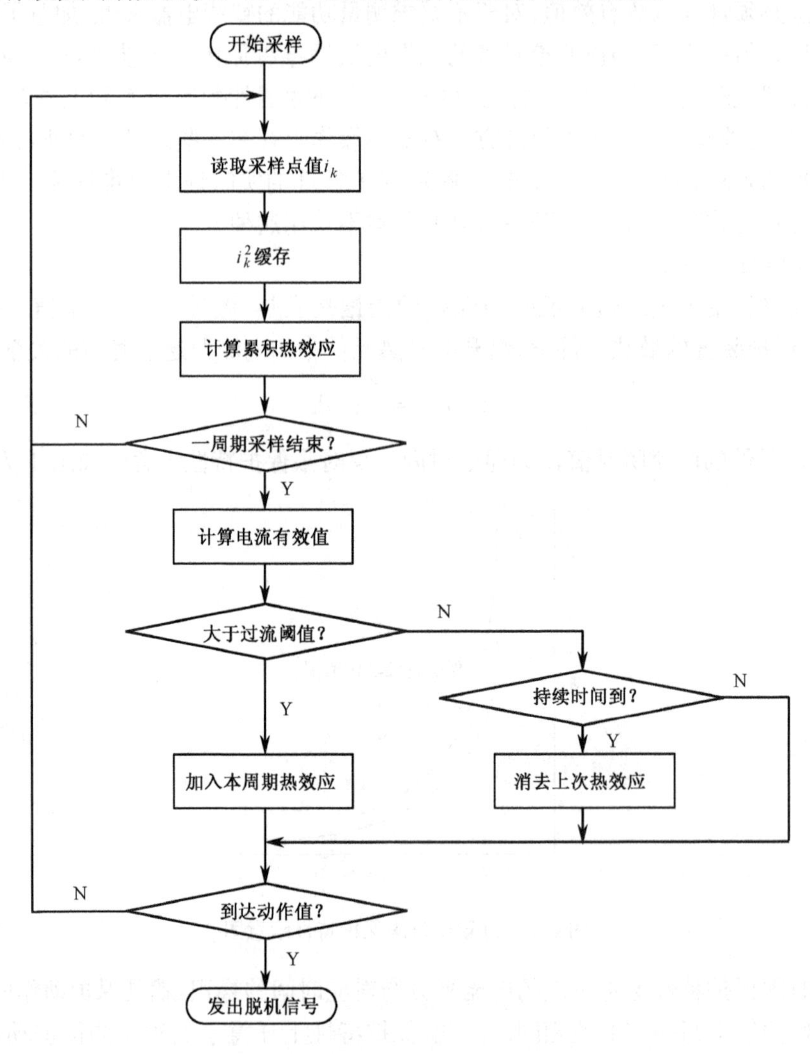

图 4.8　累计热效应过载保护算法的流程

3. 瞬动保护

当供电线路和某些用电负载(如电动机)中的电流超过其过载保护特性上的最大电流值时，要求一次开关电器立即分断，切断故障，这就是瞬动保护，保护特性上相应的电流值就是瞬动电流阈值。为了完成对被保护对象的瞬动保护功能，智能电器监控器依据当前电流有效值与额定电流之比是否超过保护特性上瞬动电流的过载倍数，确定是否进行瞬动保护。在监控器的操作中，计算电流有效值总是一个电源周期采样完后在下一周期中进行，实际得到的是上一周期的有效值。因此，对于瞬动保护的操作响应时间必然延迟。这在低压断路器，特别是塑壳断路器中是不允许的。传统的措施是在电流峰值大于保护特性上的瞬动电流峰值时，分断一次开关元件。这种方法简单，响应快，但抗干扰性能差。下面介绍的“窗口移动”的有效值计算方法，可以在满足实时性的条件下有效地提高抗干扰能力。

假定每个电源周期采样点数为 N，第 m 个周期采样点电流为 i_{mk}，第 $m+1$ 周期采样点电流为 $i_{(m+1)k}$，$k=1,2,\cdots,N$。若当前采样点为 $m+1$ 周期中的第 k 点，则从现在时刻往前一个周期的电流有效值应为

$$I=\sqrt{\frac{1}{N}\left(\sum_{k=1}^{N} i_{mk}^{2}+\sum_{k=1}^{N-k} i_{(m+1)k}^{2}\right)} \tag{4.41}$$

这种算法用于瞬动保护，每次采样完成后即可计算电流有效值，比传统算法有更高的实时性，又可避免用峰值电流判断时可能因噪声干扰引起的误动。

4. 差动保护

差动保护的范围是电流互感器边界以内的设备，根据流入和流出保护区各引线端电流之和来识别故障，有很高的反应速度和准确性，是电力系统中识别和区分线路区段内外故障及发电机内部故障的重要措施，近年来也成为变压器内部短路故障的主要保护方法。其基本原理是，在忽略内部损耗时，正常运行状态下流入和流出保护对象的功率相等。若保护对象输入和输出侧的电压相等，则直接由流入和流出的电流之和来判断是否发生故障。若保护对象两侧电压不等（如变压器），可以通过两侧电流互感器变比的配合来补偿电压的差异，等效地满足两侧功率相等的条件。图 4.9 所示为差动保护的基本原理，图中被保护的设备有 n 个引线端，设各引线端的等效电压相同。定义

$$\sum_{k=1}^{n} \dot{I}_{k}=\dot{I}_{\mathrm{DF}} \tag{4.42}$$

在被保护对象正常运行时，根据基尔霍夫电流定理可知 $\dot{I}_{\mathrm{DF}}=0$，如图 4.9(a)所示。

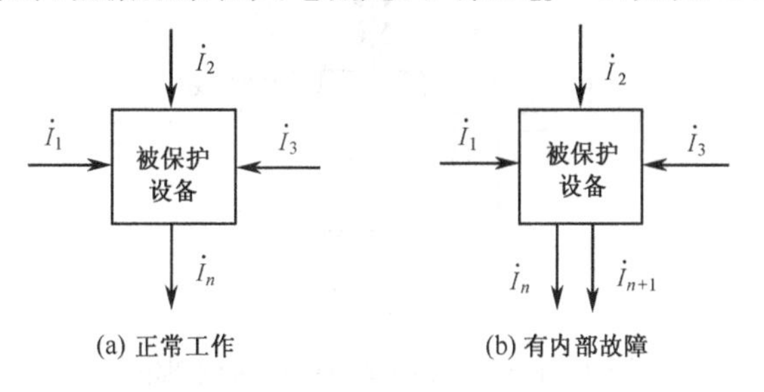

图 4.9　差动保护原理示意图

但是，保护对象发生内部故障时，流入和流出设备的电流分布状态或等效的引线数量将发生变化，如图 4.9(b)所示，$\dot{I}_{\mathrm{DF}}=\sum_{k=1}^{n} \dot{I}_{k} \neq 0$。因此，差动保护的判据就是 $\dot{I}_{\mathrm{DF}}$ 是否为 0。用这种方法可以快速、准确地判断故障位置在保护区的内部还是外部。

例如，在图 4.10 所示的输电线路中，线路Ⅰ和Ⅱ分别通过断路器 DL1 和 DL2 连接到母线 M 上。若断路器 DL3 只设置为线路Ⅰ的距离保护或电流保护，由于在线路Ⅰ的 F1 和线路Ⅱ的 F2 处发生短路时，反映到线路Ⅰ中的电流大小几乎是相同的，DL3 将无法正确判断是否

为保护区(线路Ⅰ)内的故障,只能通过与DL2操作的延时配合,才能正确地切断故障,配合不当时很容易产生误动作。若DL3设置为差动保护,在线路Ⅰ无故障时,其差动电流始终为0;而在保护区内短路时,就会出现差动电流,使DL3准确地分断故障。

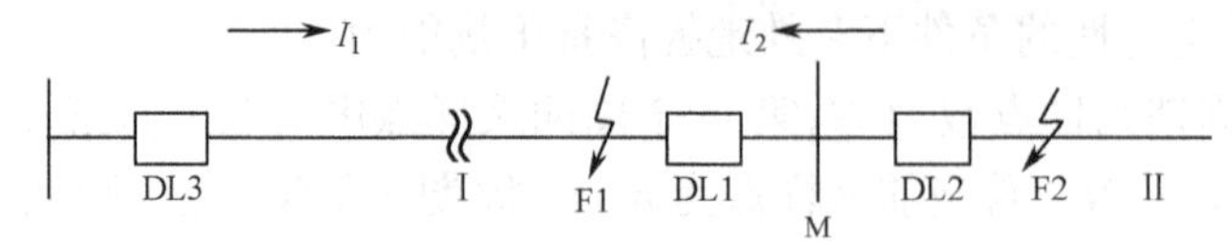

图4.10 线路差动保护示意图

保护对象不同时,差动保护有不同的具体实现方法。对于输电线路来说,若忽略线路压降,两端电压是相等的,对它的差动保护只需判断流入和流出线路的电流之和是否为0,而对于变压器就完全不同。以图4.11所示单相变压器为例,假定变压器变比为1∶1,一次侧和二次侧电流互感器接成纵联差动方式。但是,由于一次输入电流中不仅有以功率形式传输到二次的部分,还包含励磁电流,因此在变压器无内部短路时,$\dot{I}_{DF}$也不为0。其次,大多数电力变压器的一次都配置了分接开关,以便在电网运行时,通过改变分接开关接点调节线路电压。但改变分接开关接点也改变了变压器电压变比,而电流互感器并未改变,所以电流不再能反映功率平衡,会使$\dot{I}_{DF}$增加。第三,实际变压器两侧电压不等,为使一、二次功率平衡,两侧使用的电流互感器不仅电压等级不同,变比也不同,因而铁心饱和程度也不同,这也将加大$\dot{I}_{DF}$。此外,在变压器空载投运或切除外部故障后的电压恢复过程中,会产生励磁涌流,其大小与内部故障电流相当。上述原因将使差动保护在变压器稳态和暂态运行时发生误动,需要相应措施来消除这些影响。常用的有比率制动和励磁涌流闭锁。有关差动保护的知识可参阅有关电力系统继电保护的著作,这里不做进一步的说明。

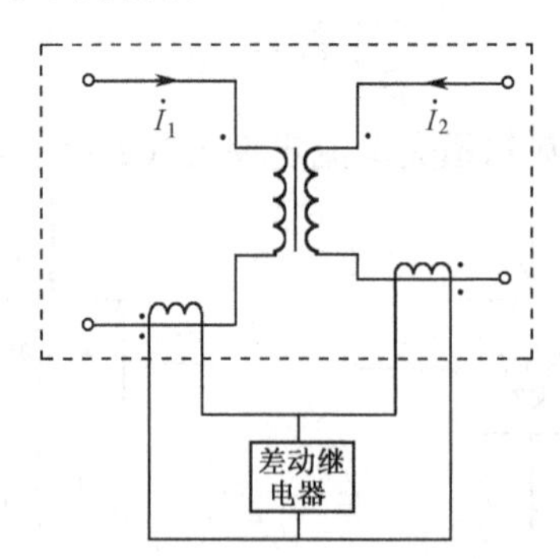

图4.11 变压器纵联差动保护原理图

4.5.4 测量和保护计算的误差分析

智能电器对被监控保护对象的测量和保护误差包括硬件误差和软件误差。本书第3章已说明,被测模拟量转换成数字量时,输入通道各环节都会引起转换误差,这是硬件误差。在监控器进行测量和保护计算时,用离散的采样结果代替实际的模拟量,采用数值计算方法,这一过程中产生的计算误差就是软件误差,产生软件误差的主要原因有4个方面。

1. 方法误差(截断误差)

智能电器对电压、电流和功率等电参量的测量，是采用 4.5.2 节中讨论的数值计算方法处理电压、电流的采样结果实现的，这必然存在方法误差，也就是截断误差。例如，在计算电压、电流有效值时，采用了复化梯形求积公式[式(4.17)和式(4.18)]，根据计算方法的基本知识可知，这种算法的截断误差为

$$R[f]=-\frac{Nh^3}{12}f''(\eta) \qquad \eta\in(0,T) \tag{4.43}$$

其中，$h=T/N$。以电压有效值计算为例，即

$$f(t)=U_{\mathrm{m}}^2[\sin(\omega t+\varphi)]^2, \quad \omega=\frac{2\pi}{T}$$

则有

$$|f''(\eta)|=|2\omega^2U_{\mathrm{m}}^2\cos[2(\omega t+\varphi)]|\leqslant 2\omega^2U_{\mathrm{m}}^2 \tag{4.44}$$

将式(4.44)代入式(4.43)可得

$$|R[f]|\leqslant\frac{T^3}{12N^2}\cdot\frac{8\pi^2}{T^2}U_{\mathrm{m}}^2=\frac{2\pi^2TU_{\mathrm{m}}^2}{3N^2} \tag{4.45}$$

在一个电源周期中的采样点数 $N=12$ 时，根据式(4.45)可得到由算法引起的电压有效值测量的相对截断误差为

$$U_R\%\leqslant\frac{1}{2}\times\frac{1}{N}\times\frac{|R[f]|}{\dfrac{U_{\mathrm{m}}^2}{2}\times T}=\frac{|R[f]|}{T\times N\times U_{\mathrm{m}}^2}\leqslant\frac{2\pi^2}{3N^3}=0.38\% \tag{4.46}$$

2. 采样不同步误差

智能电器在采集现场电压、电流信号时，用交流采样获取数据。交流采样分为同步采样和非同步采样。所谓同步采样，是采样频率为电源频率的整数倍。可以证明，采用同步采样时，只要采样频率满足香农采样定理，且采样周期 T_{S}符合奈奎斯特定理 $T_{\mathrm{S}}\leqslant 1/2f_{\mathrm{C}}$($f_{\mathrm{C}}$为被测信号的截止频率)，用式(4.17)、式(4.18)计算电压和电流有效值，用式(4.19)计算有功功率，将不存在采样方法的误差。但在实际应用中，为简化处理，一般都采用 50Hz 电源的周期 T 来计算采样周期 T_{S}，即 $T_{\mathrm{S}}=20\mathrm{ms}/N$ 或 $N=f_{\mathrm{S}}/f$，并使 N 为整数。但是，当电源频率发生波动时，采样频率将不是电源频率的整数倍，会存在电源周期误差 $\Delta T=2\pi-NT_{\mathrm{S}}$，且 $\Delta T\neq 0$，从而引起采样不同步采样误差。采样不同步引起的绝对不同步误差与采样起始点 x 和采样周期 T_{S} 有关。下面以电压测量为例，分析采样不同步引起的有效值计算结果误差。

假设电源周期中第 1 个采样点 $\omega t=x$，则其他采样点位置分别为 $\omega t_k=x+kT_{\mathrm{S}}$($k=1,2,\cdots,N$)，各采样点对应的被测电压值为 $u(\omega t_k)=U_{\mathrm{m}}\sin(x+kT_{\mathrm{S}})$，将其代入式(4.17)，求得电压有效值平方的复数形式为

$$\begin{aligned}U_{\mathrm{AS}}^2&=\frac{1}{N}\sum_{k=1}^{N}U_{\mathrm{m}}^2\sin^2(x+kT_{\mathrm{S}})=\frac{U_{\mathrm{m}}^2}{2}\Big[1-\frac{1}{N}\sum_{k=1}^{N}\mathrm{Re}(\mathrm{e}^{\mathrm{j}(2x+2kT_{\mathrm{S}})})\Big]\\&=\frac{U_{\mathrm{m}}^2}{2}\Big[1+\mathrm{Re}\sum_{k=1}^{N}(\mathrm{e}^{\mathrm{j}(2x+2kT_{\mathrm{S}})})\Big]\end{aligned} \tag{4.47}$$

对式(4.47)所示的等比级数求和并取其实部得

$$U_{AS}^2=\frac{U_m^2\sin\Delta T\cos(2x+\Delta T-T_S)}{N\sin T_S}=\frac{U_m^2}{2}(1+\varepsilon_U)$$

其中,$\varepsilon_U=\sin\Delta T\cos(2x+\Delta T-T_S)/N\sin T_S$为电压有效值平方的相对误差。同理,可求得电流有效值平方的相对误差也为$\varepsilon_I=\sin\Delta T\cos(2x+\Delta T-T_S)/N\sin T_S$。

在有功功率测量时,同样会由于采样不同步产生计算误差。设电源周期中,各采样时刻对应的实际电压、电流的值分别为

$$u(\omega t_k)=U_m\sin(x+kT_S)$$
$$i(\omega t_k)=I_m\sin(x+kT_S-\varphi)$$

用复数表示的非同步采样计算功率为

$$\begin{aligned}P_{AS}&=\frac{1}{N}\sum_{k=1}^{N}u(\omega t_k)\cdot i(\omega t_k)=\frac{U_mI_m}{N}\sum_{k=1}^{N}\frac{\cos\varphi-\cos(2x+2kT_S-\varphi)}{2}\\&=\frac{U_mI_m}{N}\left[\cos\varphi-\frac{1}{N}\mathrm{Re}\sum_{k=1}^{N}(e^{j(2x+2kT_S-\varphi)})\right]\end{aligned}\tag{4.48}$$

对式(4.48)求和取实部得

$$P_{AS}=\frac{U_mI_m}{2}\cos\varphi\left[1+\frac{\sin\Delta T\cos(2x-\varphi+\Delta T-T_S)}{N\sin T_S\cos\varphi}\right]=\frac{U_mI_m}{2}(1+\varepsilon_P)$$

其中,$\varepsilon_P=\sin\Delta T\cos(2x-\varphi+\Delta T-T_S)/N\sin T_S\cos\varphi$为功率的相对误差。

非同步采样时,每个电源周期的采样起始时刻都不相同。可以证明,在采样起始时刻$x\approx k\pi+\frac{\pi}{2}$时,由采样不同步引起的相对误差最大。在采样点数$N=12$时,可达4.14%,显然不能满足测量和保护精度的要求,必须采取有效措施来减小这种误差。

3. 数据误差

在智能电器中,处理器件完成测量和保护计算时所用的数据是被测模拟量的采样结果,转换为数字量的过程已经产生了硬件误差,因此参与运算的数据本身都是近似值,并且在计算的每一过程中产生新的误差。消除这类误差是不可能的,只能在尽可能减小硬件误差的基础上,避免具体计算过程中的误差影响到结果的精度。

计算方法中已经证明,参与加、减、乘、除和开平方这几种基本运算的数据误差与计算结果的误差之间,有如下关系:

加法:
$$\begin{cases}\Delta(x_1+x_2)\approx\Delta(x_1)+\Delta(x_2)\\\delta(x_1+x_2)\approx\dfrac{x_1}{x_1+x_2}\delta(x_1)+\dfrac{x_2}{x_1+x_2}\end{cases}$$

乘法:
$$\begin{cases}\Delta(x_1x_2)\approx x_2\Delta(x_1)+x_1\Delta(x_2)\\\delta(x_1x_2)\approx\delta(x_1)+\delta(x_2)\end{cases}$$

除法:
$$\begin{cases}\Delta\left(\dfrac{x_1}{x_2}\right)\approx\dfrac{\Delta(x_1)}{x_2}-\dfrac{x_1}{x_2^2}\Delta(x_2)\\\delta\left(\dfrac{x_1}{x_2}\right)\approx\delta(x_1)-\delta(x_2)\end{cases}$$

开平方:
$$\begin{cases}\Delta(\sqrt{x})\approx\dfrac{1}{2\sqrt{x}}\Delta(x)\\\delta(\sqrt{x})\approx\dfrac{1}{2}\delta(x)\end{cases}$$

可以看出，要减小数据误差，应避免绝对值相近的异号数相加和大小接近的同号数相减，不做绝对值过大的乘法和除数接近于零的除法。此外，开方运算会减小数据误差，提高运算精度。因此，如果计算过程含有开平方运算，应尽可能在运算的最后一步进行。

4. 舍入误差

智能电器中使用各类可编程数字处理器件来完成测量和保护计算。这些器件处理数据的位数都受到器件本身数据位宽的限制。在计算过程中，当有效数据位数过多时，必须按四舍五入的规则进行取舍，而且这种取舍会发生在整个计算过程的每一步，从而对计算结果带来一定的影响。

4.5.5 常用提高计算结果精度的措施

从以上的讨论中可以看出，智能电器完成测量和保护使用的计算方法和采样的非同步，会使结果产生不能满足精度要求的误差。为保证要求的精度，应当采取相应的措施。

1. 减小截断误差的措施

智能电器对电参量的测量，是处理器件采用式(4.17)和式(4.18)所示的复化梯形求积算法完成的。这种算法会产生截断误差，误差大小与被测电量一个周期内的采样点数有关。式(4.46)说明，增加采样点数，可以有效地减小由复化梯形求积算法引起的误差。但是，增加采样点数不仅要提高监控器的硬件成本，还会使处理器件完成监控器的各种功能的处理更加困难，相应的软件开发成本也将增加。因此，在不改变算法的情况下，增加采样点数可以减小算法误差，但是这意味着监控器成本的提高。

根据计算方法的知识，使用复化求积算法中的复化辛普森公式，用相同的采样点数，计算结果的精度可以大大提高。

采用复化辛普森公式时，把被测电量周期 T 分为 $2n$ 个小区间，即一个周期的采样点数 $N=2n$。所以式(4.16)的积分式对应的复化辛普森公式为

$$\begin{aligned} I[f] &\approx \frac{h}{3}\left\{f(0)+4\sum_{k=1}^{n} f(x_{2k-1})+2\sum_{k=1}^{n-1} f(x_{2k})+f(T)\right\} \\ &= \frac{h}{3}\left\{2\sum_{k=1}^{N} f(x_k)+2\sum_{k=2}^{N/2} f(x_{2k-1})\right\} \end{aligned} \tag{4.49}$$

式中，$h=T/2n=T/N$。其截断误差为

$$R(f)=-\frac{nh^5}{90}f^{(4)}(\eta)=-\frac{h^4 T}{180}f^{(4)}(\eta),\quad \eta\in(0,T) \tag{4.50}$$

计算方法中已经证明，在采样点数相同的条件下，其截断误差远小于复化梯形算法。

根据式(4.49)，可得计算电压、电流有效值的复化辛普森公式分别为

$$U=\sqrt{\frac{2}{3N}\left[\sum_{k=1}^{N} u_k^2+\sum_{k=2}^{N/2}(u_{2k-1})^2\right]} \tag{4.51}$$

$$I=\sqrt{\frac{2}{3N}\left[\sum_{k=1}^{N} i_k^2+\sum_{k=2}^{N/2}(i_{2k-1})^2\right]} \tag{4.52}$$

同理可得计算有功功率的复化辛普森求积公式为

$$P=\frac{2}{3N}\left\{\sum_{k=1}^{N}\left[(u_{Ak}\times i_{Ak})+(u_{Bk}\times i_{Bk})+(u_{Ck}\times i_{Ck})\right]+\right.$$
$$\left.\sum_{k=1}^{N/2}\left[(u_{A(2k-1)}\times i_{A(2k-1)})+(u_{B(2k-1)}\times i_{B(2k-1)})+(u_{C(2k-1)}\times i_{C(2k-1)})\right]\right\} \quad (4.53)$$

2. 减小采样不同步误差

在一个电源周期内的采样点数确定后，采样不同步误差是由于电源频率波动而采样间隔时间不变，使采样频率与电源频率不能保持整数倍引起的。解决的根本方法就是使采样时间间隔随电源频率改变，保证在任何情况下，两者的整数倍关系不变。常用方法有 3 种。

（1）用锁相环倍频电路控制 A/D 转换器采样

锁相环倍频电路原理图如图 4.12 所示。设图中电源电压信号 u 的频率为 f_C，监控器对被测电量信号的采样频率为 f_S。当电路中计数器分频系数 N 确定后，锁相环的输出信号频率与输入信号频率的比值等于 N，且与输入信号频率的变化无关。如果用电源电压信号作为电路的输入，选定计数器的分频系数 $N=f_S/f_C$，输出信号频率作为采样频率。这样无论电源频率如何改变，与采样频率的比值将保持不变。用该电路的输出信号控制 A/D 采样，可以精确有效地消除采样非同步误差。唯一的缺点是硬件电路复杂。

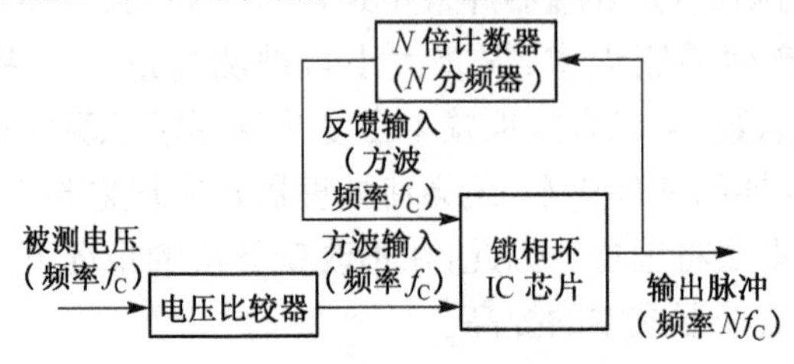

图 4.12　锁相环倍频电路原理图

（2）电源频率的实时检测

使用硬件测频器件结合处理器件的定时功能测量电源周期时间，用程序求出相应的采样周期。这种方法计算采样频率总是在被测周期后面一个周期中进行，因此，电源频率波动时，采样频率改变比电源频率改变慢一个电源周期，准确度也不如锁相环电路，但硬件电路简单。

（3）软件测频的同步采样控制

处理器件根据相邻两点采样值极性的变化，用程序判断被测电量信号的过零点，控制内部定时器测定电源周期，并计算相应的采样周期。这种方法的关键是判断被测信号的过零时刻，判断的准确度与采样频率和输入 A/D 的模拟量信号质量有关，采样频率越高，信号质量越好，准确度越高。用这种方法不需要增加任何硬件，但是处理器件的处理负担非常重。

3. 减小短路电流非周期分量引起的保护误差

电网中发生短路故障时，电流波形中含有非周期分量，其大小与短路发生时刻电流的相位有关，最大可与短路电流的基波相比。它的时间常数取决于系统的阻抗，一般都大于 10ms。非周期分量对傅里叶滤波的效果有较大的影响，采用一般傅里叶滤波算法实现短路保护时，会造成智能电器保护的误动。

在智能电器中，减小这种误差的最简单有效的方法是对采样点的数据先进行差分处理，再做傅里叶滤波运算。采样数据的差分处理，就是用两个采样点数据之差作为参与运算的数据。进行差分处理时，对采样点的选取方法不同，其结果对减小非周期分量的影响也不同。

比较常用的是间隔两点采样数据的差分处理，即 $x_k = x_k - x_{k-2}$。计算和实验证明，这种方法可以大大减小误动的可能。

本章小结

测量和保护是智能电器最基本和最重要的功能，由监控器采用特定的算法对现场相关参量的采样结果进行处理来实现。因此，处理结果的精度直接影响智能电器测量的精度和保护的可靠性。监控器处理的数据是运行现场被测参量经模拟量输入通道转换得到的数字量，通道中每一个环节都使转换结果产生误差。处理器件对这些数据采用离散的算法进行处理时，由于采样方法和计算方法本身也会带来误差。减小这些误差，保证测量和保护的精度，直接关系到智能电器及其监控和保护对象的安全、可靠运行，是监控器设计的一个重要技术指标。本章从原理上讨论了几种常用的测量和保护算法，分析了使用的处理算法和采样方法引起的误差、处理过程的数据误差等软件误差对测量精度的影响，给出了减小这些误差的基本措施。

随着各类可编程数字处理器件的内部硬件资源、处理速度和精度等性能的提高，实现各种运算的专用 DSP 的发展，以及数值运算方法的改进和更新，智能电器监控器的硬件和软件设计将更加合理和完善，其测量和保护精度也将得到进一步提高。

习题与思考题 4

4.1　从信号角度看，智能电器被测模拟量有哪几类？

4.2　什么是采样定理？什么是截止频率？为保证被测模拟信号能够原样恢复，采样频率为什么必须大于或等于信号截止频率的 2 倍？

4.3　如果被测信号中含有高次谐波，为保证信号的基本特征，需要保留 12 次以下的谐波，采样频率至少应是多少？

4.4　常用的数字滤波方法有哪些？各适用于哪种变化特性的模拟量信号？

4.5　试画出对交流电流采样点数据进行算术平均值滤波的流程图。设每个电源周期中采样 12 次，滤波处理要求每个采样点连续采样 4 个数据。

4.6　非线性传感器测量结果的数字化处理方法有哪些？各适用于哪些场合？

4.7　智能电器如何实现电压、电流、有功功率、无功功率和功率因数的测量？若一个电源周期采样 24 点，画出根据采样值计算被测电源电压的程序流程图。试分析测量结果的误差。

4.8　智能电器的测量误差主要由哪些原因产生？其中哪些是由软件产生的？

4.9　什么是截断误差？它与哪些因素有关？如何减小截断误差？

4.10　什么是同步采样和非同步采样？智能电器中为什么会产生非同步误差？试述减小这种误差的常用方法。

第5章 智能电器监控器的设计

智能电器监控器用于完成智能电器及开关设备现场运行参量与状态的监测和记录、设备与被控对象的保护与控制，以及现场开关设备与远方上位控制和管理中心的通信，它是电器元件及开关设备实现智能化控制的核心，也是实现电器智能化的基础。智能电器监控器的设计不仅需要掌握相关的理论知识，还应了解智能电器的实际工作环境，综合考虑监控器完成的功能、运行的稳定性和可靠性、安装条件及产品成本等因素。近年来，随着微电子技术的发展，出现了许多新型的高性能微控制器、数字信号处理器和外围电路，特别是嵌入式系统技术的推广和应用，为智能电器监控器的设计与开发提供了更加完善的硬件和软件环境。

监控器设计的合理性直接关系到智能电器的性能及电器智能化网络系统运行的可靠性。本章在了解智能电器监控器硬件总体结构及功能的基础上，分析监控器硬件的功能模块划分及各模块的设计原理，介绍设计中常用的电路元件和集成电路芯片。根据监控器软件的运行特点，说明常用的程序设计方法及其适用条件；针对复杂程序的层次化、模块化设计，着重讨论实时操作系统(RTOS)的概念、特点及其在智能电器监控器软件中的应用，并给出实时数据和历史数据的存放格式。

5.1 智能电器监控器的功能和硬件模块的划分

5.1.1 监控器的基本功能

监控器的监控对象是各种断路器、接触器或成套电器设备及其控制和保护的电力线路、电力设备和电力用户，包括各类控制系统。在系统正常工作时，监控器必须能及时检测、处理和显示相关的实时动态数据，识别后台管理系统或现场操作人员的操作指令，向一次开关元件发出操作控制命令，实现对监控对象的控制。在被控制和保护对象或一次设备自身出现故障时，准确、及时地作出判断，一次开关元件执行监控器发出的指令，切断故障源，完成对监控对象的保护。因此，不仅要求监控器对现场各种被测参量检测和处理有很高的实时性、快速性、准确性，同时还要它具有尽可能完善的监控和保护功能。具体地说，智能监控器应具备以下基本功能。

1. 测量和计量功能

替代传统测量仪表检测被监控对象工作时的电流、电压有效值，有功、无功功率，功率因数，频率，被监控设备工作温度、湿度等非电量，并实现电能的计量。

2. 保护功能

保护分为按电参量的保护和按非电参量的保护两大类。其中，按电参量的保护主要包括电流保护和电压保护两种。电流保护通常有过载(反时限长延时、反时限短延时、定时限、瞬动)、短路、差动等几种；电压保护主要是过压、欠压、失压和反相序保护。按非电参量的保护主要用于各种被监控对象的温升、绝缘，工作环境的温度、湿度，一次开关元件及开关设备自身的性能变化等。一般来说，不同电压等级、不同应用场合的智能电器，应有不同的保护功能配置。例如用于线路保护与用于变压器保护的智能开关设备在保护功能设置上就不相同，低压配电线路用的框架式断路器和设备保护用的塑壳式断路器也有不同的保护要求。

3. 监控功能

监控功能包括以下 4 个方面。

① 检测由于故障和正常操作时一次开关元件接点位置的状态变化，分别记录开关元件故障和正常操作次数，并在达到一定次数后，提示相关信息。

② 监测电压互感器 PT、电流互感器 CT 及一次开关元件操作线圈等的工作情况，判断是否断线，一旦发现断线，立即给出报警信号并记录有关信息。

③ 智能监控器的自检，包括对存储器、I/O 接口寄存器、开关量输入通道、继电器命令出口电路以及电源模块的定时检查和校验。

④ 根据现场操作人员或智能化网络后台管理系统的指令，完成对开关设备保护定值和功能的设置，或对一次元件关合/开断操作的自动、远动控制。

4. 通信功能

通过现场总线或通信网络，向后台管理系统服务器、工作站发送到现场的各种运行参数和工作状态信息，同时接收后台管理系统或控制中心下传的数字和命令，以便实现对现场设备的监控、管理、配置和调度。

5. 人机交互功能

由监控器操作面板上的按钮、键盘与显示器配合完成。显示器一般显示被监控对象某些指定的正常工作或故障状态的实时信息；必要时，现场操作人员也可以通过键盘进行某些就地操作，如要求显示某些历史事件的记录或未指定显示的其他信息；根据现场要求就地设置或修改设备运行参数或保护阈值，就地完成设备功能的投退等。这种情况下，显示器将根据键盘输入的指令显示出相关信息。

6. 故障录波功能

记录故障发生前、故障过程中以及故障切除后规定的时间段内的电压、电流波形及一次元件的分闸、合闸信息。这类信息一般都要通过通信网络上传给后台管理系统，并能在服务器或工作站的显示器上真实完整地显示故障电压和电流波形，以便为分析故障提供有关数据。录波信息的采样速率通常要求较高，记录的时间比较长，因此占用监控器的内存容量大。

5.1.2 监控器硬件功能模块的划分

如 1.1.3 节所述，无论智能电器元件还是智能开关设备，其智能监控器的硬件结构按功能都可以分成几个模块(参见图 1.1)。各模块在功能上和电路结构上相对独立，这不仅有利于产品的设计与开发，并且可以针对智能电器用户不同的使用要求进行灵活的配置。以下简述各模块电路的组成及其功能。

1. 输入模块

输入模块是被测现场参量的入口通道，也是把被测现场参量转换成可与中央控制模块接口信息的功能部件。有关该模块的结构和设计原理已在第 3 章做了较详细的讨论，本节不再叙述。

2. 中央处理与控制模块

中央处理与控制模块是智能监控器的核心模块，完成对各种现场运行参量、上级管理中心或现场操作人员给出的操作指令的处理和分析，并根据分析结果协调监控器中各功能模块的工作，实现 5.2.1 节所述的各项功能。因此，中央控制模块通常都包含可编程的数字处理器件及与其他功能模块接口的外围电路元件。

3. 开关量输出模块

开关量输出模块接收中央控制模块输出的相应指令，完成对一次开关元件的操作控制，并输出被监控对象的工作和保护所要求的各种联锁和闭锁信号。智能电器元件和智能化成套电器设备的监控器输出的开关操作控制信号不同。智能电器元件要完成操作的智能控制，为了调节操动机构控制设备的电能，根据调节元件的类型，监控器输出的控制信息一般是数字量或宽度(或频率)可以调节的脉冲。在智能化成套设备中，监控器对一次元件的操作控制通常只完成开关的关合或开断，所以只输出开关量。为了把中央控制模块输出的各种操作控制信息可靠地发送到一次设备，输出模块应保证可靠的隔离和足够的驱动能力。

4. 通信模块

通信模块是智能电器能够实现网络功能的关键，是现场智能电器与后台管理系统之间通过网络实现各类信息交换的物理接口。由于监控器中央控制模块所用的数字处理器件只能处理符合其工作电压标准的信息，这与通信网络的物理层对传输信号的电平要求通常不能兼容，所以通信模块必须完成这两种信号间的电平转换。不同应用现场有不同的网络类型，相应的物理层传输信号电平也会不同，通信模块硬件设计时，必须考虑监控器所用数字处理器件的工作电压和实际通信网络中传输信号的电平要求，采用不同类型的收发驱动器件。有关问题在第 7 章中将做进一步的讨论。

5. 人机交互模块

人机交互模块是为运行现场的操作人员就地对智能电器设备进行操作与监管的重要环节，完成功能和保护参数阈值的就地设置及运行状态的就地监管。对于监控器与一次开关电器一体集成的智能电器元件，这是可选的部分。通常只有当它们作为独立的电力开关设备，或者像低压配电开关柜中的智能断路器那样，开关的元件监控器同时又是开关柜的监控器时，才需要配置人机交互模块。智能化成套电器设备一般都要配置人机交互模块。但是，运行于无人值守现场的设备，由于全部监控操作可由后台管理系统通过通信网络完成，所以在这种情况下，用户可根据现场运行需要决定是否配置。

随着智能电器用户对监控器操作界面功能的要求不断提高，人机交互模块的处理软件越来越复杂，占用监控器内部数字处理器件的资源越来越多，这使得处理器无法完成正常的检测、保护和通信等工作。近年来，已经开发出一种独立的人机交互模块，它自带内部处理器，能完成模块的全部操作管理、显示以及与监控器中央控制模块间的通信功能。监控器处理器对模块的处理只是执行现场操作人员输入的指令，准备好需要模块显示的数据。模块与监控器本体间通过串行通信交换信息，便于用户选择配置。

6. 电源模块

电源模块为监控器内部各硬件模块提供需要的工作电源。由于以下原因，往往要求电源模块提供几种相互隔离或不隔离的幅值不同、极性不同的电压：

① 各模块完成的功能不同，电路元件的工作电压可能不同；

② 为了保证中央控制模块的工作电压不受其他模块工作的影响，电源设计时，必须保证该模块工作电压“全浮空”，即中央控制模块的电源与其他模块电源之间一般都要隔离；

③ 在监控器的 EMC 设计时，要求模拟通道与数字通道分开供电；

④ 相当多的模拟器件要求双极性电源供电。

下面将分别讨论除输入模块外的各模块硬件设计原理和常用电路元件。

5.2 中央处理与控制模块的一般结构和设计方法

中央处理与控制模块是智能电器监控器的核心，是实现开关电器操作智能控制和设备智能监测的关键，其基本结构应当是一个完整的可编程的数字处理与控制系统，包括数字处理器件、用于存放程序和各种表格的 ROM 和存放数据的 RAM、连接处理器件和各种外部设备的 I/O 接口电路等。为适应智能工业设备的发展，各处理器件和外围电路生产厂商已向市场提供了许多不同的器件，给设计开发各种功能和类型的智能控制器奠定了良好的基础。

5.2.1 中央处理与控制模块结构设计步骤

决定中央处理与控制模块结构的主要因素是完成的功能和使用的器件。一般来说，中央控制模块结构设计的基本步骤如下所述。

1. 分析智能电器对监控器的功能要求

根据智能电器监控和保护对象的要求，监控器完成的功能可以分成以下 3 类。

(1) 只完成逻辑处理和开关量输出功能

这种功能的监控器的输入、输出通常只有开关（或逻辑）量。处理器一般不进行模拟量的采样和处理，只对输入通道输入的各种逻辑信号做逻辑运算和判断，并根据判断结果输出相应的操作或闭锁信号。小型低压塑壳式断路器的智能脱扣器、不带监测功能的低压智能型双电源转换器和不带保护监控功能的永磁式真空断路器的智能控制器，就是这类监控器的典型例子。在大多数应用中，这类监控器与被监控对象组成单一封闭式系统，不作为智能电器网络的节点，因而不需要通信功能。

（2）只完成规定的保护和操作功能

与中、小型低压塑壳式断路器集成一体的智能脱扣器，是这类监控器的典型代表。脱扣器只需要按照要求的保护特性和操作人员的操作命令，完成对被监控对象的保护与控制，不测量现场参量。脱扣器的过载长延时保护特性、瞬时和短延时脱扣电流阈值要能够就地设值。这类断路器的被监控对象允许保护特性的误差范围较宽，数值处理精度要求不很高，但稳定性要求高。因此，监控器的中央控制模块对被控对象工作电流的采样和数值处理，仅用来判断其工作状态，并在发生故障或有操作命令时控制开关电器操作。此外，监控器经通信网络与后台管理系统交换的信息类型和数据量较少。

（3）具有被监控对象要求的全部监控和保护功能

所有智能化的成套电器设备、高压断路器、馈电线路开关、框架式断路器和大容量低压塑壳断路器等的监控器都属于这一类型。这类监控器要求的测量和保护功能多，精度高，相应地，需要处理的现场参量种类多，数量大。通常要对现场各种电量、有关的非电量等模拟量进行采样、数值处理和显示，并根据处理和监测结果作出判断，输出相应的报警或操作控制信号；通过通信网络与后台管理系统交换的信息种类多，数量较大；在具有在线监测功能的成套设备中，监控器还要完成对设备运行状态的实时在线监测。因此这类智能电器监控器，使用的数字处理器件的处理速度、精度和处理功能要求非常高。

2. 根据监控和保护功能确定模块的配置

如前所述，中央控制模块应该是一个完整的可编程数字处理系统，其配置的核心是处理器的选择，它直接关系到模块的电路结构、监控器的工作性能和开发成本。选择处理器主要考虑其处理能力及内部硬件资源。处理能力主要包括指令功能和执行速度、数字处理的精度、内部通信接口功能（如通信方式、波特率种类等）、内部 A/D 转换器性能（转换精度、速度）、中断处理能力、所支持的编程语言、源程序调试及其代码的下载方法、是否支持在线编程与调试等。内部硬件资源应着重考虑处理器能够访问的存储器空间、内部寄存器容量及其配置情况、内部存储器（ROM、RAM）容量、内部接口的类型与数量、I/O 端口的驱动能力等。

在确定中央控制模块配置时，通常应做下列分析。

① 根据监控器要完成的功能及技术参数，确定测量与保护要求的精度、正常运行时完成所有功能的一次循环所允许的时间、短路保护允许的动作时间等。

② 确定监控器的程序结构、设计方法和使用的编程语言，估计程序代码、表格和常数需要占用的 ROM 容量，执行程序需要的寄存器数量和数据缓冲区内 RAM 的容量，程序的执行时间。

③ 与监控器中其他功能模块接口的 I/O 端口的数量和输出驱动能力。

根据以上分析结果，可以初步确定中央控制模块的基本配置，包括使用的处理器及处理器工作所需的复位和基准时钟；处理器需要扩展存储器时，扩展的存储器种类和容量；处理器的 I/O 端口数量和输出驱动能力不能满足与监控器其他功能模块的接口要求时，需要扩展的端口数量，以及增加输出驱动能力采用的电路元件；满足处理器外部扩展的存储器或 I/O 接口工作要求所需的辅助电路芯片。

3. 确定模块的电路结构

在设计中央处理模块时，除了了解监控器要完成的功能、确定模块的基本配置外，还需要综合监控器能分配给模块的物理空间和允许的成本，正确选择模块的电路结构。在当前常见的智能监控器中，中央控制模块电路结构有单处理器单芯片、单处理器多芯片、多处理器以及采用专用集成电路(如 FPGA)的结构。

(1) 单处理器单芯片结构

采用这种结构的中央控制模块中，选用的处理器件内部存储器容量满足程序和数据存放的要求，有足够的外部 I/O 端口数量及输出端口驱动能力。这样，模块中就只有处理器和必要的辅助电路元件。因此，通常把电源模块、输入通道、输出通道全部集成在一块印制电路板(PCB)上，使监控器的体积小、价格低。以往这种结构只能用于设计相对简单功能的智能电器产品，如小型低压塑壳断路器的智能脱扣器和低压双电源转换控制器的智能监控器，图 5.1 所示为采用上述结构的一种小型低压塑壳断路器智能脱扣器的电路结构图。目前随着电路集成能力的大幅度提高，处理器不论是存储容量还是各种功能都有了较大提高，在一些复杂的智能电器产品中也开始采用这种结构以减小复杂度、降低成本。

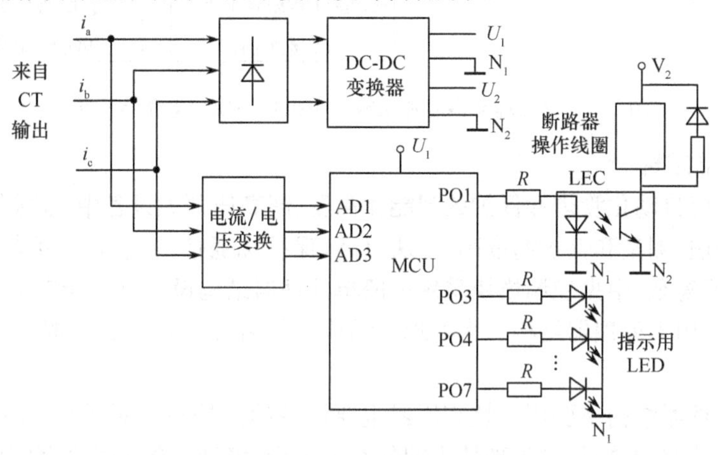

图 5.1　一种小型低压塑壳断路器智能脱扣器的电路结构

(2) 单处理器多芯片结构

这是早期处理器功能不够完善时智能电器监控器中中央控制模块最常用的一种结构，其特点是处理器、存储器和各种接口电路都是独立的集成电路芯片，通过监控器内部总线连接。虽然这种结构配置灵活、元件价格较低，但是电路元件数量多，PCB 布线复杂，EMC 设计非常困难，当前已经不再使用。

由于目前 CPU 本身都集成了一定容量的存储器和功能端口，因此现在的智能电器监控器中采用的单处理器多芯片结构仅在处理器内部存储器容量或接口性能、数量不能满足监控器功能要求时采用，和早期多芯片结构相比，现在多芯片中央控制模块一般不仅元件数量少，电路结构也更简化。在当前常用的处理器中，内部 ROM 的容量远大于 RAM 容量，一般都能够满足监控器程序代码和表格存放的要求，所以最常见的是扩展外部 RAM。此外，现在的处理器 I/O 端口都是复用功能，而且端口的输出驱动能力一般都不能满足开关电器操作机构控制的要求，当有存储器扩展，或模拟量输入通道采用处理器内部 A/D 转换器时，要占用 I/O 端口作为地址总线、数据总线或模拟量输入口，这时不仅 I/O 端口的数量有可能需要扩展，还必须增加输出驱动电路。随着微电子技术的发展，各种大容量的存储器芯片、多通道、高输出驱动功率的 I/O 接口芯片已经进入市场，通常只需要一片存储器芯片或 I/O 接口芯片就能满足外部扩展的要求。在需要时，还需要通过总线进行扩展用于各种通信总线的I/O器件，如USB总线芯片、以太网总线芯片等。这类结构多用于高中压断路器保护控制装置、框架式低压断路器、智能接触器的监控器等。

图5.2所示为一种单处理器多芯片结构的中央控制模块的电路结构图。

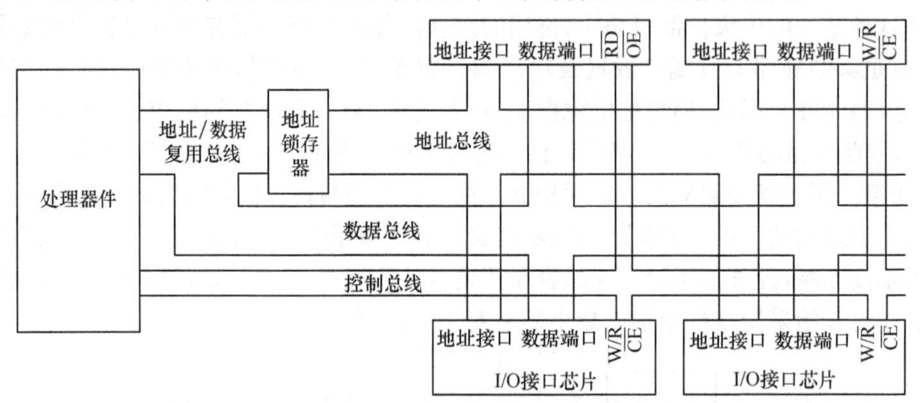

图5.2 单处理器多芯片结构的中央控制模块电路结构图

(3) 多处理器结构

用于电力系统自动化管理和保护的智能化高压、超高压开关设备中，监控器要完成大量的模拟量采样和处理，测量和保护精度高，算法复杂，保护和通信的实时性、可靠性、准确性要求高，人机交互界面复杂，中央控制模块采用一般单处理器结构设计已不能满足监控器的功能和性能要求，需要采用多处理器结构。多处理器结构一般有并行式多处理器结构和主从式多处理器结构两种。

并行式多处理器结构主要用于超高压或重要设备的保护与控制系统。在这种系统中，每个处理器均具有独立的总线，各处理器之间的交换较少，多利用单个处理器完成一种特定的保护或控制。各处理器可以单独拥有模拟输入、数字输入回路，也可以公用模拟与数字输入，完成不同原理的保护，通过对各部分输出的裁决来决定最终的动作情况，实现硬件部分的冗余容错。图5.3是一个多个处理器保护装置的结构。其中，CPU1、CPU2、CPU3、CPU4为实现各种独立的保护功能，CPU5可与上述每个CPU通信，监视每个CPU的执行情况，并执行人机对话和对外通信的功能。

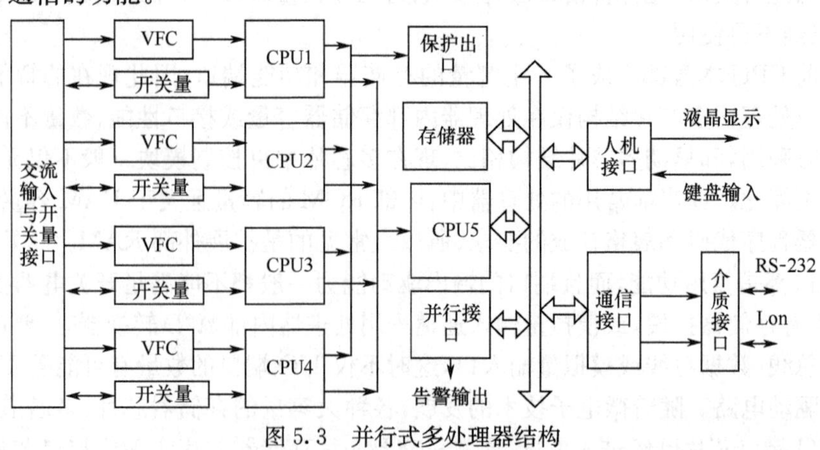

图5.3 并行式多处理器结构

并行式多处理器的系统构成复杂，体积较大，整体成本较高，但它的工作相对可靠，有较强的处理能力，保护功能之间存在互备，硬件系统具有一定的容错能力。这样系统的通信控制、参数调整、系统升级相对较困难，其复杂的结构增加了维护的难度，因此常用在可靠性要求很高的环境中。

在主从式多处理器结构电路中，通常把中央控制模块的处理功能分成 I/O 与数字处理、控制输出与通信管理、人机交互管理等几个相对独立的子模块。按处理功能配置不同的主从处理器，各处理器有自己的外围接口和内部总线，各自完成相应的工作，以提高智能电器的处理速度。

采用这种结构时，通常把人机交互管理功能的处理器从中央控制模块中分离出来，使人机交互模块成为一个与监控器本体相对独立的可选部件，用现场总线与监控器本体连接。这样，中央控制模块一般只需要采用双处理器结构，用专用的数字信号处理器(Digital Signal Processor，DSP)作为从处理器，完成所有的 I/O 与数字处理功能；用逻辑处理能力强、执行速度快、输出端口较多的单片 MCU 作为主处理器，实现控制输出、通信与配置管理等功能。这两部分之间的信息传送一般都采用双口 SRAM 并行通信，主处理器为通信主机。在可靠性要求非常高的场合，可能要求为每个处理器设置备份。

图 5.4(a)所示为通过双端口 RAM 交换数据的双处理器电路的原理结构图。在两个处理器之间数据量交换不大的场合，可以使用图 5.4(b)所示的方式，采用带有缓冲功能的锁存器，组成 16 位双向数据传送通道，替代双端口 RAM，以降低模块的成本。

(4) 专用集成电路

目前智能电器监控器的硬件基本上是以微处理器(MCU)或 DSP 为核心的，但是这种结构也存在着效率低(排队式串行指令执行方式)、资源利用率低(微处理器的通用性，不针对智能电器功能设计开发)、程序指针易受干扰、升级相对复杂等问题。

随着微电子技术的发展，许多以前需要由 CPU 或 MCU 用软件才能实现的功能，可以采用复杂的大规模数字逻辑电路用硬件来完成，特别是专用集成电路 ASIC(Application Specific Integrated Circuit)设计技术的发展，使得设计智能电器专用的集成电路成为可能，同时为智能电器监控器的硬件设计提供了一种新的结构形式。

专用集成电路与通用处理器相比有很多优点，首先在速度上有很大的优势，一般 ASIC 门延时可达纳秒级，这使得其运算速度远超过处理器的指令模式。例如，以 1024 点的 16 位快速傅里叶变换为例，用目前工业上最快的数字信号处理器在 800MHz 时钟下需要 7.7μs，而用 Xilinx 公司 Virtex-II 系列芯片在 140MHz 时钟下运算不足 1μs。它的硬件并行高速性为近年来智能电器领域出现的一些难以在单片机上实现的新理论和算法提供了新的设计平台。其次高可靠性也是它的优点之一，几乎可将整个系统在同一芯片中实现，缩小了体积，易于管理和屏蔽。另外，开发工具和设计语言标准化，开发周期短。这种结构的缺点主要是初期开发成本高，人机交互能力弱，需要专门的人机交互处理器。

目前，采用专用集成电路的智能电器硬件结构主要有 3 种形式。

① 利用 CPLD 实现外围接口电路和 A/D 转换控制。这种形式仍然以处理器作为监控器核心，利用 CPLD 灵活、便于时序和逻辑控制的特点，将其用作外围电路译码器使用。另外，也可以使用 CPLD 完成保护装置中的数据采集功能，主要是自动完成对 A/D 转换的控制、数据存储等功能。

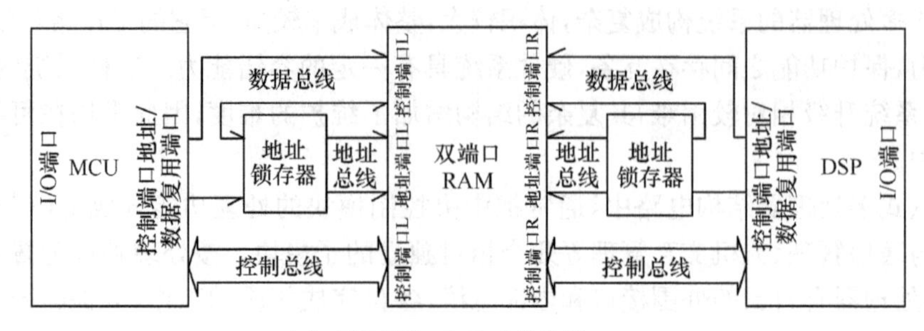

（a）采用双端口RAM交换数据

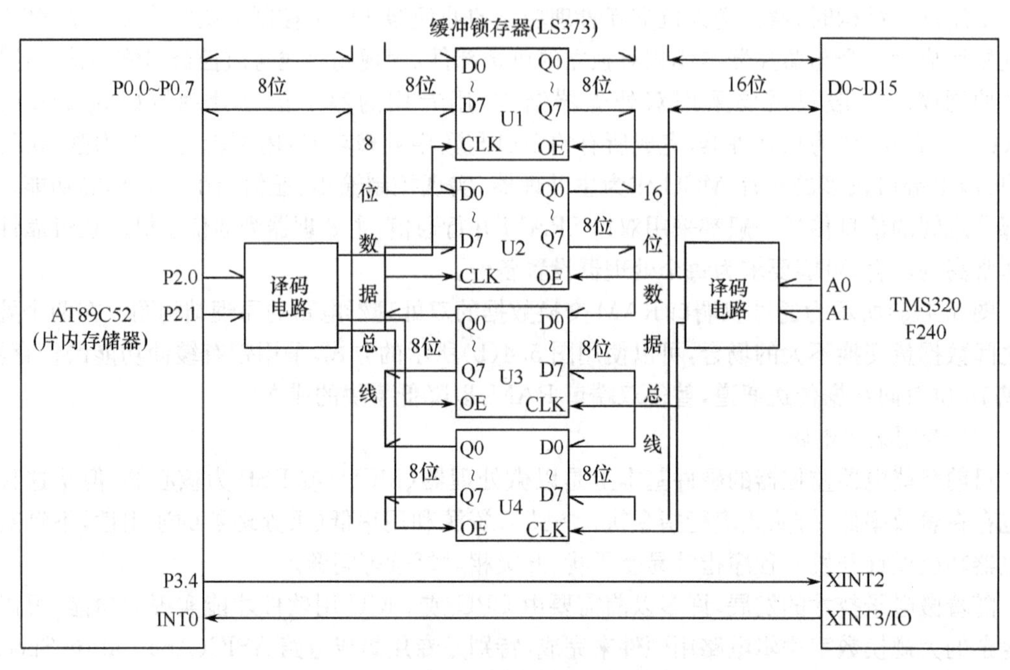

（b）采用双向数据缓冲锁存器交换数据

图5.4　双处理器结构的电路原理

② 作为高速协处理器完成复杂算法。这种形式利用了ASIC的高速特性，利用FPGA等高密度、内部资源丰富的器件实现包括FFT、小波变换、卡尔曼滤波等算法，实现智能电器中计算并行与高速。

③ 完全替代通用处理器，作为智能电器的核心实现全部功能。

以上的应用都是使用专用集成电路实现智能电器监控器的部分功能，提高局部电路性能，并没有取代通用处理器，本结构形式通过设计开发智能电器监控器的专用集成电路，以专用集成电路的硬件逻辑电路代替通用处理器的软件，集成测量、数据处理、保护等多种功能，实现系统的片上集成即SOC(System On Chip)，大大提高智能电器监控器的性能。图5.5为以专用集成电路为核心的某型智能电器监控器的结构框图，图中主要的数据采集、处理、控制功能都是由ASIC完成的，微处理器仅仅实现人机交互和通信功能。

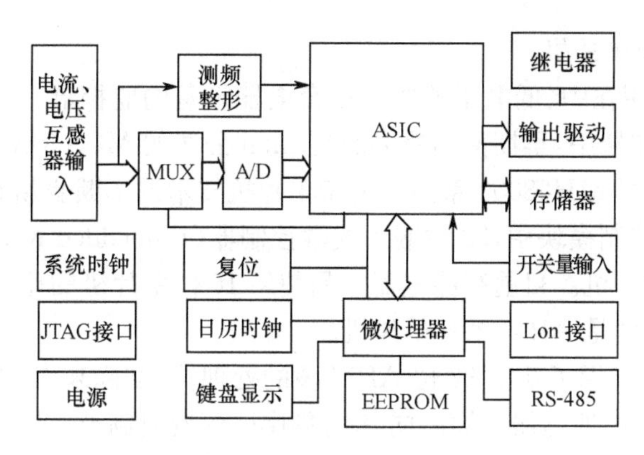

图 5.5　专用集成电路为核心的监控器结构框图

5.2.2　中央控制模块常用处理器件和外围电路芯片

处理器件是中央控制模块的核心，器件的选择主要取决于监控器要完成的功能。完成相同的功能，可采用不同的处理器件，相应地，外围电路的配置与中央控制模块的电路结构也不同。近年来，除各类单片微机(Single Chip Microcomputer，简称单片机，又称微控制器 MCU)和数字信号处理器(DSP)外，嵌入式微控制器和超大规模可编程逻辑器件也开始用于智能电器监控器，作为中央控制模块的处理器件。本节将分别介绍这几种处理器件和两种可编程外围电路器件。有关外部扩展用的 ROM、SRAM、I/O 接口、地址译码器、地址锁存器、总线驱动器及其他辅助集成电路芯片，本书将不讨论，读者可参考有关产品的技术资料。

1. 常用单片微机

单片机是智能电器监控器的中央控制模块最常用的处理器件。由于单片机集成了微处理器内核、模拟输入、一般 I/O 接口、中断管理逻辑等多片微机系统中的主要部件，片内还有相当数量的寄存器和 SRAM，有的版本芯片内还集成了较大容量、不同类型的 ROM(EPROM、EEPROM Flash 等)，这给电路设计带来许多方便。按照单片机数据总线宽度，现在市场供应的器件可分为 8 位(bit)、16 位和 32 位 3 种。

(1) 常用 8 位单片机

在智能电器监控器中，8 位单片机主要用于数据处理功能要求不太高，没有测量要求或测量精度较低，保护功能少、特性误差范围较宽，但稳定性要求较高的场合。主要应用有低压供配电电网智能化双电源转换控制器、中、小型塑壳式低压断路器智能脱扣器等。此外，在高性能智能监控器中，中央控制模块采用双处理器结构电路时，通常使用 8 位单片机完成控制输出与通信管理等功能。

8 位单片机的种类很多，Intel 8X51 系列是应用较多的一种，其内部硬件包括一个 8 位 CPU，21 个特殊功能寄存器，128 字节 SRAM，可管理两个优先级、5 个中断源的中断控制逻辑，一个全双工的串行接口，4 个 8 位并行接口共 32 根 I/O 端口线(当接有外部存储器时，I/O 端口线为 16 根)。外部程序存储器和数据存储器独立寻址，各有 64KB 空间。Intel 公司已经不再生产该系列单片机，目前由其他的一些公司生产经过改进的型号(包括 Atmel 公司的 AT89 系列、CYGNAL 公司 C8051FXXX 系列)，但是其内核未变。

(2) 常用 16/32 位单片机

16 位单片机可以用在中、低电压智能化成套电器设备的监控器、框架式和大容量塑壳式低压断路器的智能脱扣器中，早期使用最多的是 Intel 公司的 MCS 8XC196 系列，部分开发商也使用过 Motorola 公司 MH68000 系列。随着单片机技术的不断更新和发展，在较高性能的智能电器监控器中央控制模块中，32 位嵌入式微控制器（Embedded Micro Controller）已逐步取代了早期的 16 位单片机。目前智能电器产品使用 16 位单片机的比例逐步降低，32 位单片机得到了较多应用，特别是 ARM 系列单片机。

ARM 单片机是指采用了新型 32 位 ARM 核的处理器，准确来讲，ARM 是一种处理器的 IP 核。ARM 公司开发出处理器结构后向其他芯片厂商授权制造，芯片厂商可以根据自己的需要进行结构与功能的调整，实际中使用的 ARM 包括有三星、飞利浦、Atmel、Intel 制造的几大类，但都使用 ARM 公司提供的内核，因此软件编写具有很好的通用性。ARM 单片机具有运行速度快、调式方便、资源丰富等特点，在智能电器产品开发中已逐渐开始应用。

2. 数字信号处理器 DSP

在高电压、超高电压输配电系统中，综合自动化管理的变电站内各间隔的智能开关柜、输/配电线路中使用的各种电力开关和成套电器设备等的智能监控器，要求非常精确的测量、计量和严格、准确的保护，而且在高压输/配电线路中，故障状态下的电流变化非常快。这种情况下，无论在运行参量的采样速率（由每个电源周期的采样点数决定）、数据处理的速度和精度方面，大多数 16 位单片机都无法满足要求。因而必须采用数据字位更宽、速度更快、数据处理功能更强的微处理器。目前，智能电器监控器处理高电压和超高电压系统数据基本上采用 DSP。

DSP 是一种用于高速实时信号处理的微处理器，它注重对实时数字信号的处理，与一般单片机、微处理器有很大的区别。首先，DSP 基本采用哈佛结构和流水线技术，片内数据总线和程序总线分开，取指令操作码和操作数可同时进行，减少了指令执行时间。其次，DSP 片内大多配置有独立的加法器和乘法器，在同一时钟周期内即可完成相乘和累加两种运算，适合电力系统输/配电线路上的信号处理。此外，DSP 有片内中断控制器、定时控制器，便于组成小规模系统，内部 DMA 通道控制器及串行通信接口与多总线配合，大大提高了数据块传送的速度。

按照使用的广泛性，DSP 可分为通用型和专用型。通用型是指使用指令/软件编程的 DSP，专用型是专为某一种应用的 DSP，例如只完成快速傅里叶分析（FFT）、离散傅里叶分析（DFT）、有限冲激响应（FIR）滤波等单项功能，这种 DSP 在智能电器产品开发中基本没有应用。根据 DSP 处理数据的类型，又可有定点 DSP 和浮点 DSP 之分。定点 DSP 按定点数进行数据处理，浮点 DSP 则支持浮点数的运算，在智能电器中使用的基本上都是通用型浮点 DSP。

衡量通用型浮点 DSP 的主要指标是每秒百万次浮点运算（MFLOPS）和每秒百万次操作（MOPS）。由于产品手册给出的上述指标都是在 DSP 执行片内程序、读取片内存储器数据条件下得到的，当使用外部程序和数据存储器时，其性能会受到很大的影响。在对设备成本要求比较宽松时，最好选用内部大容量存储器的 DSP，将有利于简化监控器中央控制模块的设计并提高工作性能。

为了进一步适应工业环境的应用，TI 公司、AD 公司等已经相继开发了控制功能更强的产品，并投入市场。这类产品把 A/D 转换器、通用可编程 I/O 接口和 DSP 内核集成于同一芯片，有更强的控制功能和工业运行能力，这为高性能智能电器监控器的设计与开发提供了更好的器件环境。TI公司的代表产品是TMS320C2000系列DSP控制器。

DSP控制器产品系列很多，不同系列产品适用场合不同，价格差距较大。在智能电器中使用时，应全面考虑，在满足监控器功能要求的前提下，使其具有最好的性能价格比。

3. 嵌入式MCU

嵌入式处理器（Embedded Processor）是嵌入式系统（Embedded System）的核（Core），一般来说，任何MCU和MPU都可用作嵌入式系统的核。但是现代的嵌入式系统，特别在现代工业控制和测控系统应用中，要求处理器有更快的处理速度和实时响应速度、更大的存储容量、更强的I/O功能和更低的功耗，因此，新型的嵌入式系统大多采用精简指令集计算机（Reduced Instruction Set Computer，RISC）型处理器作为核。在工业控制领域中，比较适用的有Microchip公司的PIC系列MCU、TI公司的MSP430系列MCU、Atmel公司的AVR系列MCU和Motorola公司的68HC08系列MCU。这里简单介绍PIC系列、AVR系列和MSP430系列产品。

（1）PIC系列MCU

PIC系列单片机是Microchip Technology公司开发并投放市场的一种高性价比的嵌入式微控制器，具有速度高、功耗低、较大的输出直接驱动能力、体积小、工作电压范围宽（1.8～5.5V）等优点，有8位、16位、32位系列产品，每种系列都包含多个不同层次的多种型号产品。它们都采用了精简指令集计算机结构，各系列的指令大多是单字节宽字位指令，指令条数少，每条指令都有很高的效率和强大的功能，且指令功能不交叉。所有产品内部都集成有较大容量的Flash存储器、一定数量的SRAM以及用做非易失性数据存储器的EEPROM。在智能电器中，可用于各种具有复杂功能要求的高、中、低压智能电器元件和开关设备的监控器中，作为中央处理与控制模块中的处理器件。

（2）AVR系列MCU

AVR系列MCU是Atmel公司开发的嵌入式微控制器，已广泛地应用于军事、工业等领域。AVR系列MCU具有简单、低成本、高速度、低功耗、外围功能丰富等特点，它的产品线齐全，有8引脚MCU也有40引脚器件，完全可以取代51系列单片机，非常适合进行智能电器中低端产品的开发。

（3）MSP430系列MCU

MSP430系列是TI公司于20世纪90年代中后期开发的一种16位超低功耗嵌入式MCU，并于1999年开始在我国内地推出。与Intel和Motorola的MCU产品相比，MSP430系列具有超低功耗设计、在线编程功能和高效简便的开发环境、优良的处理器特性和强大的处理能力、丰富的在片硬件资源等特点，非常适合各种低成本智能电器产品的开发。

4. FPGA

现场可编程门阵列（Field Programmable Gate Array，FPGA）是中央控制模块的ASIC设计开发初期最常用的可编程逻辑器件。通过编程的方式可把数据采集、数据处理、测量、保护、控制输出及通信控制等中央控制模块的基本功能集成为一块系统级ASIC芯片。这种可编程ASIC经过调试、修改、试验验证，达到设计要求后，可用FPGA直接进行小规模生产，在实际运行中进一步完善其设计，可使模块的全定制 ASIC 设计与生产风险最小。

FPGA 是基于通过可编程互连的可配置逻辑块矩阵的超大规模集成电路，既有标准门阵列的通用性和高度的逻辑密度，又可以针对所需的应用或功能要求进行编程，属于 ASIC 领域中的可编程类。与定制的 ASIC 相比，用 FPGA 设计 ASIC，电路设计周期短、开发费用低、风险也更小。

FPGA 采用逻辑单元阵列(Logic Cell Array, LCA)结构，一般通用器件内部包括基本可编程逻辑单元、可编程 I/O 单元、丰富的可编程布线资源、可灵活配置的嵌入式 RAM 块(可配置为单端口、双端口、FIFO、CAM 等不同功能的 RAM)、底层嵌入式功能单元(如 PLL、DLL、CPU 和 DSP 内核等通用性较强的功能模块)等 5 个部分，低端产品通常只有前 3 部分。用于专用性较强的系统级 ASIC 设计的 FPGA 内部还包含内嵌专用硬核，如高端通信市场使用的器件中就嵌入了串并收发单元。FPGA 基本采用 SRAM 工艺，一些专用器件也采用 Flash 或反熔丝工艺，其集成度非常高，当前一般器件密度在数万系统门以上，最高可达数千万系统门。用 FPGA 能设计各种极复杂的高速、高密度的高端数字逻辑电路，用内嵌 CPU、DSP 的 FPGA 还可设计各种在片系统(System on Chip, SoC)的专用电路。由于 SRAM 中保存的信息在失电后会全部丢失，FPGA 设计的电路在失电后将丧失其功能。因此，使用 FPGA 设计的 ASIC 工作时，每次上电，需要重新对内部 RAM 编程。编程配置常用 FPGA 外挂 BOOT ROM 或将 FPGA 作为 MCU 或 CPU 外设，由所用的处理器件编程的配置方式。但采用反熔丝工艺和当前某些嵌入 EEPROM 或 Flash 的 FPGA，其编程方式是非易失的。

FPGA 设计电路需在 EDA(Electronic Design Automation)工具支持下进行。设计流程包括电路设计与输入、功能仿真、综合(Synthesize)、综合后仿真、实现、布线后仿真与验证、板级仿真验证与调试等环节。电路设计与输入环节把所设计的电路的结构采用规范的描述方式输入 EDA，是电路设计的关键。常用的输入方法有硬件描述语言(Hardware Description Language, HDL)、原理图、波形图和状态机等，但使用最普遍的是 HDL。其中，以 VHDL (Very High Speed Integrated Hardware Description Language)和 Verilog HDL 的应用最广。HDL 输入的特点是有利于电路的自顶向下设计，便于电路模块划分与复用，设计与芯片的结构和工艺无关，通用性好，可移植，特别适于向 ASIC 移植。EDA 还提供电路设计过程中其他各环节使用的工具软件，支持 FPGA 电路设计的全过程。目前市场提供除 EDA 开发商提供的通用性较强的 EDA 工具外，各主要器件开发商如 Altera、Xilinx、Lattice 等，都根据自己产品的特点提供了相应的专用 EDA 工具软件。有关 FPGA 电路设计、EDA 工具及其在 FPGA 中应用的具体方法，本书不再叙述，读者可参考相关文献。

当前市场提供的 FPGA 品种很多，较有代表性的产品有 Lattice Semiconductor Corporation 的 Lattice SC 系列，Actel 公司的 RTAX-S 系列，Altera 公司的 Arria GX 系列、Cyclone 系列、FLEX 系列和 Stratix 系列，Xilinx 公司的 XC 系列以及 TI 公司的 TPC 系列等。各系列芯片在集成度、内部配置等方面有自己的特点，应用时，应充分考虑电路的设计要求和性价比，根据生产厂商提供的资料，合理选择最合适的器件。

5. 可编程外围接口芯片

尽管 MCU 的性能在不断提高，外围接口功能也在不断完善，但在组成智能电器监控器的中央控制模块时，往往仍然需要扩展不同的外围电路芯片或元件，才能满足处理器件与外部设备间的接口要求。这将使监控器PCB的芯片数增多，导致布线复杂，面积增大，减小了电路的抗干扰能力。采用大规模可编程外围接口芯片，把不同功能的外围接口电路集成在一块芯片中，可以有效地解决上述问题。以往由于处理器本身集成的存储器容量小，因此多采用WSI公司的PSD系列可编程通用外围接口芯片，以便完成外部地址空间分配和存储器扩展，但是随着处理器集成度的提高加上成本因素，已经基本不再选用该系列器件，一般都采用复杂可编程逻辑器件(Complex Programmable Logical Device，CPLD)来完成地址分配等外围电路。

CPLD是在PLD(Programmable Logic Device)、GAL(Generic Array Logic)的基础上开发的一种大规模可编程逻辑器件，具有集成度高、编程灵活、有先进的开发工具、设计的电路保密性好、价格合理等优点。CPLD集成逻辑门数为1000～10000门，适用于几乎各种应用的中小规模数字逻辑电路的编程设计。

与FPGA相比，CPLD结构相对简单，主要包括可编程I/O单元、基本逻辑单元、布线池矩阵和JTAG编程、全局时钟、全局使能、全局置/复位等辅助功能模块。CPLD具有更丰富的逻辑和存储器资源，相同的器件密度有更多的I/O，其内部的布线结构保证了它的输入引脚对输出引脚的标准延时(Pin-to-Pin延时)固定且可预测，在修改已设计好的电路逻辑功能时，可以保持原设计的引脚功能。此外，CPLD一般采用EEPROM、EECMOS或Flash工艺，编程信息在芯片失电后不会丢失，所以不需要每次上电重新写入，其编程次数一般可达10000次。用户对CPLD电路的设计流程与FPGA基本相似。

CPLD的集成度和编程灵活性不如FPGA，因此，在智能电器监控器实际应用中如5.2.1节中关于专用集成电路结构所述，CPLD一般被编程设计为各种处理器件的外围集成电路，采用一片CPLD就可以设计出包含外部数据存储器和数据采集、显示与键盘控制、开关量I/O控制、通信控制、外部存储器读/写控制、电源周期(频率)测定等多种接口功能的外围IC芯片，从而大大简化硬件电路及其调试任务、减小PCB面积、缩短开发周期、降低产品成本。

当前市场提供的CPLD主要有Altera、Xilinx、Cypress等公司的产品，常见芯片有Altera公司EPM3000系列、EPM5000系列、EPM7000系列、FLEX1000和FLEX6000，Lattice公司ispLSI系列、MACH系列、Xilinx公司XC9500系列等。

有关CPLD的使用和电路设计，在相关课程和专著中均有详细叙述，这里不加讨论。在实际使用时，应根据设计目标的要求和CPLD生产厂商提供的技术资料，合理选择器件和开发工具。

5.3 其他功能模块的结构组成

5.3.1 开关量输出模块的结构组成

1. 设计要求

如前所述，大多数智能电器监控器只有开关量输出。输出的开关量就是一次开关元件的操作控制信号，用于控制应用现场中一次开关元件的操作，实现智能电器自身一次开关元件的合闸、分闸与闭锁操作及其与相关开关元件间的联锁。因此，开关量输出模块一般由操作控制信号驱动和执行两部分组成，接在中央控制模块与一次开关元件的操作线圈之间，使监控器输出的操作控制信号与一次开关元件操作要求匹配。通常在输出模块的设计中，应考虑以下几方面的问题。

(1) 中央控制模块处理器件与输出模块间的电气隔离

由于监控器的开关量信号总是由中央控制模块处理器的输出端口输出，处理器的工作电压一般为直流 3～5V，而输出模块的工作电压通常为直流 12V 或更高。因此，为了保证处理器工作的安全，必须在中央控制模块处理器件与输出模块间设置可靠的电气隔离。在智能电器监控器中，输出模块采用的隔离器件多使用受光器件（二次器件）为晶体管的 LEC，在实现与处理器件间的电气隔离同时，LEC 的二次侧晶体管又作为中央控制模块输出的开关操作控制信号的驱动元件，控制执行元件的操作，以减小模块的体积。为提供 LED 发光二极管的工作电流，中央控制模块处理器件输出的操作控制信号大多都需要经驱动电路放大。

(2) 处理器件输出端口的驱动电流与输出模块 LEC 的发光器 LED（一次侧）电流兼容

当中央控制模块选用的处理器件输出端口驱动电流小于 LEC 一次侧 LED 的工作电流时，应当设置适当的驱动电路，以免处理器件的输出端口因电流过大而损坏。

(3) LEC 受光器（二次侧）的工作电压、电流与执行元件控制电压、电流匹配

LEC 二次侧元件的额定电压和电流是否满足所用的执行元件的控制要求，直接影响到监控器的安全工作以及智能电器一次开关元件的操作可靠性。因此，在开关量输出模块的设计中，应采取相应的措施，确保 LEC 二次元件额定工作电压和电流大于执行元件控制电压和电流。

(4) 监控器开关操作信号输出端口与一次开关元件操作电路间可靠的电气隔离

如上所述，监控器对一次开关元件的操作控制信号由输出模块的执行元件输出。驱动执行元件工作的电压就是监控器输出模块的工作电压，一般在直流 30V 以下，其输出端与一次开关元件的操作线圈串联，工作于一次电路环境，通常直接由电力系统低压电网或直流 110V/220V 供电。因而在 LEC 输出与一次开关元件操作电路间需要设置可靠的电气隔离，以保证监控器的安全可靠工作。

(5) 输出模块执行元件的输出驱动能力与一次开关元件操作线圈的功率匹配

由于输出模块执行元件的输出端口总是与智能电器一次开关元件的操作线圈串联，所以在选择输出模块执行元件时，应当使其工作电压与电流都满足一次开关元件操作线圈的工作要求。

2. 常见的开关量输出模块的电路结构

由于输出模块信号驱动部分的电路元件总是采用 LEC，所以模块电路结构的区别主要取决于选用的输出执行元件。根据模块中使用的输出执行元件类型及其控制参数，常见的输出模块电路结构有以下 4 种。

(1) LEC 直接驱动的控制继电器输出模块

如图 5.6 所示，在这种电路结构的输出模块中，采用二次侧为晶体管输出的 LEC 作为与中央控制模块操作控制信号输出端口的隔离和驱动元件，执行元件为小型直流控制继电器，其操作线圈电压和电流小于 LEC 二次侧晶体管的额定电压和电流，输出接点电压和电流满足被控开关元件的操作线圈工作参数要求。因此继电器操作线圈可由 LEC 的晶体管直接驱动，不需要外加驱动放大的电路元件。在这种结构的模块中，执行元件是继电器，其操作线圈与输出

接点之间没有电气连接，实现了监控器开关量输出端口与一次开关元件操作电路间的电气隔离。只要继电器输出接点的电压和电流大于被控开关元件操作线圈的工作电压和电流，也就同时完成了监控器操作控制信号输出驱动能力与开关元件操作线圈功率的匹配。

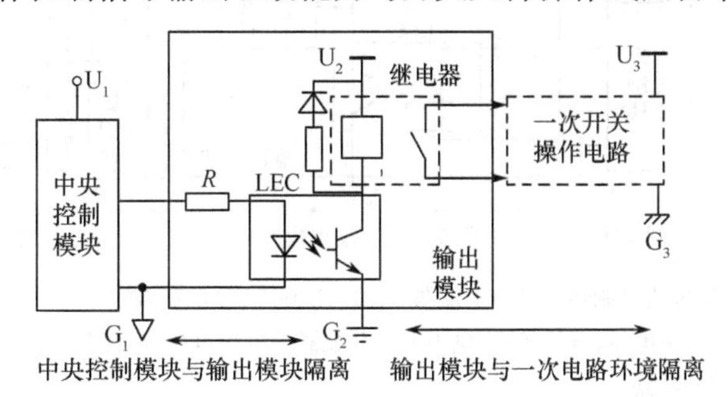

电路工作条件：中央控制模块的控制输出端口与 LEC 一次侧 LED 工作电流兼容；LEC 二次侧光敏三极管集电极电压、电流与继电器操作线圈工作电压、电流兼容；继电器接点电压和容量与一次开关操作线圈兼容

图 5.6　LEC 直接驱动控制继电器的输出模块电路结构

(2) 增加控制继电器驱动元件的输出模块

这种结构的输出模块电路结构如图 5.7 所示。与图 5.6 所示的输出模块结构相比，二者的电路原理和结构基本相同，区别仅在于控制继电器操作线圈不是由 LEC 二次元件直接驱动，而是由外部扩展的一个晶体管驱动。这种结构的电路适用于 LEC 二次元件不是晶体管而是快速输出的逻辑器件，或二次晶体管额定工作参数不满足继电器操作线圈工作参数的场合。这种情况下选用 LEC 外部扩展的晶体管时，必须保证其额定工作电压和电流满足继电器操作线圈的工作要求。

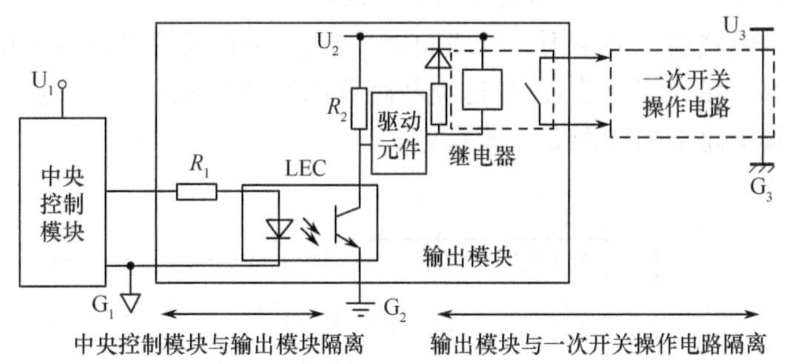

电路工作条件：中央控制模块控制输出端口驱动电流与 LEC 一次侧 LED 电流兼容；LEC 二次侧光敏三极管电压大于继电器操作线圈工作电压，驱动元件电压电流与继电器操作线圈电压电流兼容；继电器接点电压、容量与一次开关操作线圈兼容

图 5.7　增加控制继电器驱动元件的输出模块电路结构

(3) 执行元件为电力电子开关器件的输出模块

由第 2 章的讨论可知，有些开关电器可以采用对其操作线圈电压的脉宽调制（Pulse Width Modulation，PWM）来调节线圈电压，以便改变操作机构的电力特性，实现电器元件操作的智能控制。在这种情况下，监控器的开关量输出模块必须采用电力电子开关器件作为执行元件，驱动一次开关元件的操作线圈。图 5.8 所示为这种输出模块的电路结构。

与控制继电器不同，电力电子器件的驱动极（控制端）与功率极（输出端）之间没有电气隔离，为了保证监控器操作控制信号输出端口与一次开关元件操作电路间的电气隔离，通常需要

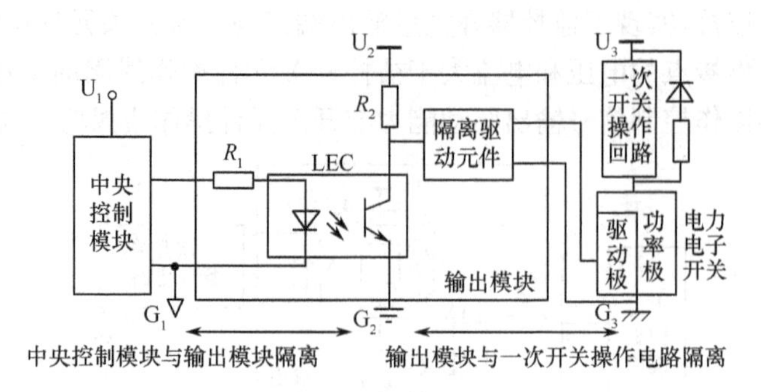

电路使用条件：中央控制模块控制输出端口电流与 LEC 一次侧 LED 电流兼容；LEC 二次侧光敏三极管电压、电流与隔离驱动元件输入端电压、电流兼容；电力电子开关器件工作电压、电流与一次开关操作回路兼容，其功率极必须并接过压缓冲电路

图 5.8　执行元件为电力电子开关器件的输出模块电路结构

在 LEC 的二次元件输出端与电力电子器件驱动极之间设置隔离电路，隔离器件由选用的电力电子器件决定。采用晶闸管时，用脉冲变压器隔离；采用 IGBT 或 MOSFET 时，用 LEC 隔离。由于晶闸管的关断不可控，只在一次开关元件操作线圈由交流供电时使用，电压调节通常采用移相控制，操作线圈为直流供电时不用晶闸管。

在执行元件使用电力电子器件时，器件的额定工作电压和电流一般应为操作线圈工作电压、电流的 1.5～2 倍。此外，当电力电子器件关断时，由于电感性的操作线圈电流突然中断产生的 di/dt，将出现高于电力电子器件额定电压数倍的过电压，造成器件的损坏。为了抑制这种过电压，需要为操作线圈并联续流电路。

(4) 直接驱动一次开关元件操作线圈的输出模块

当前，各种低压断路器大多采用一种线圈容量非常小，而且通常由直流电流源供电的脱扣装置(有的资料中称为磁通变换器)。在这类断路器的智能脱扣器中，一般采用输出模块直接驱动脱扣器线圈，其电路结构如图 5.9 所示。

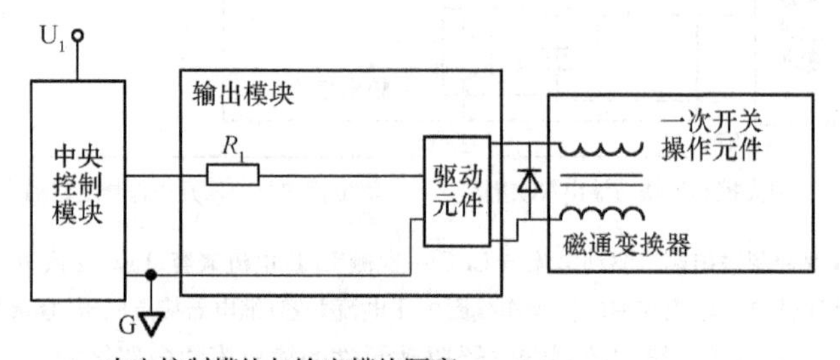

电路使用条件：中央控制模块控制输出端口电压、电流与驱动元件输入端电压、电流兼容；驱动元件输出电流与磁通变换器工作电流兼容

图 5.9　直接驱动一次开关元件操作线圈的输出模块电路结构

驱动元件一般选用集电极电流大于脱扣器线圈电流的晶体管或漏极电流大于脱扣器线圈电流的 MOSFET。在脱扣器线圈两端还应当并联续流二极管，以限制线圈电流被切断时的过电压。

5.3.2 通信模块的基本功能和设计原则

监控器的通信模块是实现智能电器网络功能的重要环节。工作现场的智能电器经监控器的通信模块与电器智能化通信网络连接，后台管理系统中的计算机（俗称上位机）通过通信网络与现场智能电器之间交换需要的各类信息，以完成对工作现场各种智能电器的远方监控和管理。在电器智能化网络中，现场智能电器与后台管理系统间的通信一般采用主从式管理，半双工工作方式。智能电器作为从机，只有在上位机召唤时，才能从网络中接收数据，或把数据发送到网络中去。

1. 通信模块的主要功能

① 使监控器能够识别上位机召唤时发送的地址信息，以便正确地与上位机建立联系。在主从管理的网络中，主机（上位机）通常采用轮询方式发起通信，与指定的从设备（现场智能电器）建立通信。因此，网络中有数据下发时，监控器通信模块必须能够识别是地址还是数据。如果是地址，则在确认为本机地址后，与上位机建立通信，准备接收进一步的信息。如果不是本机地址，即放弃与网络的连接。为了实现这一功能，只需要把监控器数字处理器件中的串行通信接口编程为多机工作，并设置为从机，用程序就可以完成。

② 保证监控器收发的数据电平与网络物理层要求的信号电平一致。监控器通过中央控制模块处理器中的串行通信接口收发数据，信号为 TTL 电平，而电气智能化网络常用现场总线和以太网，其网络物理层要求的信号电平一般都与 TTL 不兼容。通信模块应能完成它们之间信号电平的转换，并用适当的通信网络物理层标准接口进行连接。

因此，通信模块的硬件设计实际上是选择合适的接口信号收发驱动器，完成监控器收发的数据信号电平与现场通信网络物理层要求的信号电平一致。

2. 常用接口标准及其收发驱动器

在智能电器中，最常用的是 RS-485 接口标准的收发驱动器。若系统要求全双工工作时，用 RS-422 取代 RS-485。下面简单介绍这种接口的相关标准及常用的接口收发驱动电路。

RS-485 是一种多发送器的电路标准，最小型采用一对信号电缆，可支持 32 个发送接收器对。两点间传输线路如图 5.10 所示。

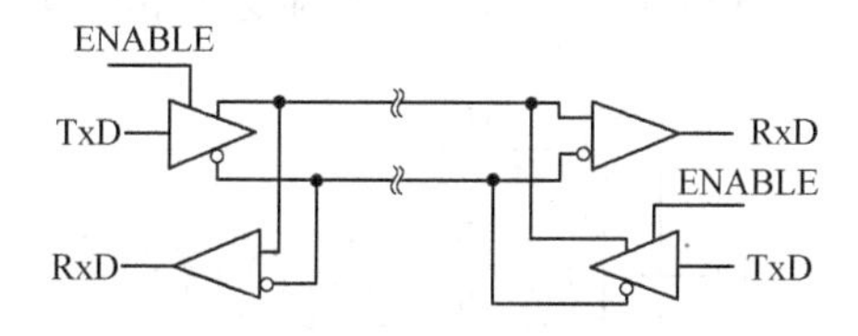

图 5.10　RS-485 两点传输线路示意图

RS-485 只支持主从式结构网络，一般为半双工工作方式，任何时候只能允许一点发送，发送端驱动电路必须具有使能信号。因此 RS-485 非常适合多点互连，在工业控制和电器智能化现场层网络中得到广泛应用。多点互连可采用总线型和环型数据链路两种，智能电器中一般采用总线型，其互连示意图如图 5.11 所示。

RS-485 标准要求采用平衡差分电路传输信息，有效地消除了 RS-232-C 中因收发两端间

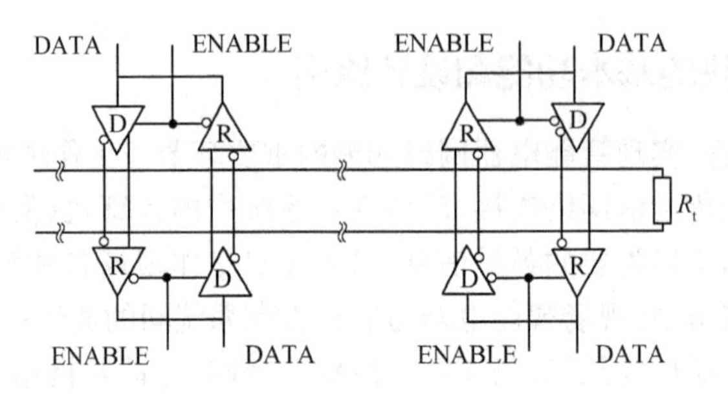

图 5.11　采用 RS-485 的总线型多点互连示意图

逻辑地的电位差，降低了传输误码率，减小了干扰对通信的影响。采用半双工工作方式，最高传输速率与电缆长度相关。传输速率为 100kbps 时，电缆长度不超过 1200m；传输速率为 1Mbps 时，电缆长度 120m；传输速率为 10Mbps 时，电缆长度仅允许 12m。RS-485 输入电平与 TTL 兼容，输出电平与 CMOS 兼容。因此，要求接口收发驱动器芯片的供电电源与中央控制模块处理器的供电电源隔离。当现场监控设备采用 RS-485 作为网络物理接口，又必须与采用 RS-232-C 的微机连接时，还应采用一个转换器实现 RS-485 的 CMOS 电平与 RS-232-C 电平相互转换，电平转换时还要求通过光电隔离器来隔离 RS-485 信号与 RS-232-C 信号的地电位。

RS-485 接口收发驱动器的种类很多，美国 MAXIM 公司、TI 公司都有相应的芯片，MAX48X/MAX49X 系列差分平衡型线转发器芯片应用较多。图 5.12 和图 5.13 分别为这两种系列芯片内部结构及典型连接。

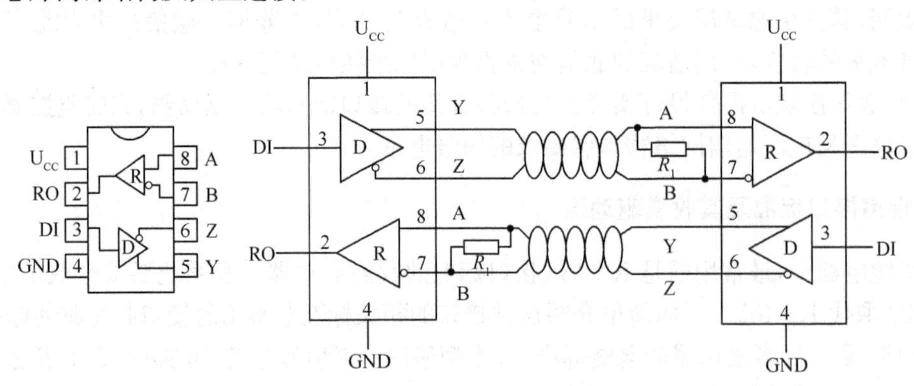

图 5.12　MAX481/483/485/487 内部逻辑结构及典型用法

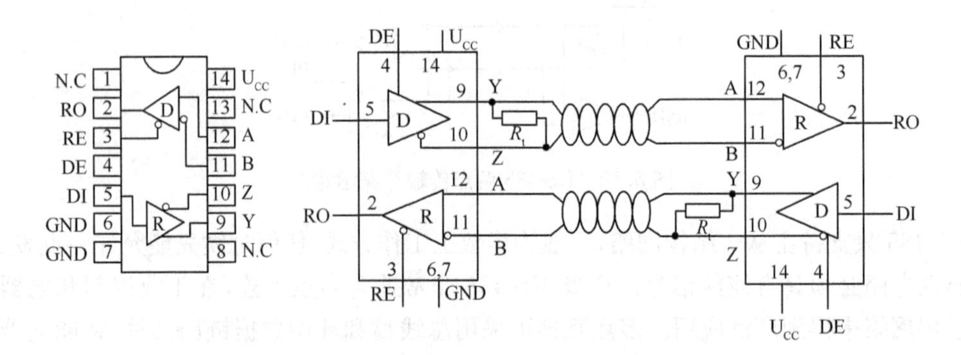

图 5.13　MAX489/491 内部逻辑结构及典型用法

如果通信网络使用的物理层接口不是RS-485/422，通信模块设计时就必须开发专用的接口驱动电路，实现智能电器与网络的直接连接；也可以设计一个独立的电平转换电路模块，把RS-485/422信号电平转换成实际使用的通信网络物理层信号电平，智能电器通过这个模块与网络连接。

此外，通信规约也是通信模块设计中十分重要的一环，通常与网络设计统一考虑，用软件实现。

5.3.3 人机交互模块的设计步骤

在智能电器监控器中，人机交互功能包括两个方面：现场操作人员选择需要监视的设备工作状态、设置或修改某些运行参数和功能；监控器根据输入的指令输出并显示智能电器的相关运行状态和数据。因此，人机交互模块的设计主要就是智能电器的显示与操作面板的设计，包括面板元件选择及其与监控器中央控制模块的接口电路的设计。面板元件分操作输入和显示输出两类。常用的操作输入元件有按钮、键盘、数字拨盘、PID开关等，近年来，还发展了如遥控键盘、远程开关以及语音输入接口等非接触操作输入设备。显示输出元件最常见的是LED/LCD显示器、LED指示灯和声音报警元件，根据需要还可以配置微型打印机。

1. 人机交互模块的设计原则

(1) 专用性

智能电器监控器是根据智能电器完成的功能设计的，本质上是一种专用的微机控制装置。人机交互模块的面板元件必须根据智能电器本身对就地的显示、设置和操作功能等要求配置，并且便于与中央控制模块接口。

(2) 小型廉价

人机交互模块不应使监控器本身的整体成本有明显的提高，也不能增加监控器的体积。

(3) 面板元件接口控制标准化

大多数面板元件都有相应的标准接口控制要求，可使用集成的接口电路芯片。接口芯片中的控制寄存器及所需数据缓冲存储器通过监控器处理器件数据总线传送数据时，应与处理器件的外部数据存储器统一编址。

(4) 面板必须便于操作和监视

不同的智能电器对显示和操作的功能要求不同，为监控器提供的安装空间也不同，但是所有智能电器监控器的面板都应当显示清晰，易于检测，操作简单。因此，面板设计时应当充分考虑智能电器的功能和允许的监控器体积。

2. 人机交互模块的设计步骤

根据上述智能电器监控器人机交互模块的设计原则可知，智能电器的类型、使用场合、监控器的安装空间、甚至用户对监控器成本考虑等因素，都将影响监控器人机交互模块的设计，必须综合考虑。一般说来，模块的设计大致可分以下几个步骤。

(1) 操作与显示面板元件的选配

智能电器监控器操作与显示面板元件的选配是人机交互模块设计的基础，选配的依据就是智能电器对就地操作功能和显示内容的要求，以及允许的监控器安装空间。对于不同应用场合下使用的智能电器，监控器的设计要求完全不同，相应的操作和显示面板的元件配置也不同。选配方案大致可以有3类。

① 只选用PID开关和LED，配合适当面板画面的设计方案。适合于体积很小，监控器与开关电器元件集成一体，操作和显示要求非常简单的智能电器，如带有智能脱扣器的小型塑壳式低压断路器和小功率低压配电网用智能化双电源转换控制器。这类电器只要求监控器显示开关元件的分、合状态和故障标志等简单信号，现场操作也只有保护特性或某些参数阈值的选择。采用这种方案可以以很低的成本满足要求。图5.14所示为这种面板配置图。

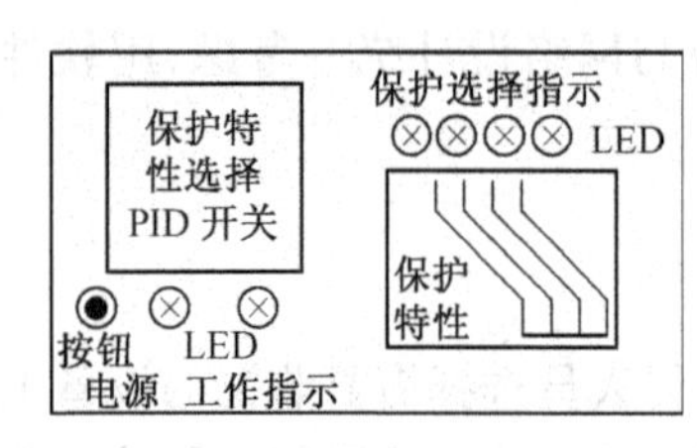

图5.14 面板元件只用PID和LED的配置方案

② 综合使用操作键盘、7(8)段LED数字显示器或字符型LCD显示器、运行与故障状态指示LED的配置方案。适用于只有运行参数显示和开关元件工作及被监控对象故障状态指示，不要求实时显示运行画面，能数字式设定保护参数的智能电器监控器。大功率智能低压框架式断路器和智能化中压、低压开关设备监控器低端产品的操作显示面板，大多采用这种配置以降低监控器成本。这种面板配置如图5.15所示。

③ 采用操作键盘、大屏幕点阵式图像型LCD配合故障指示LED的配置。对于现代电力输配电自动化系统和综合自动化变电站的间隔层电力开关设备、数字式继电保护装置等不仅要求的监测功能多，而且就地操作功能也比较复杂。除各种指定的运行参数外，还要求用画面形式实时显示开关设备内所有一次元件的分、合及故障状态，并能动态地进行画面刷新；现场人员能够就地执行显示项目和保护特性选择、保护参数阈值设定、保护功能的投退等操作。在这种场合下，智能电器对监控器的安装空间没有很严格的限制，人机交互模块的设计时，面板元件以充分满足操作显示功能的要求为主来配置。图5.16为这种方案的面板配置图。

近年来，相当多用于电力系统自动化的智能开关设备的监控器已经采用人机交互模块独立于监控器本体的结构设计，在这种情况下，模块的面板设计应当采用图5.16所示的方案。

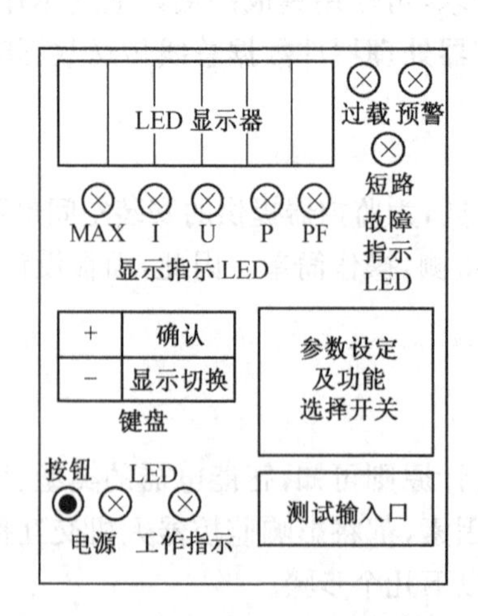

图5.15 使用键盘、简单数字显示器和LED指示的面板配置

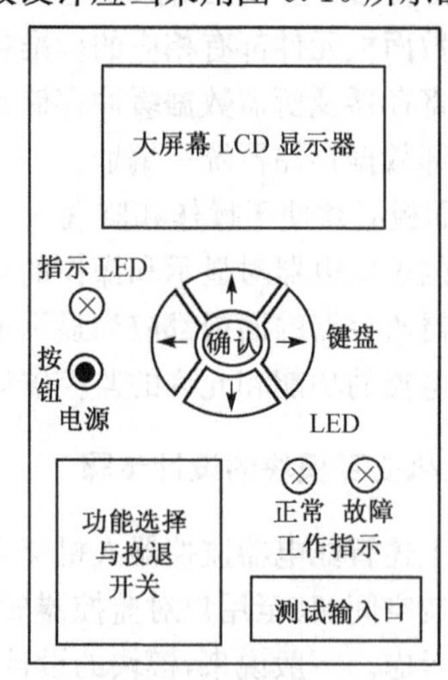

图5.16 键盘、大屏幕LCD配合LED指示的配置

(2) 常用面板操作元件及其接口电路选择

智能电器监控器最常见的面板操作元件有按钮、PID 开关或编码器、键盘，被用来实现不同的操作。

① 按钮。常用的按钮有接点自动复位和接点位置可锁定两种。前者由于施加于按钮上的操作压力释放后，所有接点自动复位到原始状态，操作后的接点位置不能保持。因此只在监控器操作状态有自动保持功能时适用，如监控器复位、现场操作开关元件的接通与分断指令输入等。接点位置可锁定的按钮则常用做监控器的电源操作按钮。

按钮与监控器中处理器的接口比较简单。复位按钮是处理器复位电路中的元件，通过复位电路与 RESET 引脚连接。开关元件现场操作按钮可采用图 5.17 所示电路与处理器 I/O 端口连接，端口编程设置为输入方式。电源操作按钮只用于接通或切断监控器交流供电电源，不与处理器接口。电源操作也可以使用小型双掷开关。

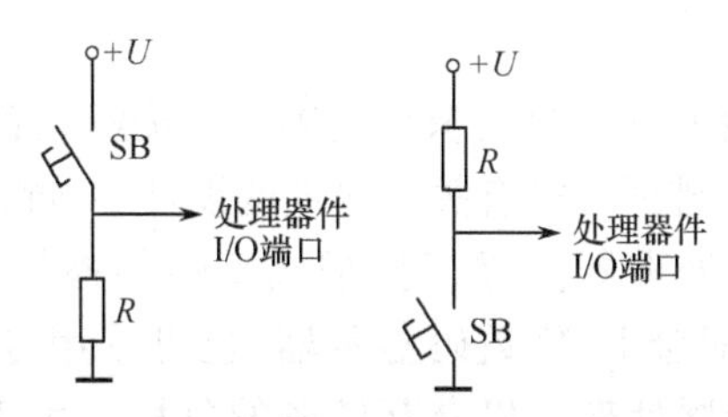

图 5.17 现场操作按钮与处理器的接口电路

② PID 开关。PID 开关是一种小型开关的组合，内部所有开关均为单刀双掷，可分别独立操作，有不同的数量配置以满足不同的使用要求。开关接点的引脚按标准 PID 芯片外引脚的排列方式，可直接安装在 PCB 上。在智能电器监控器中，PID 开关常作为就地设置设备功能、选择保护特性等操作结果能够被直接观察的元件。

PID 开关与处理器接口方式有直接接口和通过编码器接口两种。直接接口采用图 5.18(a) 电路，PID 开关与处理器 I/O 端口直接连接，占有处理器片内 I/O 接口，每个内部开关作为接口位寻址，编程为输入。这种方式电路简单，在处理器 I/O 端口数量比较充裕，或使用的 PID 开关数量较少时适用。编码器接口方式用于使用的 PID 开关数量多，而处理器端口数不足的操作面板，原理电路如图 5.18(b)所示。通过编码器，PID 内部 2^n 个开关只需占用 n 个处理器端口。

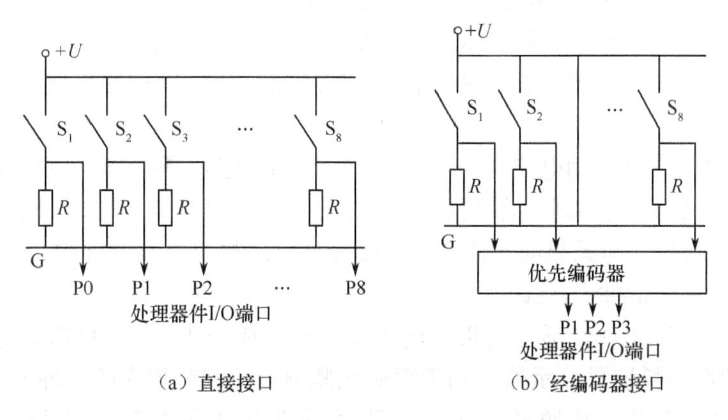

(a) 直接接口　　(b) 经编码器接口

图 5.18 PID 开关与处理器件的接口原理电路图

③ 键盘。键盘是微机监测和控制装置中应用最多的输入操作元件，由若干个独立的按键按某种阵列方式排列组成，按键可以使用传统的弹簧式按键，也可以选用触摸式按键。键盘阵列的排列方式、按键的数量和功能由设计者按操作功能、输入方式、面板允许的键盘安装面积、便于操作、开发成本等综合因素确定。

按键盘信息输入方式分类，智能电器中常见的方式有两种：一种是直接采用按键选择操作功能并输入参数。采用这种方式，键盘必须要分别设置功能键、数字键、操作键（取消、确认等），键数多，键盘所占面积大，但管理软件设计相对简单，当前已经较少使用。另一种是与显示器配合，用菜单方式操作。这种方式操作的键盘只需用上、下、左、右、取消、确认等几个键即可实现全部操作。由于使用的用键数少，所以键盘面积小，但显示器和键盘管理程序设计比较复杂。特别对要求操作显示功能全面、完善的智能电器监控器，人机交互模块的处理程序相当复杂，开发成本很高，通常采用与监控器本体分离，作为独立的部件设计，用户可根据需要选用，以降低设备成本。

监控器中处理器件对键盘的处理包括识别被操作的按键位置及其功能，与处理器件的接口与键盘阵列中按键的数量和排列方式有关。早期的设计中，键盘阵列键数多，大多采用通用并行 I/O 接口与处理器连接，处理器按逐行扫描或反转扫描的方式处理键盘，程序比较复杂。如果操作面板采用键盘配合 LED 数码显示器，也可采用专用的键盘与 LED 显示管接口，如 Intel 8279，以减轻处理器处理人机交互任务的负担。由于这种设计方案现在已很少使用，有关接口电路设计和处理方法本书不再讨论，读者可以参阅“微机原理及应用”一书中的相关内容。

对于当前常用的菜单操作方式的设计，因键盘阵列中按键的数量很少，排列简单，一般都采用与处理器件 I/O 端口直接连接的接口方式，键盘与显示器的管理程序统一考虑编制。

(3) 状态指示用的 LED 显示及接口方式

LED 常用于智能电器某些运行状态的指示，如故障状态、监控器工作状态、一次开关元件闭合与分断状态等。监控器的处理器件对 LED 的控制有直接控制和编码控制两种方式。直接控制方式下，每个 LED 对应一种状态，与处理器件相应的输出端口连接，由处理器件按位控制，有故障发生时，点亮对应的 LED。这种方式程序简单，状态指示非常直观。但需要指示的状态种类较多，在操作面板的面积或处理器件的输出端口数量不允许时，可以采用编码控制方式。处理器件对指定作为状态输出的 n 个端口编码，产生 2^n种不同的输出，接在这些端口上的 LED 相应地有 2^n种显示组合，除全部熄灭外，可指示 2^{n-1}种不同的状态。这种控制方式下，LED 与处理器件接口的方法与直接控制相同，但控制程序不同，显示也不够直观。

当处理器件输出端口驱动电流与 LED 驱动电流不匹配时，需要增加驱动元件。元件选用由 LED 数量确定，数量较多时用集成驱动器芯片；当数量少于 4 个时，建议选用晶体管。图 5.19(a)、(b)所示分别为无驱动元件和有驱动元件时的接口电路原理图。

(4) 面板常用显示器件及其接口

智能电器人机交互操作与显示面板常用的显示器件有 LCD 和 LED 数码显示器两种。

① 平板薄型低功耗液晶显示器。用于智能化监测与控制装置中的这种 LCD 配合 CMOS 电路可以组成微功耗系统。按照显示方式，LCD 可分为段式和点阵式；根据所用的显示驱动器，点阵式又有字符型和图像型两种。智能电器监控器基本使用点阵式 LCD。在显示的信息

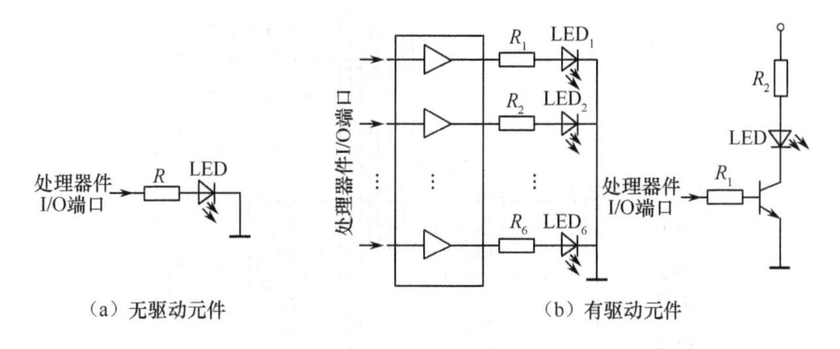

图 5.19 状态指示用 LED 与处理器件接口的原理电路

比较简单，也不要求使用汉字时，一般使用字符型；当要求显示信息复杂，有图形显示，或显示需要汉化处理时，应选用图像型 LCD。

当前市场供应的 LCD 都是可直接与处理器接口的显示模块（LCM）。LCM 把 LCD 显示屏、导电橡胶连接器、背光电源、驱动与控制电路芯片、PCB 等集成为一个整体，组成相对独立的部件。显示模块的 PCB 上有一个与处理器件连接的插件，驱动与控制芯片通过连接电缆与处理器件交换信息，接收处理器件发送的显示指令和数据，并按指令和数据要求显示字符和图形；处理器通过连接电缆访问显示模块的工作状态，以便对显示器进行控制和发送显示信息。LCD 驱动控制芯片一般带有内部显示 RAM 和字符发生器，只需要输入 ASCII 码就可以显示相应的字符。显示汉字时，需要在处理器件的只读存储器 ROM 中建立汉字字库。

② 7(8)段 LED 数码显示器。有关 LED 数码显示器的工作原理及基本控制方法，已在"数字电路"和"微机原理及应用"等课程中进行了详细讨论，这里不再叙述。下面主要介绍智能电器监控器的人机交互显示器使用 LED 数码管时，与处理器件的接口方法。

常用的 LED 数码显示器与处理器件的接口方法有通用并行 I/O 接口和专用的 LED 显示器管理芯片接口两种。由于处理器 I/O 数目比较多，电路上多采用通用并行 I/O 接口，显示数据必须由处理器件处理成 LED 数码管的显示代码，与所需的控制信号一起从 I/O 端口输出，经驱动放大后使显示器工作。驱动电路可以采用各种集成驱动电路，但是必须注意，显示器中各段位 LED 的驱动芯片，其输出端提供的电流应能点亮显示器的段位 LED；而显示器的位选择驱动器则应提供每个显示器内全部 7(8)段 LED 同时点亮时所需的电流。这种接口方法的原理电路如图 5.20 所示。

5.3.4 电源模块

监控器的电源模块为监控器内部各功能模块提供工作电源，其设计不仅关系到监控器的正常工作，还影响到监控器的 EMC 性能，是智能电器监控器设计中十分重要的环节。

1. 电源模块的设计原则

模块的设计原则包括以下几点。

① 保证中央控制模块地线"全浮空"，提高模块工作的可靠性和抗干扰能力。

② 模拟通道与数字电路分开供电，若二者不能隔离，则供电电源地线应单点连接。

③ 开关量输入、输出模块供电电源必须与中央控制模块电源隔离。

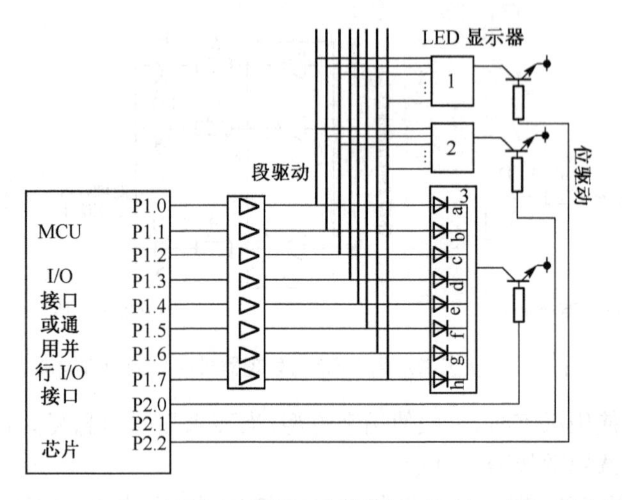

图 5.20　LED 显示器与处理器件采用并行 I/O 接口的电路原理图

④ 通信模块中收发驱动电路要求独立供电，采用 RS-485/422 接口时，电源必须隔离。

⑤ 一次开关元件的操作线圈必须独立供电，且能保证在开关分断后重新关合。

⑥ 一次开关元件开断后，能保证监控器正常运行。

⑦ 电源"自具"。对于馈电线路上的开关元件、预装式变电站等户外设备智能监控器，要求电源"自具"。所谓电源"自具"，是指监控器的工作电压直接取自被监控设备的供电电源，而不带任何附加或备用电源。

2. 监控器常用电源模块电路的配置方式

智能电器监控器电源模块的电路配置取决于对监控器中各功能模块工作电压的要求、电源模块的供电方式和电源模块的成本。供电方式不同，采用的电路元件配置不相同；而对于同一种供电方式，由于监控器功能模块的工作电压、要求的独立电源数量不同，所以使用的电路元件也不同。此外，采用不同的电路配置，可以满足对监控器整体成本的要求。

智能电器监控器电源模块常用的供电方式有电压供电和电流供电两类。电压供电又有两种：中、高压以上的智能电器由一次开关元件进线端的电压互感器供电，低压智能电器则由一次开关进线端电网供电。电流供电则由一次开关元件出线端的电流互感器供电。直接由进线电网电压供电时，应当根据电路的配置结构选用适合的变压器或电力电子 AC/DC 变换器。下面按电路原理分别介绍几种常见的电源模块电路配置。

电压供电的电源模块电路配置有变压器＋整流器＋集成模拟稳压器模块、变压器＋整流器＋DC-DC 变换器模块和直接采用 AC-DC 变换器模块 3 种，图 5.21 至图 5.23 所示分别为它们的原理电路结构。

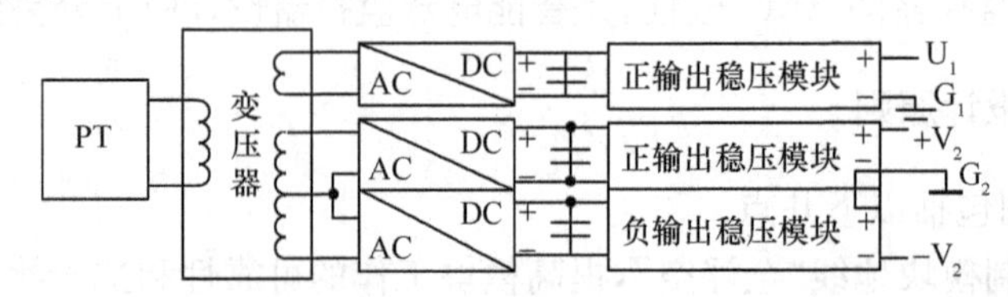

图 5.21　变压器＋整流器＋集成模拟稳压器的电源模块原理电路

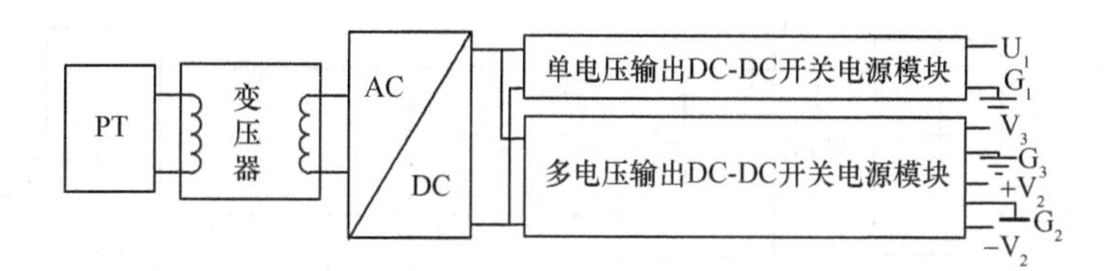

图 5.22　变压器+整流器+DC-DC 变换器模块的电源模块原理电路

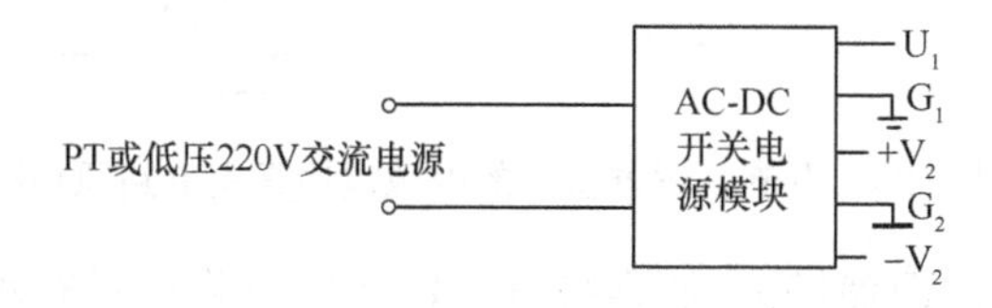

图 5.23　直接使用 AC-DC 变换器模块的电源模块原理电路

集成模拟稳压电源模块体积小，成本低，但需要直流电压输入，每个模块只能输出一种幅值和极限的电压，且输出电压幅值不同，相应的输入电压幅值也不同。当要求电源模块提供相互隔离、幅值和极性不同的电压时，需要选择不同的稳压电源模块，而且必须为每个模块配置一个变压器二次绕组和整流器来提供其输入直流电压。因此采用这种电路配置，元件数量多，占用空间大，电路复杂。特别是模拟稳压电源模块的功耗大，使用时发热造成电源模块的温升高，严重时将影响监控器的正常工作。在智能电器监控器中，现在基本不采用这种配置的电源模块。

DC-DC 和 AC-DC 变换器都是电力电子开关电源，已广泛地应用于各种电子设备，作为设备中的电路元件工作电源。当前市场提供了不同生产厂商开发的各种集成 DC-DC 和 AC-DC 开关电源模块。与模拟集成稳压电源模块不同，同一个集成开关电源模块可以提供几组相互隔离、不同电压幅值或极性的输出直流电压，输入电压范围很宽，可以与电压互感器二次侧输出电压或低压电网的 220V 交流电压兼容，而且集成开关电源模块的功耗小，工作温升低，稳压性能更好。开关电源模块的这些特点大大地简化了电器监控器电源模块的配置和电路设计。但是集成开关电源模块价格较高，对于要求整体成本低、功能比较简单的智能电器，监控器的电源模块不需要提供多组电压输出时，可以采用合适的电力电子开关器件，自行设计满足要求的开关电源。对大多数要求为不同功能模块提供独立工作电压的电源模块，也可以考虑采用混合使用开关电源模块和模拟电源模块的配置。

与电压供电不同，电流供电需要通过对电容器充电，把电流变换成电压，才能为监控器使用。但是，用电流对电容器充电时，电容电压将随充电时间线性增加，如果不加限制，理论上会一直上升，使电容器因电压过高而击穿。因此，电源模块由电流互感器供电时，需要采取措施限制电容器的充电电压。图 5.24 所示为这种供电方式下监控器电源模块的一种原理电路结构。电路采用 Boost 电路结构，由开关元件 VM 完成对电容器充电电压的限制，VM 一般采用功率 MOSFET。从电路分析可知，电路稳定后的电容电压 U_C 为

$$U_C=\frac{R_1+R_2}{R_2}\times U_Z \tag{5.1}$$

式中，R_1，R_2 为电容电压采样分压电阻，U_Z 为稳压管 VZ 两端的电压。

稳定工作时的电容电压通常限制为监控器开关量输出端口的最高工作电压，其他功能模块的工作电压可通过 DC-DC 变换器模块或模拟稳压器模块获得。图中 U_S 是备用蓄电池，在

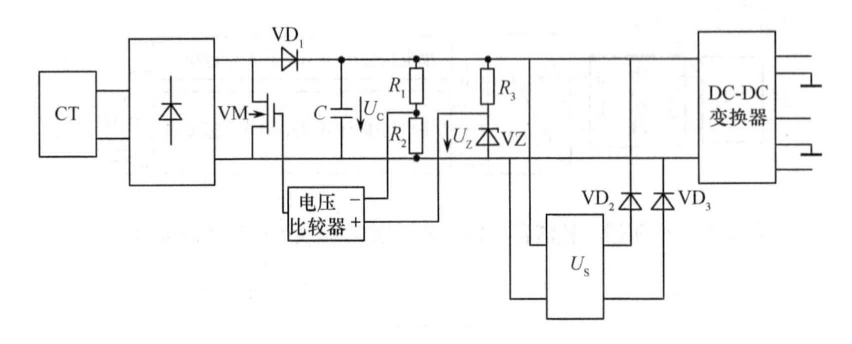

图 5.24　电流互感器供电的电源模块常用电路原理图

一次开关元件开断后，为监控器供电，使其继续工作并重新关合开关元件。

3. 不同电源配置结构的比较

电压供电的电源模块由一次开关元件进线端馈电线路供电，只要馈电线路不失去电压，即使智能电器的一次开关元件开断，也能保证监控器正常供电。而采用电流供电的电源模块，由于电流互感器装设在一次开关元件的出线端，一旦开关元件开断，监控器将失去电压，所以必须设置备用电源，以保证电源模块失去供电电压后监控器的正常工作。因此，电流供电的电源模块不能满足电源“自具”的要求，不宜在馈电线路自动化的户外智能电器监控器中采用。

由前面对电源模块常用电路的分析可知，采用模拟稳压器模块为监控器各功能模块提供电压，电源模块的成本较低，但电路元件多，电路复杂，电源模块工作温升高，可靠性较差。开关电源模块虽然价格较高，但可以减少监控器电源模块使用的电路元件，简化其配置结构，降低运行功耗，而且开关电源模块有很强的抗电磁干扰能力，有利于监控器的EMC设计。

5.4　监控器的时序设计

智能电器是一种数字化、微机化的监控和保护设备，其监控器内包含可编程数字处理器件、存储器、各种不同的外围设备接口电路和辅助集成电路，它们都要在处理器件的管理下，按照严格的时序要求，协调一致地工作。由于不能保证存储器、外围接口电路和各种辅助集成电路的读写速度与所选用的处理器件完全一致，特别是各种外围设备的执行速度，一般都大大低于处理器件，因此，为保证监控器的正常工作，硬件设计时应充分考虑到快速的处理器件和其他慢速器件的时序协调问题。时序协调的基本措施有以下几种。

(1) 选用存取周期与处理器件兼容的外部存储器和接口电路芯片。当监控器的中央控制模块处理器件有外部扩展ROM、RAM和I/O接口芯片时，应尽量保证外部扩展电路芯片的存取速度与处理器件存取速度兼容，否则容易造成数据出错，甚至会导致系统的崩溃。

(2) 处理器件采用插入等待周期的数据存取方式，协调与外部扩展芯片的存取时序。

当前处理器件常用的各类MCU基本都有Ready输入端，当外部扩展的存储器和I/O接口电路内部寄存器的读写速度低于处理器件时，向Ready端输出相应的逻辑信号，处理器件将在读、写总线周期中自动插入等待周期，以协调与外部扩展芯片的时序问题。

(3) 利用接口电路的应答控制，通过程序查询或中断处理来协调低速的外部设备与高速处理器间的时序。微机的通用I/O接口与外部设备连接的除外引脚除数据I/O端口外，一般都提供一对应答控制信号线。一根为处理器准备好收发数据时通知外部设备，另一根为外部设备准备好收发数据时通知处理器件。处理器件可用程序查寻这一对应答线的状态来协调与外部设备数据交换的时序，也可采用中断处理的方式来实现二者间时序的配合。

采用现场可编程门阵列 FPGA 的智能电器监控器中，所有功能模块和时序配合需要的逻辑电路全部采用对其内部逻辑器件的预先编程实现。在这类监控器工作时，数字信息的处理、I/O 和时序处理将全部由编程好的硬件逻辑完成。

5.5 监控器的软件设计

智能电器的监控对象是一次开关元件及其他被监控和保护的电力设备及用电负载，主要完成对智能电器运行现场的参量监测和被监控对象的保护与控制，有很高的实时性、可靠性要求。为此，其监控器除了有精心设计的硬件电路，只要处理器件采用 MCU，就必须有高效、执行速度快、占用内存少且便于管理的软件。软件设计中不仅要考虑使用的编程语言，更重要的是根据监控器完成的功能确定软件的结构，合理选择软件设计方法和数据结构，保证软件能实时、可靠地完成各项功能。本节从设计要求出发，讨论监控器常用的程序结构、设计方法及其适用场合；着重分析嵌入式操作系统设计思想在智能电器监控器软件设计中的实现方法，即实时操作系统的概念，任务模块的划分、调度和管理，以及程序设计，并简要介绍其软件的数据结构。

5.5.1 监控器软件设计的基本要求

智能电器的种类很多，应用范围非常广，相应的功能要求也不完全相同。但是作为电力系统中电力设备或电力负载的监控设备，在它们的软件设计要求中，仍然存在以下共同的基本要求。

(1) 满足一次开关元件操作的准确性和快速性

智能电器监控器必须对现场大量的信息进行实时处理和分析，对就地操作或后台管理系统发出的各种指令作出正确的判断和响应；在发生故障时，能够迅速地检测出故障，准确地判断故障类型并向开关元件的操作机构发出相应的操作控制命令。为此，程序的设计必须保证对数据处理的准确性，对重要事件识别和响应的实时性。

(2) 具有与后台管理系统交换数据的透明度和程序对用户的开放性

监控器的程序既要保证后台管理系统在任何时刻能直接查看到运行现场的智能电器及其被监控对象的工作信息，又要使现场智能电器能直接接收管理系统下发的各种指令。同时，程序还应使用户不必了解监控器的硬件配置，也不必修改程序整体结构，即可根据现场要求更改、增加或删除监控器外围的硬件配置。

(3) 良好的人机交互能力和友好的用户界面

在大多数的应用中，智能电器监控器应能使现场操作人员及时了解现场的各种运行参数和被监控对象的工作状态，提供必要的就地操作功能，如指定当前需要显示的信息、设定保护特性和参数、智能电器功能的投退等。

(4) 软件产品的标准化、可移植

尽管智能电器的类型和使用现场不同，完成的具体功能要求不同，但是程序对大多数基本功能，如对模拟量的采样、测量算法及其显示、基本的保护算法、采用相同规约的通信等的处理方法是相同的。因此，可以把实现一种通用功能的程序作为一个模块，采用监控器处理器都支持的编程语言设计成标准化的软件产品，可以快速地移植到生产厂商开发的不同监控器产品中，以便减少开发成本，缩短开发周期。

(5) 满足电器智能化网络运行对其节点设备的要求

电器智能化网络本质上是一种计算机通信网络，智能电器既是现场设备，接受后台管理系统上位机的管理，但又与上位机同为通信网络中的节点。为了实现与上位机之间的信息交换，智能电器监控器的软件设计不仅要考虑实现其对现场设备的监控功能，还需要使其结构符合计算机通信网络对网络计算机软件的基本要求。

(6) 保证监控器稳定、有序并可靠运行

智能电器运行过程中，监控器要完成多种不同功能的工作任务。任务不同，实时性要求不同，执行频率不同，占用中央处理器的时间不同，入口条件及优先级也不同。因此，设计的软件必须保证能够有效地协调所有任务的资源占有、运行时间和运行顺序，才能满足监控器工作的稳定性和可靠性要求。

总之，监控器的软件应同时兼顾被监控对象、后台管理系统和用户要求，对软件需要完成的各种处理任务进行完善的调度和管理。但是，不同类型和应用的智能电器，在监控功能的复杂性要求方面有较大的区别，软件需要处理的任务数量也有很大的不同。因此，监控器的软件设计应当从基本功能要求出发，选用合适的软件结构和设计方法，使设计出的软件高效、可靠、性价比高。

5.5.2 监控器软件常用的设计模式与适用场合

智能电器监控器通常采用各种 MCU 作为处理器件，实质上就是一种微机测量与控制系统。因此，用于微机测控系统中的软件设计方法和软件结构，同样也适用于智能电器监控器。下面介绍几种当前智能电器监控器中常见的程序的设计方法、结构及适用场合。

1. 进程式设计模式及其应用

进程式设计基本上按照被控制对象工作流程的顺序来进行程序设计，是早期微机控制系统使用的程序设计方法。这种方式设计的程序，在整体上表现为一种单线程的循环结构，配合分支转移、程序查询等局部控制程序进程的设计，以满足被控制对象自动改变工作状态、识别和响应各种外部事件的功能要求。进程式程序的结构如图 5.25 所示。

这种方法设计的程序结构简单、流程清晰、执行效率高，但是程序对硬件的依赖性强，完成不同功能的程序相互耦合，没有清楚的层次结构，局部环节出现故障，系统很难自动进行控制与恢复。此外，对局部功能的修改将影响程序的整体结构。因此，这种结构的程序不适合功能复杂、处理数据量大、实时性要求高的应用，也不能用于分布式的网络管理系统。在智能电器的应用中，只适用数据量很小、功能少、处理简单、不与智能化网络连接的单机监控器的程序设计，如中、小型低压塑壳式断路器的智能脱扣器、不要求监测功能的智能低压双电源转换控制器、某些智能接触器的监控器等。

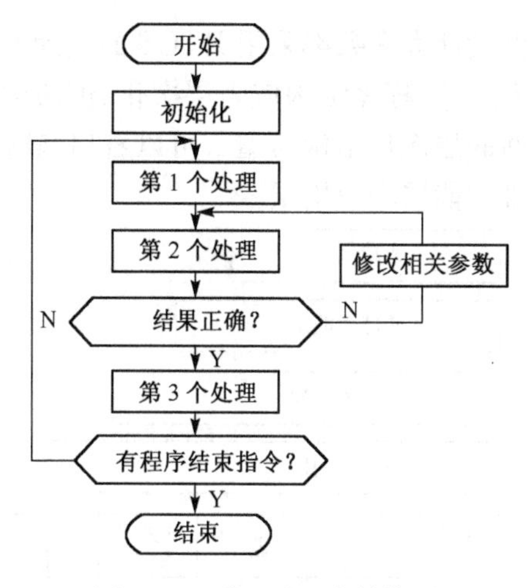

图 5.25　进程式程序结构图

2. 模块化的前后台操作设计模式及程序结构

这种设计方法将程序分为后台程序和前台程序。前者控制程序的全部进程并处理实时性要求不高的应用程序，整体结构表现为一个大循环，内含程序转移、查询、子程序调用等。后者包括所有实时性要求较高的程序模块，通常采用中断请求的方式处理。采用这样的设计方法，后台程序实际上是主程序，而前台程序就是中断服务程序。这种程序设计采用了模块化的方法，把完成不同功能的程序分别设计成程序模块，实时性要求不高的作为子程序供主程序调用，实时性要求高的作为中断处理程序，按优先级排队进行处理。前后台的程序设计减小了程序模块间的耦合，修改功能程序模块不影响整体结构，功能程序模块也可以移植，是当前微机控制中使用最多的程序设计方法，在智能电器监控器软件设计中也有使用，但基本用在监控功能不很复杂的监控器设计中。

用于电力系统自动化中的智能化电器及开关设备需要处理大量的测量、保护、监控和通信任务，通常要求在一个电源电压周期中完成所有测量、保护数据的采集和处理，并且能及时对故障、通信请求、操作输入等作出响应，程序处理的数据量大，实时性要求比较严格，采用前后台操作模式设计的程序很难满足要求，也不能保证程序运行的可靠性。因此，当前较复杂的智能电器监控器的软件大多按嵌入式系统软件的结构，采用以实时操作系统为核心的层次化、模块化设计方法。

3. 嵌入式系统软件设计模式的应用及程序结构

嵌入式系统软件是嵌入式系统的主要组成部分之一，也是嵌入式系统与一般微机控制系统相比最具特色的部分，其核心是它的操作系统。嵌入式系统的软件操作系统(简称嵌入式操作系统)采用面向应用的设计，编码容量很小，可以在系统有限的存储空间内运行，并且可以剪裁和移植，以适应不同应用的设计。嵌入式操作系统有很高的实时性，能够对系统中各应用程序模块进行有效的调度和管理，保证所有程序模块有序、高效地运行。因此，嵌入式操作系统是一种实时操作系统(Real-time Operating System，RTOS)，特别适合于数据处理量大，完成的功能数量多，操作复杂，实时性有严格要求的微机控制系统。当前，用于输配电系统中的各类智能电器设备监控器的软件设计大多数都采用 RTOS 的设计方法。

采用嵌入式系统的软件模式，其程序结构应当层次化、模块化。图 5.26 所示为以这种模式设计的智能电器监控器软件的层次化结构模型。可以看出，软件的整体结构从下到上分为硬件驱动层、管理调度层、基础功能层和应用层。

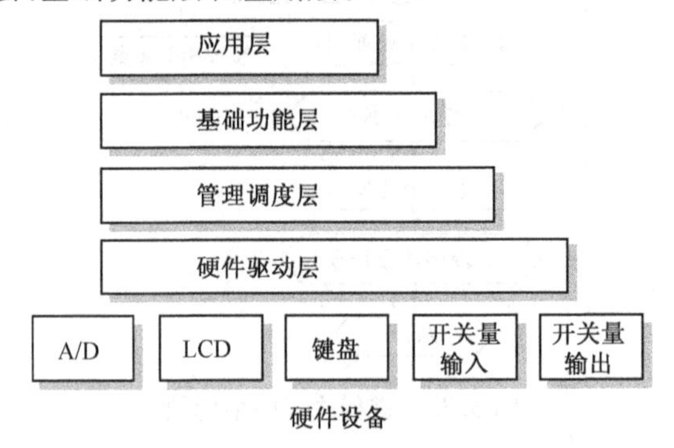

图 5.26 用嵌入式软件模式设计的监控器软件的层次化结构模型

硬件驱动层直接面向监控器的各种硬件设备，所有与这些设备联系紧密的功能，如运行现场模拟量的采样和开关量信息监测、监控器内部资源的自检、现场操作控制命令的执行、运行参数和状态的显示输出、操作键盘的管理等，都由硬件驱动层中相关的程序模块来完成。上层软件通过硬件驱动层获得其工作所需的各类数据，又通过它向相应硬件设备输出工作参数和控制指令。因此，硬件驱动层的设置实际上隔离了上层软件对硬件的直接操作，无论监控器硬件的改变，或上层软件模块的修改、增加和删除，都只影响到与之有关的程序模块，既不影响其他的程序模块，也不影响程序的整体结构。这不仅大大提高了软件的灵活性和软件模块的可移植性，而且保证了程序对用户的开放。

管理调度层本质上就是一个实时操作系统，负责软件系统中各程序模块（任务）的管理和调度，是整个软件的核心，控制和协调监控器的全部工作。在智能电器监控器的软件设计中，管理调度层的设计是监控器软件设计的关键，直接影响监控器的工作性能。

基础功能层包括与实现基本功能联系密切的软件模块，分为两部分。第一部分是加工从硬件驱动层取得的现场信息、提取其中的有效数据、建立公用数据区，为应用层软件提供数据。这部分包括模拟量的加工处理，如电压、电流的数字滤波、短路电流波形的分析和故障录波、现场事件记录等，其特点是执行频率高或实时性要求高。第二部分是被应用层当做底层功能模块调用的部分，包括 LCD 屏幕显示、开关量的 I/O 处理等。

应用层则是根据不同的保护对象和用户的特殊要求配置的各种独立的功能模块，如各种电参量和非电参量的计算，通信、显示、键盘处理、功能投退、定值改写等，同样由管理调度层来管理。与基础功能层不同，应用层主要面向智能化网络的后台管理系统和用户，各程序模块的执行时间较长，执行频率和实时性要求相对较低，但通用性更好。

采用嵌入式软件模式的另一特点是使用公用数据区。硬件驱动层取得的现场数据存入公用数据区指定空间，各上层功能程序模块从该空间取得需要的数据，并把处理结果存入数据区内相应的空间，供上层其他程序模块或硬件驱动层程序运行时读取。公用数据区的建立可以使软件处理的数据得到更有效的管理，提高有限的内存数据空间的使用效率。

了解 RTOS 的概念，是智能电器监控器嵌入式设计的重要内容，本章以下内容将做进一步的讨论。

5.6 RTOS 及其在监控器软件中的应用

实时操作系统(RTOS)是在 PC 操作系统的进程管理和调度思想基础上建立的实时多任务的管理调度系统,是嵌入式系统软件的核心,负责统一安排所有与硬件和软件资源的管理、调配与控制相关的程序模块的执行,以便提高软件的灵活性、可扩充性和开放性。这种软件设计思想已经在工业控制、航空航天、军事、仪器仪表、通信等领域得到广泛的应用。在要求复杂监控功能的智能电器监控器软件设计中,也基本上采用这种设计模式。

5.6.1 任务调度的概念和实时操作系统的分类

1. 任务及任务调度的概念

任务是指完成一项工作的程序及其使用的操作在处理器中的工作过程。在智能电器监控器中,实现一种指定功能的程序模块就作为一个任务,由操作系统来管理和调度。

所谓任务调度,就是根据任务的实时性、重要性而合理安排执行的优先顺序,并在任务执行的条件满足后,按优先顺序完成任务状态的切换。任务状态主要有等待态、就绪态和执行态 3 种。执行条件不满足的任务状态是等待态,满足执行条件但优先级较低而不能执行的任务为就绪态,只有满足执行条件又有最高优先级的任务为执行态,可以得到执行。

就任务调度和管理的机制而言,实时操作系统分为占先式任务调度和非占先式任务调度两种。调度机制不同,需要切换的任务状态的数量也不完全相同。

2. 占先式任务调度和非占先式任务调度

(1) 占先式任务调度

实时操作系统采用占先式任务调度时,需要切换的任务状态有 5 种,除等待态、就绪态和执行态外,还有阻塞态和中断态。在管理和调度任务时,占先式任务调度始终保证当前就绪任务中优先级最高的任务得到执行。在这种调度方式下,只要有高优先级的任务执行条件得到满足,即使优先级较低的任务处于执行态正在被执行,也将被阻塞,并被切换到就绪态,使高优先级任务得到处理器的使用权而进入执行态,优先得到处理。

采用这种调度方式的实时操作系统具有以下特点:

① 实时性高,重要任务请求能得到及时响应;

② 任务切换频率高,需要高处理能力和处理速度的处理器;

③ 需要为每个任务安排专用的硬件堆栈,才能满足任务切换过程中被切换的任务现场的保护和恢复,占用的存储器容量较大;

④ 任务调度程序的设计非常困难。

(2) 非占先式任务调度

在非占先式调度方式下,除采用中断启动的任务可以中断执行态任务,任何高优先级任务就绪后,都必须等待已在执行的任务结束,启动任务调度程序,判断其优先级后,才能进入执行态。与占先式任务调度相比,非占先式任务调度有以下特点:

① 对重要任务的响应较慢;

② 任务切换次数少，调度程序设计相对简单；

③ 不需要为每个任务设置专用硬件堆栈，内存容量需求少，处理器操作堆栈的负担较轻；

④ 为保证重要任务请求尽快得到响应，任务必须进行合理分解，使每个任务执行时间尽可能短。

早期的智能电器监控器，由于硬件支持不足，指令执行速度不够快，主要采用非占先式任务调度方式自行开发的实时操作系统，任务调度程序中的具体内容与监控器的硬件资源和要求完成的功能有关，涉及任务的划分、调度、管理与协调、执行 4 方面。

目前大多数针对工业应用的嵌入式 CPU 和 MCU 系统开发商开发的 RTOS 采用占先式任务调度方式。嵌入式系统开发商提供了多种不同用途的、源代码开放的操作系统软件，供使用者开发需要的嵌入式系统软件。

常见的嵌入式 RTOS 软件有 Intel 公司 51 系列单片机专用的 SMALL RTOS-51、Atmel 公司 AVR 系列单片机专用的 AVRX RTOS、美国 FSMLabs 公司的 RTLinux、WindRiver 公司的 VxWorks、OaR 公司的 RTEMS 以及当前应用最普遍的 μC/OS-Ⅱ。

SMALL RTOS-51 和 AVRX RTOS 适用于 8 位嵌入式系统，源代码开放且根据使用要求可以修改。但是，它们是以指定的 MCU 为处理平台的专用操作系统，很难移植到以其他 MCU 或 CPU 为处理器的嵌入式系统。RTLinux 是在 Linux 通用操作系统上加入 POSIX 实时扩展部分形成的，是一种以 RISC 嵌入式处理器为目标的免费源代码开放的操作系统。但是在实时性方面还存在一些问题，而且不支持一般的 MCU 和 CPU。VxWorks 有很高性能的内核、良好的开发环境、优良的实时性和可靠性，但是不能免费使用。RTEMS 是可免费使用的源代码开放操作系统，具有非常完善的任务调度和内存管理机制，有很强的可移植性，但支持的目标也基本是 RISC 嵌入式处理器。因此，在智能电器中这几种操作系统软件很少被采用。

智能电器监控器软件设计中采用占先式任务调度的 RTOS 时，较多地使用 μC/OS-Ⅱ。关于 μC/OS-Ⅱ的详细内容，请参阅有关文献，下面以其为例介绍 RTOS 的使用特点。

5.6.2 基于 μC/OS-Ⅱ的智能电器监控器软件设计

1. μC/OS-Ⅱ概述

μC/OS-Ⅱ是一种开放源代码的自由软件，采用了占先式任务调度，性能稳定，可以根据实际应用的需要进行修改、剪裁和移植后作为所设计的软件的操作系统。

（1）任务状态

在 μC/OS-Ⅱ中，任务状态分为运行、就绪、挂起、休眠和中断 5 种状态。运行状态是指获得了处理器件的管理权，正在执行任务程序的状态；就绪状态是指任务已经建立，可以开始执行，但有更高级别任务正在运行，使其暂时等待的状态；挂起状态是任务在等待某种事件发生，暂时不能得到或暂时放弃处理器件使用权；休眠状态的任务驻留在程序中间，一般情况下，不被实时任务调度系统调用，只在需要时交给 μC/OS-Ⅱ管理；被中断状态是正在执行的任务程序被中断请求打断，把 CPU 使用权交给中断处理。

（2）任务调度

μC/OS-Ⅱ通过内核提供的服务来实现任务状态的转换，完成任务调度，能够保证高优先级的任务先得到响应。首先在主函数中初始化，建立起第1个任务，也是系统中优先级最高的任务，然后调用与任务调度有关的函数，进入多任务，并执行进入就绪态的优先级最高的任务。对需要等待事件发生的任务，μC/OS-Ⅱ调用相关的等待信号函数，使其进入挂起态。当处于挂起态的优先级较高任务等待的事件或中断级任务的请求到来，或者正在执行的任务必须等待某些条件满足才能继续运行时，正在执行的任务将被切换到相应的状态。

（3）现场保护与恢复

使用μC/OS-Ⅱ作为操作系统时，必须为每个任务设置专用的堆栈。在任务切换时，对于原来正在执行的任务，把需要保护的参数压入该任务的专用堆栈，再放弃处理器的使用权。对将要进入运行态的任务，取得处理器使用权后，先把有关参数从任务堆栈中恢复到处理器寄存器和执行堆栈中，再由处理器执行。任务专用堆栈一般设置在外部数据存储器中。

（4）移植

μC/OS-Ⅱ是一种微控制器嵌入式设计时的通用操作平台，在具体的应用时，需要把与处理器件相关的实时内核移植到所选用的微处理器或微控制器，这就是μC/OS-Ⅱ的移植过程。μC/OS-Ⅱ虽然是采用C语言编制的，但在执行过程中需要完成大量的堆栈操作，这部分与实际系统的硬件结构密切相关，在移植到具体处理器件中运行时，必须采用相应的汇编语言编程。不同处理器在移植μC/OS-Ⅱ时，所用的开发工具和方法不同。此外，移植μC/OS-Ⅱ还必须了解移植目标是否能支持C语言编程，是否能支持足够的堆栈数量。

2. μC/OS-Ⅱ内核与任务管理

μC/OS-Ⅱ核心功能包括任务的创建、调度、管理及通信，中断管理和时钟管理。μC/OS-Ⅱ程序运行首先进入主函数main( )，在主函数中完成系统的软硬件模块的配置和初始化工作，然后启动内核，接管整个系统的资源并负责所有的任务和中断的调度与管理。

（1）μC/OS-Ⅱ内核功能

μC/OS-Ⅱ内核采用的是占先式优先级调度方式。图5.27所示是一个基于优先级的占先式调度，其中优先级大小：TH>TM>TL。任务TL的执行被中断打断，处理完中断后，系统不是立刻返回TL，而是由内核进行优先级调度——从就绪任务队列中找出最高优先级的任务TH执行。任务TH执行完后，内核将按照同样的规则决定下一个要执行的任务。

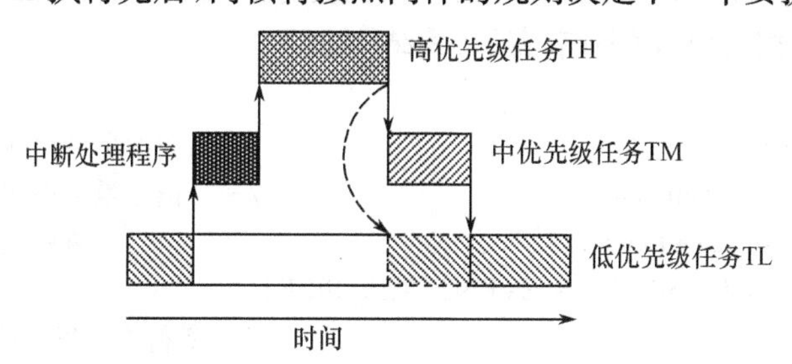

图5.27　占先式优先级调度

μC/OS-Ⅱ的占先式任务调度不是绝对的，内核还提供了调度器上锁Lock和开锁Unlock功能来禁止任务调度。任务调用上锁功能后，任务调度停止，即使更高优先级的任务就绪也不会被执行，直到调度器解禁。调度器上锁只是禁止任务交换上下文，不屏蔽中断，因此在任务调度禁止期间，任务照样可以被中断。由于调度器被禁止，任何其他任务都不能被执行，因此和任务调度有关的功能如任务挂起、任务延时以及通信挂起等不能被调用。

(2) 任务及任务管理

任务的管理和调度是RTOS的核心功能，μC/OS-Ⅱ可以管理多达64个任务，每个任务具有特定优先级、拥有自己的CPU寄存器和堆栈空间。每个任务创建时，会被分配一个任务控制块(TCB)。TCB包含任务切换时所需要的信息，包括任务堆栈指针、当前状态、等待时间、优先级及任务代码首地址等。系统中所有任务的TCB首尾串接为TCB链表，由内核统一管理。当需要添加或删除任务时，需要在TCB链表中添加删除相应的TCB。

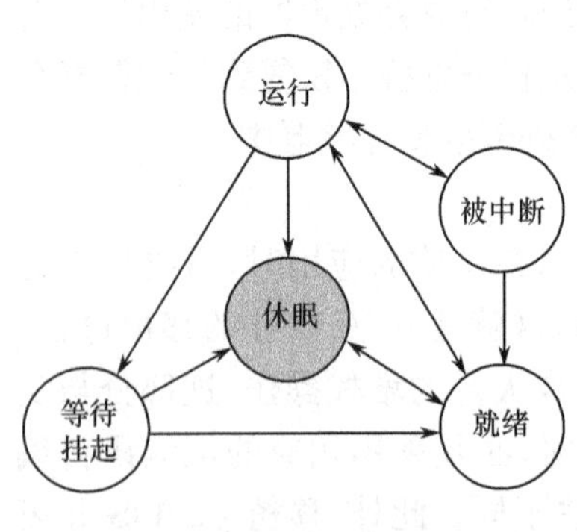

图5.28　μC/OS-Ⅱ中任务的状态切换

每个任务实际上是处于一个无限循环中，任一时刻任务状态始终处于5种任务状态之一，图5.28指出了5种状态之间的切换关系：只有运行态的任务可以被中断，而且可以切换到其他任何状态；被中断的任务可能返回运行状态，也可能由于有更高优先级的任务就绪而返回就绪状态；等待/挂起和休眠的任务不能直接执行，需要切换到就绪状态后才可以执行。

基于μC/OS-Ⅱ进行软件设计时，主要是用户任务程序模块的编写，任务实时性由操作系统保证，大大简化了开发工作量，提高了系统的运行可靠性。通常按照实时性和执行方式的要求，将所需要实现的功能划分为任务和中断，如采样、计算、保护、报警、事件记录、通信、参数调整、实时测量和控制等，并分配不同优先级，然后交由实时操作系统内核进行任务调度和管理。任务的划分不是简单地依照功能，需要经常根据相关功能的实际情况对其进行组合或分拆。一个任务可以是一个完整功能的一部分，也可以几个功能在一个任务里实现。

(3) 任务间的同步和通信

在μC/OS-Ⅱ中，任务间的通信由两种方式实现：共享全局数据和消息机制。共享全局数据方式是指任务或中断服务程序(ISR)使用相同的全局变量，从而相互传递信息。其优点是实现简单直接，但是，使用中一定要注意对于该共享全局数据的保护，避免意外修改。

μC/OS-Ⅱ中提供的消息机制包括消息邮箱和消息队列。消息邮箱和消息队列都用同一种数据结构——事件控制块(ECB)来表示，其结构如下：

```
typedef struct {
    void     *OSEventPtr;                    /*指向消息信箱/队列的指针*/
    INT16U   OSEventCnt;                     /*  信号量事件的计数器    */
    INT8U    OSEventType;                    /*       事件类型        */
    INT8U    OSEventTbl[OS_EVENT_TBL_SIZE];
                                             /* 等待事件发生的任务列表 */
    INT8U    OSEventGrp;                     /*   等待任务列表中的组   */
} OS_EVENT;
```

消息邮箱是一个指针型变量，任务或ISR通过内核把所发消息的地址放入指定邮箱；其他任务可以通过内核提供的邮箱服务去接收这个消息。多个任务可以使用一个消息邮箱进行通信，当任务需要从邮箱获得消息时，如果邮箱非空，则立刻获取消息；如果邮箱为空，则任务被放入该邮箱的等待队列，同时该任务也被指定了在邮箱中等待的延时时间。如果等待时间用完而还没有从邮箱中收到消息，则该任务放弃等待，返回超时标志。当一个消息被放入邮箱，则内核决定是将它发给优先级最高的等待任务还是发给最先等待该消息的任务。

消息队列相当于一组消息信箱，它向任务发送多个消息。任务是从队列的最前端获取消息，μC/OS-Ⅱ提供两种消息插入队列的方式：插入的消息放到队列的最前端或最末端。采用何种插入方式在队列创建时指定，消息机制为任务间通信提供了一种更可靠的方式。

3. 中断和时钟节拍

中断是用来通知 CPU 发生了一个异步事件的硬件机制。在识别出中断后，CPU 会保存全部或部分现场，并执行相应的中断服务程序（ISR）。ISR 完成后，在占先式优先级调度内核中，程序将返回并执行优先级最高的就绪任务。ISR 的处理时间对于系统实时性至关重要，因此在实时性要求较高的场合中，尽量减小 ISR 的执行时间，并将处理内容尽量安排到任务中去执行。

时钟节拍是一种周期发生的定时器中断，一般在 5～200ms 之间。时钟节拍时间越短，系统的实时性越好，但相应的内核将占用更多的 CPU 资源，因此设计时必须根据应用环境进行调整。时钟节拍时间是任务延时的基本单位，在时钟节拍中断处理程序中，处于等待状态的任务的延时时间相应减少一个单位，当减少到 0，此任务就进入就绪状态，并插入就绪任务队列。

在智能电器监控器的设计中，采样中断往往是优先级最高、执行频率最高的任务，一般由硬件定时器直接触发执行，并经常将时钟节拍的设置安排在采样中断服务程序中。

5.6.3 智能监控器软件的数据格式

当智能电器监控器软件采用嵌入式设计时，需要在中央控制模块的 RAM 区设置公用数据区，以便存放各类实时数据和历史数据。通常公用数据区按数据类别划分成若干块，各数据区的数据按规定的格式存放，以便于功能程序模块访问，完成相应的数据处理、调用和转换，有利于节省存储器空间并最大限度地实现数据共享。

1. 实时数据的存放格式

实时数据包括各种被测的现场模拟参量采样值及其处理结果，用于就地显示或向网络后台管理中心服务器提供运行现场的各种实时数据。这类数据结构比较简单，通常先要确定满足测量精度要求的数据字长度及一个数据占有的存储器单元数，再根据计算被测参量值需要的采样点数、实现数字滤波所需的数据字数等，在一个指定的 RAM 地址区内，按规定的格式存放相应的数据。采样点数据一般按地址递增方式，从第 1 个采样点数据开始存放，多字节数据存放时先存低位字节，后存高位字节，用地址指针进行管理。数据处理结果则应根据其作用，分别设置缓存区，按调用和共享方便的原则安排数据的存放格式。下面以智能电器中使用频率最高的现场电量实时数据为例，说明实时数据的基本格式。

当前智能电器在完成监控和保护功能时，对现场电量的采样都采用直接交流采样。采样点数由监控器所用处理器的速度、A/D 转换速率和转换结果数字量的位数、要求的监控器监测及保护精度来决定，最少 12 点。采样值分别用于计算电压和电流有效值、有功和无功功率以及电能计量等，以便就地显示和上传各种电参量的实时数据。出现故障时，用采样值对故障电流进行谐波分析、记录故障波形。为此，现场电参量数据可设置以下几个缓存区。

(1) 计算用交流采样数据缓冲区

假定每个交流周期采样 n 点，每个采样点数据长度 12 位，需占有两个字节内存单元，存放时先低位字节后高位字节。在这类数据中，三相电压、电流应当分别存放，图 5.29 所示为一种可供参考的数据存放格式。这一缓存区内的数据每个交流周期要全部刷新，即用当前周期采样值取代前一周期采样值。

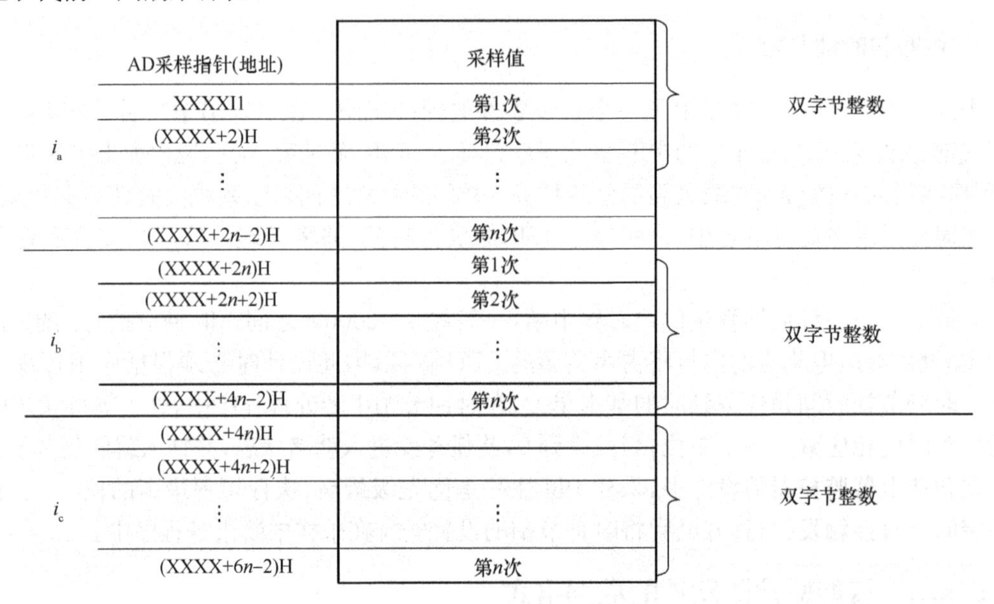

图 5.29　计算用交流采样数据存放格式

(2) 短路保护用交流采样数据缓存区

为了保证短路时故障录波数据要求，一般要求除故障时的波形数据，还需存放故障前 i 个周期和后 j 个周期的数据，采样点数也应视录波波形要求而定。设每个交流周期采样点数为 n，短路期间采样点数为 m，每个采样点数据字长 16 位。这样，短路保护用采样数据缓存区所占有的内存空间要比计算用采样数据缓冲区大得多。考虑到故障电流持续时间的随机性，更需留有足够的内存空间，保证能够完整地记录不同持续时间的故障电流的采样数据作为录波数据。三相故障录波数据必须分别存放，数据格式与计算用采样数据格式基本相同。在故障发生后，这样存放的实时数据，每个交流周期都将全部刷新。在实际设计中，为了减轻中央处理器采样和数据存放的负担，一般可以在监控器中设置一个短路故障快速检测的硬件环节，在无故障时，只记录故障前的波形采样值，并且每个交流周期刷新一次。当中央处理器接收到故障检测环节输出的故障发生信号后，才采样并存放故障波形和故障后 j 周期的采样数据，这部分数据只在下一次短路故障时才被刷新。故障发生信号启动保护算法程序任务，从数据区内取出故障部分的采样值进行处理后，把数据区中的全部内容转存到故障录波的历史数据缓存区。必须指出的是，当任何一相发生短路故障时，必须同时记录三相电流和电压的波形。

(3) 保护数据缓冲区

保护数据缓存区用来存放保护数据处理过程中的中间结果、最后结果等数据。智能电器的保护和控制对象不同，其保护功能也不同，因此保护数据缓存区的存储容量和存放的内容，必须根据监控器要完成的保护功能来设置。以一个带有两段保护和短路保护的断路器智能脱扣器为例，保护数据缓存区的数据存放格式如图 5.30 所示。

短路故障处理过程数据缓冲区	基波信号实部
	基波信号虚部
	基波信号幅值
短路故障最大电流	
短路相	
本次过载电流倍数	
过载相	
故障类型	

图 5.30　保护数据存放格式

在每次发生故障后，保护数据缓存区中某些要求做历史记录的内容在被刷新以前，应将需要保存的信息，如短路电流峰值、过载电流倍数、故障相等，先转存到历史事件记录缓存区中相应的地址单元中。

(4) 测量计算用数据缓存区

用于存放各种被测模拟参量测量处理过程中的某些数值和处理结果。如计算电流、电压有效值时，需要先求出一个交流周期中各采样点的平方和。为了减少程序执行中对数据存储器的访问，应在每次采样后立即对当前采样点的值求平方并与前面各点的平方和相加，把结果存在数据缓冲区内。这部分数据要按双倍采样结果的字长存放，内存地址从低到高，先存放低位字节，后存放高位字节。这样，每个电源周期采样完后即可方便地求得当前电源周期的有效值，存入指定的数据存储单元。有功功率、无功功率和电能的数据，包括各相的功率、总功率及功率积分(电能)，直接由电压电流采样区中的数据计算。一个电源周期中，同一相第 k 个采样点的电压电流乘积与前面 $k-1$ 个采样点乘积之和相加，存在指定数据存储单元，在一个电源周期采样结束后，即可直接计算该相的有功功率，并存入相应的存储单元。非电量参量由几个采样点结果的平均值计算。缓存区内存放的是其传感器输出电压或电流的采样结果之和，在达到规定采样次数后再求平均值，得到的就是测量结果。这些数据的字长取决于所用 A/D 转换器数字量位数。

所有数据可以通过网络上传，为后台管理系统显示测量结果的处理程序提供原始数据。数据也可由监控器应用层中的显示任务程序调用，处理成可以在选定显示器上显示的参数。如无特殊要求，全部模拟量数据在每次测量结果处理完后更新。

2. 历史数据存放格式

电器智能化网络后台管理系统完成对运行现场的监控和管理时，不仅需要现场设备提供大量实时运行的数据，还需要提供某些现场的历史数据，包括过去某段时间内短路故障的录波信息，被监控对象发生过哪些故障，一次开关元件有多少次分、合闸操作及操作原因，保护成功或失败记录等。因此监控器的数据 RAM 中，还应设置历史数据缓存区，分别用于存放短路故障时的波形采样点数据和要求记录的各种历史事件。

(1) 历史事件记录表

历史事件记录表用于顺序记录监控器发生的各种事件，采用指针控制的循环记录方式，需要保存的事件记录数量可由用户设定，其中一条记录的参考格式如图 5.31 所示。

内存单元安排(地址由低到高)	数 据 类 型
事件记录计数器(1 字节)	单字节整数
事件类型标志字(1 字节，每一位代表一种事件)	位操作数
事件发生时间记录(年、月、日、时、分、秒各 1 字节，共 6 字节)	单字节整数
短路故障电流最大值(2 字节)	双字节定点或浮点数
过载电流倍数(1 字节)	单字节整数
保护完成标志(1 字节，每一位代表一种保护，保护完成相应位置"1"，否则为"0")	位操作数

图 5.31　历史事件记录的参考格式

事件类型记录包含事件类型标志字和事件类型计数器，计数器一般为 8 位。类型标志字可以采用单字节位型数，在事件类型数小于 8 种时，标志字中每一位代表一种事件，标志位为 1 表示有事件发生，为 0 则表示无事件发生。事件类型数较多时，设计者对不同事件类型标志预先编码，事件发生后，将标志字改写为相应的编码，单字节可设置 256 种事件类型。为了记录每种事件发生的次数，应在内存中将事件类型计数器列表，表中每个内存单元对应一种事件的计数器，每种事件计数器的地址都与其标志字关联。这样，只要有事件发生，处理器件就能根据标志字查到对应的计数器，进行加 1(或减 1)计数，并将相应的标志清零。计数到规定的记录数量数后，将事件计数器清零。事件时间记录缓存区设置与访问方式与事件类型计数器相同，但每次记录时间占用的字节数应按需要设置。

(2) 故障录波记录数据缓冲区

短路故障波形是分析故障原因的主要依据，在电器智能化网络中，后台管理系统需要从现场智能电器设备取得被监控对象发生短路故障时的波形参数，供管理工程师或后台计算机专家系统分析，以便尽快查出故障。一般要求现场智能电器不仅记录当前故障的波形参数，也要能保留历史记录，保留次数由用户或管理中心工程师设置。数据来源就是短路保护用交流采样数据缓存区存放的数据，保存的记录次数按用户要求设定。当历史数据区内的故障录波记录数据区存满后，按逐次前移的方法更新。

本 章 小 结

智能电器监控器是保证智能电器工作性能的关键，其设计是一个十分复杂的综合过程，需要广泛的理论知识和丰富的实践经验。随着微电子技术的发展，各种新型的微处理器、微控制器及其专用外围电路的性能不断提高，超大规模可编程逻辑器件的开发和应用，以及嵌入式系统软件设计方法在微机控制领域中的推广应用，为智能电器监控器的设计提供了更良好的环境。为使初学者了解监控器的设计目标、基本的设计步骤和设计方法，本章在分析监控器基本设计原理的基础上，讨论了监控器的硬件结构及其模块的划分，各模块的电路结构和常用器件的选择依据；介绍了监控器软件设计的常用模式及应用场合，着重说明了嵌入式软件设计模式在智能电器监控器软件设计中的应用，分析了实时操作系统的特点和软件设计方法，并讨论了公共数据区中各类数据的基本格式和管理。

习题与思考题 5

5.1　智能电器监控器应具有哪些基本功能？按实现的功能，其硬件模块如何划分？

5.2　中央处理模块在监控器中的功能是什么？简述其基本硬件组成。

5.3　智能监控器常用哪些微控制器作为中央处理器件？常用外围接口器件有哪些？

5.4　使用不同处理器时，中央控制模块结构有何不同？

5.5　设一个智能监控器有 4 通道模拟量和 2 通道开关量输入，一路开关量继电器输出，模拟量采样输入要求用处理器件内部 A/D 转换器。已知处理器件工作电压为 5V 直流，数据位宽 16 位；内部在片 A/D 数字量输出为 12 位，ROM 和 RAM 容量分别为 128B。若监控器程序运行需要的程序和数据存储器容量分别为 4KB 和 8KB，试设计监控器的中央控制模块硬件，画出电路原理图(所有芯片自行选择)。

5.6　智能电器监控器的开关量输出模块需要哪些隔离措施？常用器件是什么？

5.7　设计一个控制继电器做执行元件的监控器开关量输出模块。已知中央控制模块开关操作输出端口驱动电流 30mA，处理器件工作电压 5V 直流；控制继电器驱动线圈电压 24V 直流，电流 40mA。选择模块需要的电路元件，画出电路原理图并确定电路元件参数。

5.8　智能电器的人机交互模块操作面板有哪几种基本配置方式？常用的操作输入元件和显示输出元件是什么？

5.9　智能电器监控器通信模块的功能是什么？常用哪些物理接口标准？通信接口供电电源有什么要求？

5.10　智能电器监控器软件设计的常用模式有哪些？各适用于什么场合？

5.11　智能电器监控器软件设计为什么要采用层次化结构？硬件驱动层的作用是什么？

5.12　什么是实时任务调度？智能电器监控器的软件设计为什么要采用实时任务调度的设计思想？

5.13　实时任务调度有哪两种调度机制？各有什么特点？

5.14　说明占先式 RTOS 的工作原理，其如何保证重要任务在规定时间内得到执行？

5.15　已知一个智能断路器的监控器电流、电压采样速率为 12 次/电源周期，使用的 A/D 转换器数字量位数为 12 位，处理器件地址位宽 16 位。监控器需要实时保存三相电压、电流采样值和有效值，三相有功功率和视在功率，记录断路器短路、过载和正常操作的次数。试设计其中央控制模块的公共数据区，数据区地址任意设置。

第6章 智能电器监控器的电磁兼容性设计

由于智能电器经常运行于高电压、大电流的现场环境中，与被保护和监控的设备、系统处于同一个电磁空间，因此以微型计算机为核心的智能电器必然会受到来自电力系统的不同能量、不同频率的电磁干扰。相对于一次系统，智能电器的微电子部分对干扰有更高的敏感性，在干扰环境中容易出现数据采集系统的误差加大、错误报警、控制状态失灵、程序运行失常等现象，严重时甚至会损坏智能电器的监控器，造成智能电器一次开关操作失误，极大地影响被监控和保护对象的安全可靠运行。因此，研究电力系统电磁环境及其影响，提高电力系统智能电器设备的抗干扰性能，将成为提高智能电器设备可靠性的一个重要方面。智能电器的电磁兼容问题集中在智能电器的微电子部分即监控器上，其电磁兼容性能直接关系到智能电器的可靠工作，因此，开展电磁兼容性设计、提高电磁兼容性能是智能电器监控器设计中的一个关键问题。

本章在说明电磁兼容基本概念的基础上，分析了智能电器监控器电磁兼容性的基本问题，主要的干扰来源，以及抑制干扰、提高抗干扰能力的硬软件措施，并简单介绍了电磁兼容性能的系统化设计方法，最后给出了抗扰度试验的标准与方法。

6.1 电磁兼容概述

根据IEC标准，电磁兼容(Electromagnetic Compatibility，EMC)是指在有限空间、有限时间、有限频谱资源条件下的各种用电设备可以共存，不使设备可靠性、安全性降低的性能。因此，电子产品的电磁兼容性一方面是指产品抵抗外部电磁干扰，保持正常工作的能力；另一方面是自身工作时不对其他电子产品造成干扰的性能，即抗扰性和干扰抑制。

对于EMC这一概念，作为一门学科，它称为“电磁兼容”，而作为一个设备或系统的电磁兼容能力，则称为“电磁兼容性”。

6.1.1 电磁兼容基本概念

在讨论智能电器监控器电磁兼容性设计时，首先应当了解关于电磁兼容的一些基本概念问题，包括常用的基本术语、基本的干扰来源、耦合途径和干扰模型。

1. 基本术语

① 电磁干扰(EMI)：指破坏性电磁能通过辐射或传导在电子设备间传播的过程。

② 电磁敏感度(Electromagnetic Susceptibility，EMS)：设备或系统受电磁干扰使工作中断甚至被破坏的评价指标。

③ 自兼容性：设备内部数字部分对模拟部分的干扰、导线间的串扰和造成数字电路工作紊乱的内部因素及其抑制能力。

④ 抗扰性：设备抵抗空间电磁干扰(辐射干扰)和通过传输电缆、输电线及I/O连接器的

电磁干扰的能力。

⑤ 抑制(Suppression):采用某些特殊方法消除或减少存在的射频能量。

⑥ 密封(Containment):采用金属封套或涂有射频导电漆的塑料外壳,屏蔽电磁能量进入设备或从设备泄漏。

2. 设计中常见的电磁干扰类型

① 射频干扰:各类无线通信设备对电子产品工作的干扰。典型的设备故障出现在场强为1~10V/m的范围内。

② 电力干扰:电力线电磁场、电流电压浪涌、电压闪变、电力线谐波等产生的电磁干扰。

③ 静电放电(ESD):不同静电电位的物体因靠近或接触发生的电荷转移。一般定义为边沿变化小于1ns的高频放电,有辐射和接触两种方式。接触式放电会造成设备永久损坏或潜在隐患;辐射式放电只影响设备工作,不会造成永久性破坏。

3. 简单的电磁干扰模型

简单的电磁干扰模型包含以下3个要素。

① 干扰源:所有能发出一定能量干扰信号的设备和器件都是干扰源。

② 接收器:指那些能接收干扰源能量并受其影响,使工作发生紊乱的器件和设备。

③ 耦合路径:在干扰源和接收器之间传输电磁干扰能量的路径。

图6.1所示为一个简单的电磁干扰模型。

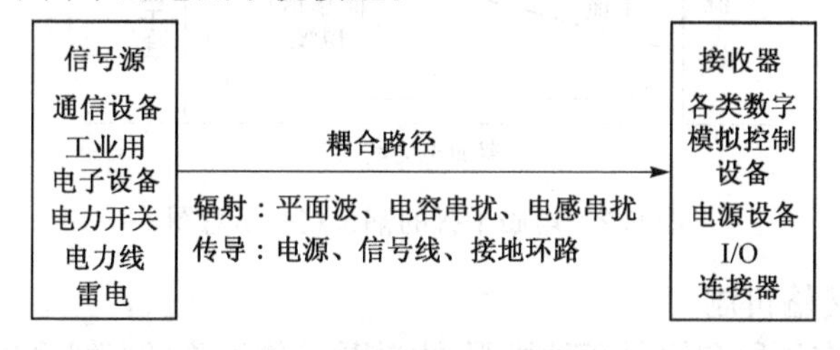

图6.1 简单的电磁干扰模型

4. 系统级和PCB级的EMI

电子产品的EMC设计必须从系统和内部PCB(印制电路板)两个层面考虑,针对产生干扰的原因,采取抑制干扰的措施。

(1) 系统级EMI产生的原因和抑制

电子产品系统级EMI就是整机受到的电磁干扰。引起系统级干扰的主要因素有:产品封装措施不当(金属封装或塑料封装);产品整体设计不合理,制造质量不高,电缆与电气接头对接地不可靠;PCB布局错误,如信号走线布局和多层板分层不恰当、共模和差模信号滤波器设计不正确、旁路和去耦不足,板上有接地环路等。

抑制系统级干扰可采用的主要措施包括:采取恰当的方法保证产品有良好的屏蔽、合理可靠的接地和旁路设计、选用合适的线路滤波器、保证产品各部分可靠的电气隔离、正确设计各部分间的连线和PCB布线并控制其阻抗等。

(2) 对 PCB 的干扰模型

电子产品内部 PCB 的电磁兼容性对产品的可靠性有极大的影响，是产品电磁兼容性设计的重要内容之一。在 PCB 的电磁干扰模型中，信号频率的范围大多是 10kHz～100GHz，干扰源包括板上的时钟振荡电路、塑封 IC 芯片、不正确的布线、匹配不当的阻抗和内部电缆连接器等。干扰信号的传播路径是承载射频能量的介质，如互连电缆和自由空间。PCB 上所有元件、信号传输线和电源线则是干扰信号的接收器。

总之，产品电磁兼容性设计是指一方面减少自身对外的电磁干扰能量，降低干扰源的电压和传播效率；另一方面要减少进入产品的外界电磁干扰能量，降低电磁敏感度，即提高自身的抗干扰能力。

5. 电磁干扰的耦合

电磁干扰从干扰源到接收器可以有不同的耦合路径，每种路径又有不同的传输机制。

(1) 耦合路径

一般认为电磁干扰的耦合路径有 4 种：干扰源到接收器直接耦合、干扰源对接收器信号的 I/O 电缆耦合、通过传输信号的 I/O 电缆或交流干线到接收器的耦合和普通电力线或信号I/O 电缆到接收器的耦合。耦合路径示意图如图 6.2 所示。

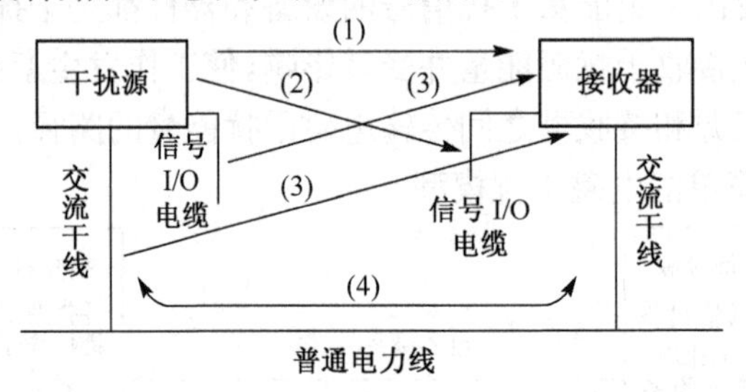

图 6.2 电磁干扰的耦合路径示意图

(2) 耦合路径的传输机制

每种耦合路径都有传导和辐射两种机制，也就是通常所指的“路”和“场”的耦合方式，也称为传导耦合与辐射耦合。

传导耦合是在噪声源与接收器间有完整的电路连接，干扰通过该电路传送至接收器，这个电路一般表现为导线、公共阻抗、电容、电感等形式。传导耦合主要有 3 种耦合方式：电阻耦合、电容耦合和互感耦合，图 6.3 所示为电容耦合和互感耦合机制的原理图。实际工作电路中，这 3 种方式几乎都是同时存在的。辐射耦合一般是干扰源通过向空间发射电磁波，将干扰能量辐射出去，接收器则由于其等效的天线效应将该干扰接收下来，造成自身工作异常。对于任何采用数字信号工作的电子电路，总是同时存在通过路和场耦合的干扰。一般来说，频率越高，场的影响越大；频率越低，通过电路传导的电磁干扰的效率越高。

6. 差模干扰和共模干扰

差模干扰(Difference Mode Interference，DMI)和共模干扰(Common Mode Interference，CMI)都是传导干扰。由于工作环境的电磁干扰、电源线和信号传输线走线的布置、进线和回线自身及其对接地机壳阻抗不完全一致，电子产品的交流电源输入端和工作信号输入端总是存在共模电压和差模电压，并在传输导线中产生共模电流和差模电流。共模电压在电源或信

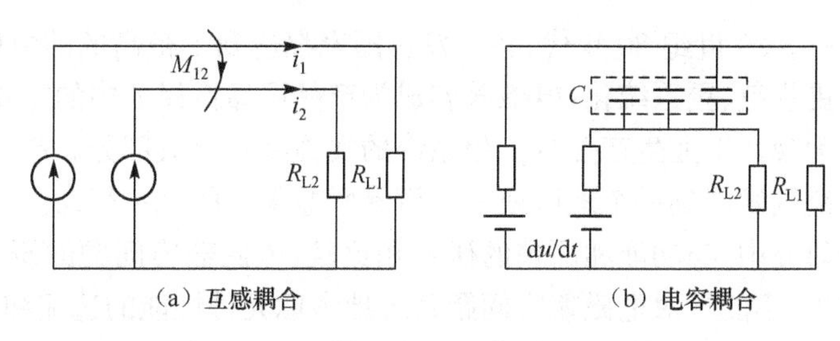

图 6.3　互感耦合与电容耦合机制的原理

号的进线和回线中产生方向相同的干扰电流，而差模电压产生的是方向相反的电流。它们不仅干扰电源和信号的电流波形，还产生磁场辐射，影响 PCB 的正常工作，所以必须用有效的措施来抑制或消除这两种干扰。图 6.4 所示为差模电流和共模电流示意图。

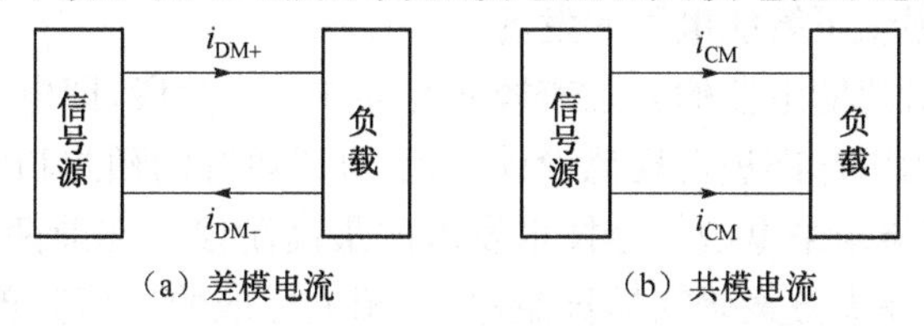

图 6.4　差模电流和共模电流示意图

可以看出，差模电压出现在电源或信号传输的进线和回线之间，差模电流在进线和回线中的方向相反，产生的磁场方向也相反。因此，只要进线和回线采用近距离平行走线，差模电流产生的磁场就可以相互抵消(参见图 6.5)，由此引起的干扰也可以大大降低。

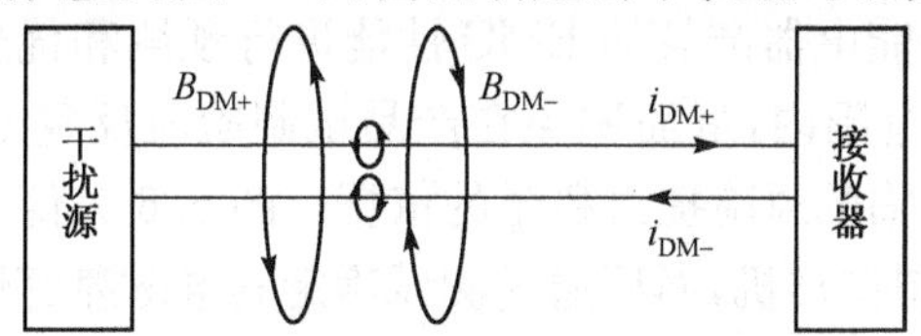

图 6.5　差模电流产生的磁场

共模电压存在于电源或信号的进线和回线与接地金属外壳之间，共模电流在进线和回线中的方向相同，产生的磁场方向也相同，并相互叠加。共模干扰不能简单地通过布线来减小，最有效的抑制措施就是使共模电压为零，常用的方法是灵敏接地。

在电子产品的交流电源入口端接入适当的线路滤波器，可以有效地隔离外部共模和差模电压及其产生的电流，这是当前采用最多、也最有效地减少系统级共模和差模干扰的方法。

6.1.2　智能电器电磁兼容的研究进展

电磁兼容技术是从电磁干扰演变并发展起来的。自 1866 年世界第一台发电机发电以来，除了自然界产生的电磁现象外，又产生了因各种电气设备导致的电磁干扰，造成了电磁环境的污染。随着电气、通信、广播的发展，人们逐渐认识到需要对各种电磁干扰进行控制，并成立了国际组织，发布了一些标准和规范性文件。20 世纪 40 年代为了解决飞机通信系统受干扰的问题，开始较为系统地进行电磁兼容技术的研究。20 世纪 60 年代以来，现代科学技术逐渐向高频、高速、高敏感度、高安装密度、高集成化和高可靠性方向发展，其应用范围越来越广，渗透到社会的每个角落，因此电磁兼容得到空前的发展。20 世纪 70 年代电磁兼容逐渐成为非常活跃的学科领域之一。20 世纪 80 年代,各个发达国家都达到了很高的的电磁兼容水平,使在产品的生产过程中更规范、更系统化,电磁兼容成为产品可靠性保证中的重要组成部分。至今电磁兼容技术已成为现代工业生产并行工程系统的实施项目组成部分。产品电磁兼容性达标认证已由一个国家范围发展到一个地区或一个贸易联盟采取的统一行动。

在智能电器的研究中,与功能和原理的研究相比较,电磁兼容问题的研究显得严重不足:在产品的设计过程中,不能针对电磁兼容问题系统地考虑元件性能的选配和系统结构的整合;某个电磁兼容问题的解决经常要经过反复的试验和修改;并且往往不能对出现电磁兼容问题的范围进行准确的定位,对该设计可能出现的电磁兼容风险不能给出科学的预测。在设计时有一定的盲目性,往往存在过度设计和设计不足的问题,提高了成本、延长了开发周期。在近年来的工程实践中,以上的因素逐渐制约着面向高电压、大电流强电系统的微电子系统的设计与开发,在很大程度上限制了智能电器的发展。

从目前的发展看,对智能电器的电磁兼容研究存在 3 个阶段,即电磁兼容问题的发现和整理以及经验总结阶段,利用标准进行规范设计阶段,电磁兼容的预测和优化阶段。其中电磁兼容的预测和优化是目前与未来电磁兼容技术发展的最高阶段。在前两个阶段发展的基础上,随着对电磁兼容问题及解决方案研究的日益深入、相关标准的逐渐完善,以及在现代 EDA 技术和电磁场数值方法的推动下,采用系统化设计方法,对产品的电磁兼容性能进行预测和优化是电磁兼容研究和发展的必然趋势,系统化设计方法可合理地分配电磁兼容指标,并在设计的初始阶段对电磁兼容问题进行修正和补充,使智能电器产品能够工作在预期的最佳状态。

系统化设计方法的核心是:如何将产品所要满足的电磁兼容性能体现在设计过程的每个环节,在设计阶段即对该智能电器产品的 EMC 性能进行预测和优化,使整个系统的 EMC 问题处于可见、可调、可控的范围内,从而避免在产品试制阶段反复地试验和修改设计方案,为 EMC 问题的解决和可能面临的风险提供科学的依据。图 6.6 为传统设计方法的设计流程,它的关键之处在于必须首先制作样机,而后通过测试确定其电磁兼容性能是否满足设计要求,如果没有满足,则需要在样机制作的基础上反复修改设计,甚至需要重新确定整个设计方案;图 6.7为系统化设计流程,是在虚拟样机的基础上从整体到部分再回到整体的设计过程。

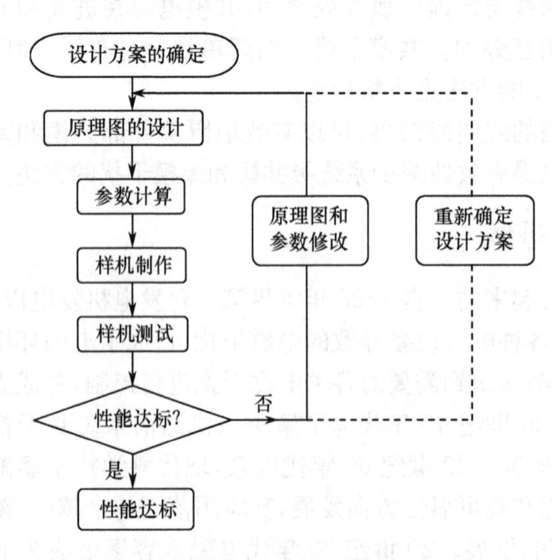

图 6.6　传统设计流程

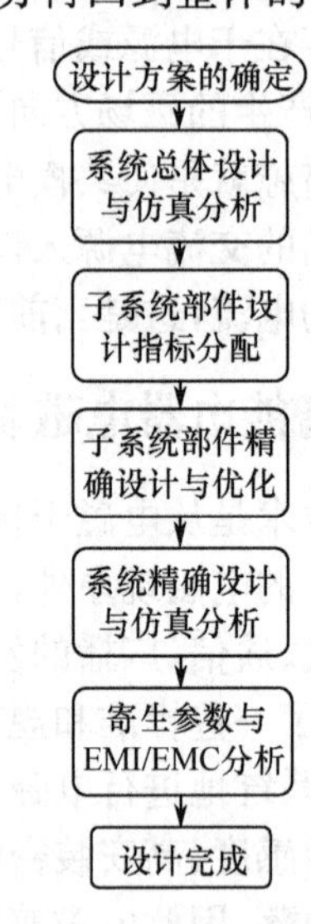

图 6.7　系统化设计流程

从两种设计流程的对比中容易看出，后者在电磁兼容性能的把握上有更出色的表现，能从整机的性能出发分配设计指标，在局部性能优化的基础上进行总体合成，使得 EMC 问题的定位与解决有明确的目标。另外，该设计方案基于虚拟设计，避免了样机的制作过程，从根本上缩短了研发周期，降低了成本。

要实现智能电器电磁兼容性能的系统化设计，需要相应的技术支持，一个是电子设计自动化(Electronic Design Automation，EDA)技术，另一个是电磁场数值仿真技术工具。

(1) 现代 EDA 技术

现代电子设计技术的核心是 EDA 技术，EDA 技术就是利用功能强大的电子计算机，在 EDA 工具软件的平台上，对以硬件描述语言 HDL 为系统逻辑描述手段完成的设计文件，自动地完成逻辑编译、化简、分割、综合、优化和仿真。EDA 技术使得设计人员的工作仅限于利用硬件描述语言和 EDA 软件平台来完成对系统硬件功能的实现，提高了设计效率。

IBIS(Input/Output Buffer Information Specification)模型是一种基于 V/I 曲线对元件输入/输出接口的快速准确建模方法，是反映芯片驱动和接收电气特性的一种国际标准，它由 Intel公司牵头，联合数家著名的半导体厂商共同制定，通过提供一种标准的文件格式来记录如驱动源输出阻抗、上升/下降时间及输入负载等参数，非常适合做振荡和串扰等高频效应的计算与仿真。利用元器件的 IBIS 模型方便了对来自于不同的生产厂商、功能各异的元器件进行电路仿真，这为 EDA 技术的开展打下了基础。

(2) 高频电磁场数值仿真工具

对电磁兼容性能的分析与优化，需要进行高频电磁场的建模与计算，以便获得系统、PCB 的电磁性能，这需要利用现代高频电磁场数值计算仿真工具来完成。

目前的计算工具种类很多，其中比较适合的有 ANSOFT 公司的 SIwave PCB 板级 EMC/EMI 与信号完整性分析工具和 HFSS 装置级 EMC/EMI 分析工具。

SIwave 采用三维电磁场全波方法分析整板或整个封装的全波效应。对于真实复杂的 PCB，包括多层、任意形状的电源和信号线，SIwave 可仿真整个电源和地结构的谐振频率；板上放置去耦电容的作用；改变信号层或分开供电板引入的阻抗不连续性；信号线与供电板间的噪声耦合、传输延迟、过冲和下冲、反射和振铃等时域效应等。

HFSS 应用切向矢量有限元法求解任意三维射频、微波器件的电磁场分布，计算由于材料和辐射带来的损耗，可直接得到特征阻抗、传播系数、S 参数及电磁场、辐射场、天线方向图、特定吸收率(SAR)等结果，从而可解决相应的 EMI/EMC 问题。

6.2 智能电器监控器的电磁兼容性设计问题

智能电器监控器的 EMC 设计，主要针对从一次电路耦合过来的干扰、设备工作环境中的静电干扰、二次设备装置本身的干扰、监控器内部各种元器件在 PCB 工作时产生的干扰以及监控器软件可能受到的干扰。EMC 与监控器的运行环境、电力网的结构、PCB 上使用的元件及布线设计有关。

6.2.1 监控器受到的主要干扰

在智能电器监控器系统级 EMC 设计时，主要考虑以下 4 个方面的干扰。

(1) 低频干扰

造成低频干扰的因素包括：

① 高、中、低电压电网中的谐波干扰，一般应考虑到40次谐波(2000Hz)；

② 电网电压跌落和短时中断；

③ 电网三相电压不平衡和电网频率变化引起的干扰。

(2) 高频干扰

高频干扰主要由浪涌电压、浪涌电流和快速瞬变脉冲群产生。

① 交流20kHz以上的电压浪涌和50kHz以上的电流浪涌。电网中的开关电器操作、变压器和电动机及其他大功率感性负载的投切、雷击、线路或用电负载短路等因素会引起线路的电压或电流快速异常增大，从而形成电压或电流浪涌。

② 快速瞬变脉冲群(EFT)干扰。真空断路器操作过程中电弧电压不稳定，二次回路中继电器闭合操作时的接点弹跳等。这些因素使工作电路中的电流周期性快速通、断，引起瞬变脉冲群。

(3) 静电放电干扰

静电放电干扰主要来自雷电、操作者和邻近物体对设备的放电。

(4) 磁场干扰

智能电器监控器受到的磁场干扰主要有工频和脉冲两种。工频磁场干扰主要由一次回路中的工频电流和变压器磁场泄漏引起，脉冲磁场干扰则是由雷电或大功率电力电子装置运行时在电路中流过的脉冲电流产生。

6.2.2 监控器的系统级电磁兼容性设计

进行系统级EMC设计的目的是减小监控器整体对低频干扰、高频干扰、静电放电和磁场干扰的灵敏度，即提高监控器抵抗这些干扰的能力。

1. 静电放电干扰的抑制

静电放电分为直接耦合放电和辐射耦合放电，前者会造成监控器的永久损坏或使工作性能降低的潜在影响，后者只在放电发生时影响监控器正常工作。

图6.8是某型智能电器产品在4kV直接耦合静电放电时其+5V电源上测得的波形。从波形上看，5V电源引入了明显的干扰，并造成系统死机。分析其原因是由于装置的接地性能不好，外壳接地不良，没有为放电电荷提供一个良好的泄放通道，放电过程较不顺畅，放电电流需流经较大的接地电阻或机壳对地杂散电容入地，导致纳秒级电流没有很快被释放掉，窜入系统内部，影响数字电路的正常工作，出现了死机现象。

抑制静电干扰最有效的方法是使监控器的外壳与大地良好接触。具体做法是：把监控器中开关电源的金属外壳(如果有)与监控器本体的金属屏蔽外壳可靠连接，并将本体的金属屏蔽外壳直接与大地连接。对于智能开关设备和放置在开关柜中的智能电器元件，监控器的金属屏蔽外壳可以通过与开关柜外壳的可靠连接实现与大地的连接。

2. 减小电网电压跌落和短暂中断的影响

监控器内部的电源模块由低压电网交流220V电压供电，电网电压的跌落和短暂中断等

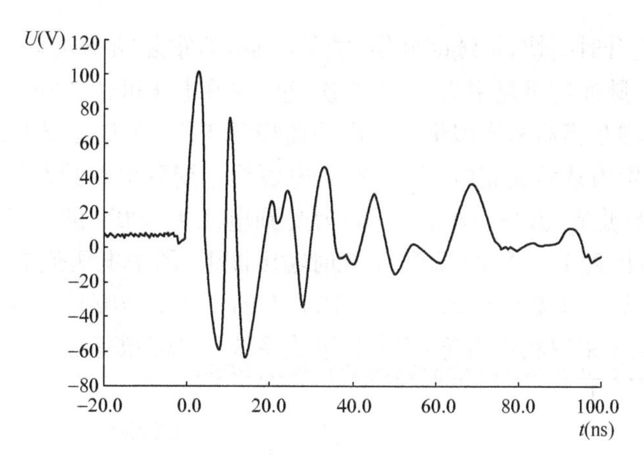

图 6.8　不接地直接耦合静电放电下的+5V 电源波形

电能质量问题会使监控器电源模块的输出电压降低甚至短时失压，使监控器不能正常工作，从而影响智能电器的操作功能，严重时因不能分断故障电流而造成大面积停电事故。因此，减少电网电压跌落和短暂中断的影响，是监控器系统级 EMC 设计的重要内容之一。图 6.9 为某型智能电器产品当输入电压跌落到 70%时其−12V 电源输出端的波形，从波形上可以明显看出电压从−12V 跌落造成系统工作不正常。

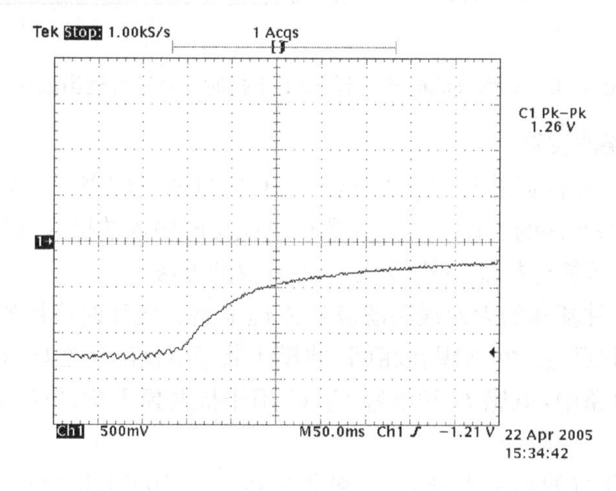

图 6.9　输入电压跌落到 70%时−12V 电源输出端的波形

减小这类影响需要从硬件和软件两方面进行。一方面是在监控器的电源模块设计时采用宽输入电压范围并带有储能电感和电容的开关电源结构，保证电源电压跌落或中断时监控器能维持正常工作，并能为智能电器一次开关元件可能进行的操作提供能量。另一方面，在软件中设置对交流电源供电情况的监视功能，当电源电压跌落到监控器电源模块输入电源下限值时，输出报警信号并闭锁一些服务功能，以满足监控器完成重要功能需要的能量。此外，在现场条件允许的情况下为监控器配置备用电源，是解决这类问题的有效措施。

3. 滤除快速瞬变脉冲群的干扰

当智能电器运行时，监控器的输出继电器或现场中其他继电器、接触器的接点在闭合过程中的弹跳，运行现场的真空断路器分断操作时的电弧不稳定，都会造成快速瞬变脉冲群干扰。

其特点是单个脉冲上升时间快，持续时间短，能量较低，但重复频率较高。单个脉冲的1/2宽度时间在50ns以内，脉冲群重复率为1～100次/秒、尖峰电压可达200～3000V。这类干扰主要通过电源、二次采样互感器和模拟量通道影响监控器工作，在监控器设计中，应分别采取抑制措施。图6.10分别为某型直流电源在220V电源线上受到电快速瞬变脉冲群(EFT)干扰时其－12V输出端的波形，其中，图6.10(a)为受到电压为500V的EFT干扰时输出波形，图6.10(b)为受到电压为1000V的EFT干扰时输出波形，图中电压值缩小了10倍。从图中可以看出，EFT电压从500增加到1000V，－12V上的干扰电压峰峰值从36V增加到108V，这样高的电压值如果不采取相应措施，很容易造成系统出现死机等故障。

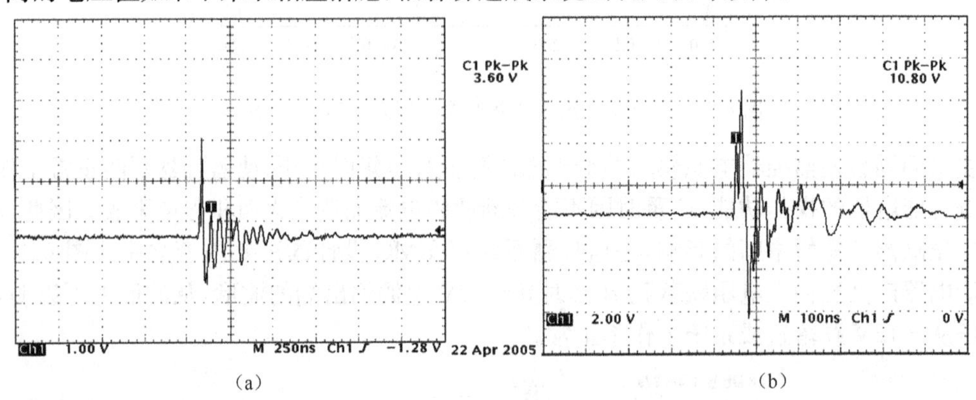

(a)

(b)

图6.10　某型直流电源受到EFT干扰时－12V的输出波形

(1) 设置电源线路滤波器

对于从电源线进入监控器的脉冲群干扰信号，它们可通过辐射或传导耦合的方式干扰工作信号或影响内部电路元件的工作。在监控器供电电源的输入端接入高品质的无源线路滤波器，将干扰信号阻隔在智能监控器的外部，是一种有效的方法。

图6.11所示为一种基本的无源线路滤波器原理电路。设计时应同时考虑抑制共模干扰和差模干扰。差模干扰(V_{DM})常出现在相间，共模干扰(V_{CM})出现在电源进线和回线与地之间。在图6.11所示电路中，电感L_1和电容C_1、C_2用于抗共模干扰，电感L_2、L_3和电容C_3、C_4用于抗差模干扰。

快速瞬变脉冲群干扰的频率比较高，一般集中在70～100MHz之间，干扰脉冲的电压峰值可能达到的最大值为3000V。所以电源线路滤波器应设计为低通滤波器，设计的关键是针对干扰信号的频率选择电路元件和电路结构。在选择电感和电容时，应使正常的供电电压不衰减、无畸变地进入监控器，而将干扰信号隔离在外部。电容器的额定电压必须高于可能出现的干扰脉冲电压峰值。此外，根据GB/T14472—1998(抑制电源电磁干扰用固定电容器)，选择的电容器还必须是符合安全规定的X类和Y类电容器。其中，X类电容器适用于电容器失效后不会导致电击的场合，而Y类电容器则适用于电容器失效后将导致电击的场合。从图6.11可以看出，线路滤波器中抑制共模干扰的电容器应选用Y类，抑制差模干扰的电容器应选用X类。电感的磁心需要高磁导率又不易饱和的材料。根据干扰情况，滤波器可以在如图6.11所示的基本电路基础上增加电感、电容器元件，组成多级滤波器。

图6.12为增加线路滤波器和未增加线路滤波器的直流电源在受到EFT干扰时输出的对比结果，从图中可以清楚地看到，受到同样EFT干扰下，加装了线路滤波器后，干扰电压明显降低。

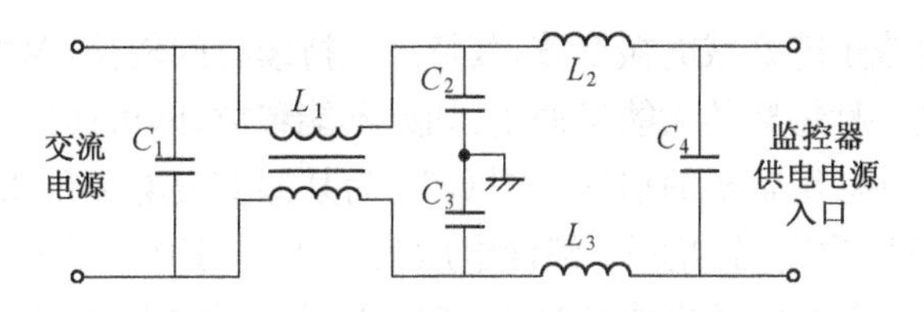

图 6.11　基本线路滤波器的原理电路

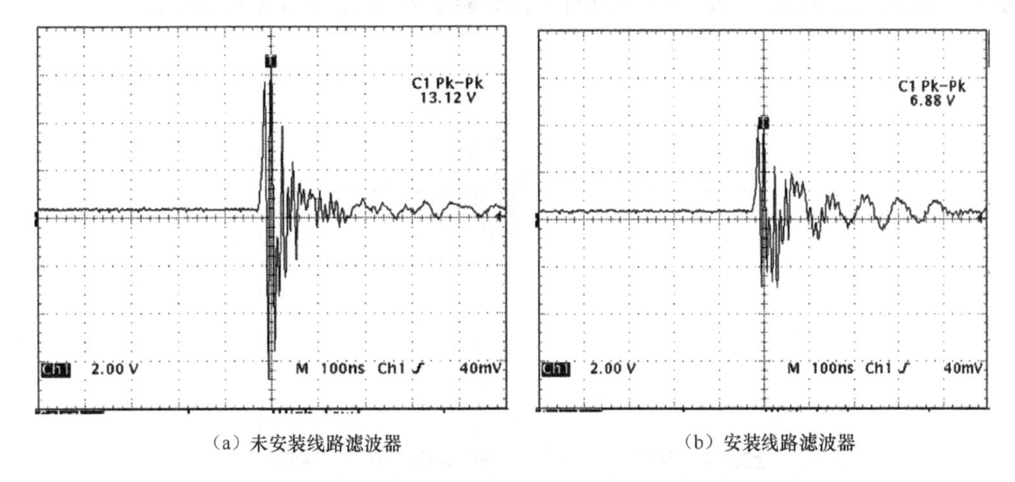

(a) 未安装线路滤波器　　(b) 安装线路滤波器

图 6.12　EFT 干扰时，未安装和安装线路滤波器后的输出对比结果

有关线路滤波器设计的详细讨论请参阅有关参考文献和专著，本书不再叙述。

当前市场已经提供了包含线路滤波器并达到了相应的电磁兼容性要求的电源模块，在条件许可的情况下，最好选用这种电源模块作为监控器的电源模块，不仅可减轻监控器硬件的开发工作量，而且由于设计规范，它们具有更好的滤波效果。

(2) 消除对模拟量输入通道的干扰

快速瞬变脉冲群不仅可以通过电源进入监控器，也可以通过二次(采样用)互感器对模拟量输入通道产生共模和差模干扰。为减小这种影响，一方面可以在监控器专用采样互感器的二次侧加入 LC 组成的 π 型低通滤波器。设计滤波器时，应保证幅度衰减近似为零，相移小于 $0.3°$，即对被采样的电压信号波形基本无影响。另一方面，在模拟量输入通道的线路中接入高频磁环，用不同的接线方式分别抑制差模和共模干扰。

(3) 瞬态电压抑制和去耦

当瞬变脉冲群电压通过传导或辐射的方式干扰到电源模块输出的直流电压上时，会使监控器中的电路芯片和元件承受超过其允许工作电压的脉冲电压，导致芯片和元件的损坏。为了避免这种干扰，一般应在电源模块输出直流侧并联瞬态电压抑制器(TVS)吸收过电压能量。TVS 的击穿电压根据监控器直流电源电压选择，其最大峰值脉冲功耗则由可能加在电源上的过电压能量的最大值决定。

为进一步消除由电源线窜入的干扰通过耦合方式对 PCB 信号线的影响，应在每个芯片电源的进线和零线之间直接并联去耦电容。

4. 电压、电流浪涌的吸收

常见的浪涌(Surge)为雷电引起的浪涌电流和电网开关操作产生的浪涌电压，这类干扰的形式基本上是单极性脉冲或迅速衰减的振荡波，其特点是持续时间较长，单极性脉冲上升比较缓慢但能量大。这类干扰是一种短暂的大能量冲击，如果不能释放，即可通过传导和辐射进入监控器内部，造成电路芯片、元件甚至整机的损坏。图6.13为某型直流电源在220V电源的火线和大地间受到浪涌干扰时其12V输出端的波形，浪涌电压为2000V，图中电压值缩小了10倍。从图中可以看出，浪涌造成的干扰电压峰峰值超过了40V，虽然干扰电压不是非常高，但与EFT明显不同，持续时间明显增长，超过500ns，说明干扰的能量大，易造成故障和器件损坏。

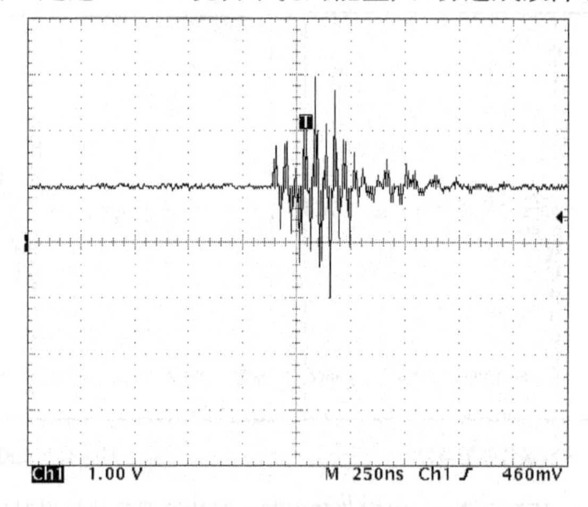

图6.13　浪涌干扰时直流电源输出结果

抑制浪涌的主要措施就是在监控器供电电压输入端的线路滤波器前和电源模块输出的直流电压侧设置浪涌能量吸收器件，以抑制由于浪涌产生的过电压。常用的浪涌抑制器件有压敏电阻、气体放电管和瞬态电压抑制器三种。

(1) 压敏电阻

压敏电阻是一种非线性的钳压型电阻元件，用于吸收开关操作、雷击引起的电源线路中的浪涌能量，抑制被保护线路的过电压，其伏安特性和电路符号如图6.14所示。

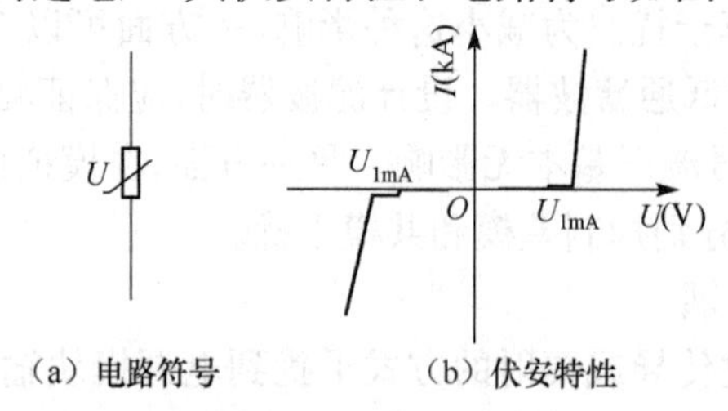

图6.14　压敏电阻的电路符号和伏安特性

压敏电阻虽然能吸收很大的浪涌电能量，但不能承受毫安级以上的持续电流，在用做过压保护时必须考虑到这一点。压敏电阻的选用，一般选择标称压敏电压U_{1mA}(流过其中的电路为1mA时，压敏电阻两端的电压)和通流容量两个参数。

压敏电压就是压敏电阻的击穿电压，又称为阈值电压，通常指在其中通入1mA直流电流时测到的元件两端的电压。压敏电压的选择关系到电压抑制的效果和元件自身的使用寿命。在实际应用中，压敏电压一般按1.5倍被保护电路电压的峰值或2.2倍电路电压有效值选择。

通流容量是指环境温度为25℃时，用规定的冲击电流波形对压敏电阻冲击规定的次数，其压敏电压的变化不超过±10%的最大脉冲电流值。就压敏电阻自身工作的安全而言，通流容量应大于压敏电阻可能吸收的最大浪涌能量，考虑到保护效果，所选用的通流容量大一些好。一般情况下，电路中实际需要的通流量很难精确计算，通常根据被保护对象的容量按经验选取。压敏电阻可以用并联的方法来扩大其通流容量，但并联工作的元件的伏安特性必须尽可能一致，否则可能因不均流而损坏压敏电阻。

压敏电阻的使用特点是能够吸收的浪涌能量大，但寄生电容容量大，响应时间较长，而且随着冲击次数增加，其漏电流也增加。当前使用较多的是氧化锌(ZnO)压敏电阻。

图6.15所示的电路可以在220V电源的输入端有效地进行浪涌的抑制。图中R_5、R_6和R_7为3个压敏电阻。其中，R_5用来抑制差模干扰，而R_6和R_7用来抑制共模干扰。

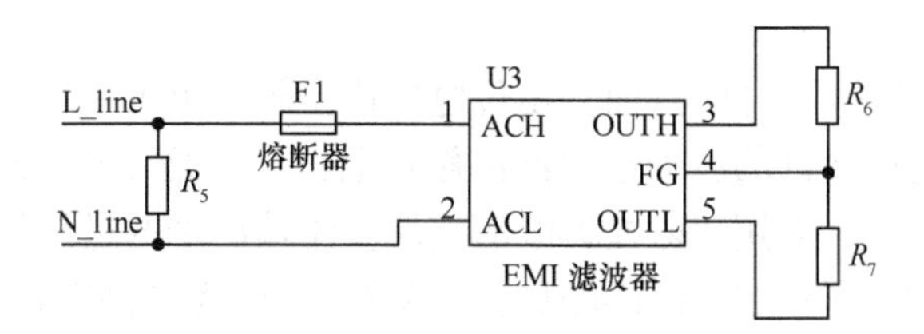

图6.15　利用压敏电阻抑制浪涌的电路示意图

(2) 气体放电管

气体放电管由一对封装在玻璃管中的电极组成，使用时与被保护电路并联。与压敏电阻的伏安特性不同，气体放电管的特性表现为开关型。当施加在电极间的电压超过极间气体间隙放电阈值时，气体间隙被击穿，呈现出近似短路的状态，残压非常低。击穿的阈值电压随击穿次数降低。

在直流电路中工作时，气体放电管一旦被击穿，除非切断电源，气隙就不能恢复阻断，所以在直流电路中一般不使用。在交流电路中被击穿后，气隙的阻断状态在电压过零点附近可以恢复，但会产生持续时间较长的恢复电流。如果恢复电流的能量超过元件的额定功率，气体放电管将被损坏。因此，气体放电管必须与适当阻值的电阻串联后才能与被保护电路并联，电阻的阻值和功率应保证气体放电管被击穿后，被保护电路的电压基本为正常工作值，且电阻和气体放电管都不损坏。

在实际应用中，气体放电管还可以与压敏电阻串联使用，电路如图6.16所示。采用这种电路，一方面限制了出现浪涌时流经气体放电管的跟随电流；另一方面，由于电容的旁路作用，在放电开始的瞬间，浪涌能量不直接进入压敏电阻，减缓了浪涌次数对其漏电流增加的影响。

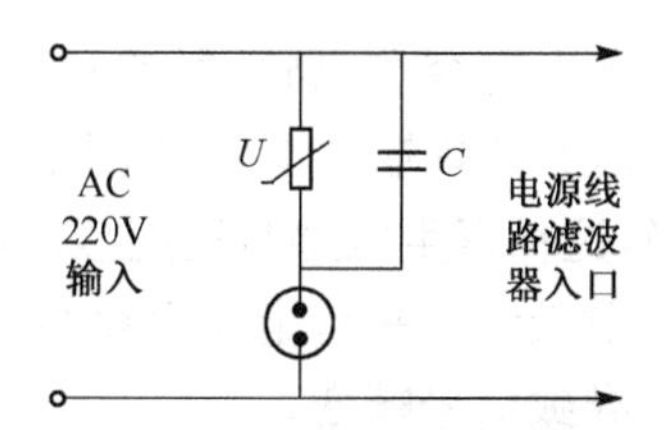

图6.16　气体放电管与压敏电阻串联使用的原理电路

(3) 瞬态电压抑制器

瞬态电压抑制器(Transient Voltage Suppressor，TVS)是一种二极管形式的高效能保护器件，也属于钳位型的电子器件，承受浪涌峰值电流的能力低于压敏电阻，且额定的钳位电压越高，耐受浪涌峰值电流的能力越低。TVS分为单极性和双极性两种，分别适用于直流和交流电路保护，也可作为电力电子器件的过压保护，使用时与被保护对象并联。单极型器件的正向特性与普通二极管相同，反向特性为典型的PN结雪崩器件；双极型器件相当两只单极型器件反向串联，正反向特性对称，均为PN结雪崩器件特性，可在正反两个方向吸收瞬时脉冲功率，并把电压钳制到预定水平。

当TVS在规定的反向应用条件下承受一定高能量的浪涌脉冲时，其工作阻抗可在1ps内由高阻值变为低阻值，允许浪涌脉冲电流通过，并将电压钳制到器件规定的水平，从而有效地保护被保护电路及其内部元件。TVS能承受的瞬时脉冲功率可达上千瓦，电压钳位时间一般为10～12s，响应时间1ps。在环境温度 $T_A = 25℃$，脉冲持续时间 $t=10ms$ 条件下，TVS允许的正向浪涌电流可达50～200A。

由于TVS对过压的响应时间短，而且钳位电压比压敏电阻更平直，因此，基本上可以根据保护对象的实际工作电压允许的波动选择器件额定电压。但是TVS承受浪涌峰值电流的能力较低，所以在实际应用中，多用于监控器电源模块直流输出端的过压保护。在交流输入端使用时，一般需要与压敏电阻等大功率浪涌吸收元件配合，作为提高对浪涌的响应速度的辅助元件。

6.2.3 监控器PCB的抗干扰设计

PCB是监控器的核心组成部分，包含监控器中几乎所有的电路元件(数字和模拟IC芯片、无源电路元件)、电路走线、与外部设备和电源的I/O连接件，它们既是干扰源也是接收器。因此，PCB的抗干扰设计是监控器EMC设计中最关键的环节。本节在分析PCB产生电磁干扰的本质原因的基础上，介绍其抗干扰设计的主要措施。

1. PCB与EMI

PCB是电子产品中各种电路元件和线路最密集的部分。电路中的数字信号不仅速率高，而且频带宽，包含非常高的谐波；在高速数字IC芯片工作时，内部开关元件工作状态改变过程产生电流突变；无源电路元件和走线对不同的工作频率，会呈现完全不同的阻抗特性，如图6.17所示。因此，在数字电路元件工作时，由于其频带范围内的高次谐波，电路工作状态将发生根本改变，从而造成电磁干扰。此外，设计时只从单一的频率响应考虑电路元件，或只从时域特性选择元件，都有可能引起EMI。

(1) 导线和PCB走线

导线或PCB走线都有潜在的寄生电容和电感，影响它们的实际阻抗及其对频率的响应。导线和PCB走线对直流和信号频谱的低频端基本呈现电阻特性，但在高频段则主要表现为电感。如果PCB走线长度选择不当，这种寄生电感与被连接的电容元件可能对数字信号频谱中的某些频率产生谐振，成为一根辐射天线。平行走线间存在电容，信号的高频段谐波将在传送不同信号的平行走线间产生耦合，导致信号畸变。

(2) 无源电路元件

各种无源电路元件对高频信号都表现出不同于它们实际应有的阻抗特性。

① 电阻：电阻元件对直流和信号低频段为电阻，对信号高频段则呈现为电感、电阻、电容

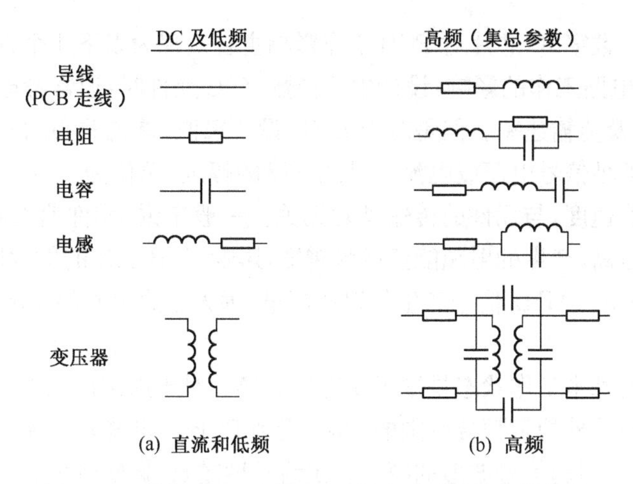

图 6.17 导线(PCB走线)和无源电路元件的频域等效

的复合。阻抗特性与频域的关系取决于元件的材料和封装尺寸，电阻的封装尺寸主要影响其寄生电容，在吉赫兹频率范围内影响极大。此外，元件的封装方式对PCB过电压损坏有影响，通常表贴封装比引线封装更易受到ESD事件的破坏。

② 电容：电容器的实际特性为R、L、C串联。在工作频率低于其谐振频率时，主要表现为电容，而超过谐振频率时，将呈现出电感特性而失去电容器功能。

③ 电感：电感的感抗与频率的关系是线性的。对低频信号，电感可等效为电阻和电感串联，而不必考虑线圈匝间、层间的寄生电容影响。但对于高频信号，寄生电容的影响将远大于电感。

电感在电路中常用于阻断电流中的高频干扰。但是对高频信号，电感等效为L、C并联，干扰信号频率越高，电感阻抗越大，近似开路，而电容呈现的阻抗却很小，使高频频段的干扰经电容耦合而无法阻断。为了保证电感对信号电流中非常高频的干扰仍有阻断功能，其铁心应采用铁氧体材料。这种材料的特点是对低频信号呈现的电感很小，而频率超过一定值后，电感将线性上升。此外，这种铁心可使电感线圈绕组间电容最小，因此特别适于滤除电路中电流信号的高频干扰。

④ 变压器：变压器主要用于电子产品的供电、数字(或脉冲)信号隔离、I/O连接器和共模信号隔离等。实际变压器的绕组匝间有分布电容，层间和原、副边之间存在耦合电容。分布电容与线圈漏感会产生并联谐振，对电压信号频谱中接近其谐振频率的部分幅值放大，造成信号畸变和干扰；耦合电容的耦合度随信号频率增加而增加，造成对快速闪变、ESD、雷电等高频信号失去隔离作用。

因此，在PCB中产生EMI的根本原因有两点。一是PCB电路工作时的时变电流。根据电磁场理论，电流通过导线将产生磁场；而磁场穿过闭合回路时又会产生电场，就会引起EMI。二是PCB工作时的时钟和数字信号电流中存在高频谐波，当它们通过走线和无源元件时，由于走线和元件对高频谐波呈现出不同的阻抗特性，对电路的工作产生不同的影响。

(3) 数字IC芯片

智能电器监控器是一种数字处理和控制装置，PCB上的IC芯片大多是数字电路，它们工作时的每一个逻辑状态变化都会产生一次瞬时电流浪涌，引起接地噪声。这种噪声通常没有足够的能量对PCB工作造成功能性影响，但当逻辑信号的边沿速率非常高时，这种尖峰电流会影响其工作性能。数字IC芯片对PCB工作影响主要表现为以下4个方面。

① 边沿速率对电路工作的影响：设计中选择数字IC元件时，通常考虑的是需要完成的功能、信号的传输延时及传输速率。但是对于EMC设计来说，首先关心的应该是元件的边沿速率。边沿速率指每纳秒信号电压或电流上升或下降的幅度，单位为V/ns或A/ns。它反映了元件工作状态的切换速度，与元件的传输延时无关。一般来说，元件速度越高，其边沿速率必然越高。边沿速率越高，产生的射频能量频带越宽，影响PCB工作的射频能量也越大。例如，一个边沿时间为1ns的5MHz信号产生的射频能量，远大于边沿时间4ns，频率为100MHz信号产生的射频能量。

由于数字元件的基本工作状态是逻辑状态的切换。对于周期性工作的数字元件，其电压、电流波形中含有除基波外的宽频带范围的谐波，受到PCB上走线和无源电路元件对高频段谐波产生的阻抗影响，会引起信号波形的畸变。走线长度越长，影响越大。

② 逻辑元件状态改变在PCB布线中的干扰：大多数数字元件的输出级都采用互补或推挽连接的场效应晶体管(FET)对。FET从阻断到导通或从导通到阻断的工作状态变化需要时间，因此，当元件输出逻辑状态发生改变的过程中，两只FET同时导通，造成电源电压的瞬时短路。另一方面，由于数字元件后级负载的输入端和PCB信号线对零伏线都存在分布电容，所以当元件输出电压u_o状态改变时，电源需要提供远大于静态工作电流的瞬态浪涌电流，其大小为

$$i_t = C\frac{du_o}{dt}$$

式中，C为负载输入端分布电容与线路对PCB零伏平面或零伏线电容的总和。对于单层板，C为0.2～0.3pF/cm，多层板一般为0.1～2pF/cm。

电压的瞬间跌落和电流的瞬态浪涌不仅通过传导干扰PCB的工作，而且是产生影响PCB工作性能的射频能量的主要因素之一。

③ 元件封装与EMI：元件封装对PCB的EMI主要是由于引线的电感和引线之间的电容产生的。引线电感包括各种IC元件和电容、电阻等无源元件内部引线的电感以及元件到PCB连线的电感；电容则主要指IC、电容器、电阻等元件引线间的耦合电容。主要的影响因素包括管芯到基座的引线长度、元件电源进线与回线引脚的位置、管芯的环形面积和元件安装到PCB上的方式等。

④ 数字元件的零电位波动及其影响：零电位波动是指数字元件内部的零电位参考面与PCB零伏平面或零伏线间的电位波动，它不仅影响电路中元件的正常工作，也增加了PCB的辐射干扰。

数字元件输出端电平变化产生的瞬时浪涌电流通过连接PCB零伏平面(线)的引线电感时产生的电压，是造成零电位波动的基本原因。对于输出驱动级只有一个FET的数字元件，当输出从高电平变成低电平时，其输出端对零伏平面(线)的分布电容以及负载输入端的电容都会通过输出级的FET及其与零伏平面(线)连接的引脚电感放电，造成电源电流的瞬时浪涌。如前所述，输出驱动级为推挽或互补FET对的数字元件，在输出端的状态变换瞬间也会产生瞬时涌流，它将流经元件输出级与零伏平面(线)连线的电感。图6.18所示为推挽输出的数字IC产生零电位波动的原理电路和工作波形。

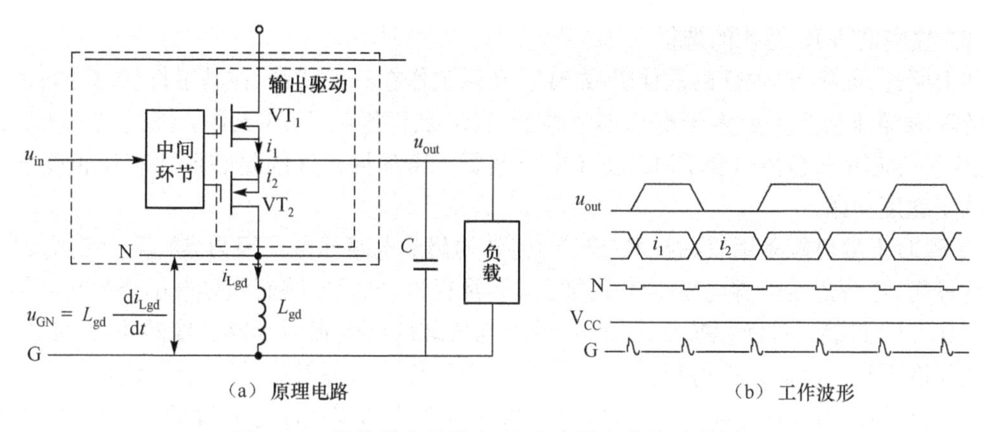

（a） 原理电路　　　　（b） 工作波形

图 6.18　推挽输出的数字 IC 产生零电位波动的原理

2. 监控器设计中提高 PCB 抗干扰的措施

针对造成 PCB 电磁干扰的原因，在设计中应当从布线和选择数字电路芯片两方面分别采取相应的措施，以提高 PCB 的抗干扰能力。

（1） PCB 布线设计的抗干扰措施

为提高 PCB 的抗干扰能力，在设计布线时最常用的方法有以下几种。

① 数字电路与模拟电路分开布置，分开供电。

② 采用双面基板时，尽量加宽板上电源进线与回线（零伏线）的线宽，以减小传导阻抗造成的各芯片电源间的电位差。

③ PCB 的强电区域与弱电区域严格分离。除供电电源必须隔离外，还应保证强电走线与弱电走线之间最小距离不小于 0.8cm，以减少串音耦合的干扰。

④ 通信部分采用与中央控制模块完全隔离的独立电源供电。

⑤ 与数据线联系密切的芯片尽可能集中布置，以减少总线的长度。

⑥ 减少平行走线的数量和长度，并在板面允许的情况下尽量加大线宽和线间的距离，以减少信号传输线的阻抗和耦合电容。

⑦ PCB 的基板采用多层板。与双层基板相比，采用多层基板设计 PCB 具有许多优点。如工作电源的电源进线和零线分别占用一层敷铜层，减小了电源进线和零线的电阻和电感，可以有效地抑制电源线和零线上的噪声；加大了电源进线和零线之间的电容，为电源提供了良好的去耦通路，减小了电源线上的干扰；PCB 上所有元件的电源进线和回线引脚直接分别与电源线层和零线层连接，降低了由于电源线公共阻抗导致的干扰。此外，采用多层板布线，还可提高 PCB 抗浪涌的能力。

在设计多层板布线时，不同层上的信号线走向应当垂直，以减小平行走线引起的串扰。电源进线层和零线层应占有多层基板中间的相邻两层，利用两层铜箔间的耦合电容，提供去耦功能。信号线中传输高速时钟和高频数字信号的走线应布置在与地线相邻的信号线层，以减小信号回路的面积及由此引起的辐射干扰。

⑧ PCB 上的数字 IC 电路，特别是采用 CMOS 工艺的数字 IC 电路，不使用的 I/O 引脚必须经电阻接电源或零线。

(2) 数字电路 IC 芯片的选择

如上所述，数字 IC 内部的晶体管或 FET 总是工作在开关状态，在其工作状态变换过程中出现的瞬时涌流会产生射频干扰和零伏线的波动，从而影响 PCB 工作。因此，在 PCB 设计中，正确选择芯片对监控器和 EMC 设计十分重要。通常从元件的封装形式和逻辑变换时的信号跳变速度考虑。

① PCB 上尽可能采用表贴技术(SMT)封装的集成电路元件。因为表贴元件引脚到 PCB 的连线最短；电源进线引脚与零伏线引脚之间距离很近，电源回路面积也最小；SMT 封装的元件面积比 DIP 封装元件面积减小近 40%，管芯与安装底座间辐射环路长度减小近 64%，元件间连线长度更短。因此元件射频辐射能量更小，通过传导和辐射对元件的干扰也较小。

② 当必须采用双列直插元件时，应尽量采用电源线和零线靠近布置的封装形式，以减小电源回路包围的面积。特别不要在正式产品中通过插座来安装元件。

③ 在完成的功能和工作频率相同的情况下，选用变化沿较慢的数字 IC 芯片，以抑制电路工作时的辐射干扰。

此外，对于 PCB 上的重要控制命令出口电路，除采用光电耦合器隔离外，还应设置封锁位，与软件中相应的程序配合进行二级控制。

3. 监控器软件的抗干扰措施

软件包括所有的程序和执行程序需要的数据，是智能电器监控器完成各种功能的核心。在电磁干扰下，存放程序代码和数据的内存中的状态可能会发生变化，导致程序工作紊乱，使智能电器不能正常工作，给被监控器保护的对象造成严重后果。为了保证监控器软件在智能电器运行现场环境中安全正常地工作，需要采取以下措施。

(1) 使用看门狗(Watchdog)监视程序

Watchdog 是一种用于程序进程监视的定时器，当定时器计数溢出时，输出使被监视的处理器复位的逻辑电平。在软件设计时，预先在程序中设置复位 Watchdog 的指令，保证其在程序正常运行时不溢出。因此监控器软件工作正常时，Watchdog 不影响程序的进程。当干扰使程序偏离正常工作进程后，Watchdog 定时器因不能按时复位而产生溢出，使处理器件复位，从而保证装置恢复正常工作。

为保证程序偏离前的主要信息不丢失，硬件中必须配置非易失性 RAM，并在程序中把关键数据及时复制到非易失性 RAM 中。

(2) 软件陷阱和指令冗余

指令冗余是在长、短调用，有条件转移和无条件的长、短转移等决定程序流程的指令前插入几条空操作指令，或在各程序模块间无代码的 ROM 空间设置单字节的空操作、重启动等指令。软件陷阱是设计一个专门的出错处理程序模块，并在无程序代码的 ROM 区设无条件转移指令，在程序因干扰发生错误时，可以把程序引导到出错处理程序。

(3) 无扰动的重恢复技术

无扰动重恢复技术包括以下 4 方面的内容。

① 处理器复位后的初始化程序分为冷启动处理和热启动处理，并设置上电标志加以区分。冷启动是指处理器正常的上电复位启动；热启动是指程序出现错误时，由 Watchdog 或复位指令、出错处理程序等引起的复位启动。两种处理的初始化工作不同，冷启动对处理器和

I/O 接口电路进行全面初始化，热启动只对部分 I/O 接口重新初始化，同时恢复部分关键数据。

② 采用容错技术对数据进行有效的保护。软件设计时，在不同的数据存储器空间设置保护重要数据的存储单元，备份软件中所有的标志字、部分计量数据、故障状态、开关状态及重要事件发生时间等重要信息。需要长时间保护的数据，应在数据存储区设立非易失性存储单元，保证掉电时数据不丢失。

③ 对每个功能模块和任务模块设置标志字，在程序进入功能模块或任务程序入口时，必须先判断标志字正确后才执行。

④ 加电复位或再复位后，程序入口处应当锁定一些重要的硬件出口，在初始化后智能监控器能正常工作时，再解除封锁。

6.3 智能电器监控器的抗扰度试验标准和方法

智能电器作为一种标准的工业电子设备，其电磁兼容测试的基础性标准是 IEC/TC77 制定的 IEC61000—4—X 抗扰度标准。TC77 是 IEC 下设的电气设备(包括网络)的电磁兼容设计委员会，也是国际上从事 EMC 研究的主要组织之一。IEC61000—4 系列是目前世界各国广泛采用的比较完整的电气与电子产品抗扰度测试的基础标准，涉及电磁环境、发射、抗扰度、试验程序和测量规范。其中的 IEC61000—4—X 规范的抗扰度试验包含低频干扰、传导性质的瞬变及高频干扰、静电放电干扰、磁场干扰、电场干扰等几类。我国也制定了与其相应的电气与电子产品抗扰度试验国家标准，如表 6.1 所示。

表 6.1 电气电子产品抗扰度测试国家标准与 IEC61000—4—X 对照表

序号	国家标准	标准名称	对应的国际标准号
1	GB/T17626.1—1998	抗扰度试验总论	IEC61000—4—1:1992
2	GB/T17626.2—1998	静电放电抗扰度试验	IEC61000—4—2:1995
3	GB/T17626.3—1998	射频电磁场辐射抗扰度试验	IEC61000—4—3:1995
4	GB/T17626.4—1998	电快速瞬变脉冲群抗扰度试验	IEC61000—4—4:1995
5	GB/T17626.5—1999	浪涌(冲击)抗扰度试验	IEC61000—4—5:1995
6	GB/T17626.6—1998	射频场感应的传导骚扰抗扰度试验	IEC61000—4—6:1996
7	GB/T17626.7—1998	供电系统及所连设备谐波、谐波间的测量和测量仪器导则	IEC61000—4—7:1991
8	GB/T17626.8—1998	工频磁场抗扰度试验	IEC61000—4—8:1993
9	GB/T17626.9—1998	脉冲磁场抗扰度试验	IEC61000—4—9:1993
10	GB/T17626.10—1998	阻尼振荡磁场抗扰度试验	IEC61000—4—10:1993
11	GB/T17626.11—1999	电压暂降、短时中断和电压变化	IEC61000—4—11:1994
12	GB/T17626.12—1998	振荡波抗扰度试验	IEC61000—4—12:1994

本节仅讨论与智能电器有密切关系的静电放电、电快速瞬变脉冲群、电流/电压浪涌、电源电压跌落和短时中断 4 种干扰的试验标准和试验方法。

6.3.1 静电放电抗扰度试验标准和方法

如前所述，带静电电荷的相邻物体可通过接触或辐射的方式放电，其放电电流，尤其是接触式放电电流会产生短暂的很强的电磁场干扰，可能引起电气、电子设备的工作故障甚至损坏。静电放电干扰试验的目的就是检验设计制造完成的电气、电子产品承受静电放电干扰的性能。

1. 静电放电的相关标准

静电放电试验主要针对被试设备的外壳，试验分接触放电和空气放电两种，其试验等级标准要求如表 6.2 所示。

表 6.2 静电放电试验等级标准

接触放电		空气放电	
等级	试验电压(kV)	等级	试验电压(kV)
1	±2	1	±2
2	±4	2	±4
3	±6	3	±8
4	±8	4	±15

2. 规范的静电放电试验方法

首先根据被试设备的运行环境条件确定试验等级，试验时被试设备应处于正常工作状态。用专用测试设备产生标准规定的波形和幅值的放电电压，通过放电枪对被试设备外壳放电。放电点的选取有两种方法。一种是先以 20 次/秒的放电速率扫描机壳，找出耐受静电放电较薄弱的部分；另一种是把外壳上人手容易接触部分作为放电点。智能电器外壳对静电放电的薄弱点一般集中在键盘、显示屏附近和散热口附近区域。放电点可以是金属或非金属，对金属和非金属放电点施加的放电电压幅值，应分别对应于表 6.2 中相应等级的接触放电和空气放电试验电压。

对受试设备机壳上每个试验点按 1 次/秒的速率正负极性放电，放电次数均应大于 10 次。还应对被试设备加入电流/电压的故障量(参见表 6.3)，以考核在静电放电干扰下设备是否误动或动作后不能复归。试验期间，受试设备在静电放电下不应误动作，但允许指示器有暂时错误信息。试验之后，受试设备仍能保持原有性能。

表 6.3 电气和电子设备 EMI 试验故障量

		考核误动作	考核动作后不复归
电流/电压	过量	动作值的 90%	动作值的 110%
	欠量	动作值的 110%	动作值的 90%

6.3.2 电快速瞬变脉冲群(EFT)抗扰度试验

电快速瞬变脉冲群抗扰度试验的目的是评定被试设备承受这类干扰的水平。

如前所述，EFT 干扰主要是以共模方式作用于装置的电源端口、专用二次电流、电压互感器端口、模拟量输入通道、通信端口和开关量输入/输出端口，以传导和辐射的方式进入设备内部电路，影响装置的正常运行。

1. EFT 试验的相关标准

标准规定的 EFT 试验中使用的脉冲群波形如图 6.19 所示。脉冲重复频率为 5kHz，单个脉冲在 1/2 幅值处的宽度为 50ns，脉冲群重复周期为 300ms，持续时间为 15ms。试验中，施加干扰的持续时间为正负脉冲群各 60s。

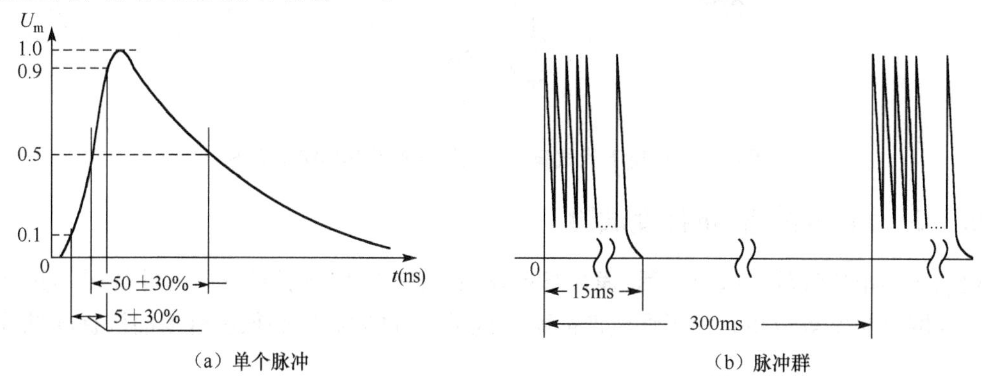

图 6.19　标准的 EFT 试验波形

在不同试验等级下，EFT 试验施加的规范脉冲电压峰值和重复频率如表 6.4 所示。

表 6.4　EFT 试验的等级标准

等　级	在供电电源端口，保护接地		在信号数据和控制端口	
	电压峰值(kV)	重复频率(kHz)	电压峰值(kV)	重复频率(kHz)
1	±0.5	5	±0.25	5
2	±1	5	±0.25	5
3	±2	5	±1	5
4	±4	2.5	±2	5

最新的 IEC 标准已经将 EFT 试验施加的规范脉冲电压重复频率提高到 100kHz。

2. 规范的试验环境和试验方法

按照电磁干扰试验的国家标准 GB/T17626.4—1998 的描述，EFT 试验环境的参考接地平面必须用尺寸 2m×1.5m、厚度 0.6mm 的铝板铺在试验台上并与大地相连，试验信号发生器放置在参考接地平面上，被试设备置于参考接地平面上的 20cm 厚的绝缘垫层上。受试端口分别为电源、开关量输入（开入）、开关量输出（开出）、专用二次 PT、CT 输入端或模拟量信号端口。

电源端口试验时，试验信号发生器的输出线直接接至被试设备的供电端口，其他端口试验需使用专门的容性耦合夹，被试端口的引线夹在耦合夹中，信号发生器输出的干扰信号通过耦合夹耦合到信号线上（参见图 6.20）。需要注意的是，在信号端口的试验中，耦合夹的高压同轴接头应与信号发生器相连，平放于参考接地板上。

试验过程中，被试设备应加电工作，脉冲群被叠加在被试端口工作的信号上。在干扰施加过程中受试设备不损坏、不误动作，可以允许有暂时的错误信息指示。试验结束后，被试设备性能不下降，不改变，设备不损坏。EFT 试验也需要在施加表 6.3 中规范的故障量下进行。

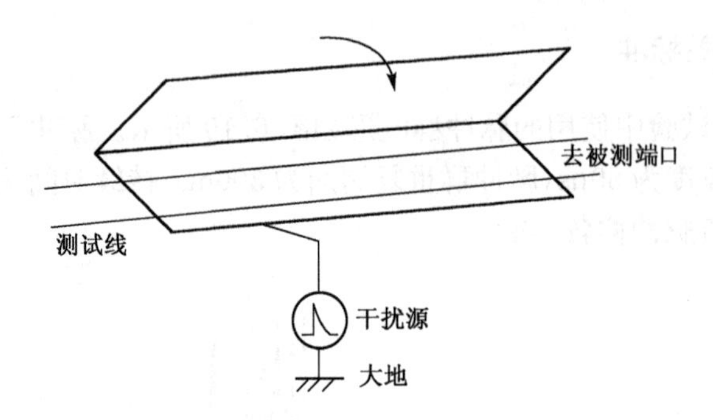

图 6.20　电磁干扰试验用容性耦合夹及其连接示意图

6.3.3　浪涌(冲击)抗扰度试验

浪涌包括电压浪涌和电流浪涌，通常具有较高的能量，容易引起电子器件烧毁，通信设备破坏以及网络异常等故障。为了评定产品耐受这类干扰的水平，必须进行浪涌抗扰度试验。

1. 浪涌抗扰度试验的相关标准

浪涌是一种脉冲冲击，脉冲波前时间为数微秒，半峰值时间(宽度)从几十微秒到几百微秒，幅度从几百伏到几万伏或几百安到上百千安。图 6.21 所示为标准规范的浪涌试验的电压波形，波前时间 $T_1 = 1.67 \times T = 1.2\mu s \pm 30\%$，半峰值时间：$T_2 = 50\mu s \pm 20\%$。

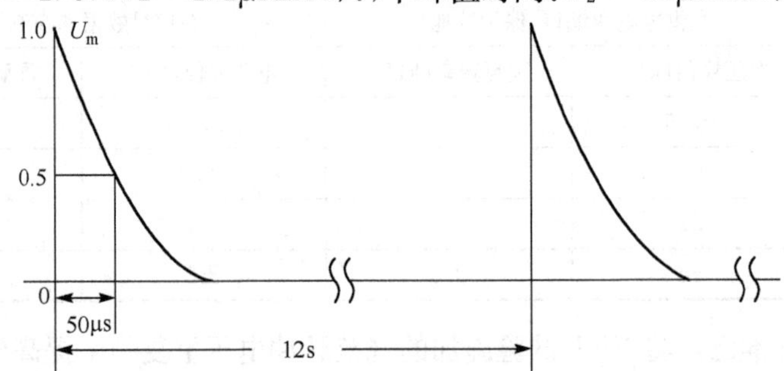

图 6.21　浪涌试验的电压波形

GB/T 17626.5—1999 标准规定浪涌抗扰度试验需要对试验端口分别进行共模和差模试验，不同等级下对应的共模和差模电压如表 6.5 所示，施加干扰的试验电路如图 6.22 所示。

表 6.5　浪涌试验等级及对应的开路电压

等　级	开路电压(kV)	
	共　模	差　模
1	±0.5	±0.25
2	±1	±0.5
3	±2	±1
4	±4	±2

2. 规范的浪涌抗扰度试验方法

进行浪涌抗扰度试验时，试验波形发生装置和被试设备的布置与接线方式与电快速瞬变脉冲群试验相同。在试验过程中，受试设备正常工作，干扰信号施加在电源回路、开入、开出、专用二次 PT 和 CT 的输入端。在选定的试验等级上，正、负极干扰脉冲各加 5 次，脉冲间隔时间为 12s，以便为受试设备提供足够的散热时间。

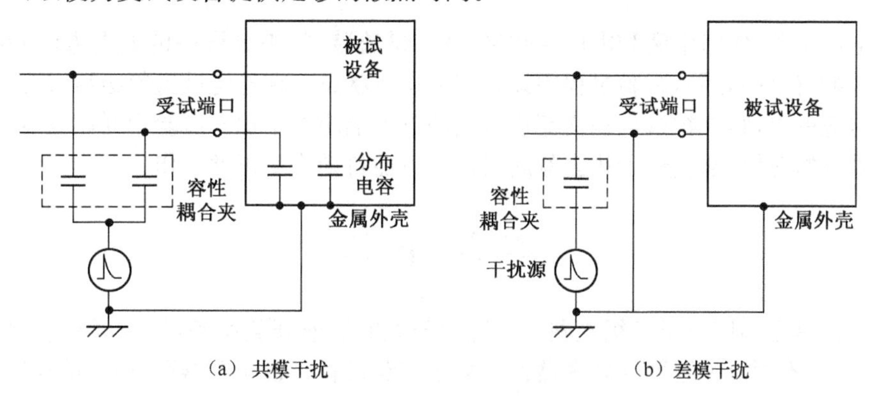

图 6.22　浪涌试验施加干扰的试验电路

施加干扰的过程中，被试设备不损坏，可允许指示器有暂时错误信息。试验结束后，设备能自动恢复正常。

必须指出，在浪涌抗扰度试验中，干扰信号也需要通过图 6.22 所示的容性耦合夹与被测试端口连接。

6.3.4　电压跌落、短时中断和电压变化抗扰度试验

电压跌落、短时中断和电压变化是连接在低压电网上的电气、电子设备最易受到的干扰之一，这类干扰一般是通过传导方式由交流供电电源侵入设备的工作电路。这类干扰出现的规律性很差，直接影响电气、电子设备工作电源的稳定性和可靠性，使设备工作性能下降，对被监控和保护对象的安全可靠运行产生很大的威胁。因此，电压跌落、短时中断和电压变化试验，是检测智能电器监控器抗电磁干扰的重要内容之一。

1. 试验的相关标准

按照我国国家标准 GB/T17626.11—1999 和 TC77 相关标准，电压跌落试验时电压暂降幅度、持续时间和重复次数如表 6.6 所示；电压变化试验时的电压波动和持续时间如表 6.7 所示。其中 U_T 为被试设备的额定交流供电电压。

表 6.6　电压跌落的试验标准

电压暂降等级 U_T(%)	电 压 暂 降		
	下降幅度(%)	持续时间(ms)	重复次数
0	100	100	8
40	60	800	3
70	30	1000	3

表 6.7 电压变化的试验标准

电压变化幅度 U_T(%)	电压减小所需时间(s)	减小电压维持时间(s)	电压增加所需时间(s)
40	2±20%	1±20%	2±20%
60	2±20%	1±20%	2±20%

2. 试验方法

进行电压跌落、短时中断和电压变化试验时,试验装置、被试设备的放置方法和接线方式与电快速脉冲群试验相同,试验过程中设备应为运行状态。在选定试验等级后,按照表 6.6 和表 6.7 中对应的参数,在被试设备交流供电电源输入端施加干扰。试验中受试设备不损坏,可允许指示器有暂时错误信息,干扰去除后受试设备能自动恢复正常工作。

本 章 小 结

智能电器是在不同电压等级电网上运行的开关电器或开关设备,监控器是它们的控制核心,是基于各种不同可编程数字处理器件的数字控制设备。智能电器运行时,监控器工作在复杂的电磁环境中,会受到各种电磁干扰。另一方面,作为一种数字控制设备,监控器工作时各种电路元件产生的射频干扰不仅影响自身的工作性能,也会干扰同一应用系统中邻近的监控器工作。因此,电磁兼容性设计是智能电器监控器产品设计中十分重要的内容,也是智能电器产品是否能够投入市场并进入电网运行的关键。

本章在说明电磁兼容性基本概念、电磁干扰的耦合方式和形成机理的基础上,给出了智能电器监控器受到的主要干扰及其产生的原因和特点,分析了监控器系统级和 PCB 级 EMC 设计的基本方法,介绍了系统化设计方法。为使读者了解监控器 EMC 测试的基本知识,给出了电器电子设备抗扰度试验的 IEC 标准和对应的我国国家标准,并针对影响智能电器最严重的 4 种干扰,说明了标准规范的干扰源参数和试验方法。

习题与思考题 6

6.1 什么是电磁兼容?电气、电子产品为什么必须进行电磁兼容性设计?

6.2 电磁干扰模型包括哪几种基本要素?

6.3 什么是系统级干扰?抑制系统级的主要措施有哪些?

6.4 PCB 干扰模型中的干扰源有哪些?干扰的传输途径是什么?

6.5 电磁干扰有哪些耦合途径和耦合方式?

6.6 电磁兼容问题研究发展的 3 个阶段是什么?

6.7 智能电器监控器可能受到哪些系统级干扰?说明造成 ESD、EFT、浪涌、电压跌落和短时中断等干扰的原因和提高监控器系统级 EMC 的主要措施。

6.8 试述造成 PCB 电磁干扰的主要原因。智能电器 PCB 设计中提高电磁兼容性的主要措施有哪些?

6.9 监控器软件设计中提高抗电磁干扰的能力的主要措施有哪些?

6.10 智能电器 EMI 试验的目的是什么?最主要的试验项目有哪几种?

第7章　电器智能化网络

电器智能化网络是一种由通信介质连接的分布式通信网络，它包含后台管理系统、分布在运行现场的各种不同功能的智能电器和智能开关设备。其中，后台管理系统利用数字通信完成对现场设备的监控和管理。所有连接在网络上的设备都是具有独立功能和通信能力的微型计算机系统，采用数字通信技术实现信息交换。从这一点看，电器智能化网络本质上是一种计算机通信网络。电器智能化网络的设计是智能电器应用的最重要环节，也是实现电器智能化的基础，本章将系统地介绍电器智能化网络的组成结构与设计方法。考虑到使用者不同的基础知识背景，首先介绍与电器智能化网络设计相关的数字通信和计算机通信网络的基础知识、常用的现场总线、变电站通信网络和系统标准 IEC61850 等内容，然后在此基础上讨论电器智能化网络的基本特点、设计实施，以及软件开发的原则和方法。

7.1　数字通信基础

数字通信是采用数字量进行信息传递和交换的通信方式，是实现计算机通信的基础，也是电器智能化网络中现场设备与后台管理系统之间、各现场设备之间、各不同的局部网络之间传输信息的基本形式。因此，电器智能化网络是一种采用数字通信技术的网络。本节概要介绍相关的数字通信的基本概念和知识。

7.1.1　数字通信系统的基本概念

1. 数字通信系统的结构模型与信号传输

通信的任务是由通信信道将信息从信源（发送方）传递到信宿（接收方），信息传输过程完成，就是使信息的接收方收到发送方发出的确定信息。信息必须变换成适合于信道传输的信号才能进行传输，在这种意义上说，信号就是信息的载体。根据在信道上传输的信号类别，通信系统有模拟通信系统和数字通信系统两类。模拟通信系统的信道传输模拟信号，而在数字通信系统中，信道传输的通常是由“0”和“1”表示的数字信号。当数字通信系统中的信源发送的信息为模拟量时，必须转换为相应的数字信号才能通过信道传输。对于电器智能化网络而言，信息通常是在后台管理系统计算机和现场智能电器监控器之间，或网络中各局部网络之间进行传送的，信源和信宿双方都是数字化设备，信道中承载信息的信号也是数字信号，因此它是一种典型的数字通信系统。

当前数字通信系统的信源方和信宿方收发的信息多为语音、图像等物理信息，它们均为模拟量。为了进行数字通信，信源的信息必须先转换成相应的模拟量电信号，再经 A/D 转换变成数字信号（即编码），然后才能由信道进行传输。信号到达接收端以前，还应进行与发送端对应的逆变换（即解码与 D/A 转换），这样，信宿才能正确地接收到信源发出的信息。图 7.1 所示为一般数字通信系统的结构模型。

如上所述，电器智能化网络收发双方均为计算机，发送和接收的信息都是数字化信息。信息发送前，信源方设备按照选定的规约把信息相应地变成信道可以传输的信号；到达信宿后，信宿设备依据同样的规约把收到的信号转换成与信源发出的相同信息。在这种情况下，被传输的物理信息在发送端的转换和编码与接收方的解码与转换是由信源设备和信宿设备完成的，系统结构中一般不需要另外配置编码/解码、调制/解调的物理设备，结构更加简单。

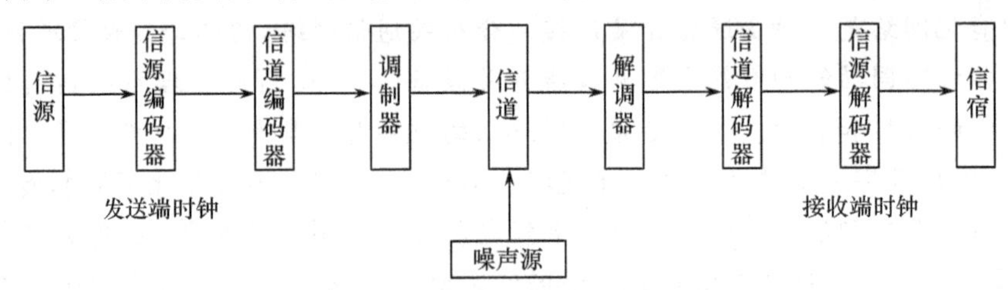

图 7.1　数字通信系统的结构模型

信道是用来传输表示信息信号的物理介质，数字通信系统中常用的信道介质有双绞线、同轴电缆、光缆、无线电波、微波、卫星信道等。信道采用的介质不同，能够传输的信号类型和信号传输的方式也不同。在数字通信系统中，信号传输的方式有基带传输和频带传输两种。基带传输是编码处理后的数字信号直接在信道中传输，这种方法实现方便，但传输速率和距离有限，通常只适合采用双绞线和电缆这类介质作为信道的情况。频带传输是把基带信号进行调制，使其可以采用光纤、微波、无线电波和卫星信道等进行远距离传输。在电器智能化网络中，信号大多采用基带传输，只有当网络中的后台管理系统需要与远方调度或控制中心进行信息交换时，或者在长距离馈电线路自动化系统中需要采用光缆、电力线载波或无线通信时，才使用频带传输。近年来，随着宽带网的发展，采用频分多路技术，通过宽带网传输多个基带信号的宽带传输和异步传输模式的数字信号传输方式也得到了广泛应用。

2. 数字通信系统的主要性能指标

衡量数字通信系统性能的主要指标是信息传输的有效性和可靠性。有效性指标包含传输速率和频带利用率，可靠性指标主要指传输的误码率。

(1) 传输速率

度量数字系统的传输速率通常采用信息传输速率和符号传输速率，二者间有确定的对应关系。

信息传输速率是指信道内每秒钟传输的信息量。在以二进制数为基础的数字信息中，信息量的单位是比特(bit)，它表示一个随机二进制序列中，当“1”码和“0”码出现的概率相同，并前后相互独立时，一个二进制码元(一个“1”或一个“0”)所含的信息量。因而数字通信中信息传输速率的单位是比特/秒(bit/s 或 bps)，即每秒钟传输的二进制数位数。

符号传输速率特指码元速率，表示单位时间内传输的码元数，单位为波特(Baud)，即码元/秒。码元是组成信息的单位代码，它可以是二进制数，也可以是四、八、十六等多进制数。在已知系统波特率需要计算其信息传输速率时，应把码元折算成对应的二进制码元。根据数字系统中多进制数与二进制数的关系，可以得到二者间的关系。设信息传输速率为 R_b，一个 M 进制数码元的传输速率为 N_B，信息传输速率与符号传输速率之间的关系是

$$R_b = N_B \mathrm{lb} M(\mathrm{bps}) \tag{7.1}$$

当信息的码元为二进制数时，信息传输速率就等于符号传输速率，即比特率与波特率相同。

信息传输速率是影响信息传输实时性和有效性的重要因素之一，它与被传送信号的带宽和传输介质有关。

(2) 频带利用率

在比较不同通信系统的传输效率时，不仅要看它的传输速率，还应看在这种传输速率下所占频带的宽度。一般来说，通信系统所占频带越宽，传输信息的能力就越强。频带利用率是衡量数字通信系统信号传输效率的一个重要指标，用单位频带内的传输速率 η 来表示，即

频带利用率

$$\eta=\frac{\text{信息传输速率}}{\text{频带宽度}}(\text{bps/Hz}) \tag{7.2}$$

$$\eta=\frac{\text{符号传输速率}}{\text{频带宽度}}(\text{Baud/Hz}) \tag{7.3}$$

(3) 误码率

在数字信号传输过程中，由于干扰、传输介质带宽、传输介质损耗等原因，被传输的信号到达接收端后，某些码元会出现错误。误码率是衡量数字通信系统传输可靠性的一个重要指标，它定义为传输过程中误码码元与传输总码元之比，用 P_e 来表示，即

$$P_e=\frac{\text{误码码元个数}\,n}{\text{传输总码元个数}\,N} \tag{7.4}$$

P_e 通常是多次统计结果平均值，因此它是指平均误码率。

应当指出的是，当传输链路中含有多个再生中继时，各站的平均误码率不一定相同，到达终点时的总误码率应当是终点处的累计结果。

7.1.2 信道的截止频率与带宽

通信系统中的信号是通过信道传递的。如果信道可以保证发送端送出的信号中所有频率分量完全不变地通过，则接收端将得到和发送端幅值、形状完全相同的信号；如果信道对发送端信号中各频率分量幅值以相同比例衰减，在接收端接收到的信号虽然幅值减小，但形状并未失真。然而在实际应用中，任何信道或传输设备都不可能具备上述性能，它们总是对信号中不同频率的分量具有不同的衰减特性，某些频率分量基本不衰减，有些频率成分衰减较小，而另一些衰减较大。因此，到达终端时，接收端收到的信号必定会有失真，甚至无法正确识别。这就是说，传输信道也具有自己的幅值频率特性。

一般情况是，信道对被传输信号中从 0Hz 到某一频率(f_x Hz)段中各分量基本无衰减或按照一很小的常量衰减，而在 f_x 以外的各频率分量则有很大衰减。通信理论中用信道截止频率(Cut-Off Frequency)和信道带宽来描述传输信道的这种特性。

如果在通过一个信道传输的信号中，某一频率分量的幅值在到达接收端时被衰减到原来的 0.707 倍(信号能量衰减了一半)，则这个分量对应的频率就被定义为该传输信道的截止频率 f_C(如图 7.2 所示)，相应地，信道带宽也为 f_C。信道的截止频率由信道本身固有的物理特性决定。

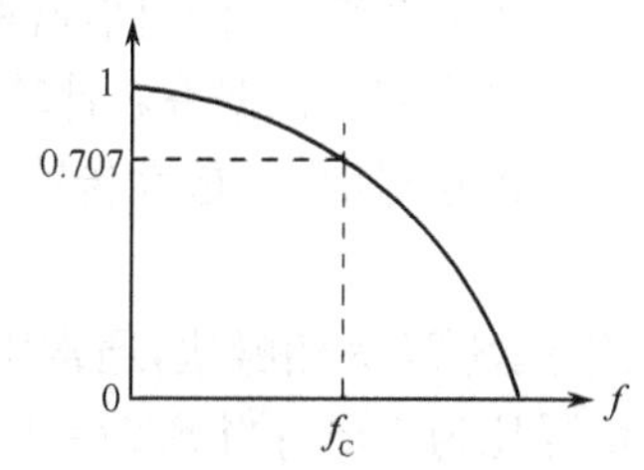

图 7.2 通信信道的一般幅值频率特性

在有些特定的应用场合中，需要在信号传输线上加不同的滤波器，以规定不同用户使用的信道带宽。两类典型的信道滤波器的幅值频率特性如图 7.3 所示，其中图 7.3(a)为低通滤波器，截止频率为 f_C，图 7.3(b)为带通滤波器，它有两个截止频率 f_{C1} 和 f_{C2}。传输信道加装这两类滤波器后，带宽分别为 f_C 和 $f_{C2}-f_{C1}$。

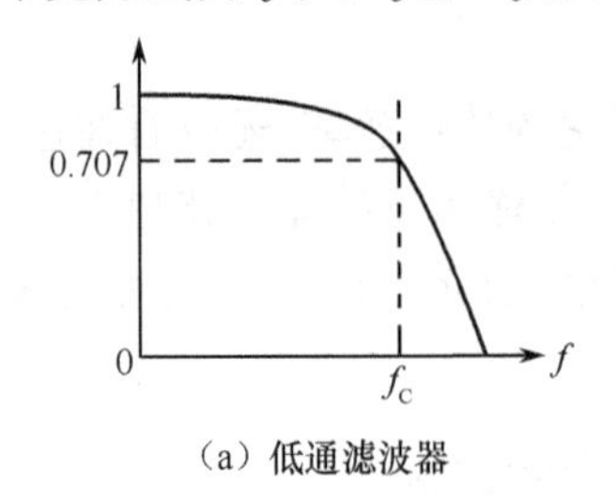

(a) 低通滤波器

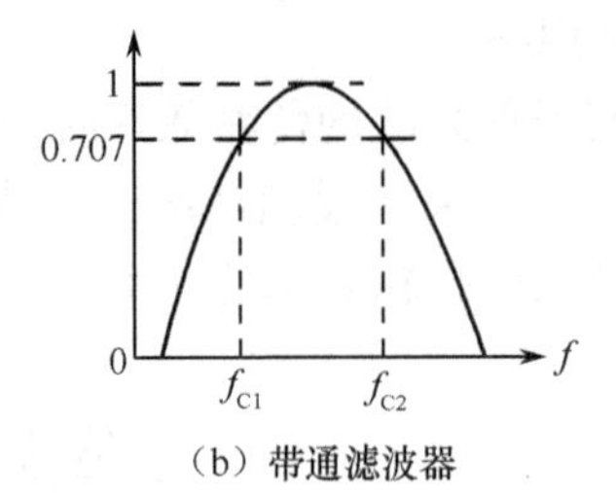

(b) 带通滤波器

图 7.3 典型的信道滤波器幅值频率特性

只有当信号发送端发送的信号带宽小于传输信道带宽时，信号才能基本不失真地传递到接收端，否则接收端得到的将是畸变的信号或错误的数据。因此，为保证信号传输的正确，必须限制发送信号的带宽，使之与所使用的信道带宽相匹配。

7.1.3 信道的最大数据传输速率

在计算机通信系统中，信道中传输的信息基本是按照二进制编码的数据，是离散的时间序列。在数据传输过程中，每传送一位二进制数都要占用相应的时间。信道的数据传输速率是指在单位时间内信道传输二进制数的位数(即比特数)。因此，要提高信道传输速率，就必须减少每位二进制数的传输时间，即提高被传输信号的频率，信号的带宽也将相应地增加。

在 7.1.2 节中已指出，任何信道的带宽都是有限的，如果发送端的数字信号带宽超过了传输信道的带宽，信号到达终端时将产生畸变。当传输信号的频率提高到某一程度，即信号带宽增大到某一程度时，接收设备将无法从收到的严重失真的信号中恢复出原来的数据。因此，即便是理想信道(无噪声信道)，由于其带宽有限，它的传输速率也将受到限制。一个信道在单位时间内能传递的最大比特数称为最大传输速率(或信道容量)。

奈奎斯特(H. Nyquist)和香农(C. Shannon)分别推导出了无噪声有限带宽的理想信道和带有随机噪声的有限带宽信道的最大传输速率。

根据奈奎斯特定理，一个由 V 级离散量组成的信号，其中包含的比特数(位数)为 L，且 $V=2^L$，当这个信号通过带宽为 B 的无噪声理想信道时，该信道的最大传输速率为

$$C=2B\text{lb}V(\text{bps}) \tag{7.5}$$

实际系统中，任何信道都不可能是理想的。在有噪声的情况下，会出现传递差错，从而降低传输速率。根据香农计算公式，对于带宽为 B 的实际信道，设其噪声功率为 N，在传递功率为 S 的信号时，其最大传输率为

$$C=B\text{lb}(1+S/N)(\text{bps}) \tag{7.6}$$

式中，S/N 为信噪比，通常用 $10\lg(S/N)$ 来表示，单位为分贝(dB)。例如，当 $S/N=10$ 时，其信噪比为 10dB；当 $S/N=100$ 时，信噪比就是 20dB。

根据式(7.5)和式(7.6)，一个带宽为 3000Hz 的理想信道，传递离散量为 V 级数字的信号时，最高传输速率为 48000bps。而同样带宽，信噪比为 10dB 时，最高传输速率降为10380bps；

信噪比提高到 20dB($S/N=100$) 时，最高传输速率则提高到 19980bps。因此，提高信道的信噪比，可以提高信道最大传输速率，即提高信道容量。

由式(7.6)还可以看出，信噪比与带宽在一定程度上可以互补，即在一定信噪比下，增加信道带宽，可以提高信道容量。但随着带宽 B 增加，噪声功率 $N=B\cdot n_0$(n_0 为噪声单边功率谱密度)也会增加，因此增加带宽实际上不可能无限制地提高信道容量。若实际信号的传输速率高于信道容量，即使只超过很小的值，也不可能实现正确的信号传输。只有在信号传输速率低于信道最高传输速率时，才能通过合适的编码方式，实现低误码传输。

7.1.4 数据编码方式

如前所述，数字通信传递的信息是数据或数据化的信号，其基本单位为码元。计算机通信网络中的信号基本为二元码，码元只有 0 或 1。在通信网络中，必须以一定的物理形式来表示数据的 0 和 1，即要对数据编码。用模拟信号的不同幅值、不同相位或不同频率来表示数据的 0 和 1，称为模拟数据编码；若用高、低电平的脉冲来表示，则称为数字数据编码。本节仅简要说明电器智能化网络中常用的基带传输数字数据编码和模拟数据编码方式。

1. 基带传输数字数据编码

采用数字数据编码，并基本保持数据信号原来的频率，直接在信道中传输数据信号的方式就是基带传输。基带传输常用的传输介质是双绞线或基带电缆。基带传输的数据传输速率能够满足电器智能化网络的一般信息传送要求，而且可采用低成本传输信道。

用于基带传输的编码方式有多种。在采用电平信号来表示数据 0 和 1 时，若信号电平为单极性，则为单极性码；若信号电平为双极性，则为双极性码；若在整个码元时间中信号电平始终保持，则为非归零码；若一个码元时间中电平只在一个时间段保持，然后回到零电平，则为归零码。采用信号电平的变化(跳变沿)来表示数据 0 和 1 的编码称为差分码。在数据传输过程中，如果无论数据 0 还是数据 1 都是传输格式中的一部分，则称平衡传输；若只传数据 1(码元时间内有信号电平变化)，数据 0 通过在规定的码元时间内没有信号电平变化(无脉冲)来表示，则称为非平衡传输。

在工业控制和电器智能化网络中，现场设备监控器以串行方式向信道发送数据，数据编码基本采用图 7.4 所示的单极性平衡非归零码。但实际输入信道的信号，还需要根据所连接的网络物理层信号要求进行变换。

曼彻斯特编码(Manchester Encoding)是基带网中最常用的数字数据信号编码形式。其特点是信号码自身具有时钟信息，从而能使网络中各系统信号传输保持同步。用这种编码，数据传递时间划分为相等的时间间隔，每间隔对应一个比特。每一比特的时间间隔又分为两半，前一半为所传数据比特值的反码，后一半则为所传数据的比特值。这样，每个比特时间的中点都有一次电平的变化，携带着数据传送的同步信息，因此不需要外送同步信号。曼彻斯特编码过程和波形如图 7.5 所示。

2. 模拟数据编码

模拟数据编码把被传数据作为调制信号，采用正弦模拟信号作为载波来表达数据 0 和 1。与正弦模拟量的 3 个主要参数幅值、频率和相位对应，最常见的模拟数据编码方式有幅移键控

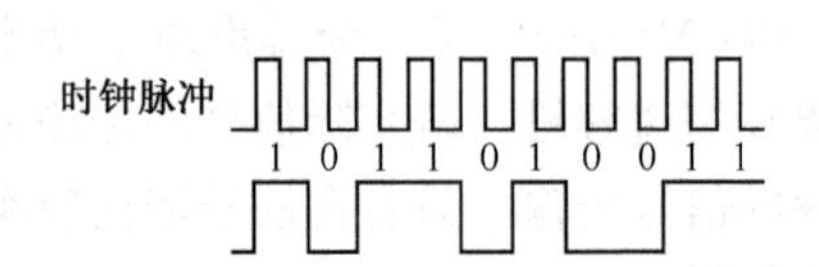

图 7.4　单极性平衡非归零码

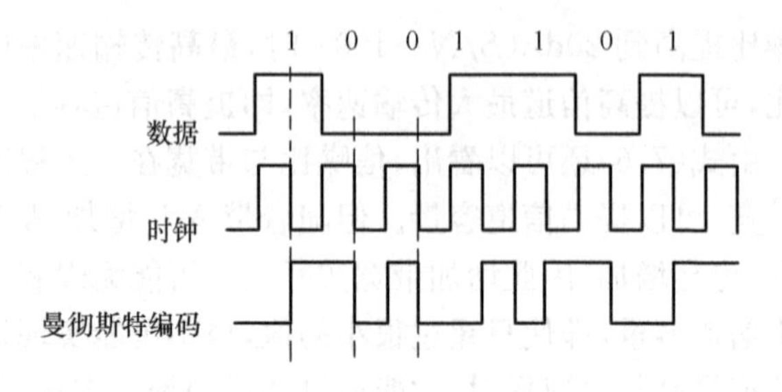

图 7.5　曼彻斯特编码及其波形

ASK(Amplitude Shift Keying)、频移键控 FSK(Frequency Shift Keying)和相移键控 PSK(Phase Shift Keying)。

(1) 幅移键控

采用 ASK 编码时,正弦载波信号的频率和相位不变,幅值随数据载波信号变化而改变。以一个二进制数为例,它的 ASK 码的时域表达式可写成

$$S_A = a_n A_C \sin(\omega_C t) \tag{7.7}$$

式中,A_C 为载波信号幅值,ω_C 为其角频率,$\omega_C = 2\pi f_C = 2\pi / T_C$,$T_C$ 为载波信号周期,通常选为一个或整等分的比特时间,初始相位为 0。a_n 为数据调制信号的数字量,在二进制数据中,a_n 只有 0 和 1。

(2) 频移键控

数据的 FSK 编码中,正弦载波的幅值和相位不变,用不同频率的载波信号来代表不同的被传数据数字量。用这种编码时,同一比特时间中,不同数字量包含的载波信号周波数不同。

(3) 相移键控

相移键控用幅值和频率相同而相位不同的载波信号来表示数据信号的不同数字量。在对二进制数据进行 FSK 编码时,常用相位为 0 的载波信号表示数据 1,相位为 180°的载波信号表示数据 0。

图 7.6(a)所示为一个被编码的二进制数的原始信号,它对应的 ASK 编码、FSK 编码和 PSK 编码的信号分别如图 7.6(b)～(d)所示。

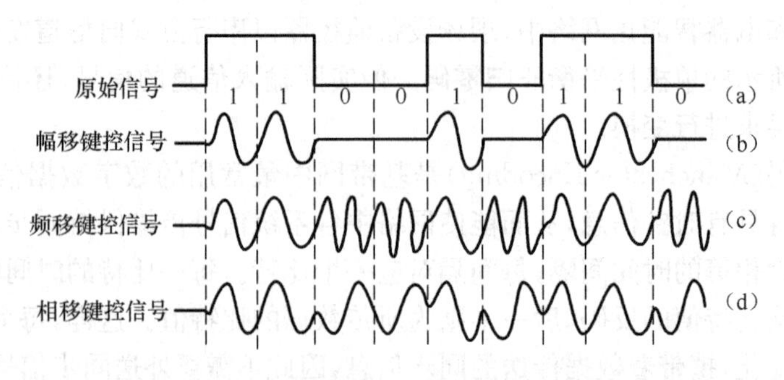

图 7.6　二进制数据的 3 种常用模拟编码波形

在电器智能化网络中,模拟数据编码只在需要采用无线电波、微波、电话电缆、电力线、光纤等作为传输介质,进行长距离通信的情况下使用。

7.1.5 数据信号的传输方式

不同功能和结构的数字通信网络，传输的数据不同，采用的传输方式也不相同。常见的数据信号传输方式有以下 4 种。

1. 基带传输

基带传输就是在数字信道上直接按数据波形原来的频率传递数据。7.1.4 节中已说明，当采用基带传输时，被传数据常采用数字数据编码或曼彻斯特编码。大多数微机局域网和控制局域网都采用基带传输，入网设备发出的原始信号采用如图 7.4 所示的单极性平衡非归零编码。用这种编码的信号必须按网络物理层要求进行数字数据编码，再按原始信号频率进行传输，系统中不加调制解调器，一般采用双绞线或基带同轴电缆作为传输介质，也可采用光缆。基带传输网络的系统成本低，传输速率一般为 1～10Mbps，但其传输质量随传输距离增加而降低，通常不应超过 25km。此外，用基带传输时，数据终端设备只能采用单工或半双工方式通信。基带传输也是电器智能化现场层网络中的基本传输方式。

2. 载波传输

载波传输实际上就是采用对数据进行模拟数据编码后进行传输。如前节所述，最常用的载波传输信号编码是 ASK、FSK 和 PSK。

3. 宽带传输

宽带网最大的特点是传输速率范围宽，一般可达 0～400Mbps，采用光纤作为传输介质可达 10Gbps 以上，而基带网一般为 0～10Mbps。因此可把宽带信道分成若干条基带信道，同时为多个基带信号提供通信路径。

4. 异步传输模式

异步传输模式(Asynchronous Transfer Mode，ATM)是一种新的数据信号传输与交换方式，也是实现高速网络的一种主要方式。ATM 的基本思路是把所有信息以一种长度较小且固定的信元(Cell)来传输，信息的传输、复用和交换都以信元为基本单位，信元格式如图 7.7 所示。这种方式可根据传输信息的需要分配频带，具有低延迟特性，传输速率达 155Mbps～2.4Gbps，主要支持多媒体通信。25～50Mbps 的 ATM 技术则可用于局域网和广域网。

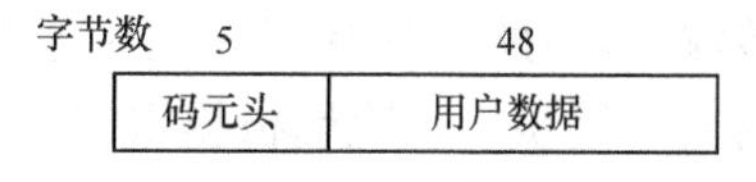

图 7.7 ATM 信元格式

7.1.6 多路复用技术

在同一传输介质上并列传输若干数据源信号的方法称为多路复用(Multiplexing)。例如在电器智能化网络中，后台管理系统通过同一物理信道与多个现场设备监控器交换信息，为了保证交换的信息不出差错，就必须采用多路复用技术。常见的多路复用技术有时分多路复用

(Time Division Multiplexing，TDM)、频分多路复用(Frequency Division Multiplexing，FDM)和波分多路复用(Wave Division Multiplexing，WDM)。

时分多路复用按信源数将一个数据传输周期划分为若干时间片，每个信源占用一个时间片。时间片按约定分配好后，在传输过程中固定不变。工业控制局域网、电器智能化现场设备局域网均采用这种复用方法，而且数字通信系统主干网也基本采用这种复用技术。

频分多路复用采用频率变换或调制的方法，使不同信源的信息具有不同频谱，相邻两路信号中心频率不重合，带宽间留有一定间隔。将这些信号组合起来通过发送设备发送出去，经信道传输到接收终端后，接收端设备通过与发送端对应的频率变换器或解调器，就可以收到发送端发出的确定信号。因此，频分多路复用信道的频带宽度一定要远大于信号带宽，而且发送端一定要有频率变换或调制设备，接收端一定要有对应的频率变换或解调设备。这种复用方法多用于模拟通信网，其本身已具有多路复用的载波系统，因此，在传输数据时可以通过模拟数据调制的方法，把不同信源的数据信息搬到传输介质的不同频谱位置上。利用无线或有线频分模拟信道，长距离传输数据信息，每个频分信道最高数据传输率可达 56kbps。

波分多路复用只能用于光纤信道。利用不同波长的光波来传输不同数据源的数据，可靠性和传输速率都非常高。传输速率主要受光-电、电-光转换器的转换速度限制，目前每种波长可支持的数据传输速率最高达 10Gbps。通常一根光纤可以传递 8 个不同波长的光波，若采用波分多路复用，则一根光纤的数据传输速率可达到 80Gbps。这种技术已在实际组网中应用。

7.1.7 信号传输的同步方式

传输同步是数字通信系统中必须解决的关键问题。所谓同步是指接收端应按与发送端同一起止时间和相同的数据码元重复频率来接收数据，所以在双方通信时，接收端必须自动校准接收起止时间和码元重复频率。传输同步方式有异步(Asynchronous)方式和同步(Synchronous)方式两种。

1. 同步方式

同步方式可分为位同步、字同步和帧同步，这里仅以字同步为例说明同步方式数据发送过程。

字同步是把要发送的数据字或字符组成一组(也称为报文)后连续发送，两个字或字符间不加任何附加信息。为了保证接收端在发送端开始发送时也开始接收，每组字符前应当加入一个或多个同步字符 SYN，接收端将根据双方约定，在收到同步字符后确定数据起始位。

在同步方式下，当无信号传输时，线路上的状态一般为全 1。发送端开始发送信息时，先发送 SYN 字符使双方在收发时间上同步。接收端根据双方约定判断出被传信息的起始位并开始接收数据后，即采用位同步方式，从传输的数据中得到频率同步信息。两个相连的报文间应插入至少两个 SYN 字符。图 7.8 所示为字同步方式下发送信息的代码格式。

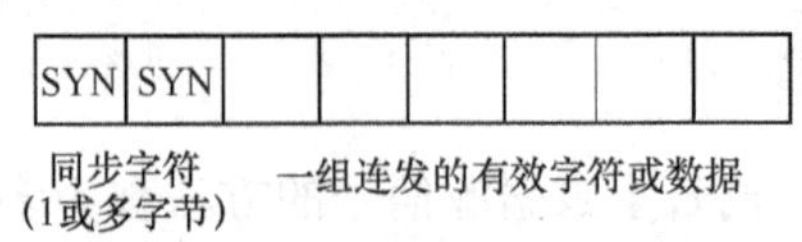

图 7.8 字同步方式发送的代码格式

帧同步是字同步的一种特殊应用。采用帧同步时，必须把要传输的数据信息、控制信息和状态信息按收、发双方认可的特殊格式组合成帧结构，然后按字同步方式一帧一帧地传输。

2. 异步方式

异步方式传送数据是依靠每个数据帧（不同于帧同步中的帧概念）传递的信息中的起始位和终止位来协调收发双方的同步，因此又称为起-止（Start-Stop）同步方式。与同步方式不同，异步方式传送数据时，并不要求按比特（位）同步。发送方采用数据帧发送数据或字符，每个数据帧一定要在有效信息开始前给出 1 比特的起始位，有效信息为被传送的数据，也可含 1 比特校验位，在有效信息结束后必须设置 1～2 比特终止位，接收方就是根据起始位和终止位来同步接收所传数据的。异步方式代码格式如图 7.9 所示，其信号有如下特点：

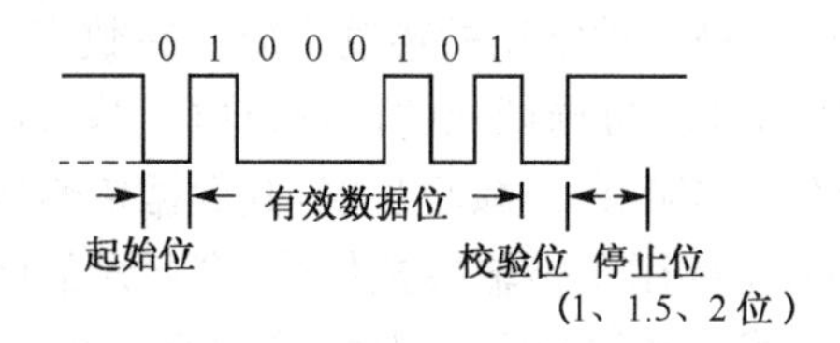

图 7.9 异步方式代码格式

① 数据帧所包含的比特数少，格式比较简单。

② 每次传送的有效信息相互独立，字符间隔任意。

③ 有效字符一般为 8 位（1 字节），其中校验位为可选位。

④ 收发双方操作的比特率应按约定设置，数据传输的同步则由起止位和停止位保证。每帧信息中的停止位根据收发双方约定可选择 1、1.5、2 三种比特值。

在两种传输同步方式中，异步方式的实现较简单，每次传送的信息量少，频率漂移影响小，误码率低，对传输线路和收发器要求都比较低。但是由于每次传送的信息中至少含有2～3位无效位，因此传输效率较低。在低速通信网和每次发送信息量少而实时性又较高的微机控制局域网中广泛采用异步方式，而在传送信息量很大的高速通信网中一般采用同步方式。

7.1.8 数字通信网络的传输介质

传输介质是连接通信网络中收发双方的物理通路，也是被传送信息的载体。通信介质可以分为有线和无线两大类。各种传输介质的主要物理和电气特性，在通信方面的专著和书中均有详细说明，在此仅对几种微机控制网络的常用介质做简要说明。

1. 双绞线

双绞线（Twisted Pair，TP）是两条绞在一起的相互绝缘的导线，它是目前使用最广、价格相对低廉的一种有线传输介质。用双绞线传输数字信号时，传输速率与传输距离（即双绞线长度）有关。在几千米范围内，传输速率在 10～100Mbps，可以构成低成本的微机局域网。

用双绞线可做成双绞线电缆。双绞线电缆有非屏蔽和屏蔽两种，其标准分别由美国电子工业协会（Electronic Industries Association，EIA）下属的远程通信工业分会（Telecommunication Industries Association，TIA）即 EIA/TIA 和 IBM 公司负责制定，他们还同时定义了双绞线专用连接器。例如,EIA/TIA 的 Cat(Category)系列非屏蔽系列双绞线中的 Cat3、Cat4、Cat5 使用 RJ-45 连接器,而 IBM 的 Type 系列屏蔽双绞线中的 Type1 电缆则推荐使用 DB9 连接器。

在安装以太网时,大多使用基于 EIA/TIA 标准的双绞线电缆,而安装令牌环网时,则大多倾向使用符合 IBM 标准的电缆。同一系列中不同规格的电缆有不同的传输速率,使用时必须注意。

总之,使用双绞线有较成熟的标准和技术,且价格低,安装比较方便。但双绞线最大的缺点是抗电磁干扰的能力较弱,且传输速度不是很高。

2. 同轴电缆

同轴电缆(Coaxial Cable)也是一种常用的传输介质。在数字信号传输系统中最常见的是阻抗为 50Ω 的基带电缆,被用做计算机局域网的传输介质。基带同轴电缆的带宽取决于电缆长度,1km 的基带电缆传输率为 10Mbps。减小长度,其数据传输速率可以提高。

宽带同轴电缆阻抗为 75Ω,主要用于传输模拟信号,高质量的同轴电缆频带高达 900MHz。由于频带宽,当采用模拟调制技术来传输数字信号时,传输速率可达每秒几百兆位。

同轴电缆低频工作时抗干扰性不如双绞线,但抗干扰能力随传输信号频率增加而提高,因此特别适用于高频信号传输。同轴电缆有寿命长、频带宽、特性稳定、可靠性高、维护方便、技术成熟等优点,其费用高于双绞线,低于光缆。

3. 光纤

把数字通信系统中用电量表示的"1"和"0"转换为光脉冲信号,"1"代表有脉冲,"0"代表无脉冲,就可以采用光纤来传输数据。光纤传输信道的带宽非常宽,数字信号传输速率非常高。由于受到电-光、光-电变换器变换时间的限制,目前实际使用的传输速率约 10Gbps,近距离传输速率甚至可达 100Gbps。采用波分多路复用技术,光纤的传输速率还可以提高。

光纤通信的优点是频带宽、传输容量大、重量轻,完全不受电磁干扰和静电干扰的影响,光缆中各条光纤间也无串音干扰,保密性好。光纤本身成本不高,但光传输系统需要光源和光脉冲产生和检测设备,因此,它的整体价格高,目前多用于高传输速率、高可靠性及远距离传输的数字通信系统。随着数字通信系统传输性能的提高,用户数量的迅速增加,由多条光纤构成的光缆已成为当前数字通信网络的主要传输介质。在电力系统自动化系统的通信网络中,也开始使用光缆实现控制调度中心对运行现场的电器智能化网络的远程监控和管理。

4. 无线介质

无线介质传输信号不通过实在的物理载体,而是利用电磁波来传送信号。无线传输主要有无线电、微波和卫星通信等,传递数据信息时必须增加调制解调设备。在工业控制的微机通信网中采用的无线传输介质主要是无线电波。无线电波最大的特点是传播距离远,为全方位传播,发射和接收装置不需要精确定位。中、低频(1MHz 以下)信号不易受建筑物屏蔽,但能量随传输距离的增加衰减很快,频道带宽较低。高频段的无线电波易受到障碍物的阻挡,也容易被空气中的水分吸收。此外,所有频段的无线电波都容易受到电子设备的电磁波干扰。

在运行现场的电器智能化局域网中，信号基本采用基带传输方式，不加调制解调器，而且要求可靠性高，因此局域网均采用有线介质。当传输距离不很远（几千米以内）时，介质一般用双绞线、同轴电缆，可用中继器增加传输距离。现场局域网需要与远方控制调度中心连接，接受远程管理与监控时，应增加调制解调设备，通过电话线、电力线或无线介质进行信息交换。在具备光纤通信条件的网络中，应根据光纤通信要求进行信号变换，实现信号在光纤中的传输。

在数字通信系统中，数据收发装置要通过物理层接口与传输介质或传输设备连接。由于传输介质和传输设备不同，物理层接口标准也很多。在直接面对现场设备的电器智能化局域网中，大多采用双绞线作为传输介质，现场设备与网络传输介质连接通常采用 RS-232-C 接口标准或 RS-485/422 接口标准。有关这两种物理接口标准的基本特性和用法已在 5.3.2 节中讨论，这里不再叙述。

7.2 计算机网络基础

7.2.1 计算机通信网络的基本特点

计算机通信网络是一种完成多台计算机之间信息交换的分布式网络，它不同于一台主机加多台从机构成的主从式通信系统，更不同于一台计算机带多个终端设备的多用户计算机系统。计算机网络的特点主要表现为以下 3 个方面。

（1）连接在网络上的所有计算机独立自治

独立自治是指连在网络上的每台计算机都是一个完整的计算机系统，可以各自独立运行应用程序。网络中所有设备独立自治是分布式网络的基本要素。

（2）网络中各计算机相互连接

这一特点意味着连接在网络中所有的计算机具有同等的权限，每两台计算机间可以相互交换信息，这是计算机通信网络与主从式通信网络的根本区别。计算机之间采用硬件设备物理连接，使用的介质可以是有线的，如双绞线、同轴电缆、光纤等，也可以是无线的，如红外线、微波、激光、无线电波等。

（3）计算机间的信息交换具有物理上和逻辑上的双重含义

所谓物理含义上的信息交换是指网络最低层（物理层）上两台直接相连的计算机之间无逻辑结构变换的数据流传输，这类信息是用户不能识别的信号。物理层以上交换的信息具有逻辑结构，也就是说在物理层中传递的信号需要进行某种形式的逻辑变换，使发送方传递到接收方的最终信息是用户可以识别的。

因此，计算机通信网络是一组独立自治、相互连接的计算机的集合。从这个意义上说，电器智能化网络也是一个计算机通信网络。

7.2.2 计算机网络的分类与拓扑结构

在计算机网络分类方式中，最常见的是按网络拓扑结构划分和按网络覆盖范围划分，前者仅反映出网络在计算机相互连接关系方面的特征，后者则能反映出网络技术中的本质。按网络覆盖范围划分不仅包含拓扑结构，而且还涉及传输介质访问方式、信息交换方式、数据传输率等网络技术。本节按网络覆盖范围简单介绍计算机网络主要类型，各类网络的主要结构和特点，以及电器智能化网络常用的网络结构。

1. 局域网

局域网(Local Area Network，LAN)与其他类型网络的主要区别有以下3个方面。

(1) 覆盖的物理范围

可以涵盖几百米至十几千米范围内相互连接的独立计算机(系统)。

(2) 网络使用的传输技术

局域网一般使用共享通道，把所有计算机接在同一条传输通道上，传输介质可以是双绞线、通信电缆、光纤等，数据传输速率一般可达10Mbps或100Mbps。当以光纤为网络介质时，数据传输速率可达1000Mbps或更高。数据传输方式与网络拓扑结构有关。

(3) 常用的拓扑结构

常用的局域网拓扑结构是总线结构和环形结构，如图7.10所示。

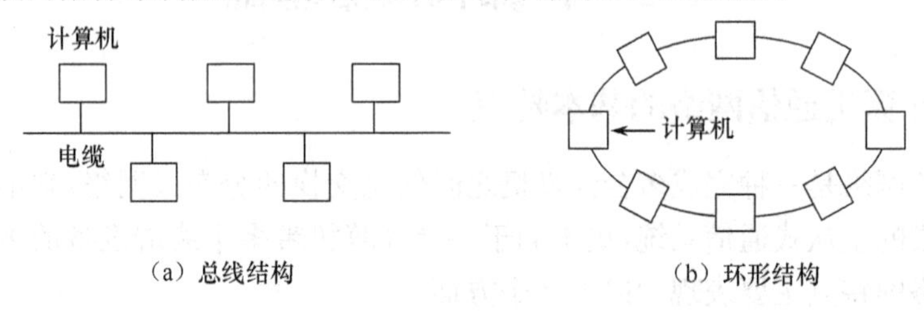

图7.10 两种常见局域网的拓扑结构

局域网一般是广播型网络，网上各站点共享通道，一点发出数据，各点均能收到，任何一个站点都能够占有通道，但任何时候通道又只允许一个站点使用。为了解决两个以上站点竞争，需有仲裁机制。不同网络拓扑采用不同仲裁机制，IEEE802标准确定了3种不同的仲裁技术。IEEE802.3规定了带碰撞检测的载波侦听多址访问(Carrier Sense Multiple Access with Collision Detection，CSMA/CD)技术，适用于以总线结构为基础的以太网(Ethernet)，是一种分布式的仲裁机制。另一种总线结构局域网的仲裁技术是IEEE802.4规定的令牌总线方式。环形结构的局域网只能采用令牌仲裁技术，适应标准为IEEE802.5。

2. 广域网

广域网(Wide Area Network，WAN)的覆盖范围远远大于局域网，可达一个省、一个大区甚至一个国家，其结构图如图7.11所示。就其概念结构而言，含有主机和通信子网。广域网通信子网中除传输介质外，还必须有专用的转接设备，如接口信息处理机(Interface Message Processor，IMP)等。如图7.11(a)所示为广域网的物理结构示意图，可以看出，在广域网中，通信子网向主机提供通信服务，是通信服务的提供者，主机则作为通信服务用户接受子网提供的通信服务。通信子网由多个转接设备及与之相连的线路组成。每个转接设备可以连接两条或多条线路，每条线路连接两个转换设备。网络中每台主机至少连接到一个转接设备，出入该主机的信息都必须通过与之相连的转接设备。这样当作为信源的主机发出的信息到达转接设备后，转接设备将按照一定的优先规则选取一条通道，把信息发往作为信宿的主机。

在信源到信宿之间，有不止一个转接设备，也可以有不止一条通道。当信息从信源经过中间转发设备向信宿传送时，每个转发设备都将完整地接收并存储输入的信息（报文），然后按协议选择一条空闲的输出通道把信息向信宿方向传送下去。这种传送方式称为点对点（Point to Point）或存储转发（Store-and-Forward），它是广域网采用最普遍的形式（除使用卫星的广域网）。图 7.11(b)所示为其分层结构。

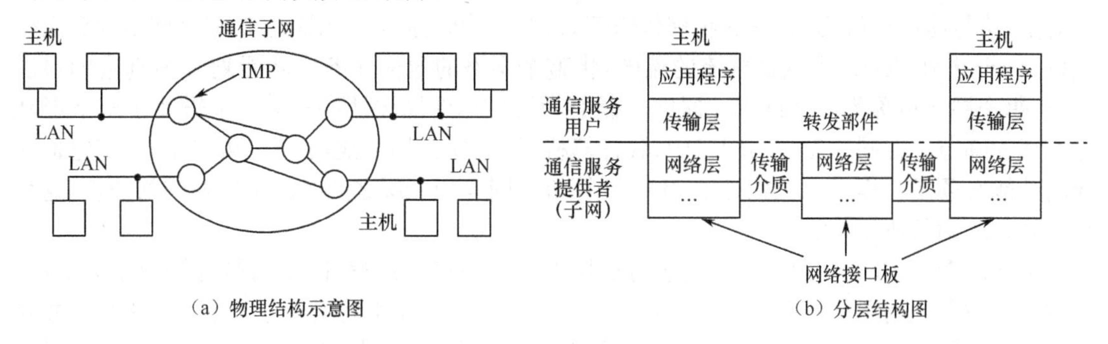

（a）物理结构示意图　　（b）分层结构图

图 7.11　广域网结构图

广域网中各转接设备互连的拓扑结构，即其通信子网的拓扑结构基本上采用点对点形式，常见的有星形、树形、环形、全互连等，分别如图 7.12(a)～(d)所示。

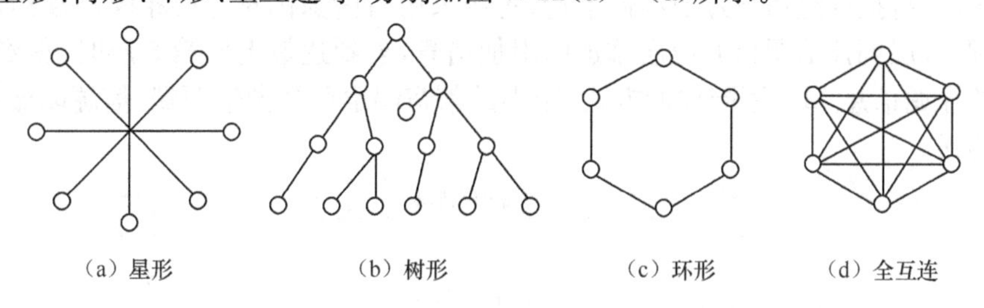
（a）星形　（b）树形　（c）环形　（d）全互连

图 7.12　常见广域网通信子网的拓扑结构

3. 互联网

互联网也称网间网（Internet 或 Internetwork），用来把不同结构，不同协议，采用不同仲裁标准的各种网络相互连接，实现不同类型网络上用户的相互通信，共享资源。不同类型网络互连一般需要专用的中间计算机设备，采用 TCP/IP（Transmission Control Protocol/Internet Protocol）技术。这种专用的计算机设备称为网关（Gateway），它不仅实现不同类型网络的物理连接，还要完成它们之间逻辑上的连接，也就是协议转换。

互联网把不同类型的网络中通信子网的通信问题从网络细节中抽象出来，屏蔽网络硬件细节，通过提供统一的网络服务，使低层网络中的细节问题对应用程序和用户透明。因此互联网最重要的是网络互连的软件设计，并决定如何处理物理地址和信息路由路径。

除上述 3 种网络外，依据 IEEE802.6 标准，还有一种城域网（Metropolitan Area Net，MAN），其覆盖范围介于 LAN 和 WAN 之间。这种网络技术一般不用于电器智能化网络中，本书不做说明。

7.2.3　网络通信协议和分层模型

相互通信的计算机必须遵循和使用相同的数据交换规则。在计算机网络中，用来规定数据格式以及数据发送和接收方式等的规则称为通信协议。数据发送者(信源)发出的信息到达数据接收者(信宿),并且要使信宿用户读懂信源用户发出的信息,是一个相当复杂的过程。为了减小网络协议设计的复杂性,使协议更加清楚、规范,在网络设计时,需要把整个网络通信中的问题按照所完成功能的逻辑关系分解为若干子功能,如应用程序、信息变换、数据格式分解与装配、信号编码与解码、数据的物理传送等,每个子功能称为一个层次,这就是网络的分层模型(Layering Model)。根据数据流的流向,将整个网络的通信任务按功能划分为垂直的层次集合,每个层次也称为一个进程。通信过程中,下层向上层提供服务,上层不需要了解下层功能实现的细节。在同一类型的网络中,各计算机对等层次间在处理细节上可以不同,但它们完成的功能必须是一样的。也就是说,不同计算机上同等功能层之间必须采用相同的协议,这种分层就是所谓的协议分层。

下面以图 7.13 为例说明使用协议分层实现网络通信的过程,图中网络分层模型为 5 层。假定网络中作为信源机的第 5 层进程产生了一条信息 M,要求将其传递至指定信宿机,并在信宿机第 5 层原样收取信息 M。首先,信源第 5 层应纵向地将信息 M 传至第 1 层传输介质。在传递过程中,每层均需按一定规则对原始信息进行加工,如设置分组序号,分组的数据长度、传递信息的路径、数据源和目标地址等。当信宿机第 1 层收到由传输介质发来的经加工处理的信源信息后,将把这组信息逐层纵向上传,每层采用与信源机对等层相同的规约,对数据进行逆向处理,分层剥掉信源机对应层添加的附加信息,当到达最上面第 5 层时,得到的数据即为信源机的原始信息 M。用同样的方式,图中的信宿端也可当做信源端,信源端做信宿端,使数据反向传送。

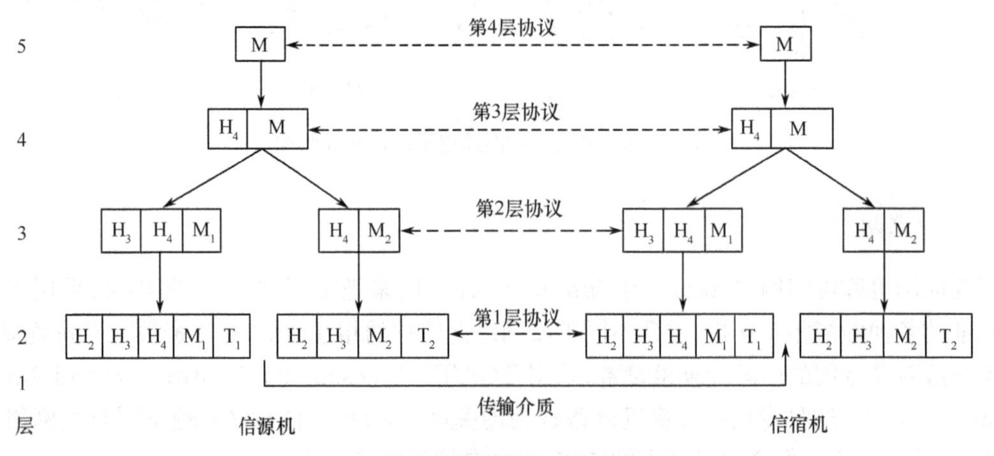

图 7.13　协议分层网络的数据交换过程

由上面的例子可以看出,采用协议分层的网络中,数据收发双方对等进程间并不存在横向的数据交换,只是采用同一规则完成数据的加工处理,每一进程的数据加工处理后将垂直地在两个进程间传递。同一计算机的不同进程完成不同的功能,在它们之间进行数据交换也必须遵循一定的规则,这种规则称为接口。不同计算机同等层的协议必须相同,但接口可以不同。由于两台计算机间同等进程协议相同,数据在发送方加工,在接收方逆向加工,因此收、发双方对等层的数据是完全相同的,这好似不同计算机每个对等层之间有数据的直接交换。

按照网络的分层模型概念,不同类型网络的区别就在于协议,表现为协议的层次结构不同、分层协议功能不同、协议细节不同等。因此,异类网络的互连,其关键就在于协议的转换。实现异类网络协议转换使用的专用计算机称为网关(Gateway)或路由器(Router)。

7.2.4 开放系统互连参考模型

在上述讨论中已指出，同一个网络中相互通信的计算机，必须有相同的体系结构，即入网计算机应有相同的分层模型，且每个对等层具有完全相同的功能。在工业计算机控制网络发展的初期，各智能化工业设备开发商为满足工业控制网络的要求，对自己产品的通信协议、体系结构做了明确的规定，保证了同一企业生产的不同类型的产品在自定义的网络上可以互连，但不同开发厂商的产品通信功能往往互不兼容，使用户不能按需要选择不同生产厂商的产品以优化系统的配置，这实际上限制了制造商产品的发展。因此，必须建立起一个国际通用标准或国家通用标准，以规范不同厂家产品的体系结构和通信协议。

为了适应计算机应用和计算机通信网络化发展的需求，国际标准化组织（International Organization for Standardization，ISO）在 1978 年建立了“开放系统互连”（Open System Interconnection，OSI）技术分委会，起草了 OSI 参考模型草案，并于 1983 年正式公布为国际标准（ISO7498）。在 OSI 参考模型基础上，西欧、北美各国建立了多种适用于工业控制现场的计算机通信网络标准化模型和协议，开发了几种著名的现场总线。

1. OSI 模型结构

OSI 模型结构的基础是计算机网络的体系结构，基本内容就是按功能对开放式系统分层，并描述各层的功能。OSI 模型把开放式系统划分为 7 个层次，构成图 7.14 中所示的 7 层模型。从连接物理传输介质的最底层次开始，依次定义为第 1，2，…，7 层，分别对应于物理层、数据链路层、网络层、传输层、会话层、表示层和应用层。

2. OSI 参考模型的功能划分

OSI 参考模型遵循计算机通信网络体系结构的分层原则，各层功能相互独立。每层接收其下面一层的服务，而又为其上一层提供服务。服务是指下层（程序、进程或硬件）向上层提供的通信功能及层间信息的交换规则。OSI 7 层模型中的 1～3 层为低功能层，完成数据传送，是网络中的通信服务提供者；模型中的 4～7 层为高功能层，完成信息处理，属于网络中通信服务用户。按照 OSI 模型结构，在计算机通信网络中，1～3 层是通信子网和主机（入网计算机）都应具备的功能，而 4～7 层主要由主机提供。

层	功 能
7	应用层
6	表示层
5	会话层
4	传输层
3	网络层
2	数据链路层 （硬件接口）
1	物理层 （硬件接口）

图 7.14　OSI 参考模型结构

（1）第 1 层——物理层

物理层用来提供建立、保持及断开与网络物理连接的各种条件，如机械的、电气的、逻辑的等，也就是说，它提供传输同步和数据比特流（Bit Flow）在物理介质上传输的方法。必须说明的是，物理层并不是指传输信息的物理介质，它是描述和执行连接的规程，通过它来实现网络中不同主机间经传输介质的物理连接。

（2）第 2 层——数据链路层

数据链路层用来完成网络中各节点间数据链路的建立、保持和拆除功能，以实现数据无差错传送，保证在点对点、点对多点的链路上信息的可靠传递。采用的方式是对连接相邻节点的通路进行数据成帧、差错控制、同步控制等。为了检测数据有无差错，通常采用循环冗余码（Cyclic Redundancy Code，CRC）校验，一旦发现错误，则通过计时器恢复和自动请求重发（Automatic Request for Repeat，ARQ）等技术完成纠错。

（3）第3层——网络层

网络层规定了连接、维持和拆除网络连接的协议。它利用数据链路层提供的相邻节点间数据无差错传递服务，通过路由或网关实现不同类型设备间的互连。

（4）第4层——传输层

传输层主要功能是进行开放系统间数据的收发确认，完成它们之间数据的传输控制。此外，该层对通过前面三层处理后还可能存在的传输差错进行修复，弥补不同子网间质量的差异，进一步提高传输可靠性。

（5）第5层——会话层

会话层主要功能是根据不同应用进程（如用户应用程序、主机操作员等）间的约定，按照规定好的顺序正确收、发数据，进行各种对话。会话层要完成两种控制，一是交替改变发送端的传输控制，以便实现数据处理和发送处理的交替进行。另一种是在大量数据传送时，在传送过程中按约定规则为数据设置标记，一旦出现意外，可请求在标记处重发。例如把长文件分页（也叫报文），前一页接收确认后，再进行下一页的发送。

（6）第6层——表示层

表示层的功能是把经介质传送的信息变换为通信双方都能理解的形式，为此需要提供字符代码、数据格式、加密方法、控制信息格式等的统一表示。

（7）第7层——应用层

应用层是OSI模型中的最高一层，用来实现不同应用进程之间的信息交换。该层按功能分为系统进程、管理进程和用户进程。系统进程的作用是管理系统资源，如优化系统资源的分配、控制资源利用等。管理进程用于向系统其他各层提出请求诊断、提交运行报告、收集统计资料、修改控制等要求，并负责系统重启动。用户进程主要按用户要求，完成数据库访问，分布计算、分布处理等功能。

OSI模型是对开放系统互连提供的参考模型，目前流行的现场总线、局域网、广域网标准所采用的分层模型绝大多数都是取自其中的某些层次，再根据OSI模型提供的某些应用制定相应的协议标准，构建网络分层模型。例如，目前作为工业现场网络的现场总线，在构建开放互连系统时，就是根据工业控制环境的具体要求，在遵循开放系统集成原则的基础上，对OSI模型进行简化，构成了结构简单，协议执行更加直观、软件和网络接口成本低廉而又能满足工业应用要求的通信模型，典型的有FF、PROFIBUS、CAN、LON Works等。而Internet中采用的TCP/IP协议分层，从形式上也可采用OSI模型来描述。

7.2.5 电器智能化网络与通用信息网络的特性比较

电器智能化网络本质上是一种控制网络，与通用信息网络有着显著的区别。在电器智能化应用系统等控制系统中，特别强调信息的可靠性和实时性。数据传输的及时性和系统响应的实时性是电器智能化网络的最基本要求，而在通用信息网络的大部分应用中，实时性要求是次要因素。另外，电器智能化网络强调在恶劣环境下的数据传输的完整性和可靠性，特别是在强电磁干扰的环境中能够长时间、连续、可靠、完整地传送数据的能力，并抵抗电网的浪涌、跌落和快速瞬变脉冲干扰。特别是在煤矿等特殊的应用场合下，网络还应具备本质安全性能。

电器智能化网络与通用信息网络的特性比较参见表7.1。

表7.1 电器智能化网络与通用信息网络的特性比较

特　性	电器智能化网络	通用信息网络
监视与控制能力	强	弱
可靠性	高	高
实时性	高	中
报文长度	短	长
OSI相容性	低	中、高
体系结构与协议复杂性	低	中、高
通信功能级别	中级	大范围
通信速率	低、中	高
抗干扰能力	强	中
节点处理能力	弱	强

7.3 电器智能化网络中常用的现场总线

现场总线(Fieldbus)是一种应用在工业现场环境下,连接后台管理系统与运行现场的智能化监控设备的数字通信网络,其实现后台管理设备与现场设备之间信息的双向、串行传输。在电器智能化应用系统中,对于面向现场智能电器设备的网络结构形式,最常见的是现场总线网和建立在工业以太网平台上的局域网。

7.3.1 现场总线的特点及总线标准类型

1. 现场总线的技术特点

现场总线是工业现场应用的计算机通信网络,信息采用异步串行方式传输,通常现场设备通过一对信号线连接,其结构十分简单,在技术方面具有如下特点。

(1) 现场设备的功能自治

现场总线系统连接的现场设备必须能独立于中央控制计算机完成设备本身的所有功能,包括测量、控制、保护和自诊断,同时它们还应有数字通信的能力。因此,这些设备必须是数字化的智能设备。

(2) 系统的开放性

现场总线系统要求系统中的现场设备对相关标准的一致性、公开性的认同和遵循,从而可以使不同国家、不同生产厂生产的遵从同一标准的设备互连,并且通过共同认可的通信协议实现信息的交换。

(3) 互操作与互用性

现场总线系统中互连的现场设备间信息可以互相交换,实现资源共享;不同生产厂商性能相同或兼容的产品可以相互替换。

(4) 现场环境适应性

现场总线是专为连接各类智能化现场监控设备设计的，因此必须能支持不同现场环境提供的各类通信介质，如双绞线、同轴电缆、电力线及无线介质等，同时必须具有强的抗干扰能力，并满足两线制实现通信和供电的要求。

(5) OSI 模型相容性

现场总线系统作为一种开放式系统，其体系结构应符合 ISO/OSI 模型。尽管不同总线的模型分层可能不同，相应层上具体协议也可能不同，但对于使用选定总线的现场总线系统而言，连接在总线上的各站点智能化设备必须具有相同的体系结构和相同的对等层协议。

2. 现场总线的国际标准类型

国际电工技术委员会(IEC)TC65 从 1985 年开始着手制定国际性的智能化现场设备和控制室自动化设备之间的通信标准，即现场总线标准，并在 1999 年底形成了一个包括以下 8 个类型的 IEC61158 国际标准。

类型 1：Foundation Fieldbus H1(IEC 现场总线基金会)

类型 2：Control Net(美国 Rockwell 公司)

类型 3：PROFIBUS(德国 Siemens 公司)

类型 4：P-Net(丹麦 Process Data 公司)

类型 5：FF HSE(原 FF 的 H2，Fisher-Rosemount 等公司)

类型 6：Swift Net(美国波音公司)

类型 7：World FIP(法国 Alston 公司)

类型 8：Interbus(德国 Phoenix Contact 公司)

此外，IEC TC17B 还通过了 SDS、ASI、DeviceNet 等 3 种现场总线国际标准，再加上 ISO 11898 中定义的 CAN 标准，当前国际公认的现场总线标准共有 12 种之多。

3. 电器智能化常用的现场总线类型

在电器智能化网络发展初期，各开发厂商都制定了企业内部的总线标准，用本企业的智能电器产品作为网络的现场节点设备组成监控网络。这种自定义的现场网络采用串行总线结构，半双工主从式通信方式，只有主机可以发起通信，任何时刻通信信道上只有一个确定的设备发出信息，信道中没有信息冲突。主机是网络后台管理系统中的计算机，如服务器、工作站等，完成用户要求的对现场设备的监控、管理工作，以及对网络信息的管理。从机就是工作现场的智能电器监控器，其应用层主要是完成对现场参量采样结果的处理，处理结果的就地显示、被监控对象的保护与操作控制，根据主机的指令实现与主机间的信息交换。网络分层模型很简单，一般只含物理层和应用层。物理层接口标准通常采用 RS-232 或 RS-485/422，应用层直接建立在物理层接口基础上，执行设计的应用程序。这类自定义现场总线一般用在现场设备数量不多，覆盖范围较小的现场层网络中，数据传送量不大。

由于企业内部标准仅适用于同一生产厂商提供的各类产品，因此用户集成网络的自主权很小。这种自定义现场总线在小型的低压配电网、电动机控制中心以及部分变电站自动化系统的间隔层网络中还有应用。

为了使电器智能化网络具有更大的开放性，保证用户能够根据其使用需求选择不同厂商的产品，组成高性价比的应用系统，目前越来越多的智能电器生产厂商在电器智能化网络的设计中采用了当前国际流行的现场总线标准，最常用的有 MODBUS、CAN、PROFIBUS 等。

以下分别介绍它们的基本性能和使用特点。

7.3.2 MODBUS

严格来说，MODBUS 只是一种开放系统应用层报文的传输协议，最初是 MODICON 公司为其 PLC 产品设计的通信协议，后来逐渐发展成为一种通用工业标准。目前，MODBUS 协议已被 IEC 承认为公开的有效规范（IEC－PAS62030），我国也已正式采用 MODBUS 作为工业自动化网络规范（GB/Z19582—2004）。MODBUS 支持标准的 RS-232、RS-485/422 等串行通信接口，适用于双绞线、光纤、无线介质等传输介质。

MODBUS 协议具体包括：串行链路的 MODBUS（MODBUS over Serial Line）、高速环形网络（MODBUS PLUS）和基于 TCP/IP 的 MODBUS（MODBUS/TCP）。这 3 类标准在物理层、链路层上有所区别，但核心均采用 MODBUS 应用层协议，这里主要介绍 MODBUS over Serial Line 的内容。在以下的叙述中，若无特殊说明，均指 MODBUS over Serial Line 标准。

1. 协议的特点

MODBUS 协议是一种客户/服务器型应用协议，其通信遵循以下的过程。客户端准备并向服务端发送请求，服务端分析并处理客户端的请求后，向客户端发送结果，如果出现错误，服务端将返回一个异常功能码。MODBUS 协议位于 ISO/OSI 模型的第 7 层（应用层），与物理层无关，可以用于多种通信介质，构成 MODBUS 串行链路网络、MODBUS PLUS 或 MODBUS TCP/IP 网络，并可以通过网关实现不同网络之间的互连。

采用 MODUBS 协议的串行现场总线链路中，只支持主-从通信方式。在这种方式下，任何时刻只有主设备（主机）能够初始化通信，其他设备（从机）根据主机发出的请求作出相应操作，图 7.15 所示为这种通信方式的时序图。主机可与指定从机单独通信，也能以广播方式与所有从机通信。在单独通信时，从机必须返回回应信息，如果是广播方式，则不做任何回应。

MODBUS 协议建立了查询、回应的消息格式，描述了功能代码的用途，并对被传输信息的帧结构和传输模式有明确的定义。

2. 帧格式

MODBUS 的信息帧包含地址域、功能代码域、数据域和校验域 4 个部分。

(1) 地址域

地址域用来标识需要访问的从机地址，有效的地址范围是 0～247（地址 0 用做广播地址），占 1 字节。每个从机都有唯一的地址码，当主机发出与指定从机的通信时，在召唤信息帧中给出从机地址码，只有地址码相符的从机才能响应。在从机发送回应信息时，必须把自己的地址放入回应信息帧的地址域中，以便与主机建立正确的通信。

(2) 功能代码域

功能代码域提供需要执行的操作信息，如读取输入的开关量状态、读一组寄存器的数据内容等。有效功能代码的范围是 1～127，占 1 字节。当主机访问指定从机时，应将需要从机完

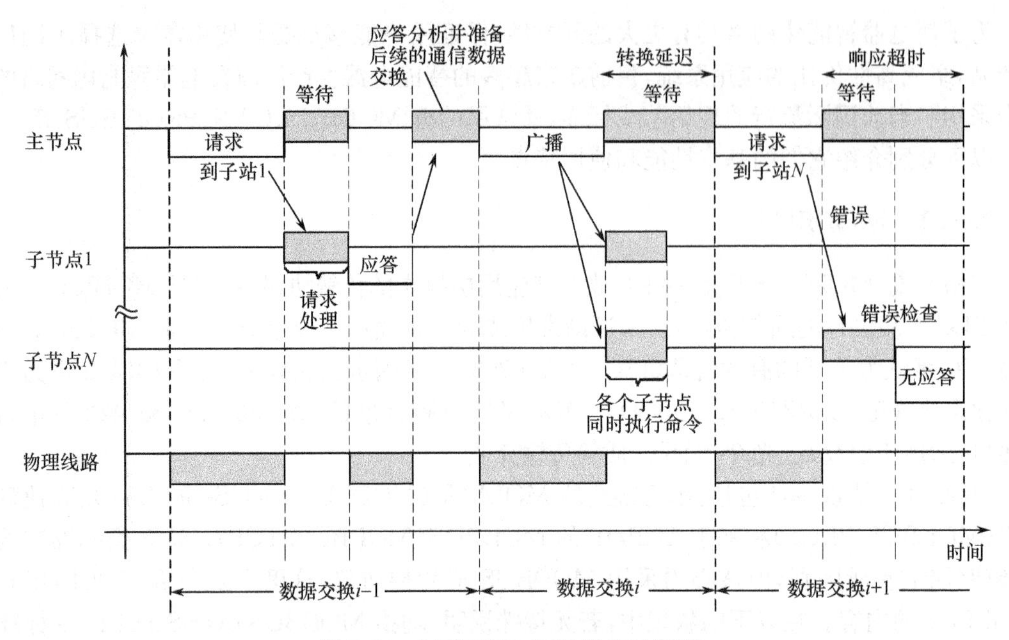

图 7.15　MODBUS 主/从通信时序图

成的操作功能代码写入发送信息帧的功能代码域中。对于正常回应，从机的回应信息帧中，功能代码域给出相同的功能代码；对于异常响应，返回的功能码中最高位置逻辑 1。

MODBUS 协议定义了以下 3 种功能码。

① 公共功能代码：被确切定义的、唯一的功能码，由 MODBUS－IDA 组织确认，可进行一致性测试（参见表 7.2）。

表 7.2　MODBUS 常用公共功能代码

常用公共功能代码（十进制数）			功 能 码	子 码
位操作	开关量输入	读输入点	02	
	开关量输出	读线圈	01	
		写单个线圈	05	
		写多个线圈	15	
16 位操作	模拟量输入	读输入寄存器	04	
	内部寄存器或输出寄存器	读多个寄存器	03	
		写单个寄存器	06	
		写多个寄存器	16	
		读/写多个寄存器	23	
		屏蔽写寄存器	22	
文件记录		读文件记录	20	6
		写文件记录	21	6
诊断		读设备标识	43	14

② 用户自定义功能代码：用户不需要 MODBUS－IDA 组织批准就可以选择和实现的功能码，但是不能保证被选功能码用途的唯一性。有效代码范围为 65～72 和 100～110。

③ 保留的功能代码：某些公司已在一些传统产品上现行使用的功能码，这些代码被保留，不能作为公共用途，定义范围如8～14、125～127等。

(3) 数据域

数据域规范了执行功能代码所需的数据内容，包括数据在从机内存中的存放地址、数据长度（占有的字节数）、被操作的实际数据。MODBUS协议中规范的数据有位寻址和存储器寻址（参见表7.3），寻址范围都是0～65535，占2字节。数据域的长度和内容与所使用的功能代码有关，在某些特定类型的报文中，数据域可以缺省。当主机从指定从机中一个存储区读取数据（功能代码03H）时，数据域长度为双字节，定义了该存储区的起始地址，有效范围为0～65535。当主机要对从机中一个存储区写入数据（功能代码10H）时，数据域则应包含该存储区的起始地址、存储区长度（包含的内存单元数）、要写入的数据和整个数据域的长度。

表7.3 MODBUS协议规范的数据类型

基本项目	对象类型	访问类型	内容
离散量输入	1bit	只读	I/O系统提供这种类型数据
离散量输出	1bit	读/写	通过应用程序改变这种类型数据
输入寄存器	16bit	只读	I/O系统提供这种类型数据
保持寄存器	16bit	读/写	通过应用程序改变这种类型数据

(4) 校验域

MODBUS协议规范了被传输信息的成帧格式，发送方按帧发送，接收方按帧接收。为了保证信息传输的正确性，接收方必须对收到的报文按约定的方式进行校验。针对其标准规范的两种传输模式，MODBUS报文帧校验分别采用循环冗余校验（Cyclic Redundancy Check，CRC）或纵向冗余校验（Longitudinal Redundancy Check，LRC）算法。校验域的内容是整个报文帧的校验码（校验运算的结果）。

3. 传输模式

MODBUS标准规范了RTU和ASCII两种信息传输模式。但是要求同一网络中的所有节点设备必须使用同一种信息传输模式，不允许同时存在两种不同的模式。

(1) RTU模式

当信息传输使用RTU模式时，每个报文以连续的字节流传送。图7.16所示为一个典型的RTU模式的报文帧。由发送设备将MODBUS报文构造为带有起始和结束位置标记的帧。接收设备可以在报文的开始位置识别新帧，依据结束位置标记来确定何时报文结束。在RTU模式下，报文帧由至少为3.5字节时间的空闲间隔区分，这个时间区间称为t3.5。

起始	地址	功能代码	数据	CRC校验	结束
≥3.5字符	8位	8位	N×8字符	16位	≥3.5字符

图7.16 RTU模式的帧结构

在使用RTU模式传输信息时，一个报文帧最大为256字节，并且字节必须连续发送。如果两个字节之间的空闲间隔大于1.5个字节时间，则报文帧被认为不完整，应该被接收节点丢弃。

在 RTU 传输模式下，报文帧采用 CRC 算法进行帧校验。

(2) ASCII 模式

在 ASCII 模式下，每个报文都以冒号字符“:”(ASCII 编码为 3AH)起始，回车-换行符“CR”、“LF”(ASCII 编码分别为 0DH 和 0AH)结束，报文中每个字节(两位十六进制数)需要以两个 ASCII 字符发送。网络节点设备连续地监视总线上的数据，当收到“:”字符后，被指定的节点设备接收和处理后续的字符直到帧结束。每个字符的传输包含 1 个起始位、7 个数据位、1 个奇偶校验位(可选)、1～2 个停止位。典型的 ASCII 模式下的报文帧结构如图 7.17 所示。

起始	地址	功能	数据	LRC	结束
1 字符 :	2 字符	2 字符	0～2×252 字符	2 字符	2 字符 CR, LF

图 7.17　ASCII 模式的帧结构

当采用 ASCII 模式传输信息时，报文帧的最大长度为 513 个字符，相邻字符之间的时间间隔可以达到 1s。如果超过这个间隔，接收设备将认为发生了传输错误。

在 ASCII 传输模式下，采用 LRC 算法进行帧校验。

智能电器监控器中，当采用 MODBUS 作为现场层网络的通信协议时，通常使用 RTU 模式。

7.3.3　CAN

控制器局域网(Controller Area Network，CAN)总线最初是由德国 Bosch 公司专为汽车监测、控制系统而设计的。由于 CAN 总线所具有的特点，其应用范围逐步扩大到过程控制、工业机械、农业机械、纺织机械、医疗器械、机器人控制数控机床、建筑和环境控制等领域。CAN 协议经 ISO 标准化后有 ISO11898 标准和 ISO11519 标准，这两个标准对于数据链路层的定义相同，物理层不同。前者是针对通信速率为 125kbps～1Mbps 的 CAN 高速通信标准，后者是通信速率为 125kbps 以下的 CAN 低速通信标准。

目前，CAN 已经被公认为几种最有前途的国际总线标准之一，在电器智能化领域中也获得了广泛的应用。

1. CAN 总线的特点

从网络结构看，CAN 属于总线结构的串行通信网络。由于设计中采用了新的独特方法，在数据传输方面，CAN 总线具有比一般通信总线更突出的可靠性、实时性和灵活性。CAN 总线的主要特点如下。

(1) 支持多主站工作方式

CAN 总线上任何节点在任何时刻均可以主动发起通信请求，向其他节点发送信息，不分主从，不需要站地址等节点信息。通过报文滤波器可实现点对点、一点对多点和全局广播方式数据收发，不需要进行专门的“调度”。

(2) 节点信息具有优先权，支持非破坏性的总线仲裁技术

CAN 总线上的节点信息被分成不同的优先级，以满足不同的实时性要求，高优先级节点数据最多在 134μs 内可以得到传输。当多个节点同时请求在网络上传输信息时，优先级高的

节点可继续发送数据，而优先级低的节点则主动停止发送，因而总线仲裁时间很短，保证网络负载很重时也能正常运行。

(3) 信息传输时间短，错误率极低

CAN 总线上被传输的信息帧最多包含 8 个有效数据字节(数据域长度为 0～8 字节)，且每帧信息都有 CRC 校验及其他检错措施，传输时间短，受干扰的概率小，从而保证了数据传输的错误率非常低。

(4) 可灵活选择通信介质，直接通信距离与通信速率有关

CAN 支持双绞线、同轴电缆和光纤等通信介质，但同一网络中只能使用一种介质。其直接通信距离在传输速率 5kbps 以下时，可达 10km，在最高传输速率 1Mbps 时，最大传输距离为 40m。

(5) 能够自动关闭出现严重错误的节点

CAN 节点具有错误监测功能，当节点出现严重错误时，将自动关闭节点输出，不影响总线上其他节点的工作，因此具有较强的抗干扰能力。

(6) 可连接的节点数多，可用的报文标识符数量大

CAN 总线上的节点数主要由总线驱动电路决定，当前标准可达 110 个。CAN 标准格式中的标识符为 11 位，而扩展格式中标识符为 29 位，几乎不受限制。

2. CAN 的技术规范

为了适应 CAN 在各个领域中应用的发展，Bosch 公司在 1991 年制定了 CAN 2.0 技术规范，由 A、B 两部分组成。A 部分为 CAN 的报文格式说明，其内容与 CAN 1.2 规范定义的一致，规定 CAN 控制器的标识符长度为 11 位；B 部分为标准格式和扩展格式的说明，规定 CAN 控制器的标识符长度为 11 位或 29 位。符合 A 部分或 B 部分都被认为是兼容 CAN 2.0。

(1) 节点的分层结构

作为一种开放式互连的通信网络，CAN 节点的体系结构遵循 OSI 模型，但是它只规定了 OSI 基准模型中的数据链路层和物理层，而没有规定高层协议。其中，数据链路层包括逻辑链路控制(LLC)子层和介质访问控制(MAC)子层。CAN 2.0 技术规范的 A、B 两个版本对接点分层结构的描述不完全相同。在 2.0A 版本中，数据链路层中的 LLC 和 MAC 子层的服务和功能分别描述为对象层(Object Layer)和传输层(Transfer Layer)。在 CAN 2.0B 版本中，定义了物理层、数据链路层中的 MAC 子层和 LLC 子层的一部分，以及与 CAN 有关的外层。

下面以 CAN 2.0A 版本规范为例，简述 CAN 节点的分层模型(参见图 7.18)。

① 对象层。对象层的功能是报文滤波以及状态和报文的处理。对象层的作用是为数据传送和远程数据请求提供服务，通过报文滤波器确定由该子层接收的报文确实已被接收，并提供恢复管理和通知超载的有关信息，为应用层提供相关接口。

② 传输层。传输层是 CAN 协议的核心，用于描述对象层要接收的报文和认可由对象层发送的报文。其作用主要是负责定时及同步、报文分帧、执行仲裁、错误检测、出错标定、故障界定。

③ 物理层(Physical Layer)。物理层定义了实际信号的传输方法。CAN 技术规范中没有对传输介质和信号电平的表示进行限定，因而可以根据应用需要，灵活地选择不同的通信介质。

应用层
对象层 报文滤波 报文和状态的处理
传输层 · 故障界定 · 错误检测和标定 · 报文校验 · 应答 · 仲裁 · 报文分帧 · 传输速率和定时
物理层 · 信号电平和位表示 · 传输介质

图 7.18　CAN 的分层结构和功能

(2)报文传送及帧格式

CAN 的报文传输由数据帧、远程帧、错误帧和过载帧来表示和控制。数据帧携带数据从发送端至接收端;远程帧用来请求信息;错误帧用于报告总线出错,任何节点检测到总线错误就发出错误帧;过载帧用以在先行的和后续的数据帧或远程帧之间提供附加的延时。

CAN 2.0A 定义的数据帧格式如图 7.19 所示,共包含 7 个不同的域。

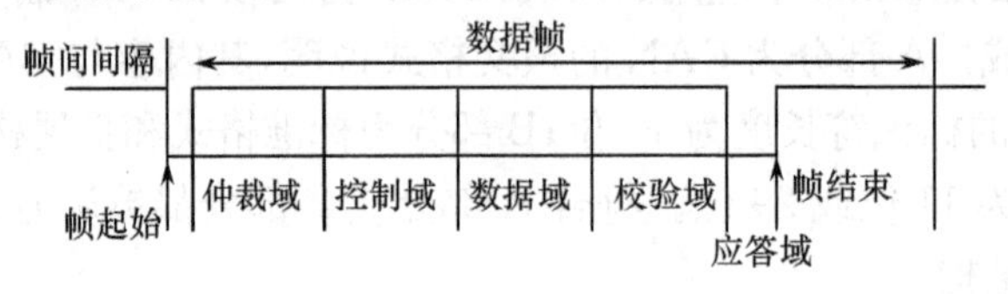

图 7.19　CAN 数据帧格式

① 帧起始。帧起始是数据帧起始标志,它是一个单独的“显性”位。只在总线空闲时,才允许开始发送信号。所有的节点必须与首个发送信息的节点的帧起始前沿同步。

② 仲裁域。仲裁域包括 11 位优先级标识符和发送请求位(RTR)。CAN 采用多主竞争式总线结构,节点可在任意时刻主动地向网络上其他节点发送信息而不分主次。当发生冲突的时候,不同优先级的节点同时在总线上竞争,并由高到低,逐位比较,当出现优先级某个位不同的时候,优先级标识符中该位为“显性”的节点就赢得仲裁获得总线发送权。

③ 控制域。控制域由 6 个位组成,包括 4 个位的数据长度代码和 2 个保留位。

④ 数据域。数据域由 0～8 个字节组成,包含发送有效信息,其长度由控制域中的数据长度代码给出。每字节包含 8 个位,首先发送最高有效位。

⑤ 校验域。校验域由 CRC 算法得到的帧校验码序列和 CRC 定界符(CRC delimiter)组成。

⑥ 应答域。应答域长度为 2 个位,包含应答间隙(ACK slot)和应答定界符(ACK delimiter)。当接收端接收到有效报文时,在应答间隙期间向发送器发送一个“显性”的位以示应答。

⑦ 帧结束。每个数据帧结束由一标志序列定界,标志序列由 7 个“隐性”位组成。

(3) 传输介质

CAN 能够使用多种物理介质,如双绞线、光纤等,最常用的是双绞线。

ISO11898 建议的电气连接如图 7.20 所示。其中，信号使用差分电压传送，这两个信号电压分别称为 CAN_H 和 CAN_L，静态时是 2.5V。用 CAN_H 比 CAN_L 高的状态来表示逻辑“1”，称为隐性电平；CAN_L 比 CAN_H 高的状态表示逻辑“0”，称为显性电平。

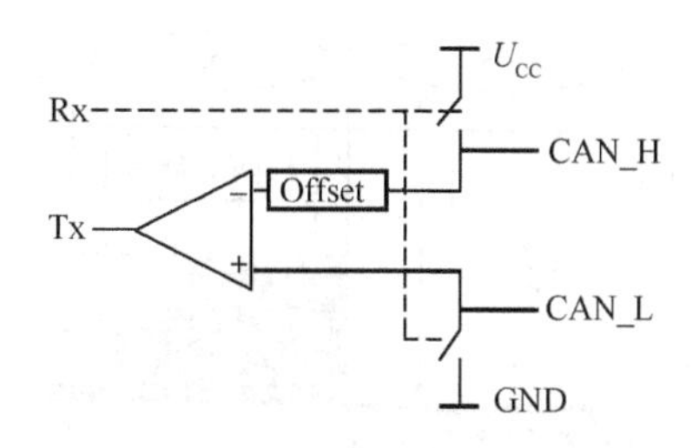

图 7.20　CAN 的电气连接和位电平表示

3. CAN 总线相关器件

自 Bosch 公司推出 CAN 协议以来，Motorola、Intel、Philips、Siemens、NEC 和 Microchip 等公司生产了符合 CAN 协议的芯片，使 CAN 总线具有接口简单、编程方便、开发系统价格便宜等优点。随着 CAN 技术的普及，相关器件也越来越多，用户可以根据需要来选择。

当前市场提供的主要 CAN 总线器件有：CAN 总线驱动和串行接口 I/O 器件，如 P82C150；独立的 CAN 控制器，如 Philips SJA1000 和 80C200，Intel 82527，Infineon 81C90/91；集成 CAN 控制器的单片机，如 Philips 80C591/592/598、P51XAC3，Intel 196CA/CB，Motorola 68376，PowerPC 555，Infineon 80C505CA/515C、80C164CI/167CR/167CS 等。

7.3.4 PROFIBUS

PROFIBUS(Process Fieldbus)是德国国家标准 DIN 19245 和欧洲标准 EN 50170 现场总线标准，也是一种国际公认的现场总线标准，该标准在加工制造、过程控制和楼宇自动化中得到广泛应用。近年来，西欧各国尤其是德国的电器智能化系统中已成功地使用了 PROFIBUS。国内部分开发商和制造商通过对国外产品的引进吸收，也已生产出采用 PROFIBUS 总线标准的电器智能化系统，并投入实际使用。典型的应用有：电厂/电站的分布式监控系统、电动机控制中心、舰船和潜艇的控制系统、列车运行控制系统、智能楼宇监控系统和柔性制造系统等。2006 年，“国家标准 GB/T20540—2006 PROFIBUS 规范”和“国家标准化指导性技术文件 GB/Z20541—2006 PROFINET 规范”的发布，使 PROFIBUS 正式成为工业通信领域现场总线技术的国家标准，进一步推动了 PROFIBUS 标准在电器智能化领域的应用。

1. PROFIBUS 基本特性

采用 PROFIBUS 的系统为主从式网络结构，主站决定总线的数据通信。在多主站方式下，介质访问控制采用令牌方式，只有得到令牌的主站才具有总线控制权，可以发起一次通信。从站没有总线控制权，它只能被动接收并确认主站发出的信息，或者在主站对其发出请求时，通过总线向主站发出信息。在这里从站只需要实现小部分总线协议，实施起来很经济。

2. 协议分层结构

根据应用场合不同，PROFIBUS 有 3 种不同的实现标准。PROFIBUS-DP 用于分散外设间的高速数据传送速度；PROFIBUS-FMS 是一种现场信息规范；PROFIBUS-PA 则适用于过程控制。对于这三种不同的标准，其分层结构和相应层协议标准不完全相同，PROFIBUS 系列协议的结构模型与 OSI 模型间的映射关系如图 7.21 所示。

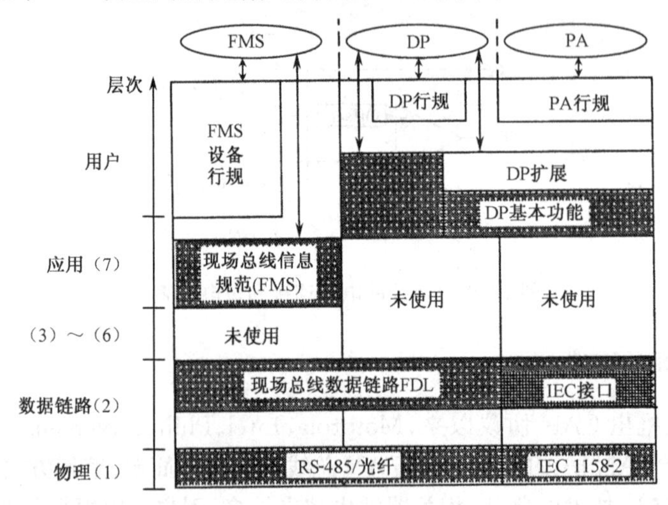

图 7.21　PROFIBUS 系列协议结构模型与 OSI 模型间的映射关系

3. 传输技术

RS-485 是 PROFIBUS 中最常用的物理接口标准之一，又称为 H2，它支持屏蔽双绞电缆，公用一对导线，传输速率较高，设备简单，价格便宜。表 7.4 和表 7.5 分别给出了 PROFIBUS 中 RS-485 的基本传输特性和传输速率与电缆长度间的关系。

表 7.4　PROFIBUS 中 RS-485 基本传输特性

网络拓扑	线性总线，两端有有源的总线终端电阻。短截线波特率≤1.5Mbps
介质	屏蔽双绞线，若外界 EMC 条件允许，也可用普通双绞线
站点数	不带转发器时，每段 32 个站，带转发器可达 127 个站
插头连接器	建议用 9 针 D 型插头连接器

表 7.5　PROFIBUS 中 RS-485 传输速率与电缆长度关系

波特率(kbps)	9.6	19.2	93.75	187.5	500	1500	12000
长度/段(m)	1200	1200	1200	1000	400	200	100

如果在强电磁干扰环境下需要高速传输较长的距离，应使用光缆，这时可选用制造商提供的专用转接插头，把 RS-485 信号与光纤信号相互转换。

4. 总线访问协议

PROFIBUS 系列 3 种标准使用相同的总线访问协议，通过数据链路层 FDL（Fieldbus Data Link）来实现。介质访问控制 MAC 子层负责对数据传输程序的管理，保证任何时刻只能有一个站点发送数据。PROFIBUS 允许组成单主站和多主站系统，单主站系统构成主从系统，按主从方式操作。在复杂的多主站系统中，主站间采用令牌环方式，只有取得令牌的主设备才能发动一次通信，主设备与从设备间仍采用主从方式。

为了保证多主站系统中每个主设备都有足够时间与从设备通信，以尽快获得实时数据，令牌传递机制保证每个主站能在一个确切的时间段内获得令牌，取得一次总线访问权。

除以上介绍的3种现场总线标准外，当前在工业控制中比较流行的还有DeviceNet、LON Works等。这两种总线在智能电器中也有使用，但产品较少，这里不再一一介绍。

7.4 IEC61850标准体系

变电站自动化是电器智能化系统的综合应用。本节从介绍变电站自动化的通信网络和协议入手，阐明电器智能化网络的设计。IEC61850是基于通用网络通信平台的变电站自动化系统的唯一国际标准，具有一系列特点和优点，符合IEC61850标准是变电站自动化系统的发展趋势，本节主要按照IEC61850标准定义的体系结构进行介绍。

7.4.1 IEC61850标准概述

变电站作为电网中的一个节点，担负着电能传输和分配的任务。变电站自动化(Substation Automation，SA)是将变电站的二次设备经过功能的组合和优化设计，利用先进的计算机技术、现代电子技术、通信技术和信号处理技术，实现全变电站的主要设备和输、配电线路的自动测量、监控和微机保护，以及与调度通信等综合性的自动化功能，国内也称为变电站综合自动化。

变电站自动化系统的通信内容既包括自动化系统内部各子系统或各种功能模块间的信息交换，也包括变电站与上级控制中心之间的通信。目前，用于电力自动化的通信规约种类很多，有国际标准、国家标准，也有行业标准和自定义协议，常用的包括CDT规约、IEC60870系列标准、DNP3.0协议、TASE.2协议等。上述各种协议既有其优点，也有其局限性，不能完全满足当前电力通信的发展。特别是由于标准不统一，不同产品在互连时所花费的人力和物力也变得越来越大。为了将通信协议规范化，从1995年开始，TC57成立了3个新的工作组WG10，WG11，WG12负责制定IEC61850标准，于2002年开始陆续出版。

IEC61850标准共分为10个部分。

(1) IEC61850-1：概论。

(2) IEC61850-2：术语。

(3) IEC61850-3：总体要求。

(4) IEC61850-4：系统和项目管理。

(5) IEC61850-5：功能和设备模型的通信要求。

(6) IEC61850-6：与变电站有关的IED的通信配置描述语言。

(7) IEC61850-7：变电站和馈线设备基本通信结构，包括原理和模型、抽象通信服务接口、公共数据类和兼容的逻辑节点类和数据类。

(8) IEC61850-8：特殊通信服务映射，映射到制造报文协议(MMS)和ISO/IEC8802-3。

(9) IEC61850-9：特殊通信服务映射，通过串行单方向多点共线点对点链路传输采样值和通过ISO/IEC8802.3传输采样值。

(10) IEC61850-10：一致性测试。

与传统的通信协议体系相比，在技术上 IEC61850 有如下突出特点：

① 使用面向对象建模技术；

② 使用分布、分层体系；

③ 使用抽象通信服务接口（ACSI）、特殊通信服务映射（SCSM）支持网络技术；

④ 使用 MMS 技术；

⑤ 具有互操作性；

⑥ 具有面向未来的、开放的体系结构。

7.4.2 IEC61850 标准的模型体系

1. IEC61850 对变电站自动化系统的逻辑划分

IEC61850 按照变电站自动化系统所要完成的控制、监视和继电保护 3 大功能，从逻辑上将系统分为 3 层：变电站层、间隔层、过程层，如图 7.22 所示。

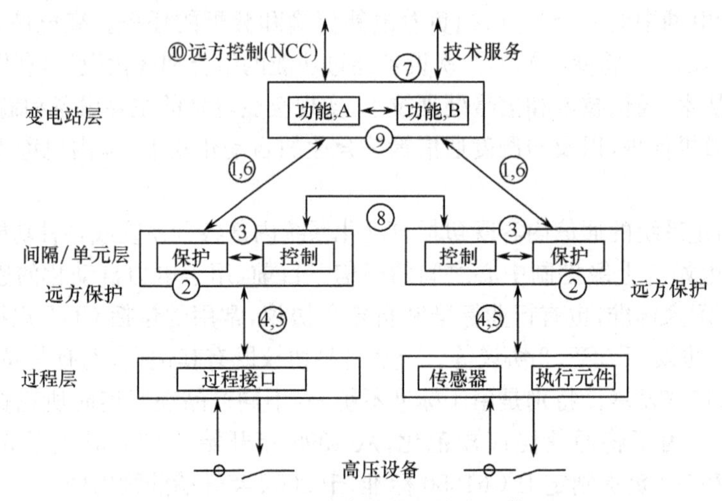

图 7.22 变电站自动化系统接口模型

(1) 过程层

过程层的物理设备主要是远方 I/O、智能传感器和执行器，该层通过接口 4 和接口 5 与间隔层通信，主要完成开关量 I/O、模拟量的采样和控制命令的发送等与一次设备相关的功能。

(2) 间隔层

间隔层也就是继电保护和测控装置层，该层由每个间隔的控制、保护或监视单元组成，其功能主要是利用本间隔的数据对本间隔的一次设备产生作用，物理上主要是各种智能电子设备（IED），如线路保护单元、间隔单元控制设备就属于这一层。间隔层通过接口 4 和接口 5 与过程层通信，通过逻辑接口 3 完成间隔层内部的通信功能。

(3) 变电站层

变电站层由带有数据库的计算机、操作人员工作站、远方通信接口等组成，其功能主要是指变电站自动化系统与本地运行人员的人机界面的接口（HMI）、与远方控制中心接口（TCI）以及与远方监视和维护工程师站的接口（TMI），主要通过接口 1、6、7 完成通信功能，通过逻辑接口 9 完成变电站层内部的通信功能。

各接口的意义如下：

接口 1:在间隔层和变电站层之间交换保护数据；

接口 2:在间隔层和远方保护之间交换保护数据；

接口 3:在间隔层内交换数据；

接口 4:在过程层和间隔层之间电流互感器(CT)和电压互感器(VT)瞬时数据交换；

接口 5:在过程层和间隔层之间交换控制数据；

接口 6:在间隔层和变电站层之间交换控制数据；

接口 7:在变电站层和远方工程师站之间交换数据；

接口 8:在间隔层之间交换数据,特别是快速功能(如联锁)；

接口 9:在变电站层之间交换数据；

接口 10:在变电站层和控制中心之间交换控制数据。

2. IEC61850 的数据模型

变电站自动化系统设备可物理地安装在不同功能层,功能分布可采用广域网、局域网、现场总线技术实现。所有变电站自动化系统的已知功能被标识并分解为许多子功能(逻辑节点),逻辑节点常驻在不同设备内和不同层内。

IEC61850 数据对象模型的层次结构如图 7.23 所示,上层与下层是一对多的关系,即一个服务器可由多个逻辑设备构成,一个设备由至少一个逻辑节点组成;逻辑节点由至少一个数据类组成;每个数据又至少由一个数据属性组成;而数据属性中又可能有些数据属性是由其他数据属性组合而成的。所有的这些类的属性中都有对象名和对象路径引用。

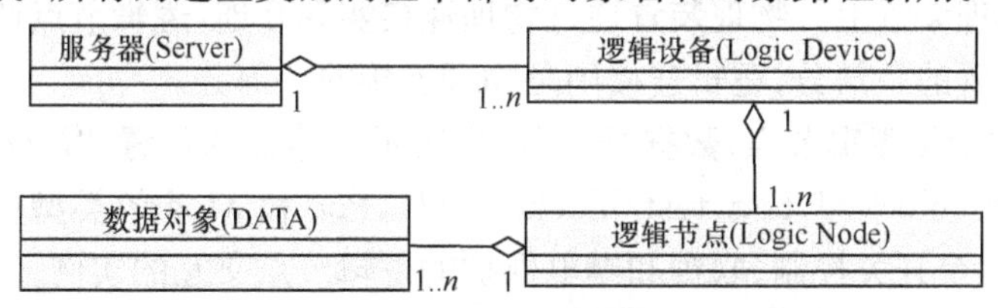

图 7.23　IEC61850 中数据模型的层次结构

(1) 数据对象

数据表示在自动化设备内应用程序的有意义的信息,由 IEC61850-7-3 中的公共数据类(CDC)定义。CDC 定义了由一个或多个属性组成的结构信息。属性的数据类型可以为基本类型如 INT,大多数数据类型定义为公用数据属性类型,所有的 CDC 类由 IEC61850-7-2 中规定的 DATA 类派生。数据对象并不是简单的数据类型,如单点状态(SPS)、双点状态(DPS)、测量值(MV)、可控双点类(DPC)等,它本身也是一个类,也有自己的类层次。

表 7-6 是可控双点类(DPC)的属性定义。可以看出,DPC 类由 13 个属性组成,每个属性由名、类型、功能约束、触发任选项、值/值域和 M/O(必选/可选)组成。

(2) 逻辑节点

逻辑节点(Logic Node,LN)是用来交换数据的功能的最小单元,一个 LN 表示一个物理设备内的某个功能,它执行一些特定的操作,逻辑节点之间通过逻辑连接交换数据。一个 LN 就是一个用它的数据和方法定义的对象,是数据的容器,每个逻辑节点都由几个表示特定应用含义的数据组成,逻辑节点和数据的名称都有标准化的语义。

表 7.6 可控双点类(DPC)属性定义

可控双点属性定义(DPC Attribute Definition)					
属性名(Name)	类型(Type)	功能约束(FC)	触发项任选(TrgOp)	值/值域(Value/Value Range)	M/O
CtlVal	BOOLEAN	co		off(FALSE)|on(TRUE)	O
StVal	ENUMERATED	sv	dchg,fchg	Intermediate-state(0)|off(1)|on(2)|bad-state(3)	M
PulseConfig	PulseConfig	cf			O
OperTim	TimeStamp	co			O
Q	Quality	st	qchg		M
T	TimeStamp	st			M
Origin	Originator	op			O
CtlNum	INTEGER	op		0...255	O
D	Description	dc		Text	O
CtlModel	ControlModel	cf			M
SboTimeout	INTEGER	cf			O
SboClass	ENUMERATED	cf			O
Tag	Tag	ax		operate-once|operate-many	O

为了实现变电站功能的自由分布和分配，所有的功能被分解为逻辑节点，这些节点可以分布在一个或多个物理装置上。物理装置通过物理连接实现互连，逻辑节点通过逻辑连接互连。逻辑节点是物理装置的一部分，逻辑连接则是物理连接的一部分。

例如断路器 XCBR 逻辑节点，数据"Pos"用来表示断路器的位置，"Mod"用来表示断路器当前的运行模式(on，blocked，test，test/blocked，off)，Pos 和 Mod 的类型由公共数据类 CDC 定义。图 7.24 给一个开关控制、联锁和继电保护的逻辑节点交互的实例。

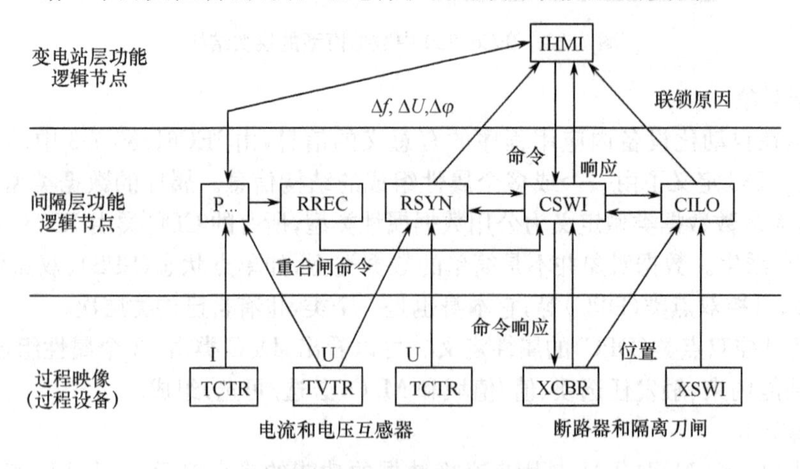

图 7.24 开关控制、联锁和继电保护的逻辑节点交互

(3) 逻辑设备

逻辑设备(Logic Device，LD)是一种虚拟设备，聚集相关的逻辑节点和数据。另外，逻辑设备

往往包含经常被访问和引用的信息的列表，如数据集(Data Set)。按照IEC61850定义，一个实际的物理设备可以根据实际应用的需要映射为一个或多个逻辑设备。一个逻辑设备一般至少包含3个逻辑节点：逻辑节点0(LLNO)、逻辑节点物理设备(LPHD)、其他逻辑节点。IEC61850中预定义了大量逻辑节点类型，在实际应用中可以根据需求利用它们来定义逻辑设备。

(4) 服务器

服务器(Server)用来表示一个智能电子设备外部可见的行为。在通信网络中，一个服务器就是一个功能节点，它能够提供数据，或允许其他功能节点访问它的资源。在软件算法结构中，一个服务器可能是逻辑上的再分，它能够独立控制自己的操作。

上述每个层次的模型除了完成各自的描述外，还提供对外抽象通信服务的接口，即抽象通信服务接口(Abstract Communication Service Interface，ACSI)。例如 Server :: GetServer Directory()用于获得服务器目录，该服务的参数可以是逻辑设备或文件，若成功则返回逻辑设备名称和文件名称的对象引用。

3. IEC61850的通信服务

在数据模型的基础上，IEC61850通过抽象通信服务接口(ACSI)对外提供无差别通信服务，底层各个通信协议通过特定通信服务映射(Specific Communication Service Mapping，SCSM)完成到抽象通信服务接口的转换。本节首先介绍ACSI和SCSM，最后介绍IEC61850利用它们提供的通信服务。

(1) 抽象通信服务接口

ACSI是一个概念性的接口，它定义了独立于实际使用的网络和通信协议的应用，包括通信服务、通信对象及参数，这些通信对象和参数通过特殊服务映射(SCSM)映射到底层应用程序。ACSI提供了以下基本信息模型：数据集(Dataset)、取代(Substitution)、整定组控制块(SGCB)、报告和日志控制块(RCB、LCB)、通用变电站事件(GSE)控制块、采样值的传输(SVCB)、控制(Control)、时间和时间同步(Time and Time Synchronism)、文件传送(File Transfer)，通过这些模型，ACSI规范了IEC61850中所有的设备、节点、数据类型及通信服务结构。ACSI为变电站设备定义了公共实用的程序服务，提供了两组通信服务模型：控制和读数据值服务的客户/服务器模型；对等通信(peer-to-peer)模式，采用GOOSE服务快速、可靠传输数据和循环传输采样测量值服务。

(2) 特定通信服务映射

特殊通信服务映射(SCSM)定义了采用特定通信栈，如何实现服务和模型(服务器、逻辑设备、逻辑节点、数据、数据集、报告控制、记录控制、设置组等)。映射和采用的应用层定义了通过网络交换数据的语法。如图7.25所示，特定通信服务映射将抽象通信服务、对象和参数映射到特定的应用层(如MMS、PROFIBUS、TCP/IP、CORBA等)，这些应用层提供了具体的编码。和通信网络的技术有关，可能采用一个或者多个通信协议集或协议栈。

(3) 通信服务实现

在实际的通信服务中，主要采用客户/服务器(Client/Server)模型和对等通信(peer-to-peer)模型。设备外用户要取得逻辑设备内逻辑节点的数据属性时，先需要和逻辑设备进行通信，逻辑设备根据通信来的参数检索相应的逻辑节点，再由逻辑节点检索相应的数据属性，最后才能取得数据。一般不对单独的逻辑节点的数据对象进行操作，而是要对多个逻辑节点的

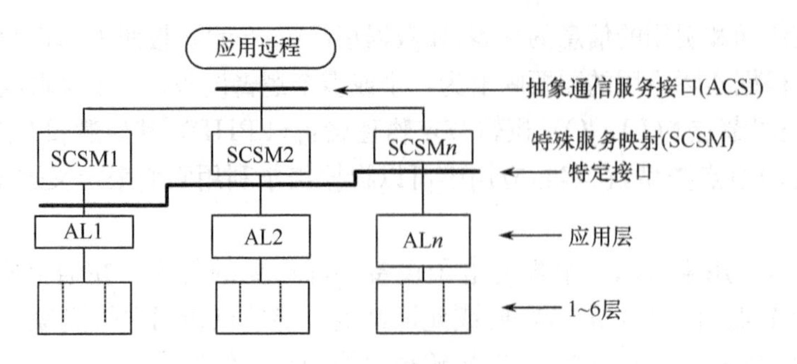

图 7.25 ACSI 映射到通信协议

数据进行操作。从图 7.26 可以看出客户发出服务请求，服务器接收请求并作出响应，客户接收服务器处理过的服务确认。客户也可以从服务器中接收报告，全部的服务请求和响应由协议栈进行通信，这些协议栈在特殊通信服务映射(SCSM)中规定。

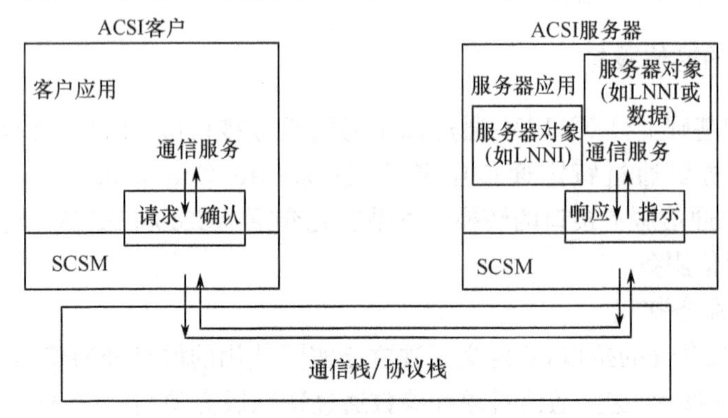

图 7.26 客户/服务器模式在应用过程中的信息交互

7.5 电器智能化网络的设计

现代电力系统要求对不同地区电网、不同发电站的电能进行统一管理和调度，各地区电网电能质量能进行集中监控，同时希望各地区电网的某些资源，如可以公用的管理系统软件、某些事故发生前运行参数变化的历史数据、对事故分析处理的措施等可以共享，这些都要求电器智能化网络更加开放，功能更加完善。电器智能化网络是电器智能化技术发展的必然产物，也是实现和完善电器智能化系统的基础。随着计算机网络硬、软件技术的日臻完善，近年来已将网络互连技术引入电器智能化网络，解决了不同类型的现场网络互连问题。采用分层模型建立起来的电器智能化网络，可以把不同生产厂家、不同类型、但具有兼容协议的智能电器互连，实现资源共享，实现不同厂商产品互换，达到系统的最优组合。通过网络互连技术，还可以把不同地域、不同类型的电器智能化网络连接起来，实现全国乃至世界范围内的开放式系统。

为了进行网络规划，必须详尽地了解网络上所负担的通信量以及系统对响应时间的要求，才能正确选择网络的类型及其配置，合理设计网络的结构。对于电器智能化网络的规划和实施，应按照系统的观点，采用系统工程的方法进行，按照需求分析、系统分析与设计、网络安装与调试的过程进行，做好详细的文档记录，以便于网络维护工作。用户需求分析应从网络的地理分布、入网设备的类型、网络服务与网络功能、通信的数据类型和通信量、信道容量与性能等方面对网络进行调查和分析，并最终形成需求分析报告。然后，根据需求分析报告，提出相应的解决方案，包括系统分析与总体设计方案，根据实际系统中智能电器的配置和信息传输要求，确定网络结构、传输介质、信号的传输方式、采用的协议类型、数据容量、通信类型、通信容量及数据传输速度，从而确定网络设备，并从技术上和经费上论证其可行性。

7.5.1 电器智能化网络的基本要求

电器智能化网络的基本功能是后台管理系统对其管辖范围内的下层管理机、现场设备及现场设备底层网络的运行进行监控和管理。为此，在通信网络中传送的信息主要是由后台管理系统下发给各下级管理机或现场设备的命令、控制、系统配置等信息，或是要求下位机上传至后台管理系统的现场运行的状态、实时数据或某些特殊的历史数据。为这种目的建立的电器智能化网络从网络结构和通信方式上都有自身的特点。

1. 结构特点

(1) 开放性

开放性是指网络协议分层应有统一的标准，允许同生产厂商的不同类型产品实现系统集成，以及使得不同生产厂商的具有相同功能的现场设备可以互换，方便用户自主地集成系统。

(2) 现场设备的即插即用

在系统中增加或更换设备时，既能使加入的设备立即正常投入工作，又不影响系统内其他现场设备的正常运行，这大大方便了系统的维护和用户更新系统配置。

(3) 能适应现场环境对传输介质和传输速率的要求

智能电器运行现场情况比较复杂，尤其户外设备距离差别很大，因此所设计的网络应能支持不同现场环境使用的传输介质和传输速率。

2. 通信特点

(1) 数据传输要求实时性强、可靠性高

电器智能化网络中传送的是后台管理系统与现场智能监控器间交换的信息，其中大量的是反映现场设备运行状态的实时数据和后台管理系统根据监控结果下达给现场设备的操作命令，这些数据必须及时、无误地进行传送，才能保证系统安全、可靠地运行。

(2) 现场设备数据收发采用异步方式

智能电器和智能开关设备的监控器中通常采用可编程串行 I/O 接口作为基本的通信手段。考虑到现场设备收发数据的特点和底层网络低成本要求，这些接口总是设置为异步工作方式，收发数据的格式也必须是约定的异步帧格式。

(3) 一次通信过程发送数据的长度较短

电器智能化网络大多采用主从式管理的通信方式，由于现场智能电器的数量较多，后台管理系统通常采用轮询的方式发起通信，与现场智能电器交换信息。为了保证对所有现场设备的及时监管，每次通信传送的数据长度都比较短，以提高数据传输的实时性并降低误码率。

(4) 网络中的数据基带传输

现场网络中的数据传输一般不加调制/解调环节，直接采用基带传输，所以网络成本较低。

7.5.2 电器智能化局域网的结构与设计

当前实际应用的电器智能化网络基本都是一种局域网,其主干网通常采用工业以太网。以太网是一种总线拓扑结构局域网,用于较大规模的电器智能化网络时,其站点应包括各种现场设备和后台管理系统的设备,如服务器、操作员级或系统主管工程师级的工作站和通信控制器等。现场设备可以包括现场层的总线网络和具有独立通信转换接口的智能开关设备。通信控制器可以是一种多通道输入的物理设备,通过它完成不同现场设备的通信规约与以太网通信协议间的转换,并实现现场与后台管理系统间的数据交换;它也可以是一个逻辑上的概念,即用现场层网络管理计算机或局域网后台服务器中的一个程序模块,来完成现场设备和以太网的通信协议转换。监控器配置的独立通信转换接口多用于户外分布距离较远的智能电器或开关设备,以实现这些设备与以太网之间物理上和逻辑上的直接连接。图 7.27 所示为典型的电器智能化网络结构图。

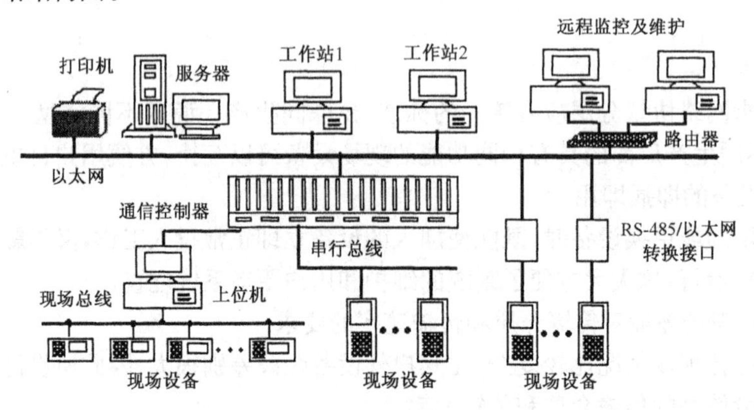

图 7.27 电器智能化网络结构图

1. 以太网的基本性能和连接方法

以太网(Ethernet)是一种国际标准的总线拓扑局域网,其物理层标准和数据链路层中的介质访问控制(MAC)子层符合 IEEE802.3 标准,而数据链路层中的逻辑链路控制子层由 IEEE802.2 标准描述。IEEE802.3 标准支持多种物理层标准,可使用不同的物理介质和物理层接口。标准以太网介质主要用阻抗为 50Ω 的基带同轴电缆,介质访问控制采用带碰撞检测的载波侦听多址访问(CSMA/CD)标准,传输速率为 1~10Mbps。以太网常用的同轴电缆有 10 Base5 和 10 Base2 两种。10 Base5 电缆较粗,通常用于主干网。这种电缆上每隔 2.5m(分接头最小距离)提供一个分接头插入点,网上各站点设备通过专用收发器电缆接到网络收发器上,收发器内有完成 CSMA/CD 功能的硬件电路;还有一个分接头,用来把收发器接入电缆分接头的插入点,并提供物理上的可靠连接,其收发电缆长度最长 500m。10 Base2 标准的电缆较细,采用工业标准 BNC 连接器组成的 T 形接头与站点计算机相连。这种方式灵活可靠,价格较低,不需要专用收发器电缆,但覆盖范围只有 200m。

当网络覆盖范围超过以太网标准允许距离时,可以使用中继器来扩充。以 10 Base5 粗电缆为例,其收发电缆长度最长 50m。标准规定,任意两个收发器之间的最大距离不允许超过 2.5km,因此两个收发器间的中继最多可用 5 个。图 7.28 所示为站点计算机与 10 Base5 和

10 Base2 连接的示意图。

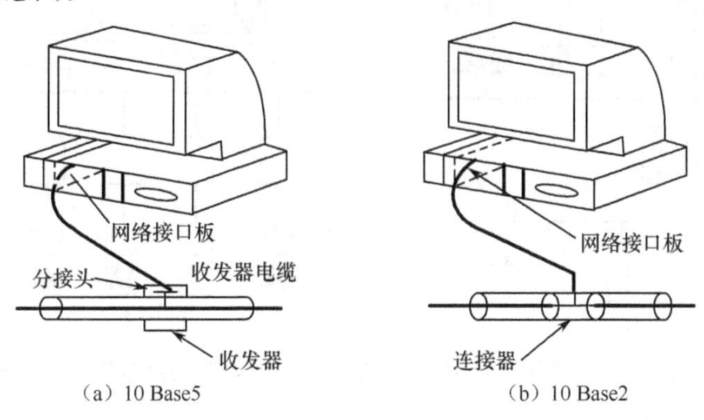

图 7.28　站点计算机与以太网电缆连接示意图

应当指出的是，在实际应用的电器智能化网络中，局域网层采用的以太网有时并不是标准以太网，它只采用了以太网物理层的总线结构和数据传输协议，其数据链路层的 MAC 子层通常不采用载波侦听多路访问/冲突检测的仲裁机制，网络介质也基本采用双绞电缆而不采用标准以太网使用的同轴电缆。

2. 基于以太网平台的电器智能化局域网

为了对工作现场的各类智能电器和开关设备及其控制和保护对象的运行状态进行监控和管理，建立在以太网平台上的电器智能化局域网中的站点除现场设备计算机(智能监控器)外，还应包含局域网后台管理系统的计算机设备，如服务器、操作员或工程师工作站等。根据现场设备接入以太网的方式，常见的电器智能化局域网有 3 种。

(1) LAN/Fieldbus 网络

在这种结构的局域网络中，现场设备已通过现场总线连接，组成现场层网络。现场层网络一般采用主-从方式交换信息，主机直接面对现场设备，通过现场总线取得现场运行数据，完成对现场设备的监控，并实现现场层网络管理功能，同时还要通过局域网转发后台管理设备与现场设备间交换的各类信息。为了减轻现场层网络主机的工作负担，通常都应设计一个连接现场总线网主机和以太网的通信控制器。通信控制器可以是一台 PC，也可以是专门开发的通信接口设备，用来完成现场总线网到以太网层的协议转换，其作用相当于网关(Gateway)。当采用这种结构时，局域网各站点可以接入使用不同现场总线标准的现场层网络，现场设备覆盖范围较宽。

由于现场层网络的主机无须完成工作现场智能电器到以太网的协议转换，从而保证了对现场运行状态监控的实时性。LAN/Fieldbus 网络结构示意图如图 7.29 所示。

(2) 单个现场设备作为站点的局域网

这种局域网结构示意图如图 7.30 所示。每个现场设备带有一个专用的通信转换接口，其功能类似于 10 Base5 的收发器。在这种结构的局域网中，每台现场设备都是局域网的站点，可以直接与局域网后台管理服务器、工作站通信，网络层次简单。与 LAN/Fieldbus 结构相比，相同站点数的局域网可覆盖和管理的现场设备要少得多。若要管理同样多的现场设备，服务器的任务更重，网络成本也比较高。

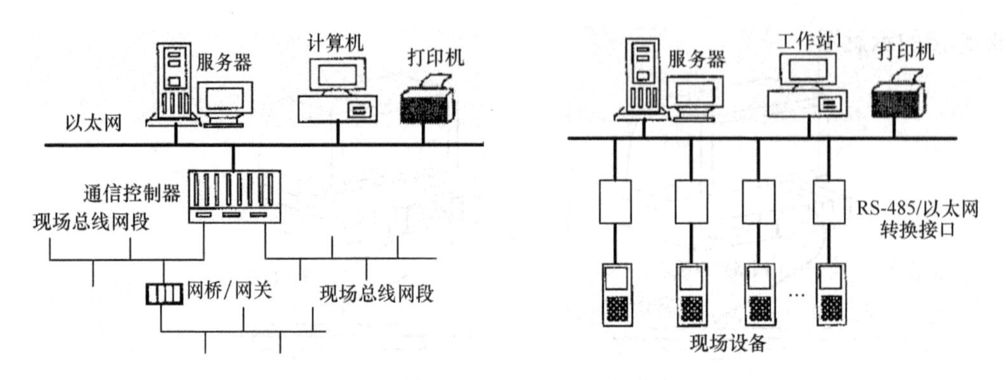

图 7.29　LAN/Fieldbus 网络结构示意图　　　图 7.30　单个现场设备作为站点的局域网结构图

(3) 带有实际通信控制器的局域网

在许多实际应用的智能电器系统中,现场设备数量和类型多,其中包括需要独立监控的开关设备,而这些开关设备往往没有配置专用协议转换接口。通信控制器的多输入通道分别与现场层网络和独立的现场开关设备连接。通信控制器作为以太网中的一个站点,完成输入端各现场设备与以太网间的协议转换。通信控制器实现了现场设备与以太网后台管理系统之间数据传递的透明化,并可减小后台管理系统的工作负担。这种网络的物理结构如图 7.31 所示。

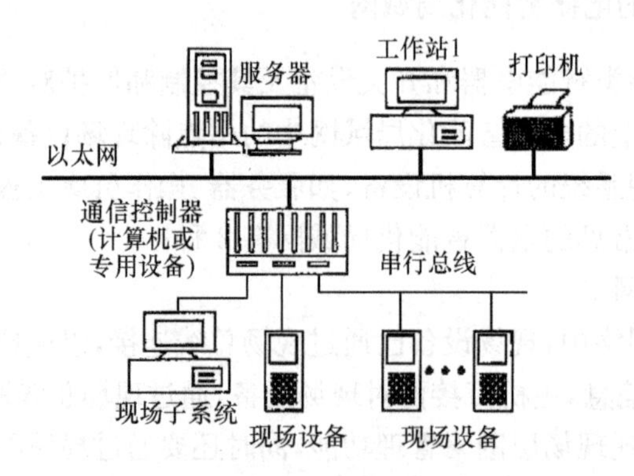

图 7.31　用带有多个输入端的通信控制器连接现场设备的局域网

3. 电器智能化局域网的典型工作方式和数据交换过程

电器智能化局域网的工作任务主要是通过对现场设备运行参数的监测、分析、判断,实现对工作现场运行状态的监控与保护。此外,还应使用户可以根据工作现场实际设备配置及现场工作要求,通过局域网后台管理系统,完成现场设备各种运行参数的阈值和保护功能的设定,设置或修改系统配置等功能。对于分布式管理的电器智能化局域网,智能电器监控器都能直接采样工作现场的运行参数并进行实时处理,这些数据既作为就地监控和保护的依据,又需要通过网络上传到后台管理系统。本节将以图 7.31 所示的网络为例,分析电器智能化局域网后台管理系统中设备的配置及各设备的功能,以便进一步了解网络中的数据交换过程。

为了实现对工作现场的监控和管理,局域网后台管理系统不仅要完成对各类现场设备及其控制和保护对象的监控,还要实现系统配置与保护、采用图形方式动态地显示系统运行状态、保存现场运行中大量历史事件记录等功能,因此要求后台管理系统具有很强的软、硬件支持能力。此外,工作现场中还有许多公共管理信息,如设备名称、网络地址、现场设备及其运行状态的图形符号等。如果在每个现场智能监控器中设置这些信息,就必须保证信息的一致性及其动态刷新,这将大大增加监控器的硬、软件开销,不仅对监控器设计带来很大的困难,还将影响其工作的可靠性。基于上述原因,在电器智能化局域网的后台管理系统中通常需要设置一个服务器。服务器作为局域网主干网上的一个站点设备,要求具有强大的数据处理、数据存储和网络管理能力,其工作一般不由操作人员干预。

为了使操作人员能在后台管理中心完成对工作现场和网络的全面管理,这类局域网通常还需要在后台管理系统中设置系统操作员工作站或责任工程师工作站,完成对现场运行状态的实时监控,调用相应软件分析得到的实时数据和事件信息,根据分析结果下达各种操作命令或调整现场设备运行参数。操作员通过工作站可从服务器获取相关的实时数据和历史数据,根据需要编制运行数据和故障事件的分析报表,还可对数据库进行定时维护。当现场由于设备更新或功能提升需要更改系统结构或配置时,责任工程师可通过工程师工作站完成相关的工作,并将更改结果存入数据库服务器。

在这种结构的网络中,当后台管理系统要采集各种现场数据时,总是由通信机或通信控制器从现场设备中取得,这些数据符合对应的现场总线网或现场智能开关设备监控器的通信协议。通信机对现场数据进行协议转换,使其成为符合以太网协议的数据,再发送至服务器和工作站。服务器将接收到的信息进行分类、处理后,把需要长期保存的信息保存在数据库内,将需要显示的信息送到规定的显示器上显示,并根据现场运行情况变化进行动态刷新。服务器还应完成网络操作系统规定的各种通信管理、数据库管理和维护等功能。操作人员对现场和网络设备的监控、管理由工作站实现。工作站只从通信机取得现场实时数据,并下发遥控、遥测、遥调命令,动态更新现场运行状态显示的画面。当需要生成各类报表时,所需历史数据将从服务器中的数据库取得。图 7.32 所示为这种局域网中数据交换的示意图。

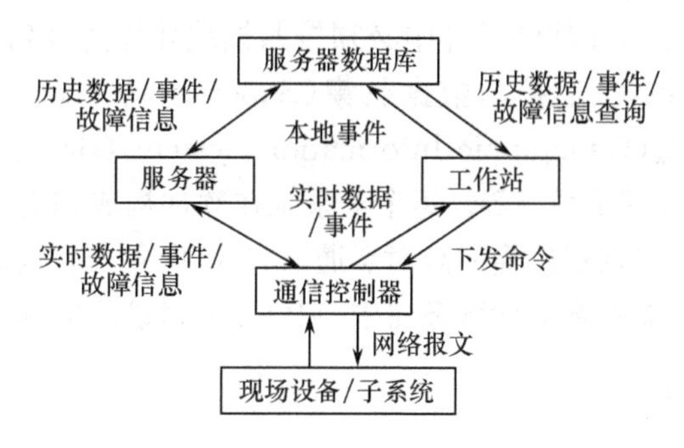

图 7.32　带有实际通信控制器的局域网数据交换示意图

需要指出的是,局域网后台管理系统的设备可根据实际网络的规模配置,不一定需要分别独立配置服务器、工作站和通信控制器。一般来说,中等规模的网络不需要设置独立的通信控制器,协议转换工作可由服务器或工作站完成。当系统规模较小时,可只用一台功能很强的PC 完成后台管理系统的全部功能。

此外,局域网通过网关(或路由器)与不同通信介质和传输速率的同级局域网连接,可以扩大局域网规模;也可以在以太网协议下用 Modem 经电话线或无线介质与远方总调度室连接,把本地数据传送至总调度室,并接收和执行调度端发来的操作命令。

7.5.3 保证系统开放性的设计方法

如前所述,电器智能化网络系统的开放性包括两个层面的内容:一是向下对不同厂家现场设备开放;二是对同一网络层中实现不同功能的计算机和软件开放。软件分层、按功能配置网络结构、面向对象的设计及采用标准数据库接口是保证系统开放性的主要措施。

1. 分层原则

对于直接面向现场设备的电器智能化局域网,软件按功能可分为通信层和应用层。

通信层负责从物理通道上取得数据,并按相应的协议对从不同物理通道中取得的数据进行解释、打包,形成统一的接口方式向应用层软件提供服务;或者反过来,把应用层各软件模块提供的统一格式数据按协议进行解析,变成符合现场通信协议或标准的数据,送到相应的物理通道。

应用层的功能分为网络操作系统和应用程序两大部分。操作系统部分负责系统配置信息的管理、各软件功能模块的分层结构管理及它们之间的接口、相关功能模块与网络数据库间的通信接口等网络管理功能。应用程序又分为系统应用程序和用户应用程序。系统应用程序提供大量可以为用户软件模块调用的公用库函数和程序块。用户应用程序则负责处理由通信机、数据库提供的各类数据,并按分析结果完成现场设备或系统要求的各种监控、管理和保护功能。

2. 按用户功能配置网络软件

在智能电器的一些典型应用(如变电站综合自动化、配电网自动化、楼宇自动化等)系统的智能化局域网中,后台管理系统不仅要完成各类现场参数的采集,实现对现场设备的监控、保护和管理,还要完成现场设备配置信息和网络管理、电网运行质量分析与管理、用户用电分时计价等多种管理功能。因此,在软件设计中必须按照模块化思想,将整个软件系统按其功能分为若干子系统,如通信子系统、监控与数据收集(Supervisory Control and Data Acquisition,SCADA)子系统、地理信息(Geographic Information System,GIS)子系统、电能质量(Energy Quality,EQ)和用户用电管理子系统等。每个子系统在软件构成和物理配置上相对独立。通信子系统按网络管理协议,可以通过广播或点对点通信方式,向各子系统提供所需的实时数据。历史数据、网络配置信息等存储在数据库服务器中,则可以通过访问数据库软件的接口来获取。

3. 面向对象的软件设计

为了保证系统的开放性,在增加现场设备、修改网络配置时,只要给出修改的配置信息,就可以实现相应的操作,无须修改软件。采用面向对象的设计方法可以满足这一要求。

(1) 利用面向对象中的"类"和"继承"的机制实现对现场设备的开放

对现场设备的开放是指在不修改系统程序的条件下,实现对不同厂家提供的、具有不同通信协议、不同报文格式的智能现场设备的集成。采用面向对象设计方法,可以定义一个表示现场设备通信接口的基类,在该类中定义通信过程中可能涉及的各种操作。在集成不同厂家生产的现场设备时,利用继承机制在动态链接库中实现具体的协议解析和操作,由可执行文件在执行时装载并链接该动态库。用户只需给新增的现场设备配置一个地址,就可以实现连接。

(2) 借鉴面向对象设计模式中各种范式来描述各子系统间的关系

在面向对象的软件设计中，需要将整个软件系统按功能划分为多个子系统，子系统描述"类"、"关联"、"操作"、"事件"和"约束"的集合，不同的子系统应分配给不同的处理机。各子系统之间的关系可以借鉴面向对象设计模式中的各种典型的模型，如客户/服务器(Client/Server)模型、代理(Proxy)模型、桥(Bridge)模型等。每种模型是对象关系的抽象和总结，具有不同的应用特点，可以根据具体的需要来选择。

例如，在客户/服务器模式下，客户端(网络中的子系统)与服务器间的通信总是由客户端发起的。它们之间的通信进程可以通过所谓"套接字"(Socket)端口来实现。客户端可以随机向系统申请套接字，系统则为客户端分配一个端口号，而服务器拥有一个所有客户端都了解的端口号，这样任何客户端就都可以向服务器发出连接请求和服务请求。

有关面向对象的程序设计基本知识，不属于本教材讨论的内容，这里不再赘述。

7.5.4 常用数据交换方式及数据包格式

在通信网中，为了保证通信双方能正确、有效、可靠地进行数据传输，在通信的发送和接收过程中有一系列的规定，以约束双方正确、协调进行工作，将这些规定称为数据传输控制规程，简称为通信规约。一个通信规约包括的内容主要有：数据编码、传输控制字符、传输报文格式、呼叫和应答格式、差错控制步骤、通信方式(指单工、半双工、全双工通信方式)、同步方式及传输速度等。

电器智能化网络中，主站和各个远方终端之间进行通信时，通信规约明确规范了以下几个问题。

① 要有共同的语言，必须使对方理解所用语言的准确含义，这是任何一种通信方式的基础。

② 要有一个既定的操作步骤(控制步骤)，是由计算机通信规定好的操作步骤(先做什么、后做什么)，否则，即使有共同的语言，也会因彼此动作不协调而产生误解。

③ 要规定检查错误以及出现异常情况时计算机的应对方法，否则，一旦出现计算机处理不了的异常现象，就会导致整个系统的瘫痪。

如前所述，在面向现场设备的电器智能化局域网中，传送的数据基本上是短帧信息，但要求的实时性很高。因此，作为局域网站点的现场设备与后台管理系统之间、后台管理系统中各设备之间的数据交换，一般采用分组交换(Packet Switching)方式。这种方式严格限制每次传送的数据块长度的上限值，保证任何站点设备都不能过长地占用信道。此外，在报文分组传送时，不必等下一个分组传送完，前一个分组就可以向前传送。因此分组交换具有较高的实时性和吞吐率，是大多数计算机通信网络采用的方式，也是电器智能化局域网中经常采用的数据交换方式。

按计算机网络的通信子网(连接入网主机，在主机间传送分组，提供通信服务的实体)的内部机制，分组交换子网有两类：面向连接的和无连接的。无连接子网中的独立分组又称为数据报，每个数据报自带信宿地址。因此，在传输过程中，子网对数据报单独寻径。在面向连接的子网中，从信源到信宿间，需要建立一条虚电路(Virtual Circuit)，数据在这条虚电路中传输。虚电路在相互通信的两台站点机建立连接的过程中形成，传送完成后撤销。这样，面向连接的子网中，分组不必携带地址信息，但必须由子网的内部机制来保证信息传送。在面向现场设备的电器智能化局域网中，经常采用面向无连接的数据报方式。

电器智能化网络后台管理系统与工作现场间的数据交换必须保证其准确性。数据的准确性包含两种含义:一是接收方收到的数据与发送方发送的数据相同;二是接收方必须正确识别发送方发送的是哪一种物理参量。由于现场设备数量较多,工作参数又有各种类型,如模拟量和开关量,模拟量又有电压、电流、频率、温度等,因此,在每次传送的数据报中,除需要的数据以外还应包含一些其他信息,如选定的现场设备地址、有效数据的物理含义、每次传送的字节数等。其中,有些是由局域网现场层采用的现场总线和局域网络层采用的以太网协议规定的,比如地址信息的字节数,广播地址、多目地址或唯一地址的表示方法,是否有帧头、帧尾、包含的字节数及其表示方法,数据校验方式,当前报文包含的字节数等。当前传送的物理量的标识及其占用的字节数等信息,则是由智能电器监控器开发商根据所采用的网络协议来定义。一般是在监控器中为不同物理量设置专用内存空间,在数据交换程序中,根据网络协议在数据报文中指定物理量的存放地址及字节数,即可完成需要的物理量数据的收发。

7.5.5 软件的可靠性、稳定性设计

电器智能化网络一般都用于输配电系统或工矿企业、民用设施、医院、科研院所、学校、国家机关等的供电系统或其他关键性工业控制系统中,所以必须保证其长期无故障运行,或者一旦出现故障能尽快排除,不至于影响到全系统正常工作。因此,电器智能化网络系统软件的可靠性、稳定性问题,从软件设计开始,就应予以高度的重视。

1. 影响网络运行稳定性的主要因素

① 庞大的操作系统使 CPU 运行负担越来越重,系统资源占有量也越来越多,软件设计稍有不当,就可能影响整个操作系统的稳定性。

② 随着电器智能化系统应用范围的扩大,用户对系统功能提出了更高、更多的要求。功能扩展使软件结构越来越复杂,占有的资源也相应增加,这些都给稳定运行带来了隐患。

软件的稳定性直接影响到网络工作的可靠性,必须采取相应的措施。

2. 保证网络稳定性的措施

(1) 提高程序代码的稳定性、抗非法操作性

把一个大的功能模块中的功能分解为较小的、独立的子功能,再把它们分布到不同的软件构件中,使每个功能构件中的编码简化,减小各构件间的耦合度,这是提高网络软件稳定性的一条重要途径。这样处理的好处是,即使出现代码的问题,也被局限在某一功能构件中,不至于引起系统的崩溃。

(2) 避免内存"泄漏",减少内存中产生的"碎片"

网络软件本身是十分庞大而又复杂的,在电器智能化应用系统中,它们一旦启动,就必须长期运行。因此,应该严格对内存的分配和释放进行控制,避免产生内存泄漏。

例如,程序执行过程中一般都会涉及数组操作的函数调用,该过程中有可能未释放其原来所占内存空间,就直接重新定义一个新的数组空间,这样就会在内存中产生许多"碎片",从而增大了内存空间,形成了系统不稳定的因素。为了减小或避免产生这类问题,软件设计应保证在调用函数时,能够先向系统申请数组空间,再将元素添加到指定空间。

(3) 数据库系统具有数据实时备份的功能

在功能模块处理数据的过程中，有许多数据要求实时备份，需要用相应的程序完成这些数据备份的处理。若数据库系统本身带有数据实时备份的功能，各模块软件中相应处理程序就可以省去，从而减轻各模块程序负担，减小其占用的内存空间，提高程序稳定性。

3. 保证局域网工作可靠性的措施

(1) 关键设备的双机热备份

为了提高局域网工作的可靠性，除了保证系统软件的稳定性外，还应该对网络中关键的物理设备实行双机热备份，保证其中常用的一台(主机)出现软件故障时，备用的一台(备用机)可立即取代主机工作，这也是避免因计算机硬件出现损伤导致的操作系统停止工作的重要措施。对电器智能化局域网，双机热备份主要用于数据服务器和通信机这样的设备。当系统运行时，备用机不接入网络，但与主机之间始终保持通信联络，备用机一旦不能从主机取得回应信号，就立即自动接通与网络的连接，接替主机工作。

(2) 采用 Watchdog 复位功能

Watchdog 最早应用在单片机设计中，以提高现场设备工作程序抗现场环境干扰的能力。后来工控机中也采用 Watchdog，保证在某种原因导致系统停止运行或被挂起时，可重新启动计算机。在电器智能化局域网中，把工控机的 Watchdog 功能应用到完成不同功能的计算机上，只要在程序主线程(软件人机界面处理)中设置复位 Watchdog 寄存器的代码，当操作系统或应用软件出现工作异常时，就可以将系统重新启动。

本章小结

电器智能化网络从现场总线层的主-从式系统发展到现在的局域网、互联网，一方面反映了智能化电器设备应用领域的不断扩大，用户要求的设备和系统功能的不断增加，另一方面也是计算机网络技术、软件工程技术、数字通信技术不断发展的结果。作为一种新兴的、特殊的计算机通信网络，电器智能化网络设计虽然可以借鉴已有的通用计算机网络在结构设计、软件系统设计方面的基本方法，利用已有的软件开发环境，但也必须考虑到它在现场环境、系统功能方面的特殊性，在设计过程中把特殊性与通用性结合起来，才能得到好的效果。

智能变电站是构建智能电网的基础，IEC61850 是基于通用网络通信平台的变电站自动化系统的唯一国际标准，其具备面向对象、分层、分布等特点，符合 IEC61850 标准是变电站自动化系统的发展趋势。IEC61850 是适应未来网络技术发展的开放的体系结构，其功能特点也可用于设计其他类型的电器智能化网络时借鉴。

电器智能化网络的设计是多方面的，涉及从系统物理设备的配置到软件设计的许多相关知识。本章介绍的内容兼顾具有不同专业背景、不同设计经验的读者，仅对电器智能化网络设计相关的基础知识和基本方法做了比较概括的介绍，为从事电器智能化系统开发和应用智能化电器设备的读者，提供进一步深入学习相关知识的基础。

习题与思考题7

7.1　什么是电器智能化网络？它与计算机通信网络有何关系？有何区别？

7.2　什么是数字通信系统中的信号频带和信道频带？若要使信号在信道内不失真地传输，信号频带与信道频带之间应满足什么关系？

7.3　数字通信系统常用的数据编码方式有哪些？传输同步的方法有哪些？

7.4　数字通信系统常用的传输介质有哪几种？各有什么特点？

7.5　什么是局域网、广域网和互联网？它们之间的主要区别是什么？

7.6　什么是广域网的主机和子网？广域网主机之间的数据传输采用什么方式？有哪几种常用的拓扑结构？

7.7　什么是计算机网络的体系结构？协议分层的基本思想是什么？

7.8　什么是开放式系统？电器智能化网络为什么要设计成开放式系统？

7.9　什么是现场总线？现场总线有什么特点？电器智能化网络中常用哪几种现场总线？

7.10　IEC61850标准体系有哪些特点？与现有的电力通信标准相比，其优越性体现在哪些方面？

7.11　试参考IEC61850标准建立某种智能电子设备的简化数据模型。

7.12　试述电器智能化局域网的主要特点和基本结构形式。

7.13　电器智能化局域网的软件设计为什么必须采用层次化、模块化结构和面向对象的设计方法？

7.14　如何保证电器智能化局域网软件工作的可靠性和稳定性？

第8章 智能电器及其应用系统设计实例

智能电器是实现电器智能化的基础，已广泛地应用于电力系统自动化的各类低压配电系统智能化，有效地提高了电力系统运行的安全性、可靠性及电力用户的用电质量。在现代工业设备运行的监控、保护及分布式管理方面，智能电器也有着广阔的应用前景。为了使本书读者在学习前面各章的基础上，进一步了解智能电器和电器智能化网络的设计过程，本章以低压塑壳式断路器的智能脱扣器、电能质量在线监测器、基于专用集成电路的智能电器监控器和变电站综合自动化系统4个具体实例，说明智能电器及其应用系统的设计和开发过程。

8.1 低压塑壳式断路器的智能脱扣器设计

低压塑壳式断路器是一种重要的开关电器，用于低压配电网及各种工业和民用用电设备的控制和保护。为了适应各种不同的应用场合，断路器通常应具有不同的保护功能，每种功能的动作特性应能在现场就地设置。传统低压断路器完成这些功能需要不同的脱扣器配置，并在其二次电路中使用相应功能的继电器，所以二次控制电路元件多、体积大、可靠性较差、维护工作量较大，无法实现被监控和保护对象的分布式管理。

智能断路器是断路器本体与智能脱扣器的集成，可配置被监控和保护对象需要的各种保护功能及每种功能的不同保护动作特性，操作人员根据现场工作要求，可以方便地通过人机交互面板进行设置，还可以与应用系统中的其他智能电器组成分布式通信网络，接受后台管理系统的监控和管理，实现真正的分布式监控和管理。这些功能都是由智能脱扣器根据对现场参量的处理结果自动完成的，因此智能脱扣器实际就是智能断路器的监控器，其设计是智能低压断路器的核心。

在本书第2章中已经说明，不同的应用场合，低压断路器的保护功能配置不同，但必须具有电流保护功能。电流保护包括过载保护和短路保护。过载保护的动作特性是反时限的，动作时间与过载电流超过额定工作电流倍数的平方成反比，短路保护的动作特性是瞬时的。根据不同的被保护对象要求，电流保护动作特性又有两段式和三段式之分，两段式只包含过载反时限和瞬动保护，三段式则包括过载反时限、定时限和瞬动三种保护。通常同一电流规格的低压断路器可用于不同额定电流的被保护对象，因此要求智能脱扣器能够根据现场设置自动选择电流保护的动作阈值。

本节以一个智能低压塑壳式断路器的脱扣器为例，说明智能电器监控器的基本设计过程。

8.1.1 智能脱扣器的基本功能和设计要求

本例中设计的智能脱扣器可与额定电压为交流220V/380V、多种电流规格的小型塑壳断路器配合，只要求电流保护和简单的人机交互功能。

(1) 电流保护功能

保护功能要求满足过载长延时、短路短延时、短路瞬时三段式电流保护特性（参见

图 8.1)。过载长延时是指当断路器通过的电流超过整定的电流值时,延时动作时间与通过的电流值有关,电流值越大,动作时间越短。短路短延时是指当电流超过整定的短延时电流时,为了提供保护的上下级配合,经一段预定延时后发出脱扣动作指令,切断短路电流。它一般分为两个阶段:一是反时限,另一个是定时限。短路瞬时指当短路电流比较大,达到瞬时脱扣阈值时,脱扣器无人为延时而立即动作。长延时的保护精度要求为±10%。

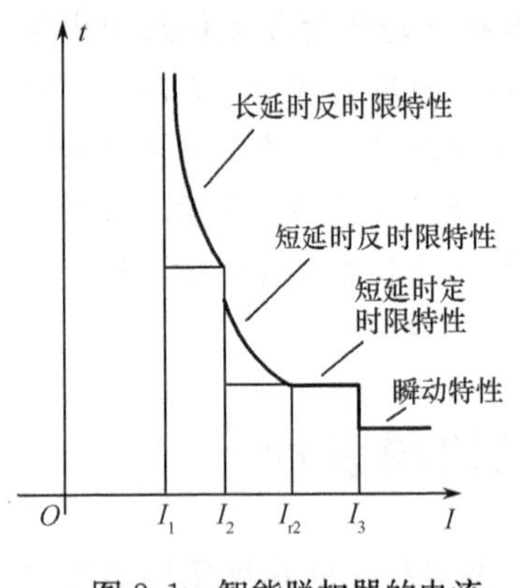

图 8.1 智能脱扣器的电流保护特性曲线

图 8.1 中,I_1、I_2、I_{r2}、I_3 分别是长延时反时限保护、短延时反时限保护、定时限保护和瞬动保护的各自整定电流门槛。当电流 $I<I_1$ 时,将不进行电流保护;当 $I_1<I<I_2$ 时,将进入长延时反时限电流保护;当 $I_2<I<I_{r2}$ 时,将进入短延时反时限电流保护;当 $I_{r2}<I<I_3$ 时,将进入短延时定时限电流保护;当 $I>I_3$ 时,将进入瞬动电流保护。

脱扣器应具有热记忆功能。如果脱扣器判断出有过载长延时、短延时等故障并发出了延时指令,但在未达到脱扣能量时又判断出故障已消失,则应根据被监控对象的实际工作环境和散热条件,经过适当时间后清除热记忆。

(2) 人机交互功能

通过操作和显示面板,操作人员可根据被监控和保护对象要求现场选择电流保护特性,指示保护对象的工作状态。由于断路器为操作面板提供的安装面积、脱扣器本身的电源负载能力及成本等因素,这种脱扣器的人机交互功能一般都用 PID 开关或拨码开关完成现场设置,通过发光二极管指示当前选择的脱扣器保护特性、脱扣器工作是否正常及故障时的故障类型。

(3) 脱扣器工作电源要求

一般塑壳断路器的智能脱扣器电源模块都采用电流互感器作为交流供电电源。本例设计的脱扣器需要两种直流电源,+5V 为脱扣器中央处理与控制模块和人机交互模块电路供电,+12V 为断路器脱扣的磁通变换器提供能量,并作为+5V 电源的输入。

为实现上述功能,智能脱扣器需要从一次断路器配置的电流互感器采样被监控和保护对象的工作电流,并将其转换为处理器件可以接收和处理的数字量。处理器件采用合适的算法对采样结果进行处理后,根据处理结果和现场或后台管理系统发来的指令,完成对一次断路器的操作控制并显示工作状态(本例中的设计对象无通信功能)。这些工作需要硬件和软件两方面的合理设计才能实现。

8.1.2 智能脱扣器的硬件设计

根据以上对智能脱扣器工作的描述,本例中设计的智能脱扣器硬件应包括电流信号检测调理模块、中央处理与控制模块、人机交互模块、输出驱动模块和电源模块。图 8.2 所示为其总体结构图。

以下简述各功能模块的设计原理和主要器件的选择。

如前所述,在本例的设计中,断路器一次电路中的电流互感器输出智能脱扣器需要检测的现场电流信号,同时还为脱扣器硬件电路提供工作电源。为了保证所设计的智能脱扣器与不同电流等级的断路器集成时不改变其硬件设计,要求对不同额定电流等级的断路器配置一次

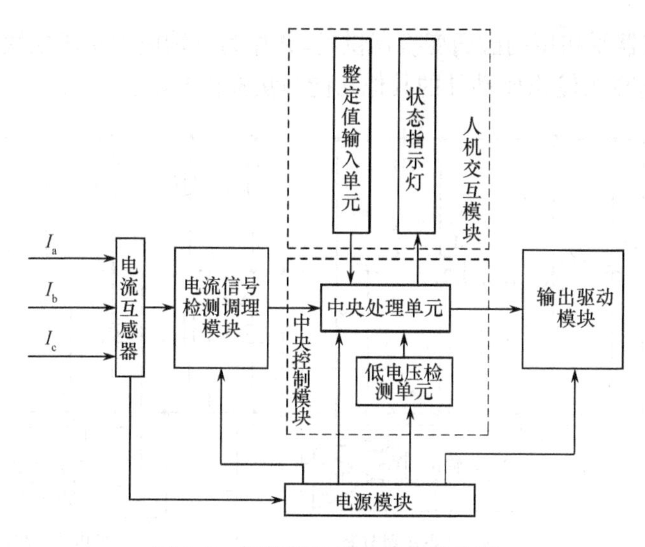

图 8.2　智能脱扣器的总体结构图

电流互感器时，其二次输出特性和输出电流必须相同。本设计中，各种电流等级的断路器在一次电路为额定工作状态时，电流互感器的二次输出电流都是 60mA，这样可同时满足脱扣器工作电源能量的需要。

(1) 电流信号检测调理模块

电流信号检测调理模块包括信号调理电路和采样环节。信号调理电路把电流互感器的二次输出电流变为与采样环节模拟输入端兼容的电压信号，由采样电阻、阻容滤波电路和比例放大器等环节组成。来自互感器二次的电流信号通过桥式整流和采样电阻，变换成极性为负的单极性电压信号，再经阻容滤波和反向比例放大，输出与采样环节中 A/D 转换器模拟量输入端兼容的正极性电压信号。图 8.3 所示为电流信号调理电路原理图。

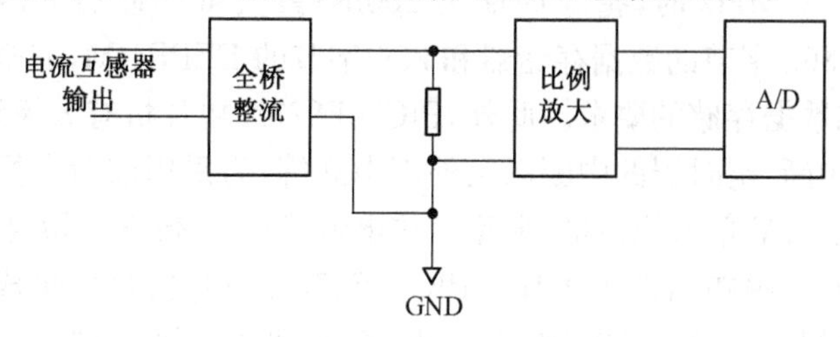

图 8.3　电流信号调理模块的电路原理图

为简化脱扣器硬件设计，采样环节采用中央处理与控制模块选用的处理器内置器件，其 A/D 转换器模拟量输入电压幅值为单极性＋5V。因此，采样电阻和比例放大器参数的选择，必须保证在一次电路发生短路故障时，输入 A/D 转换器的电压不超过＋5V。

(2) 电源模块

由前述可知，本例设计的智能脱扣器供电电源的能量直接取自一次电路中的电流互感器，脱扣器电源模块需要提供＋5V 和＋12V 两种电源，电源模块的原理框图如图 8.4 所示。可以看出，电源主电路包括一个二极管三相桥式整流器、一个 Boost 结构的 DC-DC 变换器和一个三端模拟稳压模块 7805。DC-DC 变换器由电力开关电子器件 MOSFET、二极管 VD 和储能电容 C_2 组成。＋12V 电压调节器输出的 PWM 信号控制 MOSFET 的导通占空比，保证输出

+12V 电压，为断路器脱扣用的磁通变换器供电，并作为三端模拟稳压模块 7805 的输入电压。7805 输出的+5V 电压为输出驱动外的其他功能模块提供电源。

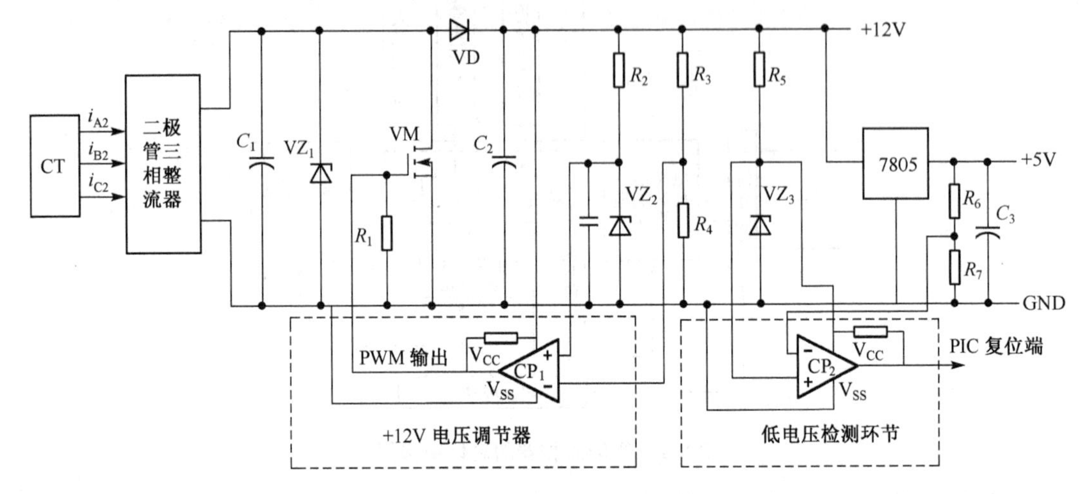

图 8.4　电源模块的原理框图

(3) 中央处理控制模块

中央处理控制模块是脱扣器完成数据处理、控制与保护及其他功能的核心，其电路结构设计和处理器件的选择是脱扣器硬件设计的关键。

由于本例中设计的塑壳断路器体积小，成本低，主要功能是满足多种动作阈值的三段式保护功能和人机交互功能。考虑到脱扣器没有精确的测量功能，数据处理工作量较小，保护精度也不高，但成本要求低，所以中央处理与控制模块选择单处理器单芯片结构，处理器件选用了 Microchip 公司的 PIC16F877A 增强型 Flash 微控制器。PIC16F877A 是一种嵌入式 8 位 MCU，在时钟频率为 20MHz 时，指令周期为 200ns；最大可寻址的 Flash 程序存储空间为 8KB×14 字节，还有 368 字节的数据存储器和 256 字节的 EEPROM，完全可以满足本例设计的脱扣器程序代码和数据存储的要求。此外，PIC16F877A 单片机有 8 级硬件堆栈，14 个中断源，包括外围功能的中断、定时器的中断以及外部中断等，为采用前后台操作模式设计程序提供了良好的硬件环境。5V 单电压供电，典型工作电流值小于 2mA，不需要电源模块从一次电路互感器吸取很多能量，脱扣器即可工作。PIC16F877A 单片机片内集成了 10 位 A/D 转换器，共有 8 个 A/D 模拟输入通道，转换时间小于 30μs，可以保证对被监测的脱扣器电流信号通道数及处理速度与精度的要求。

PIC16F877A 具有的这些性能，使其能够在不增加复杂外围电路的条件下，完全满足所设计的智能脱扣器的功能要求。

当主回路通电后，断路器一次电流互感器的输出电流对 Boost 电路中的储能电容充电，并建立脱扣器所需的两组工作电压。由于 7805 模块的输出电压要达到稳定的+5V，其输入端即 DC-DC 变换器输出电压必须大于 8V，而 7805 在小于 8V 的某一输入电压范围内已经开始输出电压，使作为其负载的脱扣器硬件电路工作并消耗能量。因此当电流互感器输出电流较小时，Boost 电路中的储能电容 C_2 充电电压达到一定值后，电压不能继续上升，DC-DC 变换器的输出电压将达不到 7805 稳定工作需要的电压，PIC 单片机和其他电路元件将不能获得稳定工作要求的电压。根据 PIC 的工作特性可知，当电源电压达到 4V 后单片机就可以开始工作，但在电压低于 4.8V 时，其工作状态是不稳定的，这将会造成脱扣器电路的工作紊乱。此外，即使电流互感器输出电流足够大，在电源电压建立的过程中，7805 输出电压也会有一个逐渐建立的过程，在电压没有达到 4.8V 以前，脱扣器电路的工作同样可能出现不正常。为此设计了一个低电压检测电路，保证 PIC 单片机在电源电压小于 4.8V 时始终处于复位状态。

由图 8.4 可以看出，低电压检测环节由电压比较器 CP_2 构成。其同相输入端输入比较基准电压，接在 DC-DC 变换器输出端的电阻 R_2 与稳压管 VZ_2 之间，反相输入端信号取自 7805 输出端 R_6 和 R_7 组成的分压器，输出端接至 PIC 单片机的复位端。VZ_2 电压值的选取，应等于 7805 输出为 4.8V 时 R_7 上的电压，R_6、R_7 的电阻值则应保证 7805 输出电压能稳定在 +5V。这样，在电压建立过程中只要 7805 输出电压低于 4.8V，比较器输出为高电平，PIC 单片机始终处于复位状态。随着电源模块输出电压逐渐升高，当 7805 输出电压达到 4.8V 后，比较器输出将从高电平变为低电平，使 PIC 从复位状态进入工作状态。

(4) 输出驱动模块

输出驱动电路的原理图如图 8.5 所示，驱动执行元件为 MOSFET。本例中，塑壳断路器的脱扣操作部件是磁通变换器，其供电电压为 +12V。当智能脱扣器接收现场操作人员输入的分断操作指令，或者根据电流处理结果判断有故障发生时，PIC16F877A 即由其输出端口输出分闸操作信号，使 MOSFET 的工作状态由关断变为导通，磁通变换器线圈通电，带动顶杆运动，完成断路器的分断脱扣操作。

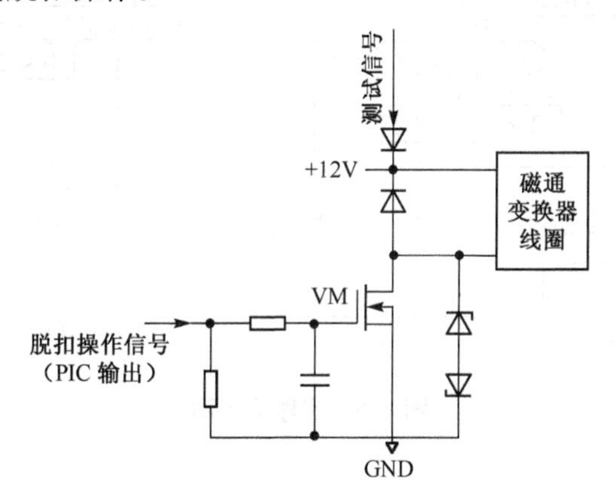

图 8.5 驱动模块电路原理图

(5) 人机交互模块

考虑到设计对象为小型低压塑壳断路器，为智能脱扣器提供的安装空间很小，断路器本身的成本也很低，完成的功能又比较简单，因此人机交互面板只配置保护动作阈值的整定输入和脱扣器工作状态指示。保护动作阈值整定输入采用拨码开关，其编码形式为“8、4、2、1”编制，可以表示从 0～9 的数字，对应为不同的动作电流倍数和动作时间。拨码开关需要通过图 5.18(a)电路与 PIC16F877A 的在片 I/O 端口连接。智能脱扣器工作状态指示采用 3 个 LED，分别指示智能脱扣器的正常工作状态、过载长延时和短路短延时故障预警状态。LED 通过图 5.19 所示电路，分别与单片机的 3 个 I/O 端口连接。所有故障进行脱扣操作后，脱扣器因断路器分断失去电源，不再工作，不需要设置相应指示。

8.1.3 智能脱扣器的程序设计

对本例中的智能脱扣器而言，所有功能都是通过 PIC16F877A 执行程序来实现的。由于数据处理量少，功能也比较简单，所以软件采用了前后台操作的模块化设计模式，程序主要的功能模块包括初始化模块、采样定时中断处理模块、采样值处理模块、故障处理模块。程序流程图如图 8.6 所示。

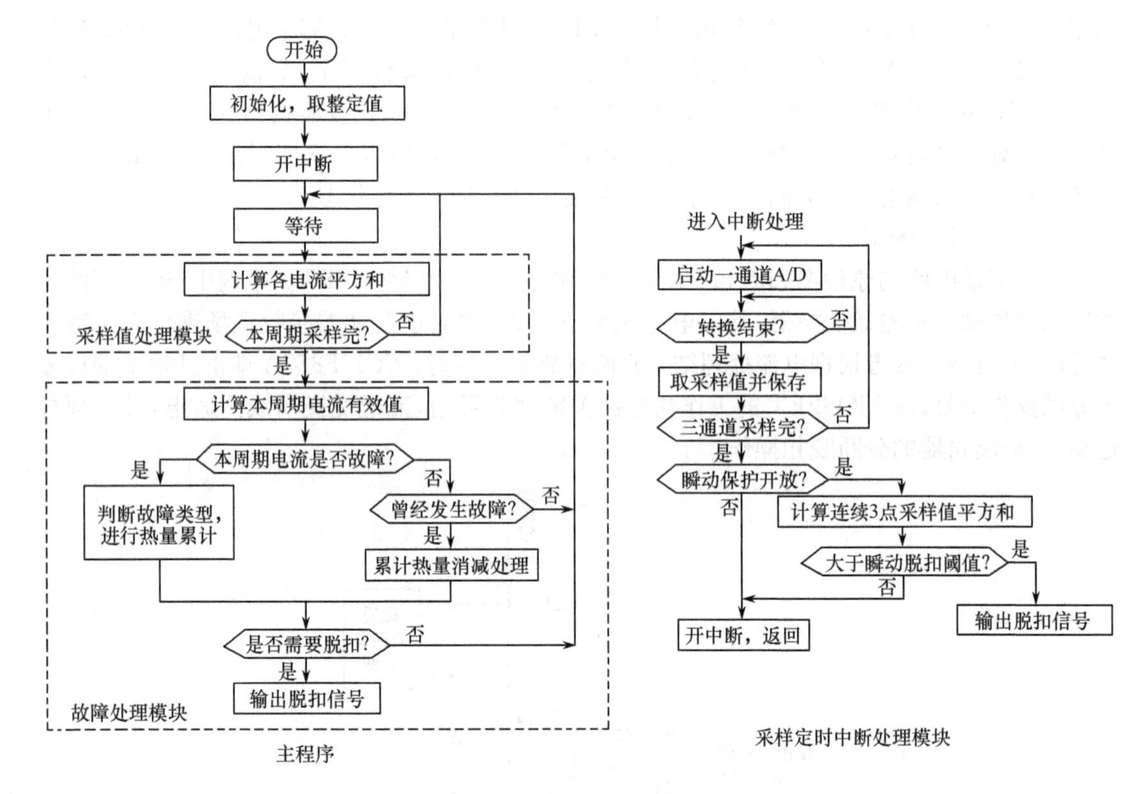

图 8.6 程序流程图

(1) 初始化模块

初始化模块完成对整个硬件系统的初始化工作，包括对 PIC 单片机各输入/输出端口的配置和定时器工作的设置。本例中定时器用于启动采样程序，要求可中断，定时时间预置值由一个电流周期中的采样点数确定。

由于本例设计的智能脱扣不具有测量功能，而设计要求瞬动脱扣必须在半个周波内完成，因此采样点选择主要根据瞬动保护的要求。设计中，瞬动保护采用三点窗口移动算法。考虑到断路器本身的动作固有延迟，每个周波至少需要采样 16 个点，这样才能保证 1/4 周波采样 4 个点，能够有足够的采样点数保证瞬动保护算法的精度。为了提高瞬动保护的速度和精度，并考虑到 PIC 单片机的工作速度，设计中选择每个周波采样 32 个点。

(2) 采样定时中断处理模块

该模块的中断源是 PIC 单片机的定时器，完成电流采样、采样值存储和瞬动保护功能。瞬动保护采用三点的窗口移动法，如果瞬动保护功能开放，则每次采样完成后，程序计算当前采样点和前两个采样点电流采样值的平方和，结果与瞬动保护的整定值比较。如果计算结果大于整定值，则说明线路发生了短路，单片机发出脱扣指令；否则退出中断程序，等待下一次定时中断的到来。

(3) 采样值处理模块

采样结果处理模块主要功能是计算并存储一个电源周期中各采样点值的平方，为故障判断与处理程序模块提供需要的数据。由于过载长延时和短路短延时故障处理需要计算电流在一个周期中的平方和。为了提高处理速度，在保证精度的条件下，每个周波 32 点采样完成后，每间隔一点取采样结果计算其平方值，并存储到指定的内存缓存区。因此，过载长延时和短路短延时故障处理时，每相电流每周期只对 16 个采样点值的平方求和，从而提高了处理速度。

(4) 故障处理模块

故障判断处理模块的功能是完成过载长延时和短路短延时故障处理，采用累计热效应的处理方法。

由于所设计的智能脱扣器要与不同电流等级的断路器集成，用于不同的各种现场，因此必须在其中央处理与控制模块的 ROM 中，存入适应不同现场要求的保护特性。实际断路器应该配置的电流保护特性，将由现场操作人员根据工作要求，通过拨码开关来设置。为此，程序需要设置相应的标志位。根据这些标志位，程序从预先存储的保护特性曲线中选择对应的曲线，并按选定曲线对电流采样值进行处理，从而满足现场工作的要求。

根据累计热效应算法，程序检测到短延时定时限的短路电流，直接根据当前监测周期的能量值进行判断；检测到反时限电流时，将上一周期结束后计算的能量与当前周期的能量值相加再进行判断，如果计算结果超过相应的整定值则发出脱扣指令，否则存储能量数值。如果本次循环没有检测到故障电流，但是曾经有故障发生，且故障持续时间不满足断路器动作的时间要求，就需要对暂存的能量值进行消减处理，当消减到很小的数值时，可认为检测到故障为暂时性的，应将对应的能量暂存区清零，同时清除曾经的故障标志。

8.2 电能质量在线监测器

随着工业化进程的高速发展，越来越多的大功率、超大功率非线性负载和各类不同功率的电子设备投入使用，造成电力系统的严重污染，也影响到电力用户的用电质量和用电安全。电力部门为了更加严格、有效地监管和治理各种大功率工业负载、非线性负载和电子设备对电力系统造成的各类污染，为电力用户提供高质量、高可靠性的供电服务。近年来，配电网中的电能质量在线监测受到越来越多的关注，也成为智能电器研究的一个新课题。

8.2.1 电能质量在线监测器的设计要求

1. 基本功能

根据有关电能质量的概念，电能质量在线监测器应当具有如下功能。

(1) 三相电压、电流的实时监测。根据对电压、电流信号采样的结果，实时计算电压、电流的有效值、三相电压、电流的不平衡度、有功功率、无功功率、视在功率、频率、功率因数，并进行稳态的谐波分析。

(2) 实现事件记录、故障报警和故障波形跟踪记忆的功能。

(3) 分析监测结果,提取电能质量评估信息,为用户提供决策。

(4) 具有开关量输入/输出能力,可以实现各种开关控制功能。

(5) 通过通信网络传送监测到的工作现场电能质量信息,向更高层的企业信息分析和管理系统提供服务。

(6) 就地实时显示监测和分析结果,以便现场操作人员及时了解电网的运行状况,在出现异常时能迅速作出决策。

2. 监测器的技术要求

为实现电能质量的在线监测,监测器对被监测量的处理必须有足够的精度和速度,同时还应保证在电网运行环境下可靠工作。就本例而言,监测器的主要技术要求如下:

(1) 为满足实时性需求,必须具备高速的运行速度;

(2) 为了支持大计算量和复杂算法,必须具备较强大的数字信号处理能力;

(3) 装置功能覆盖了从底层任务执行到高层应用,需要足够的硬件资源;

(4) 具备远程通信能力;

(5) 为了实现人机交互,还应该具有键盘输入和信息显示能力。

电能质量监测设备是用于现场一级的设备,用于电力系统的现场设备首先要能抗外界电磁干扰,同时也要限制自身对外界产生的电磁干扰。因此电磁兼容性设计也是装置设计的一个要点,另外一个不可忽视的问题就是成本问题。

8.2.2 电能质量在线监测器的硬件设计

根据设计目标要求的功能和技术参数,在设计监测器硬件电路时,电路结构和主要元件的选择应当满足测量精度、完成各种处理的速度、显示操作的基本配置、输出端口的驱动能力和EMC等要求。

1. 监测器硬件的结构设计

硬件的整体结构采用按功能划分模块,各模块相对独立的设计原则。按照被测电压、电流从输入、被处理并根据处理结果实现显示、操作、数据通信等功能的流程,监测器硬件分为模拟量输入通道、数据处理与控制、开关量输出、人机交互(含液晶显示与键盘)、通信和电源6个模块。硬件整体结构如图8.7所示。

可以看出,所设计的监测器硬件实际上是一个以TMS320LF2407A DSP为核心的嵌入式系统。TMS320LF2407A和RAM、晶振、3.3V供电系统组成DSP最小系统,构成了监测器的数据处理与控制模块,是完成监测器各项功能的核心。通信模块选用支持RS-422的接口芯片MAX491,与DSP在片串行通信接口相连,实现与后台管理系统间的通信。串行EEPROM 24C16通过在片I/O端口与DSP连接,存储修正参数和记录故障波形。人机交互模块包括键盘、LCD,经在片I/O端口接到DSP。开关量输出模块接收由TMS320LF2407A通过在片输出口发出的操作指令。为保证数据处理的精度,模拟量输入通道设计为外置采样环节的结构,A/D转换器选用MAX125,由DSP定时触发启动数据采集,通过TMS320LF2407A的外部总线接口读取转换结果。

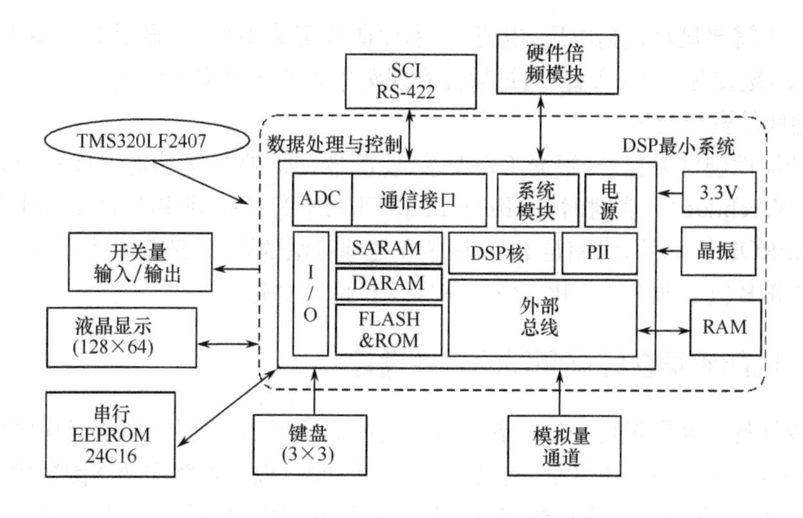

图 8.7　电能质量监测器硬件整体结构图

2. 各模块的功能和设计

下面分别叙述各模块的功能、电路设计方案和主要元件的选择。

(1) 数据处理与控制模块

用于完成对各种模拟量的采集控制、计算、显示和通信等功能，是电能质量监测器的核心，它实质上是一个最小微机系统。由于电能质量监控器对运算速度要求较高，处理器件选用高速数字信号处理器 TMS320LF2407A。

(2) 模拟量输入通道

实现电能质量监测器的电压和电流信号的采集功能，考虑到支持三相四线制或者三相三线制的母线，加之还可能需要测量到中线电压、中线电流，以及接地保护电流，因此需选择具有 8 路以上模拟通道的 A/D 转换器。这里选择了 MAX125 8 路 14 位 A/D 转换器，完成数据采集功能。

(3) 开关量输入/输出模块

装置除了监测电压电流信号外，还要监测各种开关信号，比如断路器的开断状态，以便了解低压配电系统的运行状况。除此之外，有的电力系统要求电能计量功能，也就是通过脉冲输入计量电能，这也是通过开关量输入通道来完成的。为方便应用中遇到的一些开关控制，装置要具有继电器驱动输出功能。这要求装置具备多路开关量输入/输出通道，这里主要通过 DSP 的 I/O 来实现。

(4) 通信模块

电能质量监测器要能服务于更高层的企业信息分析和管理系统，需要配置通信模块，与相应的网络连接，为这些系统提供必要的数据。本例设计的监测器用于配电系统，要求具备 RS-422接口，通信协议暂时采用自定义协议。

(5) 人机交互模块

人机交互是装置设计中的重要部分，装置的管理、测量分析结果、报警和事件记录的显示都要通过人机交互来完成。功能强大、操作简单的人机交互模式也是智能电器发展的一项基本要求。由于需要显示包括电压、电流、功率和谐波等诸多信息，显示器采用 128×64 的图形点阵式 LCD，键盘为 3×3 布置，通过软件实现菜单式的人机交互模式。

(6) 其他硬件资源配置

除上述功能性硬件配置外，根据工作要求，监测器还需要配置其他硬件资源，其中包括系统监控复位（Watchdog）、实时时钟（Real-Time Clock，RTC）、非易失性 RAM 或可在线读/写的串行 EEPROM。此外，为满足 DSP 程序和处理算法的要求，还需要为程序代码和数据分别配置 32×16KB 以上的 ROM 和 32×16KB 以上的 RAM。

8.2.3 电能质量在线监测器的软件设计

本例中设计的电能质量监测器需要在每个电源周期对三相电压、电流及中线电压、电流采样 64 次，并完成电压和电流有效值、有功功率、无功功率、视在功率和功率因数的测量、稳态谐波分析等处理功能，还需对操作控制指令、显示、通信和事件记录等请求作出及时响应，处理器处理的工作量大，实时性要求又高，采用前后台操作的模块化编程模式很难完成软件的开发。因此本例选择了嵌入式系统软件的设计模式，即基于实时多任务操作系统的设计思想进行软件开发。根据对任务处理的分析，确定采用占先式任务调度机制的实时任务操作系统。当前嵌入式系统开发商已提供了多种可供直接应用的商用实时任务操作系统，考虑到本例中监测器的硬件配置、使用的处理器性能及设计成本等因素，选择源代码开放的 μC/OS-Ⅱ作为电能质量监测器软件的开发和运行平台。

1. 实时多任务操作系统的设计

μC/OS-Ⅱ的 RTOS 内核在综合性能上接近 VxWorks 的 Wind 内核，具有实时性好、可靠性高、功能完备、可维护性好等优点，而且其源代码开放，可以免费使用。但是直接作为本例中设计的电能质量监测器软件的运行平台，还需要根据监测器中处理器的性能和硬件资源，对其内核进行裁减和移植。

(1) 裁减

裁减的目的是在满足功能要求的前提下，减少 μC/OS-Ⅱ占用的 CPU 和存储资源。裁减包括 3 方面的内容。

① 删除 μC/OS-Ⅱ源码中监测器不用的变量和函数，以及相关函数中不使用的语句。

② 减少任务切换的状态数目。本例中删除了任务的“休眠”状态，使任务只在运行、挂起、就绪和中断状态间切换，以便更加有效地使用其占用的硬件资源。

③ 减少 μC/OS-Ⅱ的程序、数据和堆栈占用的内存空间，将其可调度的任务数压缩到 16 个，以便节省 μC/OS-Ⅱ自身运行时占用的硬件资源。

裁减后的 μC/OS-Ⅱ代码只占用 2.6KB 的 ROM 空间，运行时占用的 CPU 资源减少了 30%，不但保证了所设计的监测器硬件资源能支持由 μC/OS-Ⅱ调度的软件可靠运行，满足装置的功能需求，而且大幅提高了整个装置的实时性。

(2) 移植

所谓移植，就是使 μC/OS-Ⅱ的实时内核能在某个微处理器或微控制器上运行。为了方便移植，μC/OS-Ⅱ的大部分代码用 C 语言编写，但读/写处理器寄存器和堆栈操作的代码只能用汇编语言编写，所以那些与处理器相关的代码需要用C语言和汇编语言混合编写。这样，移植时只要对代码中涉及具体硬件的部分稍做修改，就可将 μC/OS-Ⅱ用于选定的处理器。

本例中的电能质量监测器选用了 DSP TMS320LF2407 芯片，它能够支持定时中断，支持C语言、C语言和汇编语言混合编程，有将堆栈指针和其他寄存器读出和存储到堆栈或内存中的指令，具有移植的条件。TI公司的C语言编译器 CC2000 支持产生可重入代码，并且可在C语言中嵌入开/关中断命令，可以进行代码移植。

2. 任务的划分与优先级的确定

任务是 RTOS 调度的单位。在应用 RTOS 作为操作平台的软件中，必须按软件完成的功能将程序划分为相应的模块，每个功能模块作为一个任务。任务的划分应在保证完成电能质量监测器各项功能要求的前提下，方便操作系统的调度，并能使重要任务得到及时响应。在本例的软件设计中，根据程序实现的功能划分了8个任务，如表8.1所示。

表8.1　任务的具体划分

任务	优先级	执行方式	功能
采样	中断启动	定时器中断，每周期采样64个点，0.3125ms	原始数据采集，数据预处理
采样值计算	1	每20ms由采样任务触发一次	各种电量的有效值计算以及除谐波分析之外的电能质量分析
谐波分析	2	每500ms由有效值计算任务触发一次	进行电能质量的谐波分析
显示	中断启动	每隔2.5s执行一次，周期性任务	各种计算和分析结果的显示
按键处理	4	每隔50ms扫描一次按键，判断是否有键按下，如有则启动按键处理任务	操作人员输入操作指令，以便切换显示设定，调整系统参数
存储记忆	5	每隔1s执行一次，周期性任务	存储电能质量事件
通信任务	中断启动	通信中断触发，非周期性任务	接收来自上位机的指令和数据
通信处理	任务触发	由操作系统触发，非周期性任务	接收数据/发送数据

采样任务完成对8路模拟电量信号的采样。对被测电量的采样结果是电能质量监测器完成要求功能的基础，为包括实时在线监测、显示监测结果、分析电能质量、判断并处理故障、向智能化监控网络后台管理系统传送数据等功能提供需要的数据。因此，采样任务的实时性必须得到保证，其优先级确定为最高。本例中，监测器的采样周期为0.3125ms，采样任务由DSP内部定时器定时中断启动，不能被其他任何任务嵌套。

在通信任务中，DSP根据接收的信息接收管理系统下发的所有数据，并在接收完成后启动通信处理任务。

通信处理任务对接收的数据根据通信协议规定，进行分类处理。如果遇到需要上传数据的命令，根据要求将需要上传的数据整理好，并将之上传。

被监测对象运行时的各种电量计算及电能质量的分析是电能质量监测器的基本功能，在任何时候都要保证优先执行，但可以被中断启动的任务中断。

谐波分析的计算任务执行时间较长，但依据国家标准，其任务周期为500ms，因此执行周期较长，优先级可以比有效值任务低。

显示任务完成各种计算和分析结果的就地显示，是面向用户的处理任务。所设计的电能质量监测器显示的内容较多，采用定时刷新的方式轮流显示。和处理器的执行的速度比较而言，显示刷新速度不能过快，否则屏幕会显得闪烁，可以定为2.5s作为执行周期，只要在这个周期内完成相应的显示数据处理，在显示内容更新时间到后，即可对LCD显示器的屏幕进行刷新。因此显示任务可以作为低优先级别的任务。

键盘任务处理键盘操作，键盘任务的响应延迟只要不超过一定的时间，不会影响使用，因此优先级相对较低。键盘任务由按键引发，根据按键的不同完成相应的功能。

另外，记忆存储任务是定期检查电能质量事件，一旦发生电能质量事件可将记录事件特征的数据放在一个缓冲区里，然后记忆存储任务定时监测该缓冲区，一旦有电能事件的累计，就将其写入带有掉电保护功能的RAM或EEPROM中，以电能质量事件发生的概率和间隔而言，相对于其他任务是一种不确定的、没有严格实时要求的任务，因此，可以将该任务定为优先级最低的任务。

3. 软件整体结构

本例中的电能质量监测器软件由各种任务程序、μC/OS-Ⅱ系统程序和硬件驱动程序组成，其中μC/OS-Ⅱ系统程序需要经过前面所说的裁减和移植作为整个软件的运行平台，其他程序根据需要编写。程序运行首先进入主函数，在主函数中完成装置的软硬件模块的配置和初始化工作，然后启动RTOS——μC/OS-Ⅱ。OS启动后接管整个系统的资源，并且负责所有的任务和中断的调度与管理。图8.8至图8.10所示分别为软件系统的结构图、整体流程图、主函数的程序流程图，有效值计算任务的程序流程图如图8.11所示。在这个计算任务中，由于电压电流的平方和、电流、电压采样值乘积和等运算已经在逐次采样中完成，因此程序的运算量比较小，可以保证任务迅速处理完毕。根据电能质量监测标准，有关指标的分析数据则来自指定时间内存储的电压、电力有效值和电源周期记录。

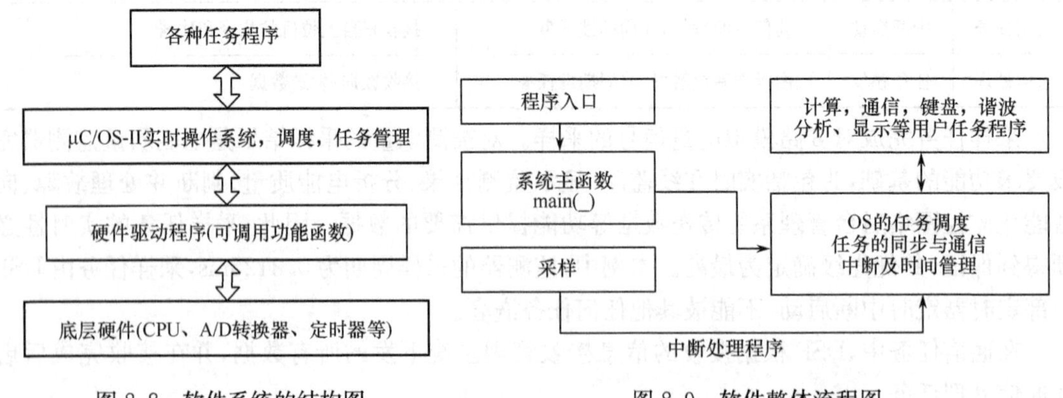

图8.8　软件系统的结构图

图8.9　软件整体流程图

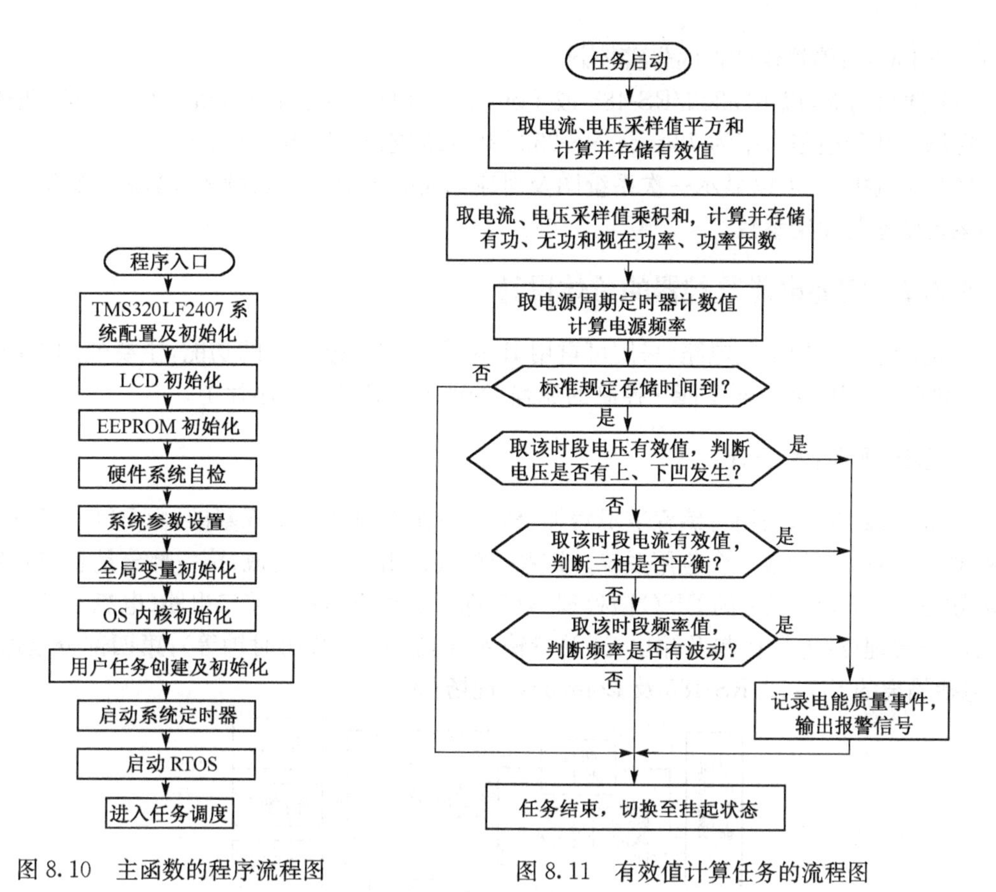

图 8.10 主函数的程序流程图

图 8.11 有效值计算任务的流程图

8.3 基于专用集成电路的智能电器监控器

智能电器监控器是智能电器完成各种功能的基础，随着微电子技术、超大规模集成电路技术和计算机通信技术的发展，以专用集成电路为核心，所有的数字处理功能全部通过硬件实现，可以高速处理实时数据的智能电器监控器成为新的发展方向。

8.3.1 智能电器监控器的设计要求

根据常见的 35kV 及以下线路保护的基本要求，确定所设计的基于专用集成电路的线路保护型智能监控器的功能和性能指标如下：

(1) 计量功能：计量三相电流、电压、电源频率等参数。其中，电流和电压在测量范围内准确度误差不超过±0.2%；频率测量准确度误差不超过±0.02Hz；计量并显示任意指定通道的 16 次以内谐波值，16 次以内谐波测量准确度误差不超过±1%。

(2) 保护功能：实现速断、限时速断、过电流、过负荷、低周减载、零序电流、零序电压等保护。其动作值误差不超过±2%；低周减载保护中频率误差不超过±0.01Hz，低压闭锁电压在整定范围内动作值误差不超过±1%。

(3) 控制功能：可以实现通过就地控制和遥控完成断路器的分、合操作以及系统参数的设置功能；能实现重合闸(带后加速跳闸)控制，重合闸延时时间整定范围内的平均误差不超过

±(1%+30ms)；能提供就地的告警控制。

(4) 通信功能：以 RS-232/RS-485 或 Lonworks 现场总线与上位机通信，实现“四遥”功能。现场总线的通信速率为 78kbps，RS-232/RS-485 支持 4800bps、9600bps 速率。

(5) 人机接口：可以显示一次系统图及对应的实时电流、电压、频率、功率等参数；显示系统的运行状态与设定参数。

8.3.2 智能电器监控器的总体设计

本设计基于专用集成电路，采用可重用 IP 来实现智能监控器的功能，主要使用专门设计的 IP 和第三方 IP，将电器智能化控制的流程、处理映射到系统级芯片中。

1. 系统硬件平台设计

如图 8.12 所示，采用可编程逻辑器件(FPGA)作为硬件的实现基础，由 FPGA 和其他一些外围的电路共同构成一个应用系统。该系统的硬件由 4 部分构成：第一部分是系统芯片；第二部分是一个 Flash 工艺的 RISC 微处理；第三部分是相应的外围接口电路(电流、电压互感器及其信号调理；继电器控制及输出；开关量输入；键盘显示；日历时钟等)；第四部分是通信接口，包括隔离的 RS-232、RS-485 及 Lonworks 现场总线。

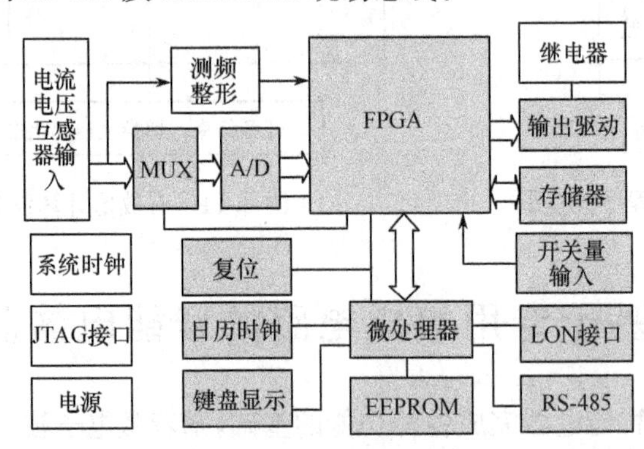

图 8.12 基于 FPGA 的智能监控器硬件平台框图

在该系统中，系统芯片的载体为 FPGA，由于可编程逻辑器件具有较强的灵活性和可再次编程的能力，可以满足设计中不断需要修改的 IP 连接与集成，系统设计的验证非常方便。该部分硬件独立设计为一块电路板。以插针的形式与主电路板连接，这种连接方式有利于更新可编程逻辑器件，用不同的器件完成系统设计到硬件的映射，而无须改动主板和外围电路。电路板上设计有对应的电源、运行显示，并留有配置和测试的接口。

设计中采用了低功耗的 MSP430 系列处理器和系统直接连接，主要用于完成显示、通信协议的处理以及与系统芯片的数据交换。该处理器是工业级 16 位 RISC 结构的 MCU、微功耗设计、ESD 保护，抗干扰能力强。该处理器的接口分为 3 个部分，一部分与面板的键盘和液晶显示连接，一部分为与 Lonworks 现场总线的并行接口，一部分为与可编程逻辑器件之间的并行接口。处理器负责键盘的读取，图形液晶显示的驱动以及 RS-232 通信的控制与协议转换、Lonworks 现场总线与系统芯片数据交换。

电压、电流互感器和开关量输入/输出隔离部分被设计到另外一个电路板，与主控板之间通过扁平电缆连接；用于存储系统设计参数的 EEPROM 和日历时钟芯片通过 I^2C 与系统芯片和 MSP430 微处理器连接；系统采用 3×3 的键盘和 320×240 像素的图形液晶。此外，还设计有下载电缆的接口。

RS-232/RS-485 接口采用光电隔离实现通信系统与主系统的隔离。Lonworks 现场总线部分由神经元芯片、外部存储器、通信介质接口、收发器等构成，既可以直接在主板上设计电路，也可以以插件的形式连接到主板。现场总线的通信介质为双绞线。

2. 模块划分与数据处理流程

根据智能电器监控器的功能构成和处理流程，可以将其划分为数据采集、数据处理、控制、记录、通信 5 个处理部分。各部分的划分及主要的处理组成如图 8.13 所示。

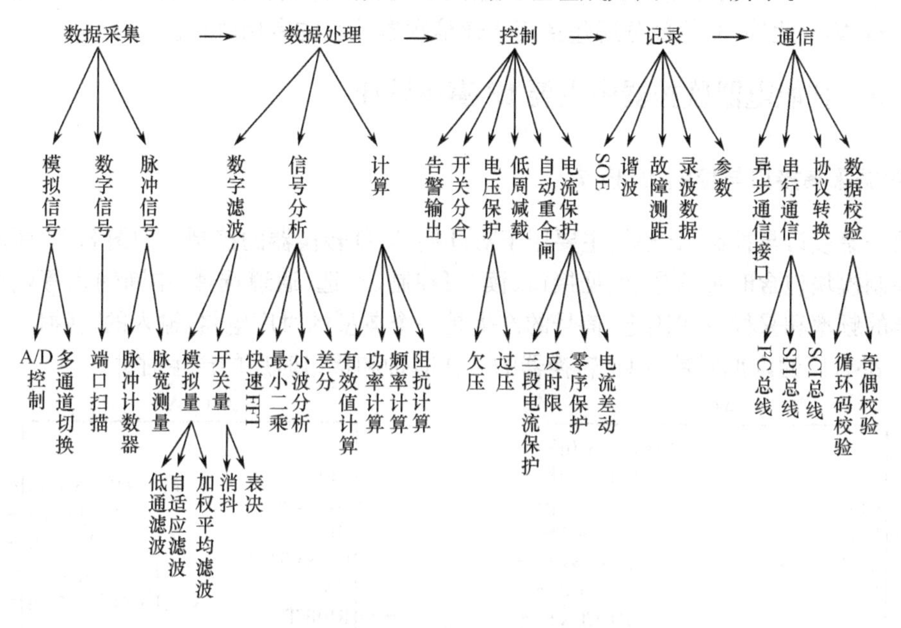

图 8.13　智能监控器的功能模块划分

数据采集主要实现实时采集和电器设备相关的模拟信号（电流、电压、温度、湿度、压力等）、数字信号（开关状态、保护投退、端口设定、键盘）、脉冲信号（频率、脉冲电度、脉宽信号）。通常，模拟信号的获得是通过对集成或外部 A/D 转换器的控制实现。A/D 转换器有串行 A/D、并行 A/D、压频转换（VFC）等多种形式，其分辨率有 8、10、12、14、16 位等，采样速率从每周波 12～128 点不等。

数据处理是智能电器监控器中主要的算法模块，有数字滤波、信号分析、计算几种形式。数字滤波主要滤除采集信号中混杂的噪声信号；信号分析的主要作用就是对离散的数字采集信号进行相应的变换，得到反映实时参数的数字信号，适合相应的控制算法的需要。在电器智能化技术中，常用的数字信号分析的算法有 FFT、差分、FIR、卡尔曼滤波算法、最小二乘变换、小波变换等；计算是获得计量和显示数据的算术算法，在智能电器监控器中，主要的计算有有效值、功率、频率、阻抗等。

控制是智能电器监控器实现智能化保护和操作控制的基础，它既包含基本的分合动作操作，也包含保护、自动控制、指示信号输出等处理。控制的算法相对简单，通常以数据处理、通信的结果作为算法的输入，通过比较判断得出动作的指令，并由专门的操作控制电路完成操作。对这一部分的要求主要是可靠，电路的实现多以定时器和比较器完成。

记录主要完成系统运行信息和设定信息的记录，这一部分的模块划分主要是根据数据存储的数据结构要求来进行的。像SOE这样的记录，采用循环存储的方式，每条记录的长度固定；而像录波数据，数据的区段为多个循环记录区，长度、存储介质和记录的方式与SOE不同，需要根据实际设计不同的模块。

通信包括智能电器监控器的对外通信连接以及芯片与外部器件的连接。芯片与外部器件的连接采用通用的串行总线，如I^2C、SPI、SCI等；设备的对外通信连接主要用于传输遥测、遥信、遥控和遥调信号等，这种通信包含物理接口和通信规约两个方面的内容。通信物理接口采用常见的有RS-232串行通信、现场总线和嵌入式以太网等，通信规约为自定义规约、Lontalk协议、Poling等。此外，通信部分还包括用于通信数据校验的专用电路。

8.3.3 智能电器监控器中主要IP模块设计

1. 数据采集接口与控制IP模块

数据采集接口与控制IP模块主要用于对外接A/D转换器的控制。如图8.14所示，该转换器的控制模块包含时钟信号、数据接口、读/写控制、片选、通道选择、中断输入等端口信号。由于采样的频率和采样方式固定，信号的产生是一个典型的时序电路，输入的时钟信号经过分频后产生8MHz的内部时钟，用于转换器的工作时钟和接口时序的产生时钟。

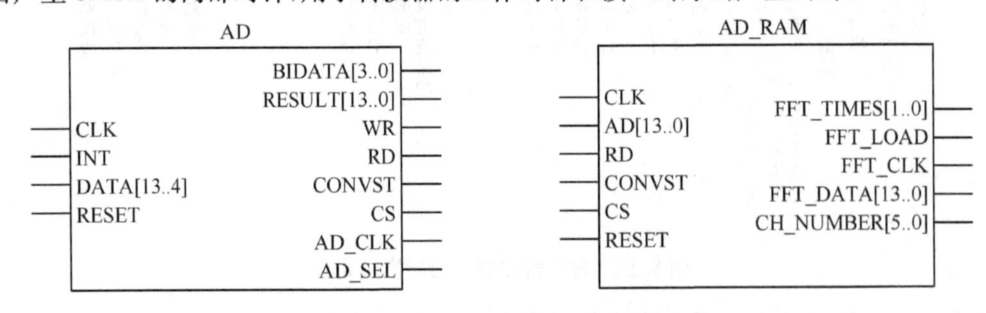

图8.14 A/D转换与存储IP模块

该IP模块接口按照MAX125转换芯片的实际时序来配合。可控制对16个通道以每周波32点的速率等间隔采样，并将采样的结果存储在芯片内的数据缓冲区，数据存储采用的循环方式，与数据处理共享存储区，每32个采样数据为一个循环。16个通道存储地址顺序编码排列，每个通道为一个页面。页面地址与偏移地址共同构成了一个数据的对应存储位置。

2. 频率检测与测量IP模块

频率检测与测量IP模块用于测量脉冲信号输入的模块，其接口如图8.15所示，可以用于输入信号频率整形后的测量，也可以用于脉冲电度、温度传感器输入的脉宽信号的测量，还可以作为VFC转换器的数字接口，它的测量分为高频信号测量和低频信号测量两种模式。频率的测量采用闸控计数的方法，信号的输入周期与技术允许共同作为计数的闸门控制，利用可选择的时钟作为计数时钟。内部参数和存储数据采用寄存器地址寻址的方式，在选定的基址上利用地址偏移实现内部数据访问,数据交换采用 8 位数据总线。为方便采用的同步控制及系统的其他用途,可根据输入频率的周期产生不同倍频的时钟信号。

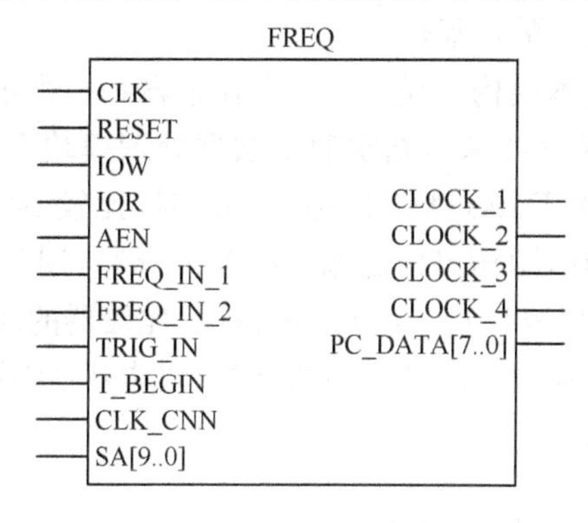

图 8.15　频率检测 IP 模块

3. 快速傅里叶变换 IP 模块

快速傅里叶变换(FFT)是继电保护中的重要算法。如图 8.16 所示,在智能电器监控器中,采用并行迭代硬件完成单通道的 FFT 算法,多通道的处理采用流水处理的方式完成。核心部件为 FFT 的并行迭代处理单元。在该设计中,采用基-2 蝶形运算,输出结果为 16 位 FFT 实部和虚部值。对于这样的算法,每个蝶形算子需要一个复乘器与两个复加器,32 点的每级运算需要 16 个蝶形算子,整个傅里叶分析需要进行 5 级蝶形运算。

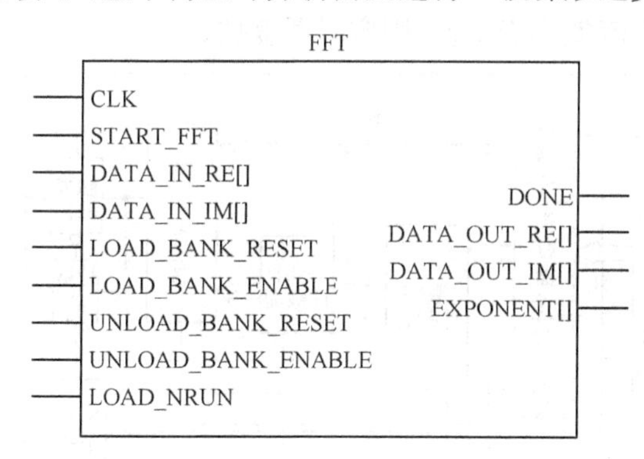

图 8.16　快速傅里叶变换算法 IP 模块

在 FFT 模块的设计中,输入数据允许从 16 点到 1024 点通过参数可设。在设计过程中,需要两个 RAM 块,分别用于存放 FFT 运算的中间结果和旋转因子参数,用户在配置 FFT 模块时可以自由设置 RAM 块的位置。转换控制信号可以控制该模块每隔多少个数据进行一次 FFT 的计算,从而适应不同速度和精度的要求。

4. 保护 IP 模块

保护功能是智能电器监控器的主要功能,不同的设备往往需要不同的保护项目,最常见的保护包括三段电流保护、电压保护、频率保护、零序保护、重合闸等。但对于数字逻辑而言,各种保护在本质上都属于逻辑运算单元,是定值与输入值比较而输出的逻辑状态与其他闭锁逻辑之间的运算，因此，在实现上均采用数字比较器及相关的逻辑与或，并加入一些提高可靠性的措施。由于硬件的并行性，很容易实现各个保护互不影响的并行运行及不同保护之间的相互备用，使整个保护装置有较高的可靠性。

图 8.17 是保护模块的基本结构。模块由一个比较器和一个定时器组成，比较器有两个输入端的数据 Data1 和 Data2，Data1 来自指定通道数据处理模块 FFT 的输出结果，Data2 来自预先设定的定值。当实时数据 Data1 大于定值 Data2 时，比较器的输出信号由低变高启动定时器工作。定时器定时时间到，则输出指定宽度的触发脉冲，用于驱动继电器完成跳闸动作。一旦在定时器工作期间出现 Data1 小于 Data2 的情况，比较器的输出将由高变低，对定时器复位。这一典型结构，除了可以完成三段式过电流保护、过电压、零序等简单的保护以外，通过组合还可以实现比较复杂的算法。

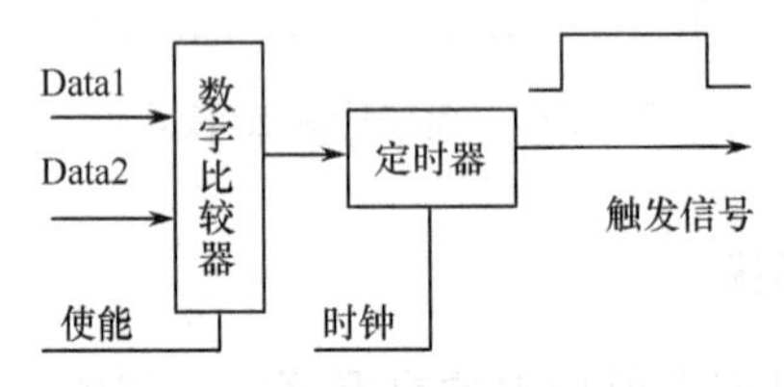

图 8.17　保护算法的基本原理

图 8.18 是一个过电流保护模块的实际实现逻辑结构图。输入为某一通道的电流的实时基波值、电流保护定值、时间定值等。当输入电流大于定值则启动定时器，如果在定时时间内输入一直大于定值，则在定时时间到达时，产生一定宽度宽的动作信号，用于控制跳闸操作。若在定时期间出现实测电流值小于定值，则定时器复位。

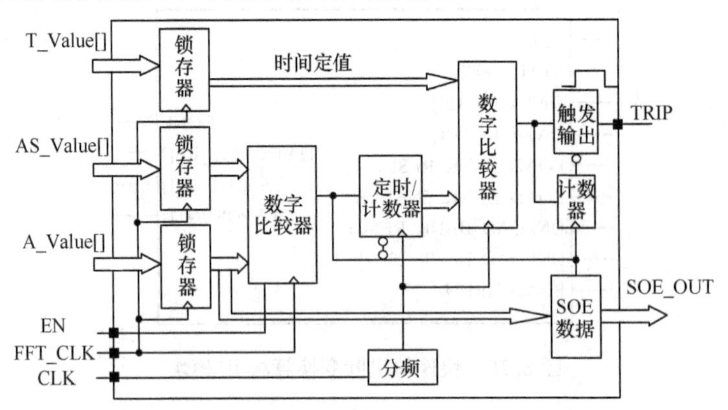

图 8.18　过电流保护 IP 模块的实现逻辑

5. 系统调度 IP 模块

系统调度 IP 模块是用于全局调度和计算数据的管理以及与外部通信的调度接口模块。其实际的逻辑结构为一个双状态机，根据系统芯片内部存储的需要以及与上位机传输数据的要求，系统调度微核可以传输开关量、电度量、实时模拟量、功率、频率、故障录波帧、保护定值、保护算法投退、SOE 事件、断路器控制等多种信息。状态机的驱动由固定定时器、内部事件、外部请求驱动，任意一个事件均会触发状态机的状态改变，并完成相应的数据处理与传输。所有的处理根据重要性确定其优先级，并赋予一个状态机的工作循环，由状态机根据优先级确定其执行情况。该IP模块接口如图8.19所示。

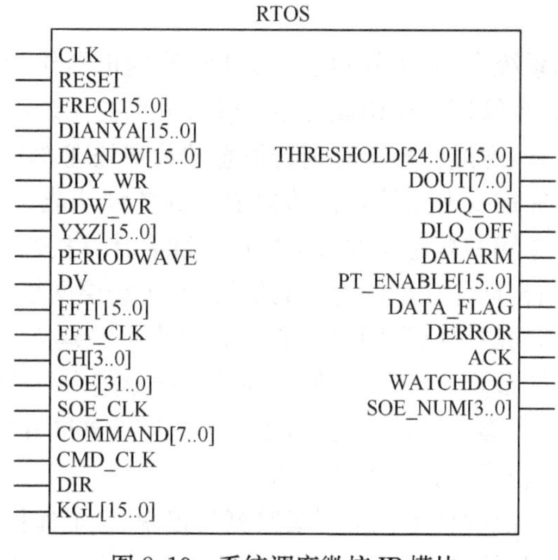

图8.19　系统调度微核IP模块

8.4　分布式变电站自动化系统

变电站是电力系统中实现变换电压、汇集和分配电能的环节，也是电力网中线路连接的枢纽。现代电力系统中的变电站自动化应用计算机通信与信息处理、数字化继电保护和现场设备的分布式管理与远动控制等技术，替代传统自动化系统中的集中管理、人工操作和继电保护装置，完成变电站内各现场设备的监控、保护和操作控制，并可实现遥控、遥测、遥信、遥调、遥视等自动化功能，从而极大地提高变电站的运行和管理水平。

现代变电站自动化系统中大量应用智能电器及开关设备，通过其监控器使得原来需要在后台管理系统中集中完成的任务，分散在底层的智能电器中直接处理，极大地提高了执行效率。具有上述特征的变电站自动化系统称为分布式变电站自动化系统。系统的物理结构、网络的通信协议、后台监控和管理设备的配置及其软件设计是实现分布式变电站自动化的关键。本节在介绍分布式变电站自动化系统功能的基础上，通过一个具体的应用实例说明分布式变电站自动化系统的结构及其后台管理软件系统的设计方法。

8.4.1　分布式变电站自动化系统概述

在传统的自动化变电站中，现场信号的变换和检测依靠电磁式和电动式仪表，传输通道采用控制电缆；对现场信息的监测和分析由值班人员处理，保护和控制则依赖相应功能的继电器完成。因此，设备占地面积大、系统接线复杂、可靠性低、维护十分困难、二次设备间的信息交换和通信的能力差。此外，由于没有网络通信功能，所以不能与上级管理系统直接交换信息，信息资源也无法综合利用。显然，上述系统无法适应现代电力系统自动化发展的需求。

20世纪70年代以后，随着计算机通信网络技术在电力系统自动化中的应用，以及微机控制和现场信息的数字化处理技术在电力设备中的应用，提出了变电站综合自动化理论。该理论的核心是系统功能下放、分层构造和完全的信息共享，这就要求变电站二次部分必须智能化，并且应从全局出发来考虑其优化设计。依据这一理论所设计的分布式结构的变电站自动化系统称为变电站综合自动化系统。这一理论的提出和应用，极大地推动了我国变电站自动化技术的发展。

分布式变电站自动化系统中，采用各种不同功能的智能电器作为现场设备，其监控器通过变电站的通信局域网，与后台管理系统构成分布式管理和监控系统，从而将传统变电站的功能配置到基层间隔或现场设备，通过监控器对现场信息的数字处理，实现被监控对象的保护与控制，并采用数字通信技术，完成变电站综合自动化要求的各种功能。在早期的这类系统中，通信网络主要采用一般串行总线和自定义的通信协议。随着计算机通信局域网和现场总线技术的发展，当前分布式变电站自动化系统的通信局域网中，现场层网络大多采用国际通用的现场总线标准和通信协议，而其局域网络层则以工业以太网为平台建立。由于现场层网络中的每个节点都是相对独立的智能节点，单个节点的损坏不会导致整个系统的瘫痪，而且每个节点的功能相对简单，易于实现高可靠性设计。另外，由于智能监控器同外部的联系简化为与现场总线的接口，系统扩展和局部技术更新也更加灵活。

分布式变电站自动化系统的功能包括现场监测与控制、继电保护、远动控制和数据通信等多个方面，是一项多专业门类的综合技术。分布式变电站自动化系统中的各类现场智能电器通过变电站局域网与监控主站计算机系统，即后台管理系统连接。因此，其设计需要从系统功能出发，全面考虑系统的物理和逻辑结构、现场设备和后台管理系统设备的配置，而系统的核心则是后台管理系统的软件。

根据电力系统的运行和发展要求，后台管理系统应满足标准化、可扩充、运行可靠、实时性好等要求。本节以一个实际的分布式变电站综合自动化系统的设计为例，说明其功能要求和整体结构设计，着重讨论后台管理系统软件的功能划分、数据管理、组态功能、双机冗余等关键性问题。

8.4.2 系统功能的分析及整体设计

本例中的设计目标是一个 35kV 电压等级的变电站，可以是包括多个下级变电站的区间变电站，或大型厂矿企业独立配置的变电站。对于前者，其监控和管理对象是站内各间隔层以及管辖范围内所有无人值守的开闭所、变电站及其内部现场智能电器；对于后者，监控和管理对象则是站内各间隔层及其内部的现场智能电器。

1. 系统功能需求分析

根据应用要求，所设计的变电站自动化系统应当具有以下功能。

(1) 现场数据的采集与处理

后台管理系统通过通信局域网监测其管辖区域内所有被监控和管理对象的现场运行数据、状态和记录某些特殊状态下的波形，如电流、电压、有功功率、无功功率、频率、功率因数、现场一次设备工作温度、变压器内部温度及气体压力等模拟量信息；一次开关元件的关合/分断、有载调压变压器抽头位置、无功补偿状态、开关储能状态等状态量信息；有功电度、无功电度的计量；发生短路故障前后、系统管辖区内的变压器投切前后、电动机启动/停机前后线路上的实时电流、电压波形等。

(2) 实时数据维护与存储

系统应具备对被监控对象实时运行数据的管理能力，维护从被监控对象得到的各类实时数据，为后台管理系统中各工作站提供互不干扰、快速的实时数据访问接口。并且能够自动地按照预先设定的时间间隔将电网运行中的重要数据，如供电网负荷、各重要线路功率、母线及线路电压、总电量、分电量等信息，同步存入历史数据库中，长期保存。

(3) 监控画面设计、数据统计分析及报表

用户应能根据变电站管辖区被监控对象的物理分布，通过后台管理系统设计监控画面，包括绘制系统配置图和一次线路接线图、实时显示被监控对象工作状态的设备图，以及自动生成选定对象在指定时段内工作参数的曲线图。后台管理系统应具有统计和报表功能，如根据用户选择的报表类型、统计内容和时间范围，自动生成各类报表。报表系统应支持加、减、乘、除、乘方、开方等运算功能，以便根据用户要求自动完成需要的数据统计。对于被监控对象的特殊工作波形，应有专用的分析界面，可对选定的波形进行指定项目的分析，并显示分析结果。

(4) 通信和网络功能

间隔层与监控层间及监控层与其他自动化系统间，可以根据需要采用RS-485/422、CAN、以太网、电话拨号等通信方式进行连接；具备协议组态功能，以便与不同类型的智能电器或远方子站进行通信；实现遥测、遥信、遥控、遥调等功能，具体实现通信通道的监视功能。

与不同间隔层和监控层不同，管理层计算机系统之间采用基于 TCP/IP 协议的以太网进行数据交换，并提供了 Web 方式的数据查询服务。

(5) 五防闭锁及操作票功能

对可能导致安全事故的操作进行闭锁是防止误操作事故发生的重要措施。变电站防误闭锁装置应实现如下功能：防止误分、误合断路器，防止带负荷拉、合隔离开关，防止带电挂接地线、合接地刀闸，防止带接地线合断路器，防止误入带电间隔，简称五防。采用综合自动化实现五防闭锁，除满足基本的五防功能外，还可以实现多种复杂闭锁功能，是发展的趋势。

根据变电站具体结构和被监控对象的运行情况，用户可通过后台管理系统以图形界面的方式输入五防闭锁逻辑，并对下发给各被监控和管理对象的遥控命令自动进行五防闭锁逻辑检查，保证只有通过检查的操作命令才作为有效命令予以执行，否则禁止执行并给出告警提示。

操作票制度是我国电力系统运行管理中行之有效的安全措施，对电力系统的安全运行起到了极其重要的作用。用户可通过后台管理系统编制操作票，并能利用一次线路图的画面进行模拟操作，实现五防闭锁逻辑检查，以确认操作票的正确性。

(6) 电网电压和功率因数的自动调节

后台管理系统定时自动分析从被监控对象获得的相关信息，包括母线电压、功率因数、断路器和隔离开关等开关设备的合/分状态、变压器分接头挡位等数据，并按照预定控制规律得到变压器分接头和无功补偿设备的最优配合关系，给相应的现场智能电器监控器发出操作指令，执行无功补偿设备的投切和变压器分接头位置调整，以便自动调节变电站管辖区内的电网电压和功率因数，使其保持设计的最优状态。

2. 设计目标的主要性能指标

为了满足上述功能需求，结合用户根据变电站运行过程对各种命令、信息修改响应时间的要求提出的性能参数，确定变电站自动化系统的主要性能指标如表 8.2 所示。

表 8.2　变电站自动化系统的主要性能指标

性能指标	参数要求
每通道连接的智能电器监控器数量	≤32 台
遥控/遥调指令下达时间	<1.5s
遥信状态量更新时间	<1s (CAN) <2s (MODBUS)
遥测模拟量更新时间	<2s
告警显示时间	<1.5s
画面数据刷新时间	<1.5s
SOE 时间分辨率	<1ms
主机与备用机切换时间	<10s
GPS 校时精度	±1ms
历史数据保存时间	>2 年
无故障时间 MTBF	>30000 小时
通信网网络负载率	<25%(正常情况下) <50%(电力系统故障时)
数据服务器负载率	<25%(正常情况下) <60%(电力系统故障时)

3. 总体结构设计

通过对所设计的目标系统的功能需求和主要性能指标的分析，其整体结构确定采用分层、分布式的设计方案。系统的物理组成包括后台管理计算机系统、通信网络和被监控对象的各种现场设备。所有现场设备采用智能电器，其监控器独立完成对监控现场的监测、控制和保护，并通过通信网络与后台管理系统进行信息交换，完成遥控、遥调、遥信、遥测等自动、远动功能，从而实现所设计的变电站自动化系统的分布式管理。

根据所设计系统的规模，按照分层设计的原则，本例中设计的变电站自动化系统整体结构分为管理层、通信层、现场层(或间隔层)，如图 8.20 所示。

(1) 管理层

管理层由以太网和后台管理系统组成，也就是第 7 章所述电器智能化网络的局域网络层。根据系统实现的功能，后台管理系统中的服务器和操作员工作站等可以采用各自独立的计算机。服务器不承担网络的底层通信管理，而是通过通信层与现场层中各智能电器监控器进行信息交换。管理层还可以通过远动工作站或网络数据库经过专用网络或远程拨号网络与上级电力系统调度端交换信息，以达到配网自动化的要求。

(2) 通信层

通信层就是通信前置机及其与现场层和管理层的物理接口，是管理层与间隔层之间信息交换的桥梁，完成网络的底层通信管理，包括现场层网络与管理层局域网络间通信规约的转换、把现场层的实时数据格式转换和成帧处理为局域网要求的格式、通信信道的监视和管理等。为了适应采用不同通信规约的现场设备配置，通信前置机软件配置多种通信规约，以便用

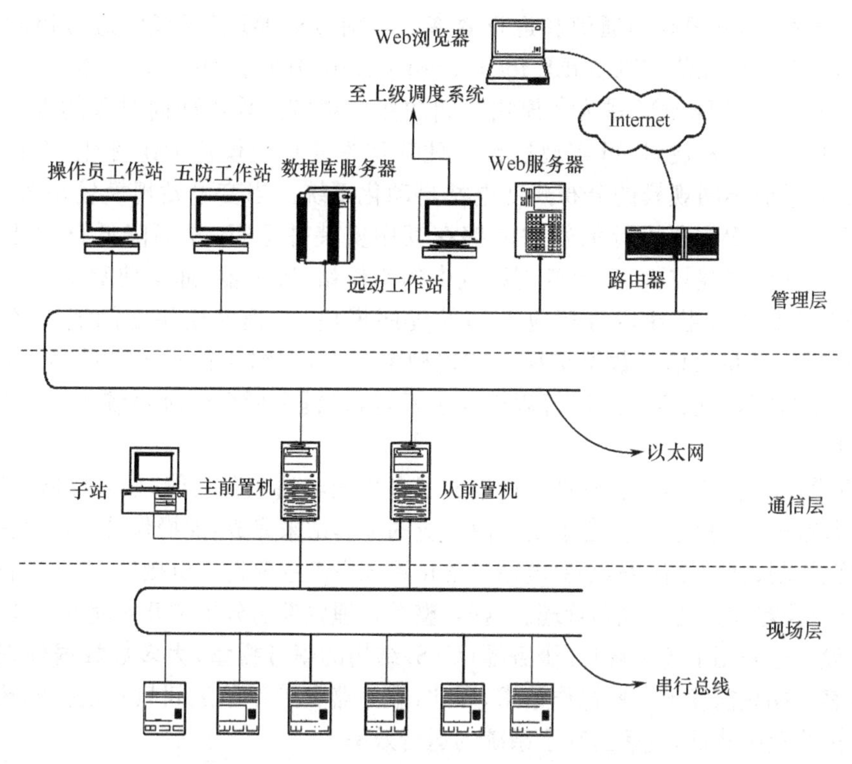

图 8.20　所设计变电站自动化系统的总体结构

户选择不同厂家生产的智能电器，实现现场设备的优化配置。

通信前置机属于网络中的关键节点，必须保证其运行的可靠性。因此设计中采用备用冗余方式，即网络中配置两台前置机，它们各自与网络连接，备机实时检测主机运行状态，但不发出数据，当主机发生故障不能正常通信时，备机自动切换到通信状态。

(3) 现场层

现场层由各种功能的现场智能电器及现场通信网络组成，完成对变电站管辖区内的被监控对象的分布式管理、测量、控制和保护，实现变电站的综合自动化和继电保护。按照现场智能电器的物理分布及其监控器采用的通信规约，智能电器监控器可以作为现场层通信网络的节点，通过选定的现场总线与通信前置机接口，也可作为独立节点与通信前置机连接。户外现场设备的通信介质可以采用光纤，户内设备通常采用现场层网络结构，通信介质可用屏蔽双绞电缆或双绞线。

8.4.3　系统后台管理软件的设计

1. 软件的功能划分

后台管理软件是分布式变电站自动化系统实现其监控和管理目标的关键。根据设计目标的功能需求和可能的发展趋势，在其后台管理软件的设计中，采用了基于分布式组件的开发方法。

(1) 基于组件技术的分布式结构

分布式组件对象模型(Distributed Component Object Model，DCOM)是微软公司推出的

分布式组件技术，具有很高的通信和运行效率。目前，DCOM 已经成为过程控制和生产自动化领域的软件接口规范 OPC(OLE for Process Control)的通信标准。在本例中，设计目标的后台管理软件采用 DCOM 作为各模块之间的接口规范。采用面向对象的设计思想和分布式组件为基础的开发技术，可实现后台管理软件中各功能模块的组件化，设计出的后台管理软件可以适应不同规模的分布式变电站自动化系统。当变电站规模较小时，后台管理设备一般只用一台 PC，所设计的软件能够在其中安装并运行，从而降低自动化系统的成本。如果变电站的规模较大，后台管理系统中的工作站、服务器、通信前置机均为独立配置的 PC，各 PC 将分别安装并运行相应功能的程序模块，各程序模块之间通过统一定义的 DCOM 接口进行消息通信和数据交换。在这种配置下，网络中的重要功能节点，如通信机和数据库服务器等，可以方便地进行双机冗余配置，以提高后台管理系统的运行性能、安全性和可靠性。

在本例设计的系统中，后台管理软件集成了多种变电站业务功能，如遥控遥调操作、五防控制、操作票管理、报表统计等，各项功能由对应的工作站来完成，如操作员工作站完成对现场设备的监测、控制、管理等任务，是变电站自动化系统中最主要的人机接口；五防工作站完成五防闭锁控制以及操作票的生成和管理。这样，整个管理软件的分析和开发就变得非常的清晰。此外，软件设计还采用了基于客户/服务器(C/S)结构的事务模型，大多数数据处理都在服务器端进行，客户端只需发出一些操作请求，因此，服务器和工作站之间只有很少的数据通过网络传输，使网络负荷降低，显著提高了系统的运行效率。

(2) 软件功能模块的划分

软件设计中的功能模块划分，通常都按照程序功能及其部署上可独立的原则，即每一模块可以实现一项独立的任务，并且可以单独部署于网络中任一台计算机。

依据上述原则，本例设计目标的后台管理系统软件可划分为以下 8 个模块。

① 操作功能模块：完成对管辖区内被监控对象的监测、控制、管理、事件记录和告警等功能。

② 五防功能模块：根据系统继电保护要求，编制五防闭锁控制逻辑，按照五防闭锁控制原则自动生成操作票。

③ 远动功能模块：按照选定的通信规约与调度端进行通信。本例设计的管理软件可支持 CDT、SC1801、DNP3.0、IEC60870-5-101 等多种电力系统标准规约。此外，还支持采用拨号上网的方式远程与远程调度系统进行连接。

④ 继电保护功能模块：负责保护定值管理，故障录波数据分析。

⑤ Web 浏览功能模块：采用 Web 浏览器(如 IE)通过局域网或拨号方式，方便快捷地监测、浏览系统中各种电力设备实时状况，或是察看系统中的各种数据和报表。

⑥ Web 服务器功能模块：提供局域网内甚至 Internet 上的 Web 数据服务。

⑦ 数据库服务器功能模块：负责历史数据的存储和管理。

⑧ 前置机模块：实现与现场智能测控装置的通信，完成报文的解析与检测、监控层和间隔层的协议转换，以及实时数据的维护；并负责定时存储数据到数据库服务器。

以上按照系统功能进行了软件模块的划分，便于分别对各模块进行开发。在现场部署时，可根据系统的规模，所管理设备的数量和分布情况，确定采用不同的部署方式。

2. **实时数据管理**

变电站自动化系统中通常监测大量的现场运行参量(包括电量、非电量),需要处理的数据的类型是多种多样的。首先,需要这些数据进行抽象、归类和整理,定义合理的数据结构,才能在软件中用计算机语言进行描述和处理。另一方面,在变电站自动化系统中需要对变电站的运行状态进行实时监视、控制和管理,随着变电站自动化系统规模越来越大、功能日趋复杂,处理的数据量越来越大,往往需要利用专门的数据库管理系统来维护大量的各种数据。另外,由于变电站自动化系统的实时性要求较高,各种操作或处理的完成具有严格的时限,如遥测、遥信和电量数据的采集或遥控、遥调命令的发出,必须满足一定的实时性要求。

(1) 数据抽象与类型定义

所设计系统的主要任务是完成四遥功能:遥测、遥信、遥调、遥控,可将其中的数据对象分为几种类型:遥信量(CVarDigital)、遥测量、遥控量(COperate)、遥调量(CVarSimpleFloat)。遥测量又可以分为模拟量(CVarAnalog)和累计量(CVarAccumulate)。此外,系统还需要记录SOE事件和多状态量,分别用类CSOE和CMulstate表示。按照上面的数据抽象原则,系统中就可以通过定义上述对象类型及其衍生类来描述各种具体的电气参量或相关参量。

具体如下:

CVarDigital类:遥信量,如开关状态、手车位置及系统内部使用的组合逻辑量。

CVarlAnalog类:模拟量,如电压、电流、功率因数、频率等。

CVarAccumulate类:累计量,如有功功率、无功功率。

CVarSimpleFloat类:遥调量,如定值。

模拟量、累计量和遥调量都是浮点类型,按照面向对象的思想可以进行归并,因此定义浮点量(CVarFloat)作为上述的基类。而浮点量、遥信量(CVarDigital)和多状态量(CMulState)都与数值有关,可以定义基类——数值量(CVar)。上述数据类型的共同属性和方法,如是否保存数据、是否人工置数等属性,保存数据、加载数据、修改数据的方法等,都可以在基类CVar中进行声明和定义。另外,描述SOE事件、操作等的信息也需要由系统进行维护,为了便于统一管理,进一步抽象出基类——点(CTag),作为所有内部数据对象的公共基类。由此可以得到变电站自动化系统中主要的数据类型及其继承关系,图8.21所示为所设计的变电站自动化系统中核心数据对象的类谱系图。

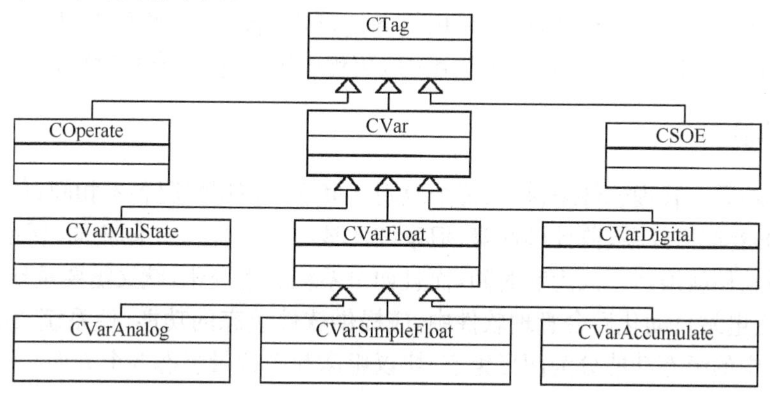

图8.21　核心数据对象的类谱系图

(2) 实时数据管理组件

随着变电站自动化系统的组成和功能的日趋复杂，其后台管理软件所处理的数据的量越来越大，实时性要求也越来越高。例如，一个具有 10000 个监控参量的变电站，数据平均 2s 刷新一次，每秒便会产生 5000 项新数据。于是，每秒有 5000 行数据需要插入数据库中以实现完整的数据存储，常规的关系型数据库如 Oracle、SQL Server 等难以达到如此高的事务处理效率，而且执行时间不可预测。实时数据库系统(Real-Time Database Management System，RT-DBMS)是其事务和数据都具有定时的特性或显示的定时限制的数据库系统，与传统数据库相比，RTDBMS 在调度机制和事务管理方面有较大的区别。变电站自动化系统等实时控制系统运行的正确性不仅依赖于逻辑结果，而且依赖于逻辑结果产生的时间。因此，本例的后台管理软件借鉴 RTDBMS 的设计思想，在前置机模块中实现了一个驻留内存的实时数据管理组件，以满足高速数据访问和并发控制的要求。该组件的结构如图 8.22 所示。

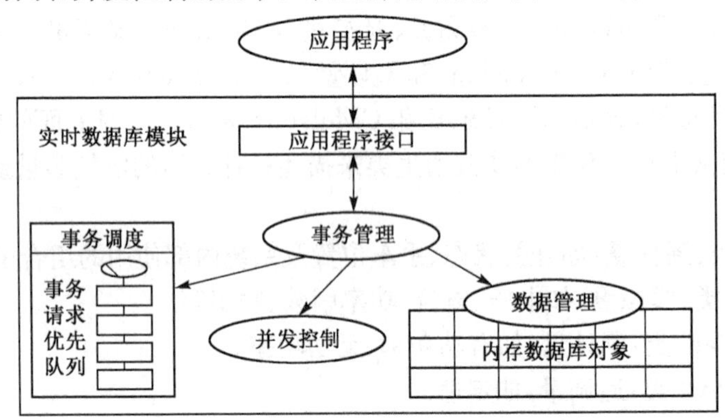

图 8.22 实时数据管理组件的结构

如图 8.22 所示，实时数据管理组件分为 3 个部分(子模块)：数据管理、事务管理和应用程序接口。数据管理子模块实现对内存数据库对象的存取操作和其他处理，保证数据库状态最新，数据值的时间一致。内存数据库对象是数据库系统设计的重要基础，它是变电站系统数据的抽象，它决定了实时数据以何种数据结构进行组织和存储在内存中；事务管理子模块负责对实时事务的产生、执行和结束进行管理，包含事务调度和并发控制两部分功能。其中事务调度的主要目标是满足事务的截止时间，调度算法要在最大限度上满足事务的时间限制，同时保证数据的逻辑一致性和时序一致性，通常采用事务请求优先队列来实现；应用程序接口(Application Program Interface，API)子模块为用户应用程序提供统一的访问接口。

3. 组态功能

对于变电站后台管理软件来讲，在每个应用环境下的使用情况各不相同，例如变电站的物理结构、下层的智能监控器、监控画面等，但系统的核心和功能又大体相同，所以，为每个应用单独开发应用软件就浪费了人力和时间，而且如果系统发生变化，就又需要重新开发或修改程序。因此，在变电站自动化后台管理软件中，应提供软件组态的功能，使系统具有更好的灵活性。本例系统中的组态功能分为图形组态、协议组态和虚拟量组态 3 个方面。

(1) 图形组态

图形显示是变电站监控系统的重要组成部分。操作人员可以通过直观的监控画面掌握系统运行状态，并通过它进行调整参数、优化控制，人机界面在很大程度上影响着变电站后台管理软件的使用和运行效率。近年来，面向对象技术和可视化技术得到了快速的发展，并日益成熟，为开发用户界面更加友好、更加适用、可靠性和系统可扩充性更好的图形生成系统提供了有力的技术支持。对于变电站自动化系统后台管理软件来讲，系统的实时监控图形界面包括各种主接线图（一次图）、二次图、趋势图、报表等。采用面向对象的设计思想，可以将这些监控界面抽象为一组电气图元的集合。开发者只需建立一套通用的图形系统，提供相应的属性设置及编辑工具（组态工具），在监控系统实施的后期由施工人员进行监控界面图片的编辑与设定，就可以构建适用于不同用途的各种操作界面来满足用户的个性化需求。

（2）协议组态

在变电站自动化系统中，后台管理软件所涉及的各种现场智能监控设备是多种多样的。每个设备在通信协议及所采集的数据内容上又各不相同。所以，后台管理软件是否能够方便地连接这些设备是提高软件开放性和易用性的一个重要方面。采用面向对象的方法，可以使用一个虚拟基类来抽象这些设备的行为，基类定义了间隔层设备与软件系统的通用接口方法，当需要增加一个新的设备时，就从该基类继承出一个新的类，并在其中按照该设备的通信方式等实现各个接口。将这个子类封装到一个动态链接库（DLL）当中，程序在运行时加载这些动态链接库（例如，XXXUnit. DLL），从而把这些设备的通信规约加入到系统中。对于符合某种标准协议（如 MODBUS 等）的设备，还可以开发一个通用的动态链接库和相应的协议配置程序。对于任何遵守该协议的设备，工程人员只需选中其遵守的通信协议，然后在系统提供的组态界面上输入该设备内部变量的信息和协议格式的描述，并存储到组态配置文件中。重新启动前置机模块后，系统就可以根据组态信息完成协议内容的正确解析。

（3）虚拟量组态

在变电站监控系统中，除了直接获取现场设备上传的参量以外，还需要获取和监视一些不能直接地由现场设备采集或提供的参量，但这些参量可以通过对现场设备上传的若干个参量的进一步运算来获得，称为虚拟量（或虚点）。虚点的组态功能，即用户可以利用图 8.23 所示的组态功能，由已有的系统变量通过数学计算公式定义出一个新的虚拟量，并保存在组态信息中。在系统运行时，解析组态信息，取得相关变量的当前值，实时地进行计算并动态刷新虚拟量的内容。对于操作员来讲，这些计算量的使用方法与一般的系统变量相同。

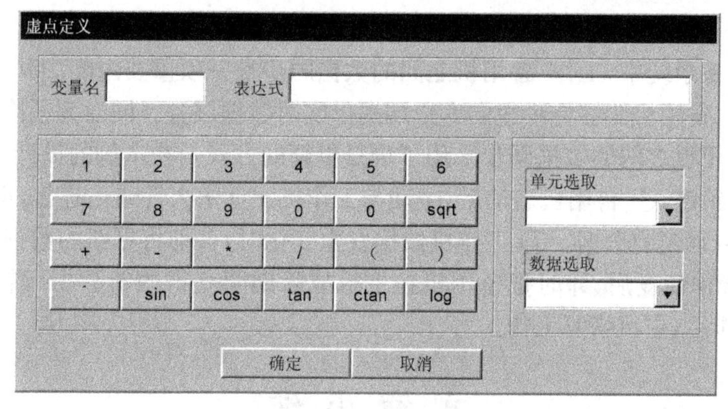

图 8.23　虚点定义的用户界面

4. 双机冗余互备

可靠性是衡量变电站自动化系统的重要指标。为了提高可靠性,在一些关键模块,如前置机、数据库服务器等,需要实现冗余互备。目前常用的方案有:①采用纯硬件方式,在操作系统级实现冗余互备,如选用专门设计的并行计算机,但这些产品的价格比较昂贵;②采用一般商用计算机,利用自定义的网络通信协议,实现冗余互备。本例采用后一种设计方法。

在设计中,根据变电站的配置规模,前置机为独立配置的 PC,为工作站提供实时数据服务,因此需要解决两个关键性问题:工作/备用机切换协议和工作/备用机数据同步。

(1) 工作/备用机切换协议

该模型中涉及工作机、备用机和客户端(访问实时数据的工作站)3 个通信主体。图 8.24 所示为本例定义的工作/备用机切换协议的实现。备用机启动时,通过网络与工作机建立永久性监听通道。主机通过网络通信的方式定时向备用机发送心跳信号,传递其就绪的状态信息。备用机定时检测该信号,并据此来判断主机是否已发生故障。当主机正常工作时,接收客户端的数据请求消息并立即作出响应;备用机也接收客户端的消息,但不作出响应。当备用机连续 3 次未能检测到主机的心跳信号,则认为主机故障,备用机自动转换为工作状态,并通知客户端与其进行通信,以获取实时数据。当工作机从故障中恢复后,通知备用机。二者进行数据同步,之后备用机切出(转换为备用状态),工作机通知客户端恢复与其通信。

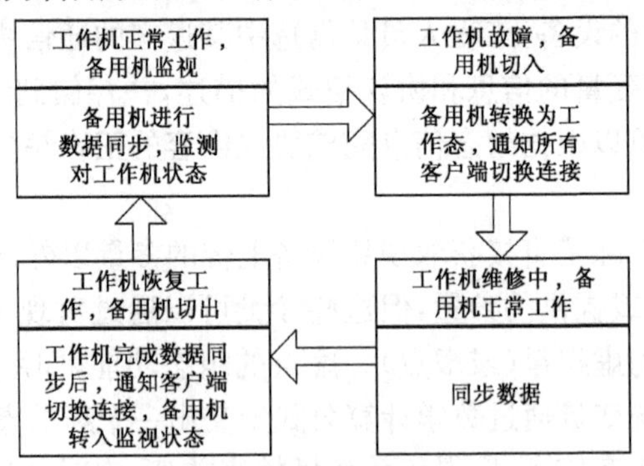

图 8.24 工作/备用机切换协议

(2) 工作/备用机数据同步

双机冗余互备系统中,工作/备用机之间的数据同步是一项重要内容。其保证了在工作机发生了故障以后,备用机能够持续地向客户端提供实时数据服务。同时为了降低网络流量,提高效率,工作/备用机之间的数据同步采用了增量更新的方式。在本例的设计中,工作/备用机数据同步采用的策略:① 备用机启动后,主动与工作机建立永久性通信连接,向工作机发出访问数据的请求,取得当前数据。② 工作机数据发生变化时,自动将更新的数据推送到备用机。③ 工作机从故障中恢复后,即时把备用机在主机故障期间获得的新数据(增量)更新到主机上,二者数据同步后,主机恢复工作。

本 章 小 结

电器智能化的应用领域十分广泛,因此不可能面面俱到。本章仅选择了四种不同复杂程度的电器智能化装置和系统进行介绍，从需求分析出发，分别介绍了系统组成结构、硬件和软件的设计过程。目的是使初学者了解智能脱扣器、电能质量监测器、智能电器监控器、变电站自动化系统等典型智能电器装置或系统的工作特点和结构特征，以及初步掌握其开发、设计的一般过程和方法。

具体智能电器设计时，设计人员应该从实际需求出发，确定设计对象的功能要求和关键的性能指标，借鉴已有的成功设计经验，提出一组可行方案，进行对比、论证选择出最佳的设计方案；对于复杂系统还需要进行划分，即由多种不同功能的智能电器构成分布式系统来完成。智能电器装置的设计通常分为硬件和软件两个方面，硬件的设计中处理器的选择是一个核心的问题，应根据系统对运算性能的要求，选用合适的处理器及其外围电路；软件系统的设计应考虑实时性、可靠性、可维护性和开发周期，在满足性能要求的情况下，尽可能采用成熟的实时多任务操作系统，以提高系统的可维护性、可移植性和运行可靠性，缩短开发周期。另外，基于专用集成电路技术，在一个系统级芯片上用硬件实现智能电器的全部数据处理功能也是当前智能电器领域的发展方向。

本章内容涉及实时多任务操作系统、分布式组件、实时操作系统及软件组态等概念与技术，由此使读者能够认识到电器智能化是一门新兴的交叉学科，其实际运用中往往需要具备包括电气工程、微电子技术、信息技术等在内的多个领域的专业知识。因此，智能电器产品的设计过程也应是一个多领域专家分工、协作、紧密配合的过程。

习题与思考题 8

8.1　智能脱扣器的主要功能有哪些？它与传统脱扣器相比较，有何特点？

8.2　什么是脱扣器的保护特性，对不同的保护特性分别有什么要求？智能脱扣器中如何实现适用于不同使用场合的保护特性？

8.3　电能质量监测器的主要功能是什么？在线式电能质量监测器有哪些特点？为什么需要采用数字信号处理器 DSP 来设计在线式电能质量监测器？

8.4　什么是实时多任务操作系统？它与通用操作系统有什么区别？采用实时多任务操作系统来开发软件系统，有何优势？

8.5　电能质量监测器的软件系统中有哪些任务？任务划分和优先级确定的原则是什么？

8.6　试利用 VHDL 硬件描述语言实现智能电器监控器数据采集模块和频率测量模块。

8.7　变电站自动化系统的主要功能是什么？其对变电站二次设备有什么要求？为什么说变电站自动化是多专业性的综合技术？

8.8　变电站自动化系统为什么要采用分层、分布式结构，其中的管理层、通信层、现场层分别完成哪些功能？各层分别包含哪些设备？

8.9　变电站自动化系统中后台管理系统的功能是什么？对后台管理软件有什么要求？

8.10　实时数据库与通用数据库在使用上有什么差别？变电站自动化系统中为什么需要使用实时数据库？实现实时数据管理的难点有哪些？

8.11　变电站自动化系统后台管理软件为什么要有组态功能？如何实现软件的组态？

参考文献

[1] 王建华,耿英三,宋政湘.智能电网与智能电器.电气技术,2010(8):1～4.
[2] 戎月莉.计算机模糊控制原理及应用.北京:北京航天航空大学出版社,1995.
[3] 郝治国,张保会,褚云龙,等.变压器励磁涌流抑制技术研究.高压电器,2005,41(2):81～84.
[4] 雷颖,牟京卫,游一民.补偿电容器组同步开关控制器的研究.高压电器,2004,40(6):415～416.
[5] 刘彬,段雄英,邹积岩.基于MC68332的同步断路器控制器的设计.高压电器,2006,42(6):404～406.
[6] 马志瀛.开关保护设备//《电气工程师手册》第3版编委会,王建华.电气工程师手册(第3版).北京:机械工业出版社,2006.
[7] 陈德桂.交流接触器通断过程的智能操作.低压电器,2000(4):1～4.
[8] 张培铭,陈从华,郑昕.新型混合式交流接触器.低压电器,2001(4):20～21.
[9] 许志红,张培铭.交流接触器控制技术的探讨.中国仪器仪表,2003(3):11～14.
[10] 巢志洲,许志红,张培铭.一种组合式智能交流接触器.江苏电器,2004(5):4～6.
[11] 许志红,张培铭,郑昕.接触器无弧技术的研究.电气时代,2005(5):58～59.
[12] 许志红,孙园,洪祥钦,等.基于磁保持继电器的智能交流接触器.低压电器,2007(11):13～17.
[13] 冯涛.电器智能化硬件系统的专用集成芯片构建与应用研究.西安交通大学学位论文,2005.
[14] 杨纪明.基于模糊-神经网络的SF_6高压断路器智能操作控制的研究.西安交通大学学位论文,2000.
[15] 吴兴惠,王彩君.传感器与信号处理.北京:电子工业出版社,1998.
[16] 陈金玲,李红斌,冯凯.Rogowski线圈电流互感器的全数字化设计.高压电器,2006,42(6):450～452.
[17] 尹克宁.变压器、电抗器和电容器//《电气工程师手册》第3版编委会,王建华.电机工程师手册(第3版).北京:机械工业出版社,2006.
[18] 吴道悌.非电量电测技术(第2版).西安:西安交通大学出版社,2001.
[19] 张迎新,雷道振,陈胜,等.非电量测量技术基础.北京:北京航天航空大学出版社,2002.
[20] 李军,刘梅东,曾亦可,等.非接触式红外测温的研究.压电与声光,2001,23(3).
[21] 朱彦文,单成祥,王英杰.热敏电阻线性化测量温度的应用.计量技术,1995(10).
[22] 马仙云,吴维韩,罗承沐等.磁光式光电电流互感器及其双折射问题.高电压技术,1996,22(1):32～35.
[23] 姚毅,路伟东,简水生.单模光纤中的双折射测试.北方交通大学学报,1994,18(2):

36～39.
[24] 赵毅,牟同升,沈小丽．单片机系统中数字滤波的算法．电测与仪器,2001(6):8～9.
[25] 赵毅．数字滤波的程序判断法和中值滤波法．仪表技术,2001(4):10～12.
[26] 万鹏,朱洁,陈贻范．移动平均法的数字滤波特性分析．海洋技术,1997,16(3):13～15.
[27] 姚建军,王舜尧．微处理器实现脱扣器二段保护的算法．低压电器,2002(2):8～10.
[28] 苏涛,吴顺军．高性能数字信号处理器与高速实时信号处理．西安:西安电子科技大学出版社,1999.
[29] 刘和平,严利平,张学锋等．TMS320C240xDSP 结构、原理及应用．北京:北京航空航天大学出版社,2002.
[30] 魏小龙．MSP430 系列单片机接口技术及系统设计实例．北京:北京航空航天大学出版社,2002.
[31] 胡大可．MSP430 系列 Flash 型超低功耗 16 位单片机．北京:北京航空航天大学出版社,2001.
[32] 王道宪．CPLD/FPGA 可编程逻辑器件应用与开发．北京:国防工业出版社,2004.
[33] 王诚,吴继华,丽珍,等．Altera FPGA/CPLD 设计(基础篇)．北京:人民邮电出版社,2007.
[34] 吴继华,王诚．Altera FPGA/CPLD 设计(高级篇)．北京:人民邮电出版社,2007.
[35] 窦振中．PIC 单片机原理和程序设计．北京:北京航空航天大学出版社,2003.
[36] 王有绫．PIC 单片机接口技术及应用设计．北京:北京航空航天大学出版社,2003.
[37] 当当．单片机与 DSP 结合的 dsPIC 芯片．(2006_10_23)[2008_06_20]．http://www. xute. net/html/10/n-610. html
[38] 设计创新．Microchip 完整的 USB 单片机系列产品．(2008_06_05)[2008_06_20]．http://www. designnews. com. cn/article/html/2008-06/200865110337. html.
[39] 陈章龙,涂时亮．嵌入式系统——Intel StrongARM 结构与开发．北京:北京航空航天大学出版社,2003.
[40] 王田苗．嵌入式系统设计与实例开发——基于 ARM 微处理器与 μC/OS-Ⅱ实时操作系统．北京:清华大学出版社,2002.
[41] 唐寅．实时操作系统应用开发指南．北京:中国电力出版社,2002.
[42] Jean J. Labrosse 著,邵贝贝译．μC/OS-Ⅱ源码公开的实时嵌入式操作系统．北京:中国电力出版社,2001.
[43] Montrose M I 著,刘元安,李书芳,高攸纲译．电磁兼容和印制电路板(理论、设计和布线)．北京:人民邮电出版社,2002.
[44] 李彦明．可靠性技术、环境技术和电磁兼容//《电气工程师手册》第 3 版编委会,王建华．电机工程师手册(第 3 版)．北京:机械工业出版社,2006.
[45] 全国无线电干扰标准化技术委员会,全国电磁兼容标准化技术委员会,中国标准出版社．电磁兼容标准汇编(基础、通用卷)．北京:中国标准出版社,2002.
[46] 李文海,毛京丽,石方文．数字通信原理．北京:人民邮电出版社,2001.
[47] 阳宪惠．现场总线技术及其应用．北京:清华大学出版社,1998.
[48] 蔡开裕,范金鹏．计算机网络．北京:机械工业出版社,2000.

[49] 邓良松,刘海岩,陆丽娜. 软件工程. 西安:西安电子科技大学出版社,2000.
[50] 周明天,汪文勇. TCP/IP 网络原理与技术. 北京:清华大学出版社,1993.
[51] 孟祥忠. 变电站微机监控与保护技术. 北京:中国电力出版社,2004.
[52] 中华人民共和国国家质量监督检验检疫总局,中国国家标准化管理委员会. 基于 MODBUS 协议的工业自动化网络规范. GB/Z 19582—2004.
[53] 丁书文,黄讯诚,胡起宙. 变电站综合自动化原理及应用. 北京:中国电力出版社,2003.
[54] 宋俊寿,颜凤琴. 新型多功能三相电能质量监测管理系统. 电力系统自动化,1996,20(4):12～15.
[55] 中华人民共和国国家质量监督检验检疫总局,中国国家标准化管理委员会. 基于 MODBUS 协议的工业自动化网络规范. GB/Z 19582—2004.
[56] 牛博,宋政湘,张自驰等. 实时操作系统在电能质量监测器中的应用. 高压电器,2005,41(5):354～359.
[57] 牛博,宋政湘,王建华等. 继电保护装置信号端口电磁干扰传播通道的建模与仿真. 西安交通大学学报,2009,43(10):104～108.
[58] 王克星. 配电网电压暂降分析辨识及其监控技术的研究. 西安:西安交通大学博士学位论文,2003.